T0240393

# Lebensmittelsicherheit

Reinhard Matissek

# Lebensmittelsicherheit

Kontaminanten – Rückstände – Biotoxine

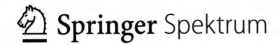

**Reinhard Matissek**
Lebensmittelchemie
Technische Universität Berlin
Berlin, Deutschland

ISBN 978-3-662-61898-1      ISBN 978-3-662-61899-8    (eBook)
https://doi.org/10.1007/978-3-662-61899-8

Die Deutsche Nationalbibliothek verzeichnet diese Publikation in der Deutschen Nationalbibliografie;
detaillierte bibliografische Daten sind im Internet über ▶ http://dnb.d-nb.de abrufbar.

Planung/Lektorat: Stephanie Preuss
Springer Spektrum ist ein Imprint der eingetragenen Gesellschaft Springer-Verlag GmbH, DE und ist
ein Teil von Springer Nature.
Die Anschrift der Gesellschaft ist: Heidelberger Platz 3, 14197 Berlin, Germany

# Proömium – Kompetenz in Lebensmittelsicherheit

>>*Sichere Lebensmittel sind Mittel zum guten Leben.*

>>*Lebensmittelsicherheit und Verbrauchervertrauen gehören symbiotisch zusammen und können nur durch einen allumfassenden Ansatz erreicht werden.*

(Zitat: Reinhard Matissek)

Eine angemessene Versorgung mit Lebensmitteln ist nur zu gewährleisten, wenn auf allen Ebenen und über die gesamte Lebensmittelkette hinweg umfangreiches Wissen und verlässliche Kompetenz vorhanden sind. Lebensmittel sind im wahrsten Sinne des Wortes Mittel zum Leben. Nach moderner Vorstellung wird von ihnen aber erwartet, dass sie über den Grundanspruch hinaus ein Leben auf gutem gesundheitlichem Niveau ermöglichen. Indessen können Lebensmittel neben den erforderlichen Nährstoffen und den erwünschten Faktoren möglicherweise auch unerwünschte Stoffe enthalten. Chemisch definierte Stoffe, deren Vorkommen aus toxikologischen bzw. gesundheitlichen Gründen nicht erwünscht ist oder nur in allerniedrigsten Konzentrationen geduldet wird, werden in der wissenschaftlichen Nomenklatur unter dem Term „unerwünschte Stoffe" subsumiert, als da sind:

- Kontaminanten (Umwelt-, Migrations-, Manipulations-, Prozesskontaminanten)
- Rückstände (Pflanzenschutzmittel, Tierbehandlungsmittel)
- Biotoxine (Phytotoxine, marine Biotoxine, Mykotoxine, Bakterientoxine, biogene Amine).

Kompetenz in Lebensmittelsicherheit bedeutet, wissenschaftliches Verständnis und breit angelegtes Know-how über Aufbau, Zusammensetzung und Eigenschaften der Lebensmittel und ihrer Rohstoffe sowie über die Zusammenhänge der globalen Versorgungskette. In diesem Spannungsfeld ist die Lebensmittelchemie bekanntermaßen neben anderen Fachwissenschaften ein zentraler Dreh- und Angelpunkt. Es ist evident, unerwünschte Stoffe genauestens zu kennen, um erfolgreiche Minimierungsstrategien entwickeln zu können. Das vorliegende Buch setzt genau an dieser Schnittstelle an und schreibt die im Lehrbuch Lebensmittelchemie (9. Auflage, Springer 2019) in Grundzügen behandelte Thematik in umfassender Weise fort. Es ist aus der Erkenntnis entstanden, dass *Health* und *Food* absolute Megathemen unserer modernen Gesellschaft geworden sind. *Food* ist sogar dabei, *Health* noch zu übertrumpfen. Angelegenheiten rund um *Lebensmittel und Ernährung* werden obendrein zu Ersatzreligionen, und die Sicherheitsthematik steigt zum allseits beherrschenden Belang auf.

Herzlicher Dank geht an den Springer-Verlag für das große Interesse an diesem Werk und die stets hervorragende Zusammenarbeit.

**Reinhard Matissek**
im Sommer 2020

# Inhaltsverzeichnis

## II  Kontaminanten in Lebensmitteln

# III Rückstände in Lebensmitteln

# IV Biotoxine in Lebensmitteln

Inhaltsverzeichnis

# Über den Autor

**Reinhard Matissek**

Staatlich geprüfter Lebensmittelchemiker und Diplom-Lebensmitteltechnologe, bis 2019 außerplanmäßiger Professor für Lebensmittelchemie am Institut für Lebensmittelchemie und Lebensmitteltechnologie der Technischen Universität Berlin. Reinhard Matissek, geboren 1952 in Bassum/Niedersachsen, war nach dem Studium der Lebensmittelchemie und Lebensmitteltechnologie in Berlin dort zunächst als Wissenschaftlicher Angestellter beim damaligen Bundesgesundheitsamt (Promotion in Lebensmittelanalytik, 1980) und anschließend als Wissenschaftlicher Mitarbeiter an der Technischen Universität Berlin tätig. Nach einer Zeit als Hochschulassistent/Assistenzprofessor (Habilitation im Fachgebiet Lebensmittelchemie, 1986) wechselte er 1988 als Institutsleiter und Direktor zum Lebensmittelchemischen Institut (LCI) des Bundesverbandes der Deutschen Süßwarenindustrie e.V. in Köln. Im Sommer 2019 ging er in den Ruhestand.

Die Hauptarbeitsgebiete von Reinhard Matissek umfassen die Analytik von Lebensmitteln insbesondere Kakao und Schokolade, Feine Backwaren und Knabberartikel sowie von Bedarfsgegenständen und kosmetischen Mitteln. Schwerpunkte der wissenschaftlichen Forschung betreffen Tenside, Biozide, Kontaminanten, Prozesskontaminanten und Phytochemicals (z. B. Polyphenole). Reinhard Matissek nahm vielfältige Aufgaben in Gremien der Wissenschaft und der Lebensmittelindustrie wahr, so als Mitglied der DFG-Senatskommission zur gesundheitlichen Bewertung von Lebensmitteln (SKLM), als Mitglied der Kommission für Kontaminanten und anderer gesundheitlich unerwünschter Stoffe in der Lebensmittelkette des Bundesinstituts für Risikobewertung (BfR), als Mitglied der Kommission für Lebensmittelzusatzstoffe, Aromastoffe und Verarbeitungshilfsstoffe des BfR, als Mitglied mehrerer Arbeitsgruppen im Rahmen der §64-Arbeiten an amtlichen Analysenmethoden des Bundesamtes für Verbraucherschutz und Lebensmittelsicherheit (BVL), als Mitglied des Kuratoriums der Deutschen Gesellschaft für Ernährung (DGE), als Mitglied des Kuratoriums des Fraunhofer Instituts für Verpackung und Verfahrenstechnik (IVV-FhG) in Freising, als Wissenschaftlicher Leiter und stellvertretender Vorstandsvorsitzender des Instituts für Qualitätsförderung in der Süßwarenwirtschaft (IQ. Köln) in Köln, als Mitglied des Wissenschaftlichen Ausschusses des Forschungskreises der Ernährungsindustrie (FEI/AIF) in Bonn, als Mitglied des Beirates Naturwissenschaften des Lebensmittelverbandes Deutschland vormals Bund für Lebensmittelrecht und Lebensmittelkunde (BLL), als Vorstandmitglied der Stiftung der Deutschen Kakao- und Schokoladenwirtschaft in Hamburg, als Mitglied diverser Fachbeiräte der Stiftung Warentest sowie in verschiedenen Fachbeiräten von Zeitschriften.

Reinhard Matissek ist durch zahlreiche Veröffentlichungen und Vorträge sowie Bücher und Buchbeiträge hervorgetreten und Inhaber mehrerer wissenschaftlicher Auszeichnungen. Er ist Senior-Autor der bekannten Lehrbücher *Lebensmittelanalytik* und *Lebensmittelchemie*, beide im Springer-Verlag erschienen. Seit 2015 ist Reinhard Matissek Herausgeber für das Fachgebiet Lebensmittelchemie bei der RÖMPP Online-Enzyklopädie Chemie des Thieme-Verlages. Sein besonderes Interesse gilt Büchern, Reisen und dem Genuss.

# Abkürzungsverzeichnis

| | |
|---|---|
| 3-APA | 3-Aminopropionamid |
| a | Jahr |
| AA | Acrylamid |
| AAS | Atomabsorptionsspektrometrie |
| Abb. | Abbildung |
| Abk. | Abkürzung |
| Abschn. | Abschnitt |
| ACS | American Chemical Society |
| ADI | Acceptable Daily Intake |
| ADH | Alkoholdehydrogenase |
| a.f. | Assessment Factor |
| AGE | Advanced Glycosylation Endproducts |
| ALARA | As Low As Reasonably Achievable |
| ALB | Länderarbeitsgemeinschaft Verbraucherschutz, Arbeitsgruppe Lebensmittel- und Bedarfsgegenstände, Wein und Kosmetika |
| *Alt.* | *Alternarium* |
| ARfD | Akute Referenzdosis |
| *Asp.* | *Aspergillus* |
| ASS | Acetylsalicylsäure |
| ASP | Amnesie Shellfish Poisons |
| AZA | Azaspironsäure |
| BAC | Benzalkoniumchlorid |
| BaP | Benzo[a]pyren Benzo[*pqr*]tetraphen) |
| BAG | Bundesamt für Gesundheit (Schweiz) |
| BBP | Benzylbutylphthalat |
| BDSI | Bundesverbandes der Deutschen Süßwarenindustrie e. V. |
| BfR | Bundesinstitut für Risikobewertung |
| BG | Bestimmungsgrenze |
| BLL | Bund für Lebensmittelrecht und Lebensmittelkunde (seit 2019: Lebensmittelverband Deutschland) |
| BMDL | Benchmark Dose Lower Limit (Tumorinzidenz liegt bei 10 %) |
| BMEL | Bundesministerium für Ernährung und Landwirtschaft |
| BMELV | Bundesministerium für Ernährung, Landwirtschaft und Verbraucherschutz |
| BPA | Bisphenol A |
| Bq | Bequerel |
| BRC | British Retail Consortium |
| *C.* | *Claviceps* |
| °C | Grad Celsius |
| ca. | circa |
| CAS | Chemical Abstract Service |
| CCP | Critical Control Points |
| CEN | European Committee for Standardization |
| Ci | Curie |
| CLA | Conjugated Linoleic Acid, konjugierte Linolsäure |
| cm$^3$ | Kubikcentimeter |
| CMF | Chlormethylfurfural |
| CML | Carboxymethyllysin |
| CoA | Coenzym A |
| CONTAM | Panel on Contaminants in the Food Chain (EFSA) |
| CVUA-MEL | Chemisches und Veterinäruntersuchungsamt Münsterland-Emscher-Lippe |
| CVUAS | Chemisches und Veterinäruntersuchungsamt Stuttgart |
| CYP450 | Cytochrom P450 |

| | | | |
|---|---|---|---|
| 2,4-D | 2,4-Dichlorphenoxyessigsäure | EU | Europäische Union |
| | | EWG | Europäische Wirtschafts- |
| d | Tag | | gemeinschaft |
| D | Symbol zur Kennzeichnung | | |
| | der Konfiguration | 6:2-FTS | 6:2-Fluortelomersulfonsäure |
| Da | Dalton | *F.* | *Fusarium* |
| DAS | 4,5-Diacetoxyscirpenol | FA | Fusariensäure |
| DBP | Dibutylphthalat | FAO | Food and Agriculture |
| DDA | Dichlordiphenylessigsäure | | Organization |
| DDAC | Didecyldimethylammonium- | FCM | Food Contact Material |
| | chlorid | FDA | Food and Drug |
| DDE | Dichlordiphenylethen | | Administration |
| DDT | Dichlordiphenyltrichlorethan | FDE | FoodDrinkEurope, |
| DEG | Diethylenglycol | | Europäischer Verband der |
| DEHP | Diethylhexylphthalat | | Lebensmittelindustrie |
| DES | Diethylstilbestrol | FE | Fettsäureester |
| DFG | Deutsche Forschungsgemein- | Fp. | Schmelzpunkt |
| | schaft | Fs | Fumonisin |
| DGE | Deutsche Gesellschaft für | FusX | Fusarenon-X |
| | Ernährung | | |
| d. h. | das heißt | g | Gramm |
| DIDP | Diisodecylphthalat | GA | Glycoalkaloid |
| DINP | Diisononylphthalat | GABA | Gamma-Aminobutyric Acid |
| DIPN | Diisopropylnaphthalin | GC | Gaschromatographie |
| dl-PCB | dioxin-like PCB | GCxGC | Comprehensive |
| DMSO | Dimethylsulfoxid | | Gaschromatography, |
| DNA | Desoxyribonucleic Acid | | umfassende Gaschromato- |
| DON | Deoxynivalenol | | grafie |
| DSP | Diarrhoiec Shellfish Poisons | GC-MS | Gaschromatografie mit |
| dt. | deutsch | | massenspektrometrischer |
| | | | Detektion |
| eds | Editors | GFSI | Global Food Safety Initiative |
| *E. coli* | *Escherichia coli* | g. g. A. | geschützte geografische |
| EFA | Epoxy Fatty Acid, | | Angabe |
| | Epoxyfettsäure | GI | Gastrointestinaltrakt |
| EFSA | European Food Safety Agency | GLP | Gute landwirtschaftliche |
| EG | Europäische Gemeinschaft | | Praxis |
| EHEC | enterohämorrhagische | Gly | Glycin |
| | *Escherichia coli* | GMO | Genetically Modified |
| EN | Europäische Norm | | Organism |
| engl. | englisch | GSH | Glutathion |
| EPA | United States Environmental | g. t. S | garantiert traditionelle |
| | Protection Agency | | Spezialität |
| erg | Einheitszeichen für die | g. U. | geschützte Ursprungsbe- |
| | Energie | | zeichnung |
| etc. | et cetera | GVO | gentechnisch veränderte |

|  |  |  |  |
|---|---|---|---|
|  | Organismen | JECFI | Joint Expert Committee Food Irradiation |
| Gy | Gray | JRC | Joint Research Centre of The European Commission |
| 3-HPA | 3-Hydroxypropionaldehyd |  |  |
| h | Stunde |  |  |
| H₄PFOS | 1H,2H,3H,4H-Perfluoro-octansulfonsäure | k | Geschwindigkeits-konstante |
| HACCP | Hazard Analysis of Critical Control Points | k. A. | keine Angabe |
| HCB | Hexachlorbenzol | Kap. | Kapitel |
| HCN | Blausäure, Cyanwasserstoff | kDa | Kilodalton |
| HGA | Hypoglycin | kg | Kilogramm |
| HHA | Heterocyclische Aromatische Amine | KG | Körpergewicht |
|  |  | kGy | Kilogray |
| HMF | Hydroxymethylfurfural | Kp. | Siedepunkt |
| HPLC | Hochleistungs-Flüssig-chromatografie | L | Symbol zur Kenn-zeichnung der Konfiguration |
| Hrsg | Herausgeber |  |  |
|  |  | L | Liter |
| IARC | International Agency for Research on Cancer | LCI | Lebensmittelchemisches Institut des Bundes-verbandes der Deutschen Süßwarenindustrie e. V., Köln |
| ICP-MS | Massenspektrometrie mit induktiv gekoppeltem Plasma |  |  |
| i. d. R. | in der Regel |  |  |
| IEA | Internationale Energie Agentur | LC-GC-FID | Flüssigchromatographie gekoppelt mit Gas-chromatographie und Flammenionisations-detektor |
| IFS | International Food Standard |  |  |
| IgA | Immunglobulin A |  |  |
| IgE | Immunglobulin E |  |  |
| IJO | International Jute Organisation | LC-MS/MS | Flüssigchromatographie mit Tandem-massen-spektrometrischer Detektion |
| IJSG | International Jute Study Group |  |  |
| insb. | insbesondere |  |  |
| i. p. | intraperitoneal | LD | letale Dosis |
| IQ | Isochinolin | LD-PE | Low Density Polyethylene |
| IQ-1 | 2-Amino-3-methylimidazo[4,5-f]chinolin | LFGB | Lebensmittel- und Futter-mittelgesetzbuch |
| IUPAC | International Union of Pure and Applied Chemistry | LGL | Landesamt für Gesund-heit und Lebensmittel-sicherheit |
| ISO | International Organization for Standardization |  |  |
|  |  | LMBG | Lebensmittel- und Bedarfsgegenständegesetz |
| J | Joule | LMG | Lebensmittelgesetz |
| JECFA | Joint FAO/WHO Expert Committee on Food Additives | LMH | Lebensmittelhygienever-ordnung |

| | | | |
|---|---|---|---|
| LMIV | Lebensmittelinformations-verordnung | MORE | Mineral Oil Refined Products |
| LOAEL | Lowest Observed Adverse Effect Level | MOSH | Mineral Oil Saturated Hydrocarbons |
| LOD | Limit of Detektion (Nachweisgrenze) | mrem | milli röntgen equivalent man |
| LOQ | Limit of Quantification (Bestimmungsgrenze) | MRL | Maximum Residue Level |
| 3-MCPD-FE | 3-Monochlorpropandiol-Fettsäureester | MS | Massenspektrometrie |
| | | MTVO | Mineral- und Tafelwasser-verordnung |
| | | µg | Mikrogramm |
| M | molare Masse (veraltet: Molmasse, Molekular-gewicht) | N | Anzahl von Proben/ Messungen |
| MAK | maximale Arbeitsplatz-konzentration | nAChR | nicotinischer Acetyl-cholin-Rezeptor |
| max. | maximal | NAD | Nicotinamid-Adenin-Dinucleotid |
| MCP- | Methylencyclopropyl- | | |
| MCPA- | Methylencyclo-propylacetyl- | NADH | Nicotinamid-Adenin-Dinucleotid, reduziert |
| MCPD | Monochlorpropandiol | NASA | US National Aeronautics |
| MCPG | Methylencyclo-propylglycin | | and Space Administration |
| | | ndl-PCB | non dioxin-like PCB |
| MCPF- | Methylencyclo-propylformyl- | NEM | Nahrungsergänzungs-mittel |
| MeHg | Methylquecksilber | n.n. | nicht nachweisbar |
| MEI | Methylimidazol | NOAEL | No Observed Adverse Effect Level |
| MeIQ | 2-amino-3,4-dimethyl-imidazo[4,5-f]chinolin | NOEL | No Observed Effect Level |
| MeV | Megaelektronenvolt | Nr. | Nummer |
| MHD | Mindesthaltbarkeits-datum | nr-TFA | nicht-ruminante Trans-fettsäure |
| MFH | Melamin-Formaldehyd-Kondensations-Harz | NSO-PAC | Heterocyclic Aromatic PAC |
| mg | Milligramm | NSP | Neurotoxic Shellfish Poisons |
| mind. | mindestens | | |
| mL | Milliliter | NSRL | No Significant Risk Level |
| mm | Millimeter | NSTX | Neosaxitoxin |
| MO | Mikroorganismen | | |
| MOAH | Mineral Oil Aromatic Hydrocarbons | od. | oder |
| | | OA | Okadasäure |
| MOE | Margin of Exposure | OEHHA | Office of Environmental Health Hazard Assess-ment |
| MOH | Mineral Oil Hydro-carbons | | |
| mol | Einheit der Stoffmenge | OTA | Ochratoxin A |

| | | | |
|---|---|---|---|
| P450 | Cytochrom P450 | PTWI | Provisional Tolerable |
| *P.* | *Penicilium* | | Weekly Intake |
| Pa | Pascal | PVC | Polyvinylchlorid |
| PA | Pyrrolizidinalkaloid | | |
| PAC | Polycyclic Aromatic | QM | Qualitätsmanagement |
| | Compounds | | |
| PAH | Polycyclic Aromatic Hydro- | ® | Registered Trade Mark |
| | carbons | rad | radiation absorbed dosis |
| PAH4 | die vier wichtigsten PAH | RASFF | Rapid Alert System for |
| PAK | Polycyclische aromatische | | Food and Feed |
| | Kohlenwasserstoffe | rem | roentgen equivalent in |
| PAO | Poly-α-Olefine | | man |
| PAR | pseudoallergische Reaktion | resp. | respective |
| PAT | Patulin | RHG | Rückstandshöchstgehalt |
| PCB | polychlorierte Biphenyle | RNA | Ribonucleic acid |
| PCDD | polychlorierte Dibenzodioxine | r-TFA | ruminante Transfettsäure |
| PCDF | polychlorierte Dibenzofurane | | |
| PCP | Pentachlorphenol | s | Sekunde |
| PDA | Photodiodenarraydetektor | s. | siehe |
| PE | Polyethylen | SCP | Single Cell Protein |
| PER | Perchlorethylen | SCF | Scientific Committee for |
| | (Tetrachlorethen) | | Food |
| PET | Polyethylenterephthalat | SDS-PAGE | Sodium Dodecyl Sulfate |
| PFA | polyfluorierte Alkylbenzole | | Polyacrylamide Gel |
| PFAS | Per- und | | Electrophoresis |
| | Polyfluoralkylsubstanzen | SE | Societas Europaea |
| PFDA | Nonadecafluorodecansäure | | (Europäische Gesell- |
| PFOA | Perfluorooctansäure | | schaft) |
| PFOS | Perfluorooctansulfonsäure | SKLM | Ständige Senats- |
| PFTE | Polytetrafluorethylen | | kommission zur gesund- |
| pH | pH-Wert | | heitlichen Bewertung von |
| POH | Polyolefin Oligomeric Hydro- | | Lebensmitteln (der DGF) |
| | carbons | SMF | 5-Sulfooxymethylfurfural |
| POMH | Polyolefin Oligomeric | SML | Specific Migration Limit |
| | Monounsaturated Hydro- | sog. | sogenannt |
| | carbons | SPE | Saccharosepolyester |
| POSH | Polyolefin Oligomeric | spp. | subspezies |
| | Saturated Hydrocarbons | SPS | sekundäre Pflanzenstoffe |
| PP | Polypropylen | STER | Sterigmatocystein |
| ppb | Parts Per Billion (µg/kg) | STX | Saxitoxin |
| ppm | Parts Per Million (mg/kg) | SULT | Sulfotransferase |
| ppt | Parts Per Trillion (ng/kg) | Sv | Sievert |
| Prop 65 | Proposition 65 | | |
| PSE | Pale, Soft, Exsudative | 2,4,5-T | Trichlorphenoxyessigsäure |
| PSP | Paralytic Shellfish Poisons | t | Tonne |
| PTMI | Provisional Tolerable Monthly | *T* | Temperatur |
| | Intake | TA | Tropanalkaloid |

| | | | |
|---|---|---|---|
| Tab. | Tabelle | US | United States |
| TCDD | 2,3,7,8-Tetrachlordibenzo-p-dioxin | u. U. | unter Umständen |
| TDI | Tolerable Daily Intake | VC | Vinylchlorid |
| TEF | Toxic Equivalency Factor | VCM | Vinylchlorid-Monomer |
| TFA | Trans Fatty Acid, trans-Fettsäure | vgl. | vergleiche |
| | | VO | Verordnung |
| TG | Trockengewicht | Vol-% | Volumenprozent ($\hat{=}$ |
| THC | Tetrahydrocannabinol | | ml/100 ml) |
| THI | 2-Acetyl-tetrahydroxy-imidazol | vs. | versus |
| TMA | Trimethylamin | WHO | World Health |
| TMAO | Trimethylaminoxid | | Organization |
| ToF-MS/MS | Time-of-Flight-Massenspektrometer | w/w | Gewicht zu Gewicht |
| Trp | Tryptophan | z. B. | zum Beispiel |
| TTC | Threshold of Toxicological Concern | ZEA | Zearalenon (Abkürzung ZEA oder ZON möglich) |
| TWI | Tolerable Weekly Intake | ZON | Zearalenon (Abkürzung ZON oder ZEA möglich) |
| u | Unit | z. T. | zum Teil |
| u. a. | unter anderem | | |
| UBA | Umweltbundesamt | % | Massenprozent ($\hat{=}$ g/100 g) |
| UCM | unresolved complex mixture | | ($\hat{=}$ m-%) (w/w) |
| UGT | Glucuronosyltransferase | Ø | Durchschnitt |
| UHT | Ultra High Temperature | § | Paragraf |
| UL | Tolerable Upper Intake Level | $\sum$ | Summe |
| | | $\geq$ | größer gleich |
| | | $\leq$ | kleiner gleich |

# Grundlagen

## Inhaltsverzeichnis

# Lebensmittelsicherheit als System

## Inhaltsverzeichnis

© Der/die Herausgeber bzw. der/die Autor(en), exklusiv lizenziert durch Springer-Verlag GmbH, DE, ein Teil von Springer Nature 2020
R. Matissek, *Lebensmittelsicherheit*,
https://doi.org/10.1007/978-3-662-61899-8_1

**1**

**Lebensmittelsicherheit** (engl. Food Safety) umfasst alle Maßnahmen und Konzepte, die gewährleisten, dass ein Lebensmittel für Verbraucher zum Verzehr geeignet ist und dass von diesem keine gesundheitlichen Gefahren ausgehen. Eine Nezessität ersten Ranges für alle an der gesamten Lebensmittelkette Beteiligten muss es daher sein, *sichere Lebensmittel* zu produzieren. Dazu ist fraglos ein gut funktionierendes System notwendig, in dem die Verantwortlichkeiten und Aufgaben für alle Stakeholder klar zugewiesen sind. Der rechtliche Rahmen für die Erzeugung von und den Handel mit Lebensmitteln ist in der EU weitgehend harmonisiert. Dieser Ansatz gilt für die gesamte Lebensmittelkette „vom Acker bis zum Teller" (engl. „from the stable to the table").

---

### Sichere Lebensmittel

Lebensmittel gelten als **nicht sicher**, wenn sie gesundheitsschädlich – oder für den Verzehr ungeeignet sind (▶ Kap. 2).

---

### Sicherheit

Zustand des Sicherseins, Geschütztseins vor Gefahr oder Schaden; höchstmögliches Freisein von Gefährdungen (Duden 2019).

## 1.1 Umfassender Ansatz

Um in der EU ein einheitlich hohes Gesundheitsschutzniveau zu erreichen, wurde im Januar 2002 die sog. **Basisverordnung** – Verordnung (EG) Nr. 178/2002 – erlassen. Folgende Ziele wurden dort festgeschrieben:

- reibungsloses Funktionieren des Binnenmarktes für Lebensmittel und Futtermittel
- einheitliche Begriffsbestimmungen; darunter erstmalig auch eine Definition für Lebensmittel
- Bewertung von Lebensmittelfragen durch Risikoanalysen auf der Grundlage des aktuellen wissenschaftlichen Kenntnisstandes
- Anwendung des Vorsorgeprinzips bei unzureichender wissenschaftlicher Kenntnis
- Schutz des Verbrauchers vor Täuschung
- Anspruch des Verbrauchers auf präzise Informationen
- Rückverfolgbarkeit bei Lebens- und Futtermitteln
- Hauptverantwortung von Lebensmittel- und Futtermittelunternehmern
- Verantwortung der Behörden der Mitgliedstaaten zur Durchsetzung des Lebensmittel- und Futtermittelrechts.

Zum umfassenden Sicherheitsansatz gehörte auch die Schaffung der **Europäischen Lebensmittelbehörde (European Food Safety Authority – EFSA)**, die im Jahr

2002 gegründet wurde und ihren Sitz in Parma/Italien hat. Die Hauptaufgaben der EFSA bestehen in der unabhängigen wissenschaftlichen Beratung und in der Durchführung von Risikobewertungen u. a. auf den Gebieten der Lebensmittel- und Futtermittelsicherheit. Vollzugsaufgaben sollen dagegen nicht wahrgenommen werden. Damit ist eine eindeutige Trennung zwischen Risikobewertung und Risikomanagement festgelegt.

In Deutschland wurde analog dazu als Spiegelbehörde das **Bundesinstitut für Risikobewertung – BfR** gegründet. Es wurde im November 2002 in Berlin/Deutschland errichtet, um den gesundheitlichen Verbraucherschutz zu stärken. Das BfR ist die nationale wissenschaftliche Einrichtung, die Gutachten und Stellungnahmen zu Fragen der Lebens- und Futtermittelsicherheit sowie zur Sicherheit von Chemikalien und Produkten erarbeitet. Das Institut nimmt damit eine wichtige Aufgabe bei der Verbesserung des Verbraucherschutzes und der Lebensmittelsicherheit wahr. Das BfR gehört zum Geschäftsbereich des Bundesministeriums für Ernährung und Landwirtschaft (BMEL). In seiner wissenschaftlichen Bewertung und Forschung ist es unabhängig.

Zur Vervollständigung des nationalen Systems wurde ergänzend das **Bundesamt für Verbraucherschutz und Lebensmittelsicherheit – BVL,** ebenfalls in Jahr 2002 und ebenfalls mit Sitz in Berlin/Deutschland, als Zulassungs- und Managementbehörde für Lebensmittelsicherheit und Verbraucherschutz gegründet. Das BVL verfolgt das Ziel, im Bereich des gesundheitlichen Verbraucherschutzes die Koordination zwischen Bund und Bundesländern zu verbessern, die Kommunikation von Risiken transparenter zu gestalten und Risiken zu managen, bevor aus ihnen Krisen entstehen. Das BVL ist eine eigenständige Bundesoberbehörde im Geschäftsbereich des Bundesministeriums für Ernährung und Landwirtschaft.

## 1.2 Grundprinzipien

Der allumfassende Sicherheitsansatz „vom Acker bis zum Teller" gilt in der EU für die gesamte Lebensmittelkette und basiert auf **sieben Grundprinzipien,** die in ❑ Abb. 1.1 schematisch zusammengestellt sind.

### 1.2.1 Unternehmerverantwortung

Jeder, der Lebensmittel (oder Futtermittel) herstellt oder vertreibt, ist dafür verantwortlich, dass die Produkte gesundheitlich unbedenklich sind und den geltenden lebensmittelrechtlichen Vorgaben entsprechen. Der offiziell als **verantwortlicher Lebensmittelunternehmer** (engl. Food Business Operator) Bezeichnete, unterliegt der **Sorgfaltspflicht.** Alle an der Erzeugungskette Beteiligten müssen somit in ihrem Verantwortungsbereich für die Sicherheit des Lebensmittels sorgen. Sicherzustellen ist dies durch geeignete Maßnahmen, wie beispielsweise **Eigenkontrollen.** Missachtet ein Hersteller oder Händler oder

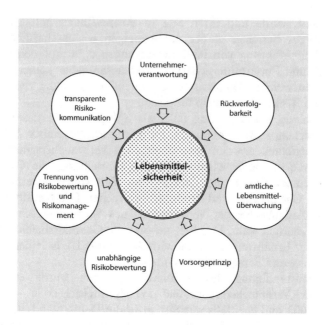

**◘ Abb. 1.1**  Die sieben Grundprinzipien der Lebensmittelsicherheit (Nach BMEL 2018)

Gastronom die Sorgfaltspflicht, kann das ernste Konsequenzen nach sich ziehen. Lebensmittel, die den rechtlichen Anforderungen an Kontaminanten, Rückstände, Hygiene oder Kennzeichnung nicht entsprechen und als nicht sicher eingestuft werden, müssen vom Markt genommen werden. In dringenden Fällen, wie bei Gefahr in Verzug, kann dies von den zuständigen Überwachungsbehörden angeordnet werden. Der Lebensmittelunternehmer haftet zivilrechtlich und ggf. auch strafrechtlich für Schäden, die durch mangelhafte Produkte entstehen (BMEL 2018).

---

**Eigenkontrolle**

Die Hauptverantwortung bei der Herstellung und Behandlung von Lebensmitteln tragen die **Lebensmittelhersteller**. Da sie aufgrund ihrer langen Erfahrung und Expertise die besten Kenntnisse über ihre Produkte haben, haben sie im Rahmen von umfangreichen **Eigenkontrollen** die Sicherheit und Verkehrsfähigkeit von Lebensmitteln zu prüfen und sicherzustellen, dass die lebensmittelrechtlichen Vorschriften eingehalten werden. Auf freiwilliger Basis und ergänzend zu den betrieblichen Eigenkontrollen unterziehen sich die Unternehmen der Lebensmittelwirtschaft aber zunehmend noch weiteren Kontrollen durch externe, unabhängige Auditoren auf der Grundlage privatrechtlicher Standards.

Nach Artikel 5 der europäischen Lebensmittelhygieneverordnung – Verordnung (EG) Nr. 852/2004 – ist jeder Lebensmittelunternehmer zur Einrichtung, Durchführung und Aufrechterhaltung sowie stetiger Anpassung eines **HACCP-Systems/**

**Eigenkontrollsystems** verpflichtet. Dies muss gegenüber der Lebensmittelüberwachungsbehörde entsprechend nachgewiesen werden. Die nationale Lebensmittelhygieneverordnung (LMHV 2007) regelt dabei die hygienischen Anforderungen beim gewerbsmäßigen Umgang mit Lebensmitteln.

Ein wirksames und gut dokumentiertes HACCP-System (▶ Abschn. 3.1.4) bzw. Eigenkontrollsystem sorgt für geordnete Betriebsabläufe und dient neben der Lebensmittelsicherheit auch der Wirtschaftlichkeit. Dieses betriebseigene System kann in ein bereits vorhandenes **Qualitätsmanagementsystem** integriert und mit vertretbarem Aufwand eingerichtet werden.

## 1.2.2 Rückverfolgbarkeit

**Rückverfolgbarkeit** (engl. Traceability) bedeutet, dass alle Lebensmittelunternehmer Dokumentationen darüber führen müssen, woher ihre Lebensmittel bzw. deren Rohstoffe kommen und wohin welche ihrer Lebensmittel geliefert wurden. Auf diese Weise können im Ernstfall betroffene Chargen aus dem Handel zurückgerufen und Ursachen für eine ev. Unregelmäßigkeit schneller gefunden werden. Aus diesem Grund ist auf jeder Lebensmittelverpackung eine sog. Losnummer (Rückverfolgungsnummer) oder ein Datum anzugeben, welches auf die betroffene Charge fokussiert. Eine Charge umfasst dabei die Lebensmitteleinheit, die unter praktisch gleichen Bedingungen in einem bestimmten Zeitraum hergestellt und verpackt wurde. Lebensmittel tierischen Ursprungs – wie Milch und Fleischerzeugnisse – müssen darüber hinaus zusätzlich das ovale Identitätskennzeichen tragen, damit kann der Betrieb, welcher das Lebensmittel zuletzt verarbeitet oder verpackt hat, identifiziert werden kann (BMEL 2018).

## 1.2.3 Amtliche Lebensmittelüberwachung

Die Aufgabe der Behörden der **amtlichen Lebensmittelüberwachung** (amtliche Lebensmittelkontrolle, engl. Official Food Control) ist es, zu kontrollieren, dass die Anforderungen des Lebensmittelrechts strikt eingehalten werden. Lebensmittelüberwachung in Deutschland ist Sache der Bundesländer. Eine der wesentlichen Säulen der Lebensmittelüberwachung ist die Überprüfung der betrieblichen **Eigenkontrollen** der Lebensmittelunternehmen („Kontrolle der Kontrolle"). Grundlage sind risikoorientierte Betriebskontrollen und zielgerichtete Probenahmen mit wechselnden Untersuchungsschwerpunkten, wobei sensible Lebensmittel häufiger überwacht werden. Daraus ergibt sich, dass vorbildlich geführte Betriebe seltener kontrolliert werden müssen als solche, in denen Mängel festgestellt wurden. Werden Mängel festgestellt, ist es die Aufgabe der amtlichen Lebensmittelüberwachung, sicherzustellen, dass diese sofort behoben werden. Hierzu können unterschiedliche Maßnahmen bis hin zur Betriebsschließung angeordnet werden. Die Ahndung von Verstößen gegen

**1**

bestehende Rechtsvorschriften ist Aufgabe der Ordnungs- und Justizbehörden der Bundesländer (BMEL 2018).

---

**„Kontrolle der Kontrolle"**

Wesentliche Säule der Lebensmittelüberwachung ist die Überprüfung („Kontrolle") der betrieblichen **Eigenkontrollen** (s. auch Kasten „Eigenkontrolle" in ▶ Abschn. 1.2.1) der Lebensmittelunternehmen. Das bedeutet, es wird Im Grundsatz nichts untersucht und analysiert, sondern es werden die durch die Lebensmittelunternehmer erstellten Dokumente und Aufzeichnungen geprüft. Dieses Verfahren wird als die **„Kontrolle der Kontrolle"** bezeichnet.

---

## 1.2.4 Vorsorgeprinzip

Trotz weltweiter umfangreicher Sicherheits- und Risikoforschung lassen sich Risiken wissenschaftlich nicht immer mit hinreichender Sicherheit bestimmen. Das kann beispielsweise dann der Fall sein, wenn bislang unbekannte gesundheitlich unerwünschte Stoffe entdeckt werden. In so einer Situation der Unsicherheit greift das **Vorsorgeprinzip** (engl. Precautionery Principle) (EU-Kommission 2000). Der Rückgriff auf das Vorsorgeprinzip erfolgt im Rahmen der allgemeinen Risikoanalyse, die außer der Risikobewertung auch das Risikomanagement und die Information über die Risiken umfasst (▶ Abschn. 5.3) – und zwar konkret im Rahmen des Risikomanagements, d. h. des Entscheidungsfindungsprozesses.

Eine Berufung auf das Vorsorgeprinzip ist nur dann möglich, wenn ein potenzielles Risiko besteht und wenn zudem drei wesentliche Voraussetzungen erfüllt sind:
- Ermittlung der möglichen negativen Folgen
- Bewertung der verfügbaren wissenschaftlichen Daten
- Bewertung des Grades der wissenschaftlichen Unsicherheit.

Die Maßnahmen müssen angemessen sein und überprüft werden, sobald neue wissenschaftliche Daten vorliegen.

---

**Gemeinschaftsverantwortung – Lebensmittelsicherheit darf kein wettbewerbliches Instrument sein**

Der Großsachverhalt um **Acrylamid** ist in den Lehrbüchern zwischenzeitlich zum Paradebeispiel einer Fallstudie hinsichtlich der erfolgreich gemeisterten Herausforderungen bei der Risiko-/Krisenbewältigung im Lebensmittelbereich geworden. Die Erfahrungen, die seit 2002 – also dem ersten Erkennen des Auftretens dieses Stoffs – in der Zusammenarbeit aller Stakeholder gemacht wurden, gelten als vorbildlich, gemäß dem Leitbild des damals gerade neu formulierten **Vorsorgeprinzips**. (Näheres zu Acrylamid als Prozesskontaminante ▶ Abschn. 9.3)

### 1.2.5 Unabhängige wissenschaftliche Risikobewertung

Die **Aufgaben der unabhängigen wissenschaftlichen Bewertung** (engl. Independent Scientific Assessment) von Risiken im Zusammenhang mit Lebensmitteln sind ebenfalls klar geregelt. Es gelten die folgenden Zuständigkeiten in Deutschland bzw. der EU:

- Landesebene ⇒ Landesuntersuchungsämter
- Bundesebene ⇒ BfR
- EU-Ebene ⇒ EFSA

Das Ziel ist es, wissenschaftliche Untersuchungen durchzuführen und frei *und* unabhängig von politischen, gesellschaftlichen und wirtschaftlichen Einflüssen Bewertungen von Risiken für Mensch und Tier im Bereich Lebens- und Futtermittel vorzunehmen (BMEL 2018).

### 1.2.6 Trennung von Risikobewertung und Risikomanagement

Die **Trennung** von Risikobewertung (engl. Risk Assessment) und Risikomanagement (Risk Management) ist sowohl im europäischen als auch im deutschen Recht bereits seit 2002 verankert. Zwischen der wissenschaftlichen Risikobewertung und dem Risikomanagement durch Politik und Behörden gibt es deshalb eine klare Trennung, damit die Wissenschaft frei von jeder Einflussnahme ihre Stellungnahmen erarbeiten kann. Erst danach haben die Risikomanager zu entscheiden, wie sie aufgrund der Bewertung/Stellungnahme vorgehen.

Die zentrale Behörde für das Risikomanagement in Deutschland ist das Bundesministerium für Ernährung und Landwirtschaft (BMEL) in enger Abstimmung mit dem BVL, welches mit seinen fachlichen Entscheidungen und Maßnahmen die unabhängige wissenschaftliche Risikobewertung des BfR unterstützt (BMEL 2018).

### 1.2.7 Transparente Risikokommunikation

**Risikokommunikation** (engl. Risk Communication) ist ein Vorgang, der immer auf mehreren Ebenen stattfindet; sowohl in der Wissenschaft, der Politik und der Wirtschaft ► Abschn. 5.3.3). Um Transparenz zu erreichen, muss die Öffentlichkeit mit Hilfe einer entsprechenden Pressearbeit der zuständigen Landes- und Bundesbehörden sowie der betroffenen Unternehmen bzw. Verbände unterrichtet werden.

Gelangt ein Lebensmittel auf den Markt, von dem ein Risiko für die menschliche Gesundheit ausgehen könnte, werden die Verbraucher darüber informiert. Dies geschieht zunächst im Rahmen des Rückrufs durch das verantwortliche Lebensmittelunternehmen. Zudem informieren die Behörden der Bundesländer auf dem dafür beim BVL eingerichteten Internetportal (► www.lebensmittelwarnung.de) über als unsicher eingestufte Lebensmittel (BMEL 2018).

**1**

# Literatur

BMEL Bundesministerium für Ernährung und Landwirtschaft (Hrsg) (2018) Lebensmittelsicherheit verstehen. Fakten und Hintergründe. ▶ https://www.bmel.de/SharedDocs/Downloads/Broschueren/Lebensmittelsicherheit-verstehen.pdf?__blob=publicationFile. Prüfdatum: 15. Nov. 2019

Duden (2019) Sicherheit. ▶ https://www.duden.de/rechtschreibung/Sicherheit. Prüfdatum: 30. Dez. 2019

EU-Kommission (2000) Mitteilung (KOM endg) über die Anwendbarkeit des Vorsorgeprinzips. ▶ https://eur-lex.europa.eu/legal-content/DE/TXT/?uri=LEGISSUM%3Al32042. Prüfdatum: 15 Nov. 2019

LMHV – Verordnung über Anforderungen an die Hygiene beim Herstellen, Behandeln und Inverkehrbringen von Lebensmitteln vom 9.8.2007

Verordnung (EG) Nr. 178/2002 des Europäischen Parlaments und des Rates vom 28. Januar 2002 zur Festlegung der allgemeinen Grundsätze und Anforderungen des Lebensmittelrechts, zur Errichtung der Europäischen Behörde für Lebensmittelsicherheit und zur Festlegung von Verfahren zur Lebensmittelsicherheit

Verordnung (EG Nr. 852/2004) des Europäischen Parlaments und des Rates vom 29. April 2004 über Lebensmittelhygiene

# Lebensmittelkompetenz

## Inhaltsverzeichnis

**2**

## 2.1 Lebensmittel

Die Auswahl pflanzlicher und tierischer Rohstoffe für die Ernährung erfolgt nicht nur nach ihrem Gehalt an Nährstoffen (Makro- und Mikronährstoffen) und ihrem Genusswert, sondern natürlich auch unter dem Aspekt ihrer gesundheitlichen Unbedenklichkeit. Während z. B. Steinpilze als wohlschmeckendes Lebensmittel gelten, würde niemand den hochgiftigen grünen Knollenblätterpilz, der toxische Amanitine und Phalloidin enthält, zu den Lebensmitteln zählen. Dennoch enthalten viele Lebensmittel gewisse toxikologisch relevante Stoffe, die sie selbst gebildet oder aufgenommen haben oder auf ihnen abgelagert wurden, so dass spezielle Aufbereitungsverfahren und Dosierungen erforderlich werden, um Gesundheitsschäden zu vermeiden. Aber auch Kontaminationen durch Mikroorganismen können in Lebensmitteln zu Toxinbildungen führen.

Seit jeher ist es die Hauptaufgabe der angewandten Lebensmittelchemie, Qualität und Sicherheit von Lebensmitteln zu gewährleisten. Beachtung findet dabei insbesondere die Problematik der Kontaminationen von Lebensmittel durch Standort- bzw. Umweltbedingungen, durch Einwirkung von Mikroorganismen, durch Zusätze, Rückstände und Verunreinigungen oder durch thermische Reaktionsprodukte. Weiterhin ist aber auch zu beachten, dass Lebensmittel aus natürlichen Prozessen oder als Folge von Verderbnisvorgängen unerwünschte Stoffe enthalten können, die nicht anthropogenen Ursprungs sind. Für die Risikobewertung ist aber neben den Stoffen selbst auch deren Exposition (d. h. die Aufnahmemenge bzw. -dosis) gegenüber den Verbrauchern von grundlegender Bedeutung.

Um eine angemessene Versorgung mit Lebensmitteln zu gewährleisten, ist auf allen Ebenen und über die gesamte Lebensmittelkette umfangreiches Wissen und bestmögliche Kompetenz erforderlich.

### 2.1.1 Definition und Abgrenzung

**Lebensmittel** sind gemäß der europäischen **Lebensmittelbasisverordnung** alle Stoffe oder Erzeugnisse, die dazu bestimmt sind oder von denen nach vernünftigem Ermessen erwartet werden kann, dass sie in verarbeitetem, teilweise verarbeitetem oder unverarbeitetem Zustand von Menschen aufgenommen werden (Verordnung (EG) Nr. 178/2002). Auch Getränke, Kaugummi sowie alle Stoffe (einschließlich Wasser), die dem Lebensmittel bei seiner Herstellung oder Verarbeitung oder Bearbeitung absichtlich zugesetzt werden, gehören zu Lebensmitteln.

Nicht zu den Lebensmitteln zählen:
- Futtermittel
- lebende Tiere, soweit sie nicht für das Inverkehrbringen zum menschlichen Verzehr hergerichtet worden sind
- Pflanzen vor dem Ernten
- Arzneimittel
- kosmetische Mittel

- Tabak und Tabakerzeugnisse
- Betäubungsmittel und psychotrope Stoffe
- Rückstände und Kontaminanten.

Die Legaldefinition spezifiziert damit nicht, welche Tier- oder Pflanzenarten oder welche Teile davon oder welche sonstigen Lebewesen als Lebensmittel gelten; dies wird bewusst offengelassen. Was als Lebensmittel angesehen wird, ist in der Realität nämlich stark dominiert von Gewohnheit, Geschichte, Lebensumständen, kulturellen und religiösen Aspekten und regionalen Eigenheiten – und kann je nach den Umständen und Entwicklungen (kategorischen) Änderungen unterliegen. Das, was von einem Teil der Menschheit als „**normales Lebensmittel**" definiert wird, wird vom anderen als Nahrungstabu strikt abgelehnt oder sogar als „**skurrile Spezialität**" angesehen (engl. Strange Food) (Hopkins 1999). Im Bereich der tierischen Lebensmittel ist dabei die *Spannweite der Skurrilität* sicherlich viel weiter gefasst als bei den pflanzlichen Produkten (Kasten „Lebensmittel skurrile Spezialitäten?").

---

**Lebensmittel ↔ skurrile Spezialitäten? – „Für den einen Fleisch … für den anderen Gift"**

**Säugetiere**
- Hunde und Katzen, Pferd, Ratte und Maus, Fledermäuse, Primaten und anderes Buschfleisch, Bison, Wasserbüffel, Yak, Wal
- Innereien, Ohren, Augen, Nasen, Zunge, Lungen, Lippen, Zahnfleisch, Drüsen, Füße, Genitalien

**Reptilien und Wasserlebewesen**
- Schlange, Echsen, Alligator, Krokodil, Frosch, Kröte, Hai, Kugelfisch, Quallen, Schnecken, Würmer, Fischeier

**Insekten, Spinnen und Skorpione**
- Heuschrecken, Ameisen, Termiten, Spinnen, Skorpione, Käfer, Grillen, Zikaden, Schmetterlinge, Falter, Fliegen, Libellen

**Vögel**
- Strauß, Emu, Singvögel, Tauben, Vogelnester, Balut (das sind weichgekochte, 16–18 Tage alte Enten- oder Hühnerembryos)

**Pflanzen**
- Giftpflanzen, Blüten, Kakteen, Durian (Stinkfrucht)

**Reste**
- Blut, lebendige bzw. fast lebendige Lebensmittel, vergorene Lebensmittel, Gold, Silber, Perlen (nach Hopkins 1999)

## 2.1.2 Grundlegende Bausteine

**Lebensmittel** sind Stoffe oder Erzeugnisse, die – gegebenenfalls nach entsprechender Zubereitung – bei gesunden Menschen über den Mund aufgenommen werden und zum Zweck der Ernährung und dem Genuss dienen. Außer Trinkwasser und Mineralien (wie Salz) sind Lebensmittel üblicherweise lebende oder getötete Organismen (Lebewesen) pflanzlicher, tierischer, pilzlicher bzw. mikrobieller Herkunft (auch Algen) oder werden aus diesen gewonnen. Es gibt energieliefernde und nichtenergieliefernde Lebensmittelbestandteile.

Die grundlegenden Bausteine der Lebewesen (**Biomoleküle**) und damit unserer Lebensmittel konstituieren sich aus den sechs häufigsten Elemente Kohlenstoff (C), Wasserstoff (H), Sauerstoff (O), Stickstoff (N), Phosphor (P) und Schwefel (S). Auf die ersten vier entfallen allein 99 % der Biomasse der Erde. Zudem übernehmen Alkali- und Erdalkalimetalle und Eisen wichtige Funktionen bei biochemischen Prozessen. Eine geradezu explizierte Bedeutung bei allen Biomolekülen kommt dem Kohlenstoff zu, der vier Bindungsstellen aufweist und damit äußerst vielfältige Verbindungen aufbauen kann, von kleinen Molekülen wie beispielsweise Methan bis hin zu großen Polymeren wie komplexen Zuckern, Proteinen oder Nucleinsäuren. Da die Bindungsenergien zwischen C–C- und C–O-Bindungen ähnlich hoch sind, hat die Evolution Myriaden von Biomolekülen hervorgebracht, die auf C–C-Verknüpfungen basieren.

In **Proteinen** kommen **Aminosäuren** vor, die vornehmlich die Elemente C, H, O und N enthalten und zu Ketten verknüpft sind. Die Aminosäuren Cystein und Methionin enthalten außerdem Schwefel, ebenso wie die B-Vitamine Biotin und Thiamin. **Nucleinsäuren** sind Makromoleküle und bilden Doppelhelices, die aus C, H, O, N und P bestehen. Ihr Gerüst umfasst spezifische Zucker und Phosphat während die Querverstrebungen durch Nucleinbasen mit Hilfe von Wasserstoffbrücken gebildet werden, deren charakteristische Reihenfolge das Alphabet des Lebens darstellt. **Fette** und **Kohlenhydrate** setzen sich lediglich aus C, H und O zusammen, **Phospholipide** enthalten zusätzlich P.

Mengenmäßig bedeutsam sind ferner die Elemente Natrium (Na), Kalium (K), Calcium (Ca), Magnesium (Mg) und Chlor (Cl), wobei die ersten vier in der Zelle als Kationen vorliegen, Chlor liegt als Anion vor. Beim Aufbau harter Strukturen spielt Calcium eine tragende Rolle: So bestehen Muschelschalen, Schneckenhäuser und die Skelette von Steinkorallen aus **Calciumcarbonat** ($CaCO_3$). Die Knochen der Wirbeltiere enthalten das Skleroprotein Kollagen (▶ Abschn. 9.5), an das sich Kristalle aus **Hydroxylapatit** ($Ca_5(PO_4)_3OH$) anlagern.

Elemente wie Eisen (Fe), Fluor (F), Iod (I), Kobalt (Co), Kupfer (Cu), Magnesium (Mg), Mangan (Mn), Molybdän (Mo), Zink (Zn), Selen (Se) u. a. kommen in geringeren Konzentrationen in Organismen vor und haben dennoch wichtige Funktionen bei biochemischen Prozessen. So spielt Eisen eine äußerst wichtige Rolle im **Hämoglobin,** dem roten Blutfarbstoff der Wirbeltiere. Entscheidend für die Funktion des Blutfarbstoffs ist, dass das zentrale Fe(II)-Atom ein Sauerstoffmolekül reversibel binden und in Organen oder im Muskelgewebe wieder freisetzen kann (Grundlage des Atmens). Gliedertiere wie Krebse und

Spinnen und Weichtiere wie Schnecken oder Muscheln nutzen den Blutfarbstoff
**Hämocyanin** zur Sauerstoffatmung. Diesbezüglich bindet ein Sauerstoffmolekül
an zwei Cu-Atome, die zwischen den Oxidationsstufen +I und +II wechseln.

In der Pflanzenwelt kommt Magnesium eine überragende Funktion zu: Es
bildet das Zentralatom des grünen Blattfarbstoffs **Chlorophyll,** der dem Hämoglobin strukturell ähnlich ist. Chlorophyll kommt in den Chloroplasten der Zellen
vor und verleiht den Blättern höherer Pflanzen ihre grüne Farbe. Chlorophyll
dient als Sonnenlichtfänger bei der Photosynthese (▶ Abschn. 8.2). Bei diesem
biochemischen Vorgang wird Lichtenergie in chemische Energie umgewandelt, die
in der Folge zum Aufbau von energiereichen organischen Verbindungen (primär
Kohlenhydrate) aus energiearmen anorganischen Stoffen ($CO_2$ und $H_2O$) eingesetzt wird (**Assimilation**) (GDCh 2019).

---

**Chemische Elemente**

Ein **chemisches Element** ist ein Reinstoff, der mit chemischen Methoden nicht
weiter zerteilt werden kann. Die Elemente sind die Grundstoffe aller chemischen
Reaktionen. Die kleinstmögliche Menge eines Elements ist das Atom. Die
chemischen Elemente sind folglich die grundlegenden arteigenen Bausteine der
anorganischen und organischen Materie, eben auch der Lebewesen und damit
unmittelbar der daraus gewonnenen Lebensmittel.

---

## 2.2 Lebensmittelkette

Um eine angemessene Versorgung aller Menschen mit Lebensmitteln (Lebens-
mittelsicherung) zu gewährleisten, ist auf allen Ebenen und entlang der gesamten
**Lebensmittelkette** (engl. **Food Chain**) umfangreiches Wissen und fachliche
Kompetenz zwingend erforderlich über:

— die stoffliche Zusammensetzung, Veränderung und Sicherheit der Lebensmittel selbst, aber auch über deren Rohstoffe und deren Verpackung, also
   über den Kontakt zu den sog. Lebensmittelkontaktmaterialien (Lebensmittelbedarfsgegenstände)
   (*wissenschaftliche Fachgebiete:* Lebensmittelchemie, Lebensmittelanalytik,
   Lebensmittelphysik, Lebensmitteltoxikologie, Ernährungswissenschaften,
   Mikrobiologie, Virologie, Chemie, Biochemie, Biologie, Botanik, Veterinär-
   medizin, Materialwissenschaften u. dgl.)
— deren Verarbeitung, Gewinnung, Herstellung, Bearbeitung, Behandlung
   (*wissenschaftliche Fachgebiete:* Lebensmitteltechnologie, Lebensmittelver-
   fahrenstechnik, Biotechnologie u. dgl.)
— den Transport, die (weltweiten) Vertriebswege und den (globalen) Markt
   (*wissenschaftliche Fachgebiete:* Logistik, Ökonomie u. dgl.).

In diesem Spannungsfeld **„vom Acker bis zum Teller"** ist die Lebensmittelchemie als die Wissenschaft von Aufbau, Zusammensetzung, Eigenschaften und

**2**

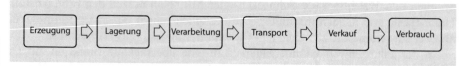

○ **Abb. 2.1**   Lebensmittelkette (schematisch)

Umwandlungen der Inhaltsstoffe von Lebensmitteln heute mehr denn je zentraler Angelpunkt. Sie ist dabei – insbesondere neben den (mikro-)biologischen und technologischen Wissenschaften – ein sehr wichtiger Schlüssel zum Verständnis der Produktion *sicherer Lebensmittel*.

> **Lebensmittelkette**
>
> Als **Lebensmittelkette** (Lebensmittelversorgungskette) wird das gesamte Ineinandergreifen von aktiv handelnden Einheiten bei der Herstellung von Lebensmitteln verstanden. Der Begriff umfasst die Landwirtschaft, die Agrar- und Lebensmittelindustrie, das Lebensmittelhandwerk sowie den Handel. Kernthema der Betrachtung ist, wie und wo welche Lebensmittel produziert, behandelt, transportiert, gelagert und wie diese entsorgt werden (○ Abb. 2.1).

## 2.3  Lebensmittelsicherung

Die Lebensmittelwissenschaften leisten einen gewichtigen Beitrag zur Sicherung der Versorgung der Bevölkerung mit sicheren, unverfälschten, nahrhaften und gewissen Vorgaben entsprechenden Lebensmitteln in ausreichender Menge (**Lebensmittelsicherung**; auch als **Ernährungssicherung** bezeichnet).

Der Begriff **Lebensmittelsicherung** (engl. **Food Security**) beschreibt die Versorgungssicherung und folglich den ausreichenden Zugang der Weltbevölkerung zu Lebensmitteln, damit ein aktives, gesundes Leben möglich ist. Systematisch betrachtet, wird die Lebensmittelsicherung beeinflusst durch die vier Kategorien:

- Lebensmittelqualität
- Lebensmittelsicherheit
- Lebensmittelbetrug/Lebensmittelverfälschung
- Lebensmittelschutz.

Die Konstitution der Lebensmittelsicherung zeigt ○ Abb. 2.2 schematisch. Die benannten Kategorien sind nicht immer scharf voneinander abzugrenzen, sondern können unterschiedlich konvergieren (○ Abb. 2.3).

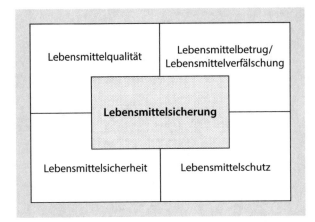

**Abb. 2.2** Konstitution der Lebensmittelsicherung

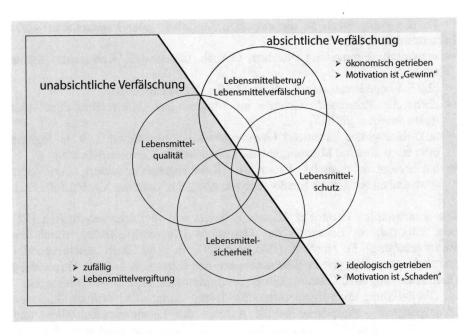

**Abb. 2.3** Lebensmittelsicherung – Kategorien und ihre Konvergenz (Nach GFSI 2017)

## 2.3.1 Lebensmittelqualität

**Lebensmittelqualität** (engl. **Food Quality**) ist die Gesamtheit aller Merkmale (Eigenschaften) eines Lebensmittels in Bezug auf ihre Eignung, festgelegte und vorausgesetzte Erfordernisse zu erfüllen. Kurzum: Qualität ist die Erfüllung der vorher festgelegten Merkmale/Eigenschaften (**Abb. 2.4**).

**2**

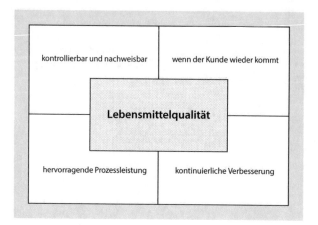

**□ Abb. 2.4**   Attribute der Lebensmittelqualität

Zu den Ansprüchen an die einzelnen Merkmale oder Eigenschaften eines Lebensmittels zählen:

- sensorische Parameter (Aussehen, Geruch, Geschmack, Konsistenz, Textur etc.)
- physikalische Parameter (Gewicht, Größe, Geometrie etc.)
- chemische Parameter (Gehalte an Makro- und Mikronährstoffen oder unerwünschten Stoffen)
- mikrobiologische Parameter (erwünschte Mikroorganismen z. B. in Joghurt oder unerwünschte Mikroorganismen wie Schimmel, Salmonellen etc.)
- ernährungsphysiologische Parameter (Kaloriengehalt/Brennwert, An- oder Abwesenheit bestimmter Inhaltsstoffe wie Allergene, Vitamine, Mineralstoffe etc.).

Die vorerwähnten Parameter können definiert sein in Rechtsvorschriften (EU oder national), in Leitsätzen des Deutschen Lebensmittelbuches, durch die Rechtsprechung, in Normen (ISO/EN/DIN), in Richtlinien entsprechender Industriebranchen sowie in Beschreibungen des Herstellers auf der Verpackung (**Kennzeichnung,** engl. Labelling), in Begleitdokumenten oder in Werbeaussagen.

Die Erfüllung der vorgenannten objektiven – in technischen Spezifikationen niedergelegten – Ansprüche ist die Aufgabe des Lebensmittelherstellers und bestimmt die Qualität des Produktes. Die Nichterfüllung eines oder mehrerer dieser Parameter führt zu einem oder mehreren Fehlern – und damit zur **Nicht-Qualität.**

## Qualität

- Qualität (lat. *qualitas*) bedeutet Beschaffenheit (lat. *qualis,* adv. wie beschaffen?) und sagt aus, *wie* ein Produkt beschaffen und *ob* es für einen bestimmten Zweck geeignet ist.
- Qualität ist, wenn der Kunde wiederkommt.

- Qualität heißt: Gewöhnliches außergewöhnlich gut tun.
- Qualität ist die Erfüllung der vorher festgelegten Eigenschaften oder Merkmale, also die Erfüllung von Spezifikationen oder Vorgaben.

**Nicht-Qualität**
Das Gegenteil von Qualität ist Nicht-Qualität.

**Qualitätsmanagement (QM)**
Zum Qualitätsmanagement gehören alle Tätigkeiten der Gesamtführungsaufgabe in einem Unternehmen, die Qualitätspolitik, Ziele und Verantwortungen festlegen sowie diese durch Mittel wie Qualitätsplanung, Qualitätslenkung, Qualitätssicherung und Qualitätsverbesserung im Rahmen einem QM-Systems verwirklichen (nach DIN ISO 8402).

## 2.3.2 Lebensmittelsicherheit

**Lebensmittelsicherheit** (engl. **Food Safety**) umfasst alle Maßnahmen und Konzepte, die sicherstellen, dass ein Lebensmittel für Verbraucher zum Verzehr geeignet ist und dass von diesem keine gesundheitlichen Gefahren ausgehen. Das Ziel eines jeden in der Lebensmittelkette Beteiligten muss es sein, *sichere Lebensmittel* herzustellen.

Nach Art. 14 der Lebensmittelbasisverordnung (▶ Abschn. 3.1.1) gilt:
- Lebensmittel, **die nicht sicher sind,** dürfen nicht in Verkehr gebracht werden.
- Lebensmittel **gelten als nicht sicher,** wenn davon auszugehen ist, dass sie
  - gesundheitsschädlich sind oder
  - für den Verzehr durch den Menschen ungeeignet sind.

**Sichere Lebensmittel**

Lebensmittel gelten **als nicht sicher,** wenn sie gesundheitsschädlich – oder für den Verzehr ungeeignet sind.

## 2.3.3 Lebensmittelbetrug und Lebensmittelverfälschung

Lebensmittelbetrug ist ein altes Phänomen. Der Ausdruck Lebensmittelbetrug (engl. **Food Fraud, Food Fakery**) ist ein Sammelbegriff, der die vorsätzliche und unerlaubte Substitution, Addition, Beimischung, Verdünnung, Fälschung, Imitation, Manipulation oder Falschdarstellung (engl. Misrepresentation) von Lebensmitteln umfasst, mit der Absicht, dadurch einen ökonomischen Vorteil zu erzielen. Auch gefälschte oder nicht erlaubte Siegel oder Verschweigen wichtiger Informationen gehören dazu. In Deutschland verwenden die Aufsichtsbehörden für diesen Gesamtkomplex zunehmend die Vokabel **Lebensmittelkriminalität.**

**2**

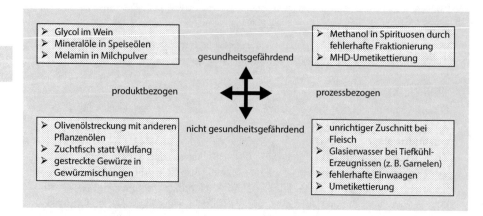

➤ Glycol im Wein
➤ Mineralöle in Speiseölen
➤ Melamin in Milchpulver

**gesundheitsgefährdend**

➤ Methanol in Spirituosen durch fehlerhafte Fraktionierung
➤ MHD-Umetikettierung

**produktbezogen**          **prozessbezogen**

➤ Olivenölstreckung mit anderen Pflanzenölen
➤ Zuchtfisch statt Wildfang
➤ gestreckte Gewürze in Gewürzmischungen

**nicht gesundheitsgefährdend**

➤ unrichtiger Zuschnitt bei Fleisch
➤ Glasierwasser bei Tiefkühl-Erzeugnissen (z. B. Garnelen)
➤ fehlerhafte Einwaagen
➤ Umetikettierung

◨ **Abb. 2.5**  Lebensmittelbetrug und Lebensmittelverfälschung – Kategorisierung und Beispiele. *Erläuterung:* MHD Mindesthaltbarkeitsdatum

Die Vortäuschung einer anderen, in der Regel besseren Beschaffenheit eines Lebensmittels als der tatsächlich gegebenen wird als **Lebensmittelverfälschung** (engl. Food Fakery) bezeichnet. Es ergibt sich daraus meist eine Minderung im Nährwert, im Genusswert oder in der Brauchbarkeit des Lebensmittels. Ein wertgemindertes Lebensmittel ist jedoch verkehrsfähig, wenn die Abweichung deutlich kenntlich gemacht ist und diese dem Verbraucher ermöglicht, die abweichende Beschaffenheit deutlich zu erkennen.

In Ermangelung einer harmonisierten europäischen Definition hat die EU-Kommission folgende Kriterien für das Vorliegen von **Lebensmittelbetrug** aufgestellt (Charné 2019):

— Verletzung des EU-Lebensmittelrechts
— vorsätzliches Handeln
— wirtschaftlicher Gewinn
— Täuschung der Verbraucher.

Eine Möglichkeit der Kategorisierung im Bereich Lebensmittelbetrug und Lebensmittelverfälschung zeigt ◨ Abb. 2.5, die einige bekanntgewordene Beispiele benennt.

### 2.3.4  **Lebensmittelschutz**

Unter **Lebensmittelschutz** (engl. Food Defense) wird der Produkt- und Produktionsschutz von Lebensmitteln vor möglicher mutwilliger (krimineller) Kontamination oder Verfälschung durch (mikro-)biologische, chemische, physikalische oder auch radioaktive Stoffe verstanden. Aktionen dieser Art können das Potenzial eines kriminellen (Erpressung) oder terroristischen (Anschlag auf Leib und Seele) Hintergrunds haben.

Grundvoraussetzung für einen erfolgreichen Lebensmittelschutz ist unter anderem eine Gefahrenanalyse, die die entsprechenden Risiken bewertet. Auch die Einführung eines Sicherungssystems und eine Schwachstellenbewertung ist zwingend notwendig.

Zum Food Defense gehören operative und personelle Schutzmaßnahmen (Kontrolle des Zutritts in Produktionsbetriebe, Schutz von Transporten etc.) sowie der Schutz des Produktes mit Hilfe der Verpackung (Sicherheitsverschluss). Durch die Anwendung eines **Sicherheitsverschlusses** (Siegel) besteht die Möglichkeit, dass Verbraucher, Käufer und Empfänger die Unversehrtheit einer Verpackung erkennen können.

## 2.4 Lebensmittelauthentizität

**Authentizität**

**Authentizität** (engl. Authenticity) von Lebensmitteln bedeutet: Originalität, Echtheit, Unverfälschtheit.

Der Handel mit gefälschten und verdorbenen Lebensmitteln war schon zu allen Zeiten von Relevanz. Die ersten schriftlichen Aufzeichnungen lassen sich bis in das 17. Jahrhundert vor Christus zurückverfolgen und entstammen einer babylonischen Sammlung von Rechtstexten, dem Codex Hammurabi.

Trotz der inzwischen besser definierten Rechtslage ist die **Authentizität,** d. h. die Echtheit oder Originalität oder Unverfälschtheit von Lebensmitteln, immer noch ein entscheidendes Kriterium in vielen Bereichen der komplexen und globalen Beschaffungskette. Gegenüber früher sind die Herausforderungen heute weitaus diffiziler, sie bestehen aufgrund der globalen Stoffkreisläufe u. a. in der Bestimmung der Art des Rohstoffes (z. B. der Sorte), im Nachweis der exakten regionalen Herkunft (z. B. zur Verifizierung regional geschützter Lebensmittel), der Abgrenzung gentechnikfreier von gentechnisch veränderter Ware sowie der Unterscheidung spezieller Produktionsweisen (biologischer, ökologischer bzw. nachhaltiger *versus* konventioneller Anbau).

Unterschiedliche Ausprägungen von Lebensmittelfälschungen sind in den letzten Jahren bekannt geworden. Viele Rohstoffe werden aus Anbauländern außerhalb Europas eingekauft oder aufgrund ökonomischer Überlegungen nicht aus dem europäischen Wirtschaftsraum bezogen.

Zu den weltweit am häufigsten „gefälschten" Lebensmitteln zählen beispielsweise Olivenöl, Honig, Milch, Orangensaft, Apfelsaft, Kaffee, Wein, Fisch und Gewürze (besonders Safran).

## Literatur

Charné V (2019) Food Fraud – Neue Methoden für Amtliche Kontrollen innerhalb der gesamten Lebensmittelkette. Lebensmittelchemie 73:138–139

Gesellschaft Deutscher Chemiker (GDCh) (Hrsg) (2019) Elemente – 150 Jahre Periodensystem. Spektrum der Wissenschaft, Heidelberg

GFSI (2017) Global food safety initiative guidance, documents version 7.1 ► https://www.dqs-cts.com

Hopkins J (1999) Strange Food – Skurrile Spezialitäten. Komet, Frechen

# Maximen des Lebensmittelrechts

## Inhaltsverzeichnis

© Der/die Herausgeber bzw. der/die Autor(en), exklusiv lizenziert durch Springer-Verlag GmbH, DE, ein Teil von Springer Nature 2020
R. Matissek, *Lebensmittelsicherheit*,
https://doi.org/10.1007/978-3-662-61899-8_3

**3**

Für den Bereich der Lebensmittel existiert eine beträchtlich große Vielzahl an Rechtsvorschriften. Generell wird in europäisches und nationales Recht unterschieden. Das EU-Recht hat grundsätzlich Vorrang vor den nationalen Vorschriften der Mitgliedstaaten, d. h., das nationale Recht muss konform mit dem EU-Recht sein. Bestehen dennoch Konflikte, darf von den Behörden das nationale Recht nicht angewendet werden.

## 3.1 Europäisches Lebensmittelrecht

**Verordnungen,** die von der EU erlassen werden, gelten in allen Mitgliedstaaten allgemein und unmittelbar. Die Umsetzung einer Verordnung in nationales Recht ist in solch einem Fall nicht erforderlich. Neben den im Folgenden aufgeführten europäischen Verordnungen sind zum Teil noch weitere nationale Verordnungen gültig, welche die europäischen Verordnungen ergänzen und solange angewendet werden, bis sie von europäischen Bestimmungen abgelöst werden. Durchführungsverordnungen legen die Anwendung eines Gesetzes dar, weisen aber keinen Gesetzescharakter auf.

**Richtlinien** sind zwar ebenfalls für alle EU-Mitgliedstaaten verbindlich, aber nur hinsichtlich der festgelegten Ziele. Die Mitgliedstaaten müssen die Richtlinien in nationales Recht umsetzen. Bezüglich der Form und der Mittel, wie diese Ziele erreicht werden sollen, haben die Mitgliedstaaten freie Wahl. Im Sinne eines einheitlichen Binnenmarkts und einer harmonischen Rechtslage wurden in den letzten Jahren vorrangig Verordnungen erlassen.

Richtlinien und Verordnungen werden in zwei Regelungstypen unterteilt:
- **Horizontale** Regelungen werden produktübergreifend angewendet (z. B. die Basisverordnung (EG) Nr. 178/2002, die auf alle Lebensmittel anzuwenden ist).
- **Vertikale** Regelungen werden produktspezifisch angewendet (z. B. die Richtlinie (EG) Nr. 2000/36 über Kakao- und Schokoladeerzeugnisse für die menschliche Ernährung).

### 3.1.1 Basisverordnung

In der **EU-Basisverordnung** (EG) Nr. 178/2002 werden die Grundsätze des europäischen Lebensmittelrechts festgehalten und das europäische Lebens- und Futtermittelrecht harmonisiert:
- Im **ersten** Teil finden sich eine Reihe von Definitionen und Begriffsbestimmungen.
- Im **zweiten** Teil folgen die allgemeinen lebensmittelrechtlichen Grundsätze, zu denen das Gebot der Lebensmittelsicherheit, die Durchführung von Risikoanalysen, das Vorsorgeprinzip, der Schutz der Verbraucherinteressen und das Prinzip der Rückverfolgbarkeit zählen.

- Im **dritten** Teil sieht die Verordnung die Errichtung einer europäischen Behörde für Lebensmittelsicherheit vor, die in der EFSA (European Food Safety Authority) umgesetzt wurde.
- Im **vierten** Teil finden sich die Grundsätze zur Einführung eines Schnellwarnsystems (RASFF) sowie zum Krisenmanagement und für Notfälle.

### 3.1.2 Schnellwarnsystem

Das Europäische **Schnellwarnsystem** für Lebens- und Futtermittel (engl. **Rapid Alert System for Food and Feed – RASFF**) dient der Datenübermittlung zwischen den EU-Mitgliedstaaten, um einen schnellen und lückenlosen Informationsfluss zu gewährleisten, wenn Produkte identifiziert werden, die eine Gefahr für die Gesundheit darstellen könnten. Die nationalen Koordinationsstellen, in Deutschland das Bundesamt für Verbraucherschutz und Lebensmittelsicherheit – BVL, informieren dann gegebenenfalls die Öffentlichkeit. Beim RASFF werden vier Arten von Meldungen unterschieden:

- **Warnmeldungen.** Diese betreffen Lebensmittel, die ein ernstes Risiko für die menschliche Gesundheit aufweisen und sofortige Maßnahmen erfordern, da sich diese bereits im Verkehr befinden.
- **Informationsmeldungen.** Das sind Meldungen, die keinen unmittelbaren Handlungsbedarf erfordern; die Weitergabe der Informationen ist aber für die anderen Mitgliedstaaten von Interesse, da ein Risiko erkannt wurde.
- **Grenzzurückweisungen** betreffen Lebensmittel, die an einer EU-Außengrenze zurückgewiesen wurden, weil ein Gesundheitsrisiko besteht. Entweder wird die Lieferung in das Herkunftsland verbracht oder direkt vernichtet.
- **Nachrichten** fallen in keine der oben genannten Kategorien, sind aber dennoch von Relevanz für die Mitgliedsstaaten.

### 3.1.3 Hygienepaket

Nach der Einführung der Basisverordnung (EG) 178/2002, in welcher der europäische Gesetzgeber u. a. zum einem ein „hohes Schutzniveau" fordert und zum anderen festlegt, dass die Verantwortung für die Lebensmittelsicherheit beim Lebensmittelunternehmer liegt, verabschiedete die EU das sog. Hygienepaket, um diese Ansprüche entsprechend zu untermauern.

Das **Hygienepaket** setzt sich aus insgesamt drei Verordnungen zusammen:
- VO (EG) Nr. 852/2004 über Lebensmittelhygiene
- VO (EG) Nr. 853/2004 mit spezifischen Vorschriften für Lebensmittel tierischen Ursprungs
- VO (EG) Nr. 854/2004 mit Vorschriften über die amtliche Überwachung von Erzeugnissen tierischen Ursprungs.

**3**

Diese Verordnungen werden zusätzlich noch ergänzt durch weitere nationale Vorschriften sowie einer Verordnung über mikrobiologische Kriterien in Lebensmitteln VO (EG) Nr. 2073/2005.

### 3.1.4 HACCP-Konzept

Zur Stärkung der Verantwortlichkeit des Unternehmers erließ die Kommission in der VO (EG) Nr. 852/2005 die sogenannten HACCP-Grundsätze (Akronym von engl. **Hazard Analysis and Critical Control Points**). Das HACCP-Konzept (zu Deutsch in etwa: *Gefahrenanalyse und kritische Kontrollpunkte*) ist ein vorbeugendes System, das die Sicherheit von Lebensmitteln und Verbrauchern gewährleisten soll, indem die kritischen Lenkungspunkte (engl. Critical Control Points – CCP) geregelt werden. Ein **CCP** ist dabei ein Prozessschritt, von dem eine potenzielle Gesundheitsgefahr ausgehen könnte, z. B. eine Unterbrechung der Kühlkette.

Die Prinzipien von HACCP beinhalten sieben Grundsätze:
1. Durchführung einer Gefahrenanalyse (engl. Hazard Analysis)
2. Festlegung der kritischen Lenkungspunkte (engl. Critical Control Points)
3. Festlegung von Grenzwerten (engl. Critical Limits)
4. Aufbau eines Systems zur Überwachung (engl. Monitoring)
5. Festlegung von Korrekturmaßnahmen, wenn ein Lenkungspunkt nicht mehr beherrscht wird (engl. Corrective Measures)
6. Verifizierung der Wirksamkeit des HACCP-Systems (engl. Verification)
7. Dokumentation aller Vorgänge und Aufzeichnungen (engl. Documentation)

Das **HACCP-Konzept** wurde ursprünglich von der NASA für Astronautennahrung entwickelt und später von der Codex-Alimentarius-Kommission der WHO/FAO (World Health Organization, dt. Weltgesundheitsorganisation/Food and Agriculture Organization of the United Nations, dt. Ernährungs- und Landwirtschaftskommission der Vereinten Nationen) übernommen, bevor es Eingang in die gesetzlichen Regelungen fand.

### 3.1.5 Lebensmittelinformationsverordnung

Mit der Einführung der **Lebensmittelinformationsverordnung (LMIV, VO (EU) Nr. 1169/2011)** sieht der europäische Gesetzgeber eine einheitliche europaweite Kennzeichnung (engl. Labelling) von Lebensmitteln vor. Diese soll das Recht auf Information für Verbraucher gewährleisten und sicherstellen, dass sie in geeigneter Weise in Kenntnis gesetzt werden. Dazu zählt zum einen, wie die Kennzeichnung zu erfolgen hat, und zum anderen, dass die Informationen über ein Lebensmittel nicht irreführend sein dürfen.

## 3.1.6 Zusatzstoffverordnung

Mit der VO (EG) Nr. 1333/2008 über Lebensmittelzusatzstoffe (**EU-Lebensmittelzusatzstoffverordnung**) wird der Einsatz von Zusatzstoffen (engl. Food Additives) in Lebensmitteln geregelt. Zusatzstoffe werden in Lebensmitteln aus technologischen Gründen z. B. zur Konservierung beigefügt. Grundsätzlich gilt für die Anwendung von Zusatzstoffen das Verbotsprinzip mit Erlaubnisvorbehalt, d. h., ein Zusatzstoff darf nur dann verwendet werden, wenn er ausdrücklich zugelassen wurde.

## 3.1.7 Unerwünschte Stoffe

Lebensmittel können unabhängig von ihrer Erzeugung verschiedene toxikologisch relevante und deshalb unerwünschte Stoffe enthalten (► Kap. 4). Im Kernbereich gehören zu den unerwünschten Stoffen Kontaminanten und Rückstände, darüber hinaus aber auch Biotoxine u. dgl. in Lebensmitteln.

**Kontaminanten** sind Stoffe, die normalerweise nicht bewusst (nicht beabsichtigt) in ein Lebensmittel eingetragen wurden, dazu zählen u. a. Dioxine oder Schwermetalle. Dagegen sind **Rückstände** solche Stoffe, die einem Lebensmittel in Laufe der Gewinnung bzw. Herstellung bzw. Lagerung aus bestimmten autorisierten Gründen bewusst (absichtlich) zugesetzt wurden – und üblicherweise anschließend wieder weitgehend oder vollständig entfernt oder abgebaut werden, aber dennoch unvermeidbare Reste hinterlassen, wie Pflanzenschutz- oder Tierbehandlungsmittel. Obwohl das Vorkommen sowohl von Kontaminanten als auch von Rückständen in Lebensmitteln grundsätzlich unerwünscht ist, kann es dennoch nicht immer zwangsläufig vermieden werden.

### 3.1.7.1 Kontaminanten

Für Kontaminanten gilt eine Vielzahl von Vorschriften. In diesen sind unter anderem die zulässigen Höchstgehalte für gesundheitsbedenkliche Stoffe, Sondervorschriften für die Einfuhr aus Nicht-EU-Staaten oder spezifische Überwachungsprogramme zu belasteten Produkten geregelt. Die Vorschriften gelten für alle Lebensmittelunternehmer von der Primärproduktion bis hin zum Händler. Der verantwortliche Hersteller, Importeur oder sonstige Inverkehrbringer von Lebensmitteln hat dafür Sorge zu tragen, dass das Erzeugnis den Anforderungen der einschlägigen Rechtsvorschriften entspricht. Die Lebensmittelüberwachung überprüft risikoorientiert und stichprobenhaft die Einhaltung der Vorschriften.

Die Grundprinzipien des europäischen **Kontaminantenrechts** sind in der Verordnung (EWG) Nr. 315/93 niedergelegt. Demnach dürfen keine Lebensmittel in den Verkehr gebracht werden, die Kontaminanten in gesundheitlich nicht vertretbaren Mengen enthalten. Ferner gilt ein **Minimierungsgebot**. Durch die *Gute Herstellungspraxis* von der Gewinnung bis zum Inverkehrbringen soll der Gehalt

**3**

an Kontaminanten in Lebensmitteln auf so niedrige Werte begrenzt werden, die vernünftigerweise erreichbar sind (ALARA-Prinzip, ▶ Abschn. 5.4). Der Gesetzgeber kann zum Schutz der Verbraucher für bestimmte Kontaminanten Höchstgehalte festgelegen.

Die wichtigsten Kontaminanten in Lebensmitteln werden in Teil II des Buches abgehandelt.

---

**Kontaminanten ↔ Rückstände**

**Kontaminanten**
Stoffe, die einem Lebensmittel oder Rohstoff nicht bewusst (nicht absichtlich) zugesetzt werden, sondern unabsichtlich hineingelangen oder in ihm selbst entstehen werden als **Kontaminanten** bezeichnet (z. B. Dioxine, Acrylamid).

**Rückstände**
Unter Rückständen werden Reste von Stoffen verstanden, die während der Produktion pflanzlicher oder tierischer Lebensmittel oder während deren Lagerung aus bestimmten autorisierten Gründen bewusst und zielgerichtet eingesetzt wurden (z. B. Pflanzenschutzmittel, Tierbehandlungsmittel).

---

### 3.1.7.2 **Rückstände**

Unter **Rückständen** werden Reste von Stoffen verstanden, die während der Produktion pflanzlicher oder tierischer Lebensmittel oder während deren Lagerung bewusst und zielgerichtet eingesetzt werden. Hierzu zählen beispielsweise **Pflanzenschutzmittel**, Schädlingsbekämpfungsmittel oder **Tierbehandlungsmittel**. Die entsprechenden Wirkstoffe und Mittel müssen vor ihrer Verwendung zugelassen sein. Wenn diese Stoffe oder deren Umwandlungsprodukte bis zur Ernte oder während der Lebenszeit der Tiere bzw. bis zum Verzehr des Lebensmittels nicht vollständig abgebaut oder ausgeschieden werden, können sie als Rückstände im Lebensmittel auftreten.

Rückstände aus zugelassenen Anwendungen sind gemäß Gesetzgebung in Lebensmitteln in gewissen Grenzen (Rückstandshöchstgehalte, engl. **Maximum Residue Levels – MRL**) zulässig. Die **Rückstandshöchstgehalte** werden dabei so festgelegt, dass die Mittel nach guter fachlicher Praxis angewendet werden und die Rückstände für den Verbraucher sicher sind. Für die Festlegung von Höchstwerten für Pflanzenschutzmittel hat der europäische Gesetzgeber die Verordnung (EG) Nr. 396/2005 und für die Determinierung von Höchstgehalten für Kontaminanten die Verordnung (EG) Nr. 1881/2006 erlassen. Für die Beurteilung von Rückständen an pharmakologisch wirksamen Stoffen in Lebensmittel wird die Verordnung (EG) Nr. 470/2009 zusammen mit der Verordnung (EU) Nr. 37/2010 über pharmakologisch wirksame Stoffe und ihre Einstufung hinsichtlich der Rückstandshöchstmengen in Lebensmitteln tierischen Ursprungs herangezogen.

Die wichtigsten Rückstände in Lebensmitteln werden im Teil III des Buches abgehandelt.

## 3.1.8 Biologisch erzeugte Lebensmittel

Die Produktion der biologischen Erzeugnisse ist oftmals kosten- und flächenintensiver, so dass Verfälschungen nicht ausgeschlossen werden können. Um Verbraucherinteressen zu schützen, das Vertrauen der Verbraucher zu bewahren und einen fairen Wettbewerb zu gewährleisten, wurde vom europäischen Gesetzgeber die Verordnung (EG) Nr. 834/2007 erlassen. Dieser Verordnung unterliegen alle Stufen der Produktion, der Aufbereitung und des Vertriebs ökologischer/biologischer Erzeugnisse sowie deren Kennzeichnung und Werbung und umfassen u. a. den Einsatz von Düngemitteln, Substanzen zur Bodenverbesserung und Pflanzenschutzmitteln.

## 3.1.9 Kontrollverordnung

Die **Lebensmittelkontrolle** (Lebensmittelüberwachung) in der EU wurde mit der Verordnung (EU) Nr. 2017/625 über amtliche Kontrollen und andere amtliche Tätigkeiten zur Gewährleistung der Anwendung des Lebens- und Futtermittelrechts und der Vorschriften über Tiergesundheit und Tierschutz, Pflanzengesundheit und Pflanzenschutzmittel (Verordnung über amtliche Kontrollen, bzw. EU-Kontrollverordnung) neu geregelt und ist seit Ende 2019 in Kraft.

Geregelt werden damit folgende Bereiche:
- die Durchführung amtlicher Kontrollen und anderer amtlicher Tätigkeiten der zuständigen Behörden der Mitgliedstaaten
- die Finanzierung der amtlichen Kontrollen
- die Amtshilfe zwischen den Mitgliedstaaten und deren Zusammenarbeit
- die Durchführung von Kontrollen durch die Kommission in den Mitgliedstaaten und in Drittländern
- die Festlegung von Bedingungen für Tiere und Waren, die aus Drittländern in die Union verbracht werden
- die Einrichtung eines computergestützten Informationssystems zur Verwaltung von Informationen und Daten über die amtlichen Kontrollen.

Die Verordnung gilt ferner u. a. für die amtlichen Kontrollen:
- der Lebensmittel und der Lebensmittelsicherheit sowie der Vorschriften zu den Gegenständen, die dazu bestimmt sind, mit Lebensmitteln in Berührung zu kommen
- der absichtlichen Freisetzung genetisch veränderter Organismen (GVO) zur Herstellung von Lebens- und Futtermitteln in die Umwelt
- der Futtermittel und der Futtermittelsicherheit
- der Anforderungen im Bereich der Tiergesundheit und des Tierschutzes
- der ökologischen/biologischen Produktion und deren Kennzeichnung
- der Verwendung der Angaben „geschützte Ursprungsbezeichnung" (g. U.), „geschützte geografische Angabe" (g. g. A.) und „garantiert traditionelle Spezialität" (g. t. S.).

**3**

## 3.2 Nationales Lebensmittelrecht

In Deutschland werden sowohl Gesetze als auch Verordnung erlassen. Gesetze werden von der Legislative, also dem Bundestag oder Bundesrat, in einem meist sehr langwierigen Vorgang beschlossen. Verordnungen können schneller und einfacher von der Exekutive z. B. der Bundesregierung erlassen werden, bedürfen aber als Ermächtigungsgrundlage eines Gesetzes.

### 3.2.1 Lebensmittel- und Futtermittelgesetzbuch

Das **Lebensmittel- und Futtermittelgesetzbuch (LFGB;** genauer: Lebensmittel-, Bedarfsgegenstände und Futtermittelgesetzbuch) bildet die Grundlage für das deutsche Lebensmittelrecht und ist aus dem europäischen Harmonisierungsprozess hervorgegangen. Der deutsche Gesetzgeber regelt damit die Lücken, die von der EU nicht erfasst wurden; es bildet die Grundlage für nationale Sanktionen. Das LFGB besteht aus insgesamt elf Abschnitten und beinhaltet nicht nur den Verkehr mit Lebensmitteln, sondern auch mit Futtermitteln, kosmetischen Mitteln und Bedarfsgegenständen. Auf diese Weise fand eine Bündelung vorheriger separater Gesetze statt, um eine Vereinheitlichung zu erzielen. Darüber hinaus findet sich in §64 die Gesetzesgrundlage für die amtlichen Untersuchungsmethoden, die bei der Analyse von Lebensmitteln allgemein angewendet werden, um eine vergleichbare Qualität der Untersuchungsergebnisse zu gewährleisten (LFGB 2019).

### 3.2.2 Normen und Empfehlungen

**Normen** und **Empfehlungen** sind rechtlich unverbindlich und die Anwendung ist grundsätzlich freiwillig, so dass jedem Unternehmen freigestellt ist, eine Norm einzuhalten. Sie dienen aber häufig Gerichten und Behörden als Hilfestellung bei der Auslegung der rechtlichen Regelungen. In bestimmten Fällen können sie auch in gesetzliche Regelungen eingebunden werden. Zudem geben Normen die Anforderung an Produkte, Dienstleistungen oder Verfahren wieder und erleichtern auf diese Weise den freien Warenverkehr. Außerdem dienen sie zur Qualitätssicherung und sollen die Sicherheit von Menschen und Sachen gewährleisten.

#### 3.2.2.1 ISO-Normen

Die **ISO-Normen** werden von der Internationalen Organisation für Normung herausgegeben und sind weltweit anerkannt. Mitglieder sind die nationalen Institute für Normungen verschiedenster Länder weltweit. Jedes Land kann nur ein Mitglied stellen. Deutschland wird vom Deutschen Institut für Normung vertreten.

Seit 2005 besteht die weltweit anerkannte Norm **DIN EN ISO 22000,** welche die Anforderungen an Managementsysteme für Lebensmittelsicherheit in der gesamten Lebensmittelkette definiert. Die ISO 22000 vereinigt die bisher für Teilbereiche der Lebensmittelproduktion bestehenden Qualitätsstandards wie wie z. B. HACCP, **IFS** (International Food Standard), **BRC** (British Retail Consortium) und **ISO 9001,** eine internationale Norm, die Mindeststandards vorgibt, nach denen die Abläufe in einem Unternehmen zu gestalten sind, damit sichergestellt wird, dass die Kunden die erwartete Qualität erhalten.

Die **DIN EN ISO/IEC 17025** liefert die Basis für die weltweite Arbeit von Prüf- und Kalibierlaboratorien, d. h., alle staatlichen Überwachungslaboratorien und privaten Laboratorien, die Untersuchungen im Auftrag der Wirtschaft durchführen und deren Ergebnisse rechtlich anerkannt werden sollen, müssen die Anforderung der DIN EN ISO 17025 erfüllen.

### 3.2.2.2 EN-Normen

Auf europäischer Eben werden Normen vom Europäischen Komitee für Normung (**CEN,** franz. Comité Européen de Normalisation) zur Harmonisierung der nationalen Normen erstellt.

### 3.2.2.3 DIN-Normen

**DIN-Normen** werden vom Deutschen Institut für Normung entwickelt. Das DIN ist Mitglied in den internationalen Gremien ISO und CEN und vertritt in diesem Rahmen die deutschen Interessen. An der Entstehung der Normen können sich alle interessierten Kreise beteiligten so z. B. Hersteller, Verbraucher, Forschungsinstitute oder Behörden. Alle fünf Jahre werden die DIN-Normen auf ihre Aktualität überprüft und gegebenenfalls überarbeitet.

### 3.2.2.4 Codex Alimentarius

Die Codex-Alimentarius-Kommission ist ein Gremium der WHO/FAO, welche den so bezeichneten **Codex Alimentarius** (lat. für Lebensmittelkodex) herausgibt. Dabei handelt es sich um eine Sammlung von Normen zur Festlegung von Lebensmittelstandards, um die Lebensmittelsicherheit zu gewährleisten sowie den weltweiten Handel zu unterstützen. Auch wenn die Codex-Standards keine rechtliche Bindung haben, werden sie weltweit anerkannt und auch von der Welthandelsorganisation (engl. World Trade Organization – WTO) eingesetzt.

### 3.2.2.5 International Food Standard

Der **International Food Standard (IFS)** ist ein von der **Global Food Safety Initiative (GFSI)** anerkannter Prüfstandard und steht für eine einheitliche Formulierung und Durchführung von Audits, für eine gegenseitige Anerkennung der Audits und für eine hohe Transparenz innerhalb der gesamten Lieferkette. Unter einem Audit ist eine systematische und unabhängige Prüfung zu verstehen, um zu bestimmen, ob die Aktivitäten und die relevanten Ergebnisse mit den Anforderungen eines Standards übereinstimmen. Der IFS wurde ursprünglich von Organisationen des deutschen und französischen Einzelhandels 2002 begründet und wird seitdem laufend weiterentwickelt.

### 3.2.2.6 Leitsätze

Die **Leitsätze** werden von der Deutschen Lebensmittelbuch-Kommission herausgegeben und als Sammlung im **Deutschen Lebensmittelbuch** zusammengefasst. Sie dienen zur Beschreibung der Beschaffenheit und Merkmalen von Lebensmitteln. In den Fachausschüssen der Lebensmittelbuch-Kommission sitzen Vertreter aus Wissenschaft, Lebensmittelüberwachung, Verbraucherschaft und Lebensmittelwirtschaft. Rechtliche Grundlage der Leitsätze sind §15 und §16 des LFGB, dennoch haben auch die Leitsätze keinen rechtlich bindenden Charakter, sondern dienen als Orientierungshilfe und geben die „allgemeine Verkehrsauffassung" wieder.

### 3.2.2.7 Produktrichtlinien

Die **Produktrichtlinien** der Deutschen Lebensmittelindustrie (z. B. „Richtlinie für Zuckerwaren" herausgegeben vom **Lebensmittelverband Deutschland,** vormals **Bund für Lebensmittelrecht und Lebensmittelkunde – BLL**) sind keine Rechtsnormen und damit nicht rechtsverbindlich. Sie beschreiben die handelsübliche Verkehrsauffassung über die Zusammensetzung und die sonstige Beschaffenheit der jeweiligen Lebensmittel und benennen deren verkehrsübliche Bezeichnung im Sinne der LMIV. Die Produktrichtlinien können als Auslegungshilfe für die Frage, ob eine Irreführung im Sinne des Lebensmittelrechts vorliegt, herangezogen werden.

## 3.3 Spezialregelung in Kalifornien – Proposition 65

### 3.3.1 Warnung vor Cancerogenen

Die **Proposition 65** mit dem offiziellen Namen *„Safe Drinking Water and Toxic Enforcement Act of 1986"* – kurz **Prop 65** genannt – ist ein 1986 im US-Bundesstaat Kalifornien in Kraft getretenes Gesetz (engl. Act), das die Sauberkeit des Trinkwassers fördern soll.

> **Prop 65**
>
> Wörtlich übersetzt heißt es in diesem Act:
> „Niemand darf im Rahmen seiner Geschäftstätigkeit, egal ob wissentlich oder unwissentlich, andere Menschen einer Chemikalie aussetzen, die nach dem aktuellen Wissensstand Krebs auslösen oder zu Missbildungen bei Neugeborenen führen kann, ohne die Verbraucher klar, deutlich und in angemessenem Rahmen über dieses Risiko aufzuklären."

Nach Inkrafttreten des Gesetzes hat die **California Office of Environmental Health Hazard Assessment (OEHHA)** – eine Abteilung der kalifornischen Umweltbehörde (CalEPA) – eine Liste mit gesundheitsgefährlichen Substanzen bzw. Chemikalien veröffentlicht. Ziel ist es bis heute, krebserzeugende und reproduktionsschädliche Substanzen zu identifizieren, welche als Verunreinigung in Trinkwasser vorkommen könnten.

Die erste Version der Liste erschien 1987 und wurde seitdem um weitere Stoffe ergänzt, so dass es heute weit über 800 Einzelsubstanzen sind. Erklärtes Anliegen ist es, die kalifornische Bevölkerung über mögliche Gefahrenquellen aufzuklären. Dafür ist vorgeschrieben, Warnhinweise zu platzieren, welche über ein mögliches Risiko aufklären sollen. Besonders im Fokus steht dabei der Arbeitsschutz beim Umgang mit den gelisteten Substanzen sowie der generelle Kontakt zu Konsumgütern, welche die toxischen Chemikalien enthalten können. In diesem Kontext sind insbesondere Lebensmittel mit viel Sorgfalt zu bewerten, da es beim Verzehr zu einer direkten Aufnahme von krebserregenden und reproduktionsschädlichen Substanzen kommen kann.

### 3.3.2 Konzeption

Die von der OEHHA herausgegebene und im Internet abrufbare Liste der Proposition 65 beinhaltet ein gigantisches Tabellenwerk mit mehreren Spalten mit einer alphabetisch geordneten Aufzählung von toxischen Stoffen (▶ https:// oehha.ca.gov/proposition-65). In der ersten Spalte ist der IUPAC- oder Trivialname aufgeführt. In der zweiten Spalte der Liste wird die Art der Toxizität – krebserregend oder reproduktionsschädigend für Männer oder Frauen – beschrieben. Hierfür gibt es grundsätzlich verschiedene Szenarien. In den verbleibenden drei Spalten wird die Registriernummer beim Chemical Abstract Service (CAS), das Datum der Aufnahme in die Liste und ein möglicher sog. „Safe Harbour Level" angegeben. Der Safe Harbour Level ist hierbei ein Pendent zum NOAEL (▶ Abschn. 5.2.1) und stellt den Endpunkt einer Toxizitätsbestimmung, bei dem noch keine signifikant erhöhten schädigenden Wirkungen eines Stoffes zu verzeichnen sind, dar.

Das Verfahren der Aufnahme für eine Chemikalie beschreibt vier Stufen. Zunächst erfolgt eine öffentliche Bekanntgabe über die Neuaufnahme bzw. eine Änderung in der Sicherheitsbewertung eines Stoffes. Dies kann u. a. auf der OEHHA-Website nachvollzogen werden. Es schließt sich ein Zeitraum an, in welchem öffentliche Konsultationen zu der Neulistung erfolgen. Dabei können alternative Studien oder begründete Argumente gegen eine Aufnahme eines Stoffes eingereicht werden. Anschließend werden die Kommentare bewertet, und die OEHHA fällt eine endgültige Entscheidung über den Sachverhalt. Ein Stoff kann nur im Ausnahmefall von der OEHHA aus der Liste entfernt werden.

**3**

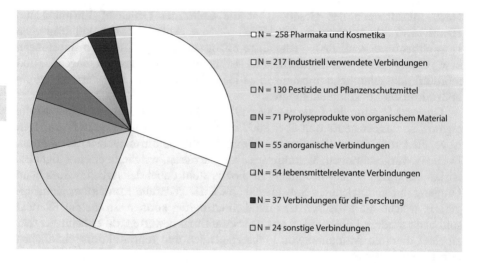

□ N =  258 Pharmaka und Kosmetika

□ N = 217 industriell verwendete Verbindungen

□ N = 130 Pestizide und Pflanzenschutzmittel

□ N = 71 Pyrolyseprodukte von organischem Material

■ N = 55 anorganische Verbindungen

□ N = 54 lebensmittelrelevante Verbindungen

■ N = 37 Verbindungen für die Forschung

□ N = 24 sonstige Verbindungen

◘ **Abb. 3.1** Mögliche Unterteilung der in der Prop 65 gelisteten Substanzen in acht Stoffklassen. *Erläuterung:* In dem Diagramm ist die jeweilige Anzahl an Einzelsubstanzen in jeder Stoffgruppe angegeben (Stand Januar 2018) (Nach Raters et al. 2018)

### 3.3.3 Substanzpool

Die Substanzen der Prop 65 unterliegen in ihrer Aufzählung keiner stofflichen Ordnung, sondern befinden sich einfach gesammelt in einem **Substanzpool**. Es ist somit zunächst ziemlich schwer, auf einen Blick mögliche relevante Gefahrstoffe zu identifizieren. Aus diesem Grund ist es sinnvoll, eine Unterteilung vorzunehmen. Eine umfassende Sichtung aller ca. 800 Stoffe der Liste führte zu einer sinnvollen Einteilung in Stoffklassen. Als Vorschlag wurde eine Untergliederung in acht Klassen vorgenommen. Die Stoffklassen sind in der folgenden Grafik (◘ Abb. 3.1) dargestellt.

Für die Untergruppe der **„lebensmittelrelevanten Verbindungen"** lassen sich insbesondere Maillard-Produkte wie z. B. Acrylamid, Furfurylalkohol sowie Methylimidazole nennen. Aber auch Substanzen wie u. a. 3-Monochlorpropandiol (3-MCPD), Polycyclische aromatische Kohlenwasserstoffe (PAH) und die Mineralölkomponenten MOSH und MOAH sind in der Prop 65 aufgelistet.

### 3.3.4 Konsequenzen

Die Prop 65 betrifft alle Unternehmen, die Produkte in Kalifornien vermarkten. Sie sind dazu verpflichtet, eine „eindeutige und angemessene" Warnung auszusprechen, bevor Menschen wissentlich und vorsätzlich einer der in der Liste enthaltenen Chemikalien ausgesetzt werden. Diese **Warnung** kann auf vielerlei Weise erfolgen, wie unter anderem durch eine entsprechende Kennzeichnung des Produkts. Ab dem Zeitpunkt, zu dem ein chemischer Stoff der Liste hinzugefügt wird, haben die Unternehmen zwölf Monate Zeit, um der Warnpflicht nachzukommen. Die Nichteinhaltung dieser Anforderungen kann Unternehmen hohe Kosten verursachen. Unternehmen sind von der Verpflichtung zu einer angemessenen Warnung nur dann befreit, wenn die Exposition gegenüber den in der Liste geführten Chemikalien so gering ist, dass kein wesentliches Risiko von Krebserkrankungen, Missbildungen oder sonstigen Schäden in Verbindung mit der Fortpflanzungsfähigkeit besteht. Die genaue Definition der Formulierung „kein wesentliches Risiko" kann zusammen mit den spezifischen Grenzwerten – den Safe Harbour Levels – auf der OEHHA-Website eingesehen werden.

Die Prop 65 ist eine weltweit einmalige Verbraucherschutzinstitution. Größtenteils private Kläger können vor Gericht Verstöße gegen das komplizierte Gesetzeswerk einreichen und kassieren bei sogenannten „settlements" hohe Provisionen von den beklagten Firmen.

## Literatur

LFGB (2019) Lebensmittel-, Bedarfsgegenstände- und Futtermittelgesetzbuch (Lebensmittel- und Futtermittelgesetzbuch – LFGB) vom 3. Juni 2013 (BGBl. I S. 1426), zuletzt geändert durch Artikel 28 des Gesetzes vom 20. November 2019 (BGBl. I S. 1626). ► https://www.gesetze-im-internet.de/lfgb/LFGB.pdf. Prüfdatum: 8. Jan. 2020

Matissek R, Fischer M, Steiner G (2018) Lebensmittelanalytik , 6. Aufl. Springer Spektrum, Berlin. ► https://doi.org/10.1007/978-3-662-55722-8

Raters M, Schneider E, Matissek R (2018) Wie Kalifornien vor Krebs warnt: Die Proposition 65 – Verbraucherschutz oder Wahnsinn? Lebensmittelchemie 72:169

Verordnung (EG) Nr. 178/2002 des Europäischen Parlaments und des Rates vom 28. Januar 2002 zur Festlegung der allgemeinen Grundsätze und Anforderungen des Lebensmittelrechts, zur Errichtung der Europäischen Behörde für Lebensmittelsicherheit und zur Festlegung von Verfahren zur Lebensmittelsicherheit

Verordnung (EG) Nr. 853/2004 des Europäischen Parlaments und des Rates vom 29. April 2004 mit spezifischen Hygienevorschriften für Lebensmittel tierischen Ursprungs

Verordnung (EG) Nr. 854/2004 des Europäischen Parlaments und des Rates vom 29. April 2004 mit besonderen Verfahrensvorschriften für die amtliche Überwachung von zum menschlichen Verzehr bestimmten Erzeugnissen tierischen Ursprungs

Verordnung (EG) Nr. 396/2005 des Europäischen Parlaments und des Rates vom 23. Februar 2005 über Höchstgehalte an Pestizidrückständen in oder auf Lebens- und Futtermitteln pflanzlichen und tierischen Ursprungs

Verordnung (EG) Nr. 1181/2006 der Kommission vom 19. Dezember 2006 zur Festsetzung der Höchstgehalte für bestimmte Kontaminanten in Lebensmittel

Verordnung (EG) Nr. 834/2007 des Rates vom 28. Juni 2007 über die ökologische/biologische Produktion und die Kennzeichnung von ökologischen/biologischen Erzeugnissen

Verordnung (EG) Nr. 1333/2008 des Europäischen Parlaments und des Rates vom 16. Dezember 2008 über Lebensmittelzusatzstoffe

Verordnung (EG) Nr. 470/2009 des Europäischen Parlaments und des Rates vom 6. Mai 2009 über die Schaffung eines Gemeinschaftsverfahrens für die Festsetzung von Höchstmengen für Rückstände pharmakologisch wirksamer Stoffe in Lebensmitteln tierischen Ursprungs

Verordnung (EU) Nr. 37/2010 der Kommission vom 22. Dezember 2009 über pharmakologisch wirksame Stoffe und ihre Einstufung hinsichtlich der Rückstandshöchstmengen in Lebensmitteln tierischen Ursprungs

Verordnung (EU) Nr. 1169/2011 des Europäischen Parlaments und des Rates vom 25. Oktober 2011 betreffend die Information der Verbraucher über Lebensmittel

Verordnung (EU) 2017/625 des Europäischen Parlaments und des Rates vom 15.03.2017 über amtliche Kontrollen und andere amtliche Tätigkeiten zur Gewährleistung der Anwendung des Lebens- und Futtermittelrechts

**3**

# Sichere Lebensmittel – Mittel zum guten Leben

## Inhaltsverzeichnis

© Der/die Herausgeber bzw. der/die Autor(en), exklusiv lizenziert durch Springer-Verlag GmbH, DE, ein Teil von Springer Nature 2020
R. Matissek, *Lebensmittelsicherheit*,
https://doi.org/10.1007/978-3-662-61899-8_4

## 4.1 Erwünschte *versus* unerwünschte Faktoren oder Stoffe

Lebensmittel sind – im wahrsten Sinne des Wortes – *Mittel zum Leben*. Dies gilt natürlich abgestuft für Grundnahrungsmittel anders als für Genussmittel, wobei die Übergänge zwischen diesen beiden Kategorien durchaus fließend sein können, so dass eine strikte Differenzierung keine weiteren Erkenntnisse bringt. *Mittel zum Leben* bedeutet eindimensional betrachtet, dass sie nur dem reinen Zweck der Ernährung, also der Sicherstellung der „Zufuhr von Stoffen, die zur Erhaltung der Körperfunktionen nötig sind" – also dem „Überleben" dienen sollen. Nach moderner Vorstellung wird aber von *Mitteln zum Leben* erwartet, dass sie über den Grundanspruch hinaus ein Leben auf gutem gesundheitlichem Niveau ermöglichen. Also moderner ausgedrückt: *Lebensmittel sind Mittel zum guten Leben.*

Lebensmittel können neben den erforderlichen Nährstoffen (z. B. Eiweiß, Fette, Kohlenhydrate, Vitamine, Mineralstoffe, Wasser, Enzyme und spezielle Inhaltsstoffe) auch besonders erwünschte resp. unerwünschte Stoffe enthalten. Für die gesundheitliche Bewertung von Lebensmitteln ist folgerichtig neben der Nährstoffversorgung die Berücksichtigung der möglichen Ingestion von toxikologisch relevanten Faktoren (unter *Faktoren* werden hier Stoffe und Mikroorganismen (inclusive Viren) bzw. Vektoren verstanden) von zentraler Bedeutung, beispielsweise durch mikrobiologisch kontrollierte oder biologisch/ökologisch oder entsprechend „frei von" oder nach ALARA erzeugte Lebensmittel. Noch weitergehend werden zunehmend auch die Möglichkeiten einer forcierten Zufuhr von gesundheitlich vorteilhaften Faktoren, wie beispielsweise solchen mit **funktionellen Eigenschaften** (engl. Functional Foods) oder solchen mit **Zusatznutzen** (engl. Health Claims) oder **Nahrungsergänzungsmittel** (**NEM,** engl. Dietary Supplements) in die Betrachtungen inkludiert.

Eine globale Übersicht über das Spannungsfeld erwünschter *versus* unerwünschter Faktoren in Lebensmitteln gibt ◘ Abb. 4.1. Ersichtlich sind Zuordnung und Abgrenzung untereinander. Die in Lebensmitteln unerwünschten Stoffgruppen können dabei anthropogenen oder biogenen/genuinen Ursprungs sein.

## 4.2 Unerwünschte Stoffe in Lebensmitteln

Stoffe, deren Vorkommen aus toxikologischen bzw. gesundheitlichen Gründen in Lebensmitteln nicht erwünscht ist oder nur in den aller niedrigsten praktisch erreichbaren Konzentrationen geduldet wird (ALARA-Prinzip), werden in der wissenschaftlichen Nomenklatur unter dem Term „**unerwünschte Stoffe**" (engl. Undesirable Substances) subsumiert. Definitionsgemäß spielt es dabei keine Rolle, ob diese Stoffe absichtlich oder unabsichtlich in das Lebensmittel gelangt sind.

Betrachtungsgegenstand in diesem inhaltlich chemisch basierten Lehrbuch sind ausschließlich die in Lebensmitteln vorkommenden unerwünschten Stoffe anthropogenen und/oder biogenen/genuinen Ursprungs. Der Begriff „*Stoffe*" meint chemisch definierte Substanzen (Elemente, Verbindungen oder Gemische mit bestimmten chemischen und physikalischen Eigenschaften) und keine Mikroorganismen/Lebensmittelpathogene bzw. Vektoren. Unerwünscht sind in Lebensmitteln aber auch Verunreinigungen durch dingliche Materialien (sog.

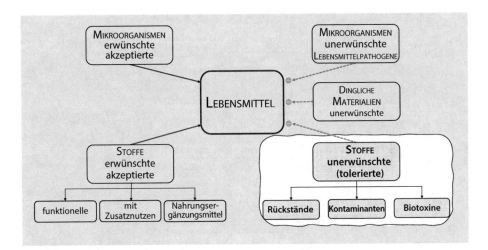

**Abb. 4.1** Lebensmittel im Spannungsfeld erwünschter *versus* unerwünschter Faktoren (schematisch). *Erläuterung:* Grau-strukuriert hinterlegte Felder: Betrachtungsgegenstand in diesem Buch; *Weitere Erläuterungen:* siehe Text

„physikalische Gefährdungen") wie Splitter/Teile bzw. Gegenstände aus Metall, Glas, Holz, Plastik, Stein, Steinschalen von Nüssen etc., aber auch Insekten(fragmente) u. dgl. die hier ebenfalls nicht Gegenstand der Betrachtungen sind. Der Fokus liegt dementsprechend im Folgenden auf chemischen *Stoffen* in den Kategorien/Stoffklassen **Kontaminanten, Rückstände** und **Biotoxine**.

Eine Übersicht über die Einteilung der unerwünschten Stoffe in Lebensmitteln zeigt ☐ Abb. 4.2. Bezüglich der Kategorie der Kontaminanten kann differenziert werden in Kontaminanten exogenen und endogenen Eintrags, bei den Biotoxinen in solche endogener und exogener Herkunft. Rückstände sind immer das Resultat einer bewussten bzw. gezielten Anwendung und daher auch immer exogener Art.

---

**Unerwünschte Stoffe ↔ unabsichtlich vorkommende unerwünschte Stoffe ↔ Kontaminanten ↔ Biotoxine**

**Unerwünschte Stoffe**
Lebensmittel können neben den *erwünschten* Nährstoffen wie z. B. Eiweiß, Fette, Vitamine und Mineralien auch unerwünschte Stoffe enthalten. Alle Stoffe, deren Vorkommen aus toxikologischen bzw. gesundheitlichen Gründen in Lebensmitteln nicht erwünscht ist oder nur in den aller niedrigsten praktisch erreichbaren Konzentrationen geduldet wird, werden unter dem Obergriff *unerwünschte Stoffe* subsumiert. Hierbei spielt es keine Rolle, ob diese Stoffe absichtlich oder unabsichtlich in das Lebensmittel gelangt sind.

**Unabsichtlich vorkommende unerwünschte Stoffe**
Teilmenge der *unerwünschten Stoffe*, reduziert um die bei der Lebensmittelerzeugung, Gewinnung oder Herstellung absichtlich verwendeten Stoffe (wie Pflanzenschutzmittel, Tierbehandlungsmittel), die zwar zu grundsätzlich unerwünschten, aber dennoch geduldeten (akzeptierten) Rückständen führen können.

**4**

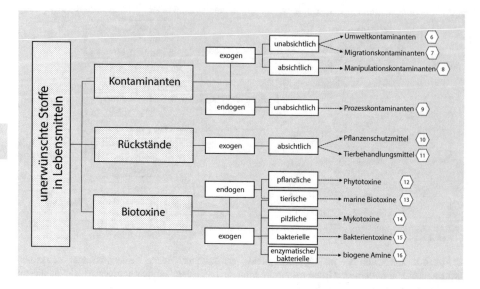

❑ **Abb. 4.2**   Übersicht – Einteilung der in Lebensmitteln unerwünschten Stoffe in Stoffklassen/Kategorien (schematisch). *Erläuterung:* In den gestrichelten Sechsecken sind die zugehörigen Kapitelnummerierungen angegeben

**Kontaminanten**
Solche Stoffe, die einem Lebensmittel oder Rohstoff in der Regel nicht bewusst (nicht absichtlich) zugesetzt werden, sondern **unabsichtlich** in das Lebensmittel hineingelangen. Es gibt aber auch Fälle zu unterscheiden, bei denen (toxische) Stoffe einem Lebensmittel „verdeckt", d. h. mit kriminellem oder terroristischem Hintergrund, **absichtlich** zugefügt werden.

**Biotoxine**
Toxikologisch relevante Stoffe, die von lebenden Organismen (Mikroorganismen, Pilze, Algen, Pflanzen, Tieren) produziert werden. Es gibt Stoffe, die nur für bestimmte Arten toxisch sind, weil sie ganz spezifische Stoffwechselfunktionen beeinflussen. Andere Toxine zeichnen sich durch einen artenübergreifenden Wirkungsmechanismus aus. Viele in kleinen Konzentrationen harmlose Stoffe sind in hohen Dosen toxisch. Es sind aber auch Stoffe bekannt, die bereits in äußerst geringen Dosen schädliche oder gar tödliche Wirkung haben – und daher als unerwünscht gelten.

## 4.2.1 **Kontaminanten**

Unabhängig von ihrer Erzeugung – ob beispielsweise durch konventionelle oder ökologische Landwirtschaft, aber durchaus abhängig von der weiteren Behandlung oder Lagerung – können Lebensmittel verschiedene unerwünschte

Stoffe enthalten. Dieses Vorkommen kann aus Sicht des Lebensmittels als **exogen** bezeichnet werden, wenn die Stoffe von „außen" auf bzw. in die Lebensmittel eingetragen werden. Demgegenüber steht das Vorkommen unerwünschter Stoffe **endogener** Art, was bedeutet, dass diese Stoffe im Lebensmittel selbst gebildet werden bzw. entstehen können (◘ Abb. 4.2).

**Kontaminanten** sind (prinzipiell) also Stoffe, die einem Lebensmittel oder Rohstoff nicht bewusst (nicht absichtlich) zugesetzt werden, sondern unabsichtlich hineingelangen oder in ihm selbst gebildet werden können (Erläuterungen hierzu ► Abschn. 3.1.7). Diese Kontaminanten werden hier als **unabsichtlich** bezeichnet, um sie von den Kontaminanten zu unterscheiden, die einem Lebensmittel „verdeckt", d. h. mit kriminellem oder terroristischem Hintergrund „**absichtlich**" zugefügt werden (vgl. hierzu ► Abschn. 2.3.3 und 2.3.4), nachfolgend als **Manipulationskontaminanten** betitelt.

Die wichtigsten Kontaminanten in Lebensmitteln werden in Teil II des Buches abgehandelt.

### 4.2.1.1 Unabsichtliche Kontaminanten

Unabsichtliche Kontaminanten (engl. unintentionally) können folgenden **Quellen** zugeordnet werden:

- Eintrag aus der **Umwelt** (Luft, Wasser, Boden, z. B. Dioxine und andere persistente Verbindungen, Schwermetalle, Radionuklide) in das Lebensmittel
- Eintrag während des **Herstellungsprozesses** (z. B. aus technischen Geräten) in das Lebensmittel
- Eintrag während der Aufbewahrung, der Lagerung und dem Transport durch den Kontakt mit **Lebensmittelbedarfsgegenständen** (z. B. engl. Food Contact Materials, Verpackungsmaterial) in das Lebensmittel
- Entstehung bei der Verarbeitung, Bearbeitung, Zubereitung **im Lebensmittel selbst** (z. B. Acrylamid, Chlorpropandiole).

Je nach **Ursprung** lassen sich die unabsichtlichen Kontaminanten wie folgt gruppieren:

- **exogene Kontaminanten**
  - **Umweltkontaminanten** (engl. Environmental Contaminants)
  - **Migrationskontaminanten** (engl. Migration Contaminants)
- **endogene Kontaminanten**
  - **Prozesskontaminanten** (engl. Process Contaminants, Foodborne Toxicants)

Es ist zu beachten, dass es durchaus Überlappungen zwischen der hier aufgestellten Guppenzuordnung geben kann, da multiple Quellen zu multiplen Kontaminationen führen können. Solche Stoffe werden deshalb als **multioriginäre Kontaminanten** bezeichnet (Beispiel PAH: ► Abschn. 6.3.4 und 9.11 sowie Beispiel Acrylamid: ► Abschn. 7.3.6 und 9.3).

### 4.2.1.2 Absichtliche Kontaminanten

Kontaminanten, die einem Lebensmittel „verdeckt", d. h. in krimineller oder terroristischer Absicht zugesetzt werden, erhalten hier die Bezeichnung

**absichtliche Kontaminanten** (engl. intentionally), um auszudrücken, dass sie zwar aufgrund der betrügerischen oder terroristischen Tat absichtlich – aber (zunächst) in unbekannter Art und Weise – dotiert wurden. Aus Sicht des Lebensmittelunternehmens bzw. der Lebensmittelüberwachung kann das Auftreten dieser Stoffe aufgrund der fehlenden Informationen so eingestuft werden, als wären sie *scheinbar unabsichtlich* vorhanden. Hinzukommt, dass es sich durchaus auch um die gleichen Stoffe handeln kann wie in unabsichtlichen Kontaminationsfällen.

Diese Art der Kontaminanten sind folglich chemisch definierte Stoffe, die bei aufgedeckten Lebensmittelbetrugs- oder Verfälschungsfällen bzw. Food-Defense-Sachverhalten identifiziert wurden. Ein passender Term dafür ist „**Manipulationskontaminanten**" (engl. Manipulation Contaminants).

### 4.2.2 Rückstände

Unter **Rückständen** werden Reste von Stoffen verstanden, die während der Produktion pflanzlicher oder tierischer Lebensmittel oder während deren Lagerung bewusst und zielgerichtet eingesetzt werden (Erläuterungen hierzu ▶ Abschn. 3.1.7). Hierzu zählen beispielsweise **Pflanzenschutzmittel**, Schädlingsbekämpfungsmittel oder **Tierbehandlungsmittel**. Die entsprechenden Wirkstoffe und Mittel müssen vor ihrer Verwendung zugelassen sein. Wenn diese Stoffe oder deren Umwandlungsprodukte bis zur Ernte oder während der Lebenszeit der Tiere bzw. bis zum Verzehr des Lebensmittels nicht vollständig abgebaut oder ausgeschieden werden, können sie als sog. Rückstände im Lebensmittel auftreten.

Da Rückstände immer das Resultat einer bewusst-gezielten Anwendung sind, ist ihr Vorkommen auch immer *absichtlicher* Natur; definitionsgemäß kann es folgerichtig keine *unabsichtlichen* Rückstände geben. Eine Übersicht dazu zeigt ❏ Abb. 4.2.

Die wichtigsten Rückstände in Lebensmitteln werden in Teil III des Buches abgehandelt.

### 4.2.3 Biotoxine

Pflanzliche oder tierische Lebensmittel können ferner toxikologisch relevante Inhaltsstoffe bzw. Stoffe, sog. **Biotoxine** (engl. Biotoxins) bzw. Naturtoxine (engl. Natural Toxins), beherbergen, die aus wissenschaftlicher Sicht streng genommen nicht den Kontaminanten zugeordnet werden sollten (aus rechtlich-systematischen Gründen geschieht dies aber meist), weil sie biogenen/genuinen Ursprungs sind (❏ Abb. 4.2).

Endogene (aus Sicht des Lebensmittels bzw. Rohstoffes) Biotoxine kommen in pflanzlichen oder tierischen Lebensmitteln vor, weil ihr Metabolismus dazu führt. Als exogene Biotoxine lassen sich solche Stoffe klassifizieren, die natürlicherweise nicht im Lebensmittel bzw. Rohstoff selbst entstehen, sondern während der Wachstumsphase der Pflanzen auf dem Feld und/oder der Gewinnung bzw.

Lagerung im oder auf dem Lebensmittelsubstrat beispielsweise durch Schimmelpilze gebildet werden und diese damit verunreinigen („kontaminieren").

Eine Einteilung kann nach Art und Weise des Ursprungs diese Stoffe erfolgen:

— **Endogene Biotoxine**
  – Pflanzliche oder tierische Herkunft,
  wie Biotoxine bzw. Naturtoxine wie Phytotoxine, Active Principles, Alkaloide, Marine Biotoxine
— **Exogene Biotoxine**
  – Pilzliche Toxine,
  wie Mykotoxine (sekundär gebildete Stoffwechselprodukte durch Schimmelpilze; in der Mehrzahl *Ascomyceten* und *Zygomyceten*)
  Bakterientoxine
  – Biogene Amine

Die wichtigsten Biotoxine in Lebensmitteln werden in Teil IV des Buches abgehandelt.

### 4.2.4 „Schadstoff"

„**Schadstoff**" ist ein veralteter, in der Wissenschaft inzwischen nicht mehr akzeptierter Begriff. Früher wurde im allgemeinen Sprachgebrauch der Begriff „Schadstoff" undifferenziert für solche Stoffe verwendet, die allein aufgrund ihrer Identität als schädlich für Organismen angesehen wurden. Diese Festlegung zeigt jedoch auch die Schwierigkeit bei der Definition dieses Begriffes auf. Da die toxische Wirkung eines bestimmten, chemisch definierten Stoffs nicht nur eine Frage der Struktur, sondern auch immer eine Funktion der Wirkkonzentration (Dosis) und der umgebenden Randbedingungen ist, wird dieser Begriff in Fachkreisen als veraltet angesehen und nicht mehr verwendet.

## 4.3 Mengenbegrenzung bei unerwünschten Stoffen

### 4.3.1 Höchstmengen

Kontaminanten und Rückstände sind in vielen Fällen nicht völlig zu vermeiden. Biotoxine haben aufgrund ihres natürlichen Vorkommens ihre eigene Problematik. Um Verbraucher bestmöglich vor diesen Stoffen zu schützen, ist es eine grundsätzliche Forderung des gesundheitlichen Verbraucherschutzes, die unerwünschten Stoffe soweit wie möglich zu minimieren. Der Gesetzgeber hat für viele der Stoffe **Höchstmengen oder Höchstwerte** (▶ Abschn. 3.1.7) festgelegt, um verbindliche Regelungen über die Belastung von Lebensmitteln zu schaffen. Lebensmittel, bei denen diese Höchstwerte überschritten werden, gelten als nicht verkehrsfähig.

**4**

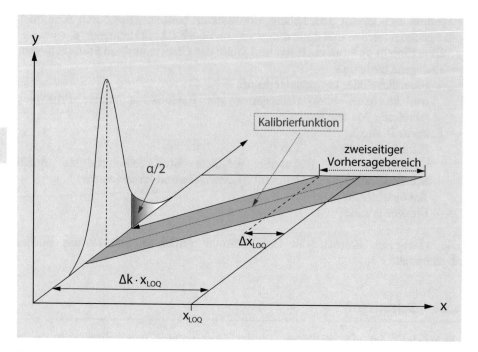

☐ **Abb. 4.3**   Definition der Bestimmungsgrenze (LOQ) (Nach DIN 32645 2008, vgl. auch Schnapka et al. 2019 und Matissek et al. 2020). *Erläuterung*: y Messgröße; x Gehalt; α sog. α-Fehler (falsch-positive Entscheidung). *Weitere Erläuterungen*: siehe Text

## 4.3.2  Bestimmungsgrenze

Die **Bestimmungsgrenze – BG** (engl. **Limit of Quantification – LOQ**) ist der kleinste Gehalt einer Substanz in einer Probe, der bei vorgegebener statistischer Sicherheit und einem festgelegten relativen Vertrauensbereich $\Delta x_{LOQ}/x_{LOQ}$ quantitativ bestimmbar ist (☐ Abb. 4.3). $\Delta x_{LOQ}$ entspricht dabei der halben Breite des zweiseitigen Vorhersagebereichs 1–α. Als Faustregel gilt: Die LOQ entspricht dem dreifachen Wert der Nachweisgrenze (engl. Limit of Detection – LOD). Die hier verwendeten Begriffsdefinitionen von Nachweis- und Bestimmungsgrenze sind aus der DIN 32645 2008 übernommen worden, diese werden aber nicht immer einheitlich verwendet. Die englischen Begriffe LOD und LOQ werden hier synonym zu den deutschen Begriffen verwendet.

**Null ↔ Abwesend?**

„Die Abwesenheit eines Dinges kann nicht positiv bewiesen werden."

### 4.3.3 Nulltoleranz

**Null ↔ „0"**

**Null** kommt aus dem Lateinischen *nullus* und bedeutet *„keiner"*, *„niemand"* und stellt somit ein Symbol für das *Nichtvorhandensein* eines Stoffes (oder Objektes) dar.

Der Begriff **Nulltoleranz** bedeutet, dass ein Stoff im jeweiligen Lebensmittel nicht vorhanden sein darf. Nulltoleranzen wurden vom Gesetzgeber (den Risikomanagern) für solche Stoffe festgelegt, deren Vorkommen im jeweiligen Lebensmittel nicht erlaubt oder direkt verboten ist.

In den Naturwissenschaften – und folglich auch in der Analytik – ist „Null" bzw. eine „Nulltoleranz" aber mit grundsätzlichen Problemen behaftet, da es „Null" als Wert eigentlich nicht gibt. Der Nachweis auf Abwesenheit von Stoffen (also „Null"-Gehalt) kann wissenschaftlich nicht geführt werden (Heberer et al. 2007). Allerdings erlaubt eine heutzutage extrem empfindliche Messtechnik den Nachweis von Stoffen nahe „Null" (wandernde Nachweis- bzw. Bestimmungsgrenzen). Das bedeutet: Einen **„Null"-Gehalt** kann niemand messen. Einen „Null"-Gehalt kann es demnach auch nicht geben.

Deswegen ist es bei analytischen Messungen äußerst wichtig, neben dem Analysenwert, die Messunsicherheit sowie die Bestimmungsgrenze (oder Nachweisgrenze) anzugeben (▶ Abschn. 4.3.2). Erst dann ist ein Ergebnis vollständig und sinnvoll.

## 4.4 Unverträglichkeitsreaktionen und Allergien gegen Lebensmittel

Der Verzehr einer Reihe von Lebensmitteln kann bei bestimmten Menschen zu allergisch bedingten **Unverträglichkeitsreaktionen** führen. Die Reaktionen können sowohl an der Haut, an den Schleimhäuten des Mund- und Rachenraumes, der Atemwege und der Augen als auch im Magen-Darm-Trakt auftreten. Mögliche Symptome sind Magenschmerzen, Durchfall, Lippen- und Rachenschwellungen, Schnupfen, Bindehautentzündungen und Bronchialasthma u. a. Daneben sind auch lebensbedrohliche Schockreaktionen, wie der **anaphylaktische Schock** bekannt. Umstritten ist dagegen die Zurückführung vieler unspezifischer Symptome auf Lebensmittel bzw. deren Inhaltsstoffe, die immer wieder diskutiert wird, z. B. Müdigkeit, Kopfschmerzen, Migräne, oder auch auffällige Verhaltensstörungen (**hyperkinetisches Syndrom** bei Kindern).

Die systematische Darstellung der Ursachen von **Überempfindlichkeiten gegen Lebensmittel** ist schwierig, vor allem, weil in der Literatur erhebliche Unterschiede in der Definition der Fachbegriffe vorkommen. Zudem sind für ein Symptombild häufig mehrere Pathomechanismen in Betracht zu ziehen, was die

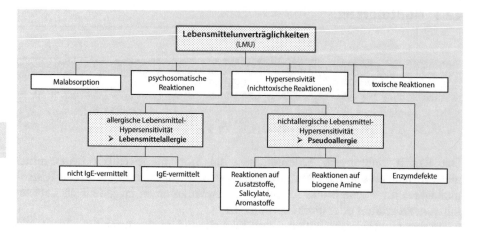

**Abb. 4.4**    Einteilung der Unverträglichkeitsreaktionen auf Lebensmittel (Nach DGE 2009)

systematische Darstellung erschwert. In ☐ Abb. 4.4 ist die von der Deutschen Gesellschaft für Ernährung (DGE) modifizierte Einteilung der Unverträglichkeitsreaktionen wiedergegeben. Daneben müssen immer auch psychische Komponenten als Mitursachen berücksichtigt werden. Alle im Folgenden beschriebenen Unverträglichkeitsreaktionen können durch Alkohol oder Genussmittel verstärkt werden (Vieths 2006, 2011).

### Lebensmittelallergie

Nur, wenn das Immunsystem an der Reaktion beteiligt ist, handelt es sich um eine echte **Lebensmittelallergie**. Eine solche allergische Lebensmittelhyperaktivität kann antikörper- und/oder zellvermittelt sein und führt bei den Betroffenen zu objektiven wiederholten Symptomen. Diese treten durch Exposition eines definierten Stimulus auf, der von Gesunden problemlos toleriert wird (Bruijnzeel-Koomen et al. 1995).

### Anaphylaktischer Schock (Anaphylaxie)

Der **anaphylaktische Schock** stellt eine allergische Extremreaktion des Organismus dar und kann innerhalb kurzer Zeit zu einer lebensbedrohlichen Situation führen. Charakteristischerweise werden mehrere Organe oder Organsysteme gleichzeitig oder in rascher Folge in Mitleidenschaft gezogen (bis zum tödlichen Kreislaufversagen).

## 4.4.1 Nichttoxische Reaktionen

### 4.4.1.1 Allergische Reaktionen (Allergien)

Der Begriff **Allergie** bezeichnet eine *erworbene Änderung der Reaktionsfähigkeit des Organismus in zeitlicher, qualitativer und quantitativer Beziehung,* hervorgerufen

**▫ Tab. 4.1** Einteilung der Unverträglichkeitsreaktionen gegen Lebensmittel

| Erkrankung | Mechanismus | Symptomauslöser |
|---|---|---|
| Allergie | Immunreaktion | Meist Proteine oder Glycoproteine aus den verschiedensten Lebensmitteln |
| Pseudoallergische Reaktion (PAR) | Verschieden, jedoch keine Immunreaktion | Häufig niedermolekulare Lebensmittelinhalts- oder Zusatzstoffe |
| Intoleranzreaktionen | Enzymdefekte | z. B. Lactose, Fructose, Phenylalanin |
| Intoxikationen | Pharmakologische bzw. toxikologische Wirkung | z. B. biogene Amine, Alkaloide, Bakterientoxine, Mykotoxine, Kontaminanten |

Quelle: Gell und Coombs (1968)

durch wiederholten Kontakt mit Allergenen (Pirquet 1906). Die allergischen Reaktionen werden in vier grundsätzliche immunpathologische Mechanismen eingeteilt, die in ▫ Tab. 4.1 zusammengestellt sind. Der Allergie gegen Lebensmittel liegt eine antikörpervermittelte **Typ-I-Reaktion** (Sofortreaktion) zugrunde. Das bekannteste Beispiel für die allergische Typ-I-Reaktion ist die Pollenallergie, die sich beispielsweise als **Heuschnupfen** äußert.

Etwa 25 % der Bevölkerung in den westlichen Industrienationen leiden an einer allergischen Erkrankung. Die Häufigkeit der Lebensmittelallergien wird im Weißbuch *Allergie in Deutschland* auf ca. 2 bis 3 % der Erwachsenen und ca. 4 % bei Kleinkindern geschätzt (Deutsche Gesellschaft für Allergologie und klinische Immunologie 2004). Andere Quellen gehen von einer Häufigkeit von bis zu 7,5 % bei Säuglingen und Kleinkindern aus (Jäger und Wüthrich 2002).

Der Ablauf der Entstehung und der Mechanismus der Lebensmittelallergie kann vereinfacht folgendermaßen dargestellt werden: Beim Erstkontakt mit dem eigentlich nicht schädlichen Allergen kommt es zur **Sensibilisierung**. B-Zellen (Lymphozyten) mit spezifischen Rezeptoren für das Allergen werden zur Vermehrung angeregt. Aus diesen gehen spezialisierte Plasmazellen hervor, welche **Antikörper (Immunglobuline)** der Klasse **IgE** gegen das Allergen synthetisieren und an das Blut abgeben. Antikörper sind Glycoproteine, die mit **Antigenen**, hier also dem Allergen, hochspezifische nichtkovalente Bindungen eingehen können. Im Blut und in den Geweben befinden sich Zellen des Immunsystems (Basophile und Mastzellen), die Rezeptoren für den konstanten, nicht allergenspezifischen Teil der Antikörpermoleküle besitzen. Die Antikörper können an diese Rezeptoren binden, so dass die Zelloberfläche mit ihnen besetzt sein kann. Die Zellen haben außerdem die Eigenschaft, physiologisch aktive Mediatorsubstanzen, z. B. **Histamin**, **Serotonin** und **Leukotriene**, zu synthetisieren und diese in ihren Granula zu speichern.

Nach erfolgter Sensibilisierung kommt es bei wiederholtem Allergenkontakt nun zur eigentlichen allergischen Reaktion: Zwei membranständige

**4**

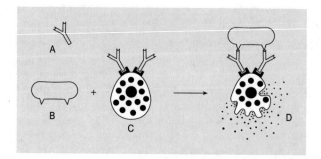

☐ **Abb. 4.5 A–D** Schematische Darstellung des Ablaufs der allergischen Sofortreaktion (Nach Vieths 2011). *Erläuterung:* Allergenspezifische IgE-Antikörper **(A)**, die von Plasmazellen synthetisiert werden, binden sich an Rezeptoren auf der Oberfläche von Mastzellen **(C)** und führen so zu deren Sensibilisierung. Das Allergen **(B)** reagiert nach dem Schlüssel-Schloss-Prinzip mit den membranständigen Antikörpern und führt zu deren Überbrückung. Dadurch kommt es zur Degranulation der Mastzelle **(D)**, die mit der Freisetzung physiologisch aktiver Mediatorsubstanzen einhergeht

IgE-Antikörper auf einer Mastzelle reagieren mit einem Allergenmolekül, werden durch dieses überbrückt, und es kommt dadurch zur Degranulation der **Mastzellen**, die mit einer plötzlichen Freisetzung der **Mediatoren** einhergeht. Der Ablauf der allergischen Sofortreaktion ist schematisch in ☐ Abb. 4.5 wiedergegeben.

---

### Antikörper

**Antikörper** sind Proteine (Immunglobuline) aus der Klasse der Globuline, die auf bestimmte Stoffe, die sog. Antigene, gebildet werden. Antikörper sind Bestandteil der Abwehrstrategie des Immunsystems.

---

### Antigene

**Antigene** sind körperfremde Proteine, gegen die das Immunsystem Antikörper bildet. Jeder Antikörper passt im Regelfall nur auf ein bestimmtes Antigen (Schlüssel-Schloss-Prinzip).

---

Obwohl auch bei allergischen Reaktionen ein Dosis-Wirkungs-Zusammenhang besteht, sind die auslösenden Mengen z. T. äußerst gering: Bei *aggressiven* allergieauslösenden Lebensmitteln wie Erdnuss können Mengen von deutlich unter 1 mg des allergieauslösenden Lebensmittels bereits Symptome bei sehr empfindlichen Allergikern hervorrufen. Die Neigung zur Entwicklung einer Allergie vom **Soforttyp** ist mit einer gewissen genetischen Disposition, also einer Erblichkeit verbunden, die mit dem Begriff **Atopie** bezeichnet wird. Bei Kleinkindern, die nicht oder für einen zu kurzen Zeitraum gestillt werden, wird eine verstärkte Neigung zur Ausbildung einer **Typ-I-Allergie** beobachtet.

## 4.4.1.2 Lebensmittelallergien

Nahezu alle näher charakterisierten **Lebensmittelallergene** sind natürliche **Proteine** oder Glycoproteine. **Zusatzstoffe** sind aufgrund ihrer geringen molaren Masse in der Regel hingegen nicht immunogen. Allgemein besteht die Ansicht, dass allergene Lebensmittelproteine relativ klein, gut löslich, stabil gegen Verarbeitungsprozesse und Erhitzung sowie gegen proteolytischen Abbau sind. Für jeden dieser Aspekte können allerdings auch Ausnahmen aufgeführt werden.

Bislang wurde kein gemeinsames Strukturmerkmal erkannt, das ein Lebensmittelprotein zum Allergen prädisponiert. Die von einem Antikörper spezifisch erkannten Regionen eines Antigens werden als **Epitope** bezeichnet. Viele „klassische" Lebensmittelallergene sollen Sequenzepitope aufweisen, deren Antikörperreaktivität von der intakten Konformation des Proteins unabhängig ist. Allergene gehören sehr heterogenen Stoffklassen an. Als Allergene wurden identifiziert (Vieths 2011):

- hydrolytische und nicht-hydrolytische Enzyme
- Enzyminhibitoren
- Transportproteine
- regulatorische Proteine
- Speicherproteine
- Abwehrproteine bzw. Stressproteine aus Pflanzen.

---

**Epitop**

Ein **Epitop** ist ein kleiner Molekülabschnitt eines Antigens, gegen den das Immunsystem **Antikörper** bildet und an die es binden kann. Ein **Antigen** hat üblicherweise verschiedene Epitope. Gegen jedes Epitop können spezifische Antikörper gebildet werden.

---

Grundsätzlich ist nahezu jedes proteinhaltige Lebensmittel zur Auslösung einer Lebensmittelallergie in der Lage. Neben bestimmten Obst-, Gemüse- und Nussarten, die vor allem von Pollenallergikern nicht vertragen werden, sind insbesondere **Erdnüsse**, **Soja** und andere Leguminosen, Weizen, Sesamsaat, Kuhmilch, Hühnerei, Fisch sowie Schalen- und Krustentiere als Auslöser von Lebensmittelallergien wichtig. Im Säuglings- und Kleinkindalter werden Lebensmittelallergien am häufigsten von Hühnerei und Kuhmilch ausgelöst. Beim Erwachsenen dominiert hingegen die sog. **pollenassoziierte Lebensmittelallergie**.

Für den Weg der Sensibilisierung müssen zwei Klassen von Lebensmittelallergenen unterschieden werden, nämlich die **klassische Lebensmittelallergene** und die **pollenassoziierte Lebensmittelallergene**. Erstere sind nach oraler Aufnahme sowohl zur Induktion der IgE Antwort (Sensibilisierung) als auch zur Auslösung von Symptomen in der Lage.

Insgesamt ist die hohe Stabilität des allergenen Potenzials vieler klassischer Lebensmittelallergene gegen Verarbeitungs- und Zubereitungsprozesse auffällig. Bei **Fischen** ist sie so hoch, dass die auslösenden Allergene noch in Sprühtropfen des Kochwassers nachgewiesen werden können. Sie sind auf diesem Wege in der Lage, schwere respiratorische Symptome bei Fischallergikern auszulösen. Derartige

Fallbeschreibungen gibt es auch von Kartoffelallergikern. Ferner sollen solche Phänomene auch beim Braten von **Eiern** vorkommen. **Casein** oder **Ovalbumin** sind in den meisten verarbeiteten Lebensmitteln noch allergen. Gleiches gilt für bestimmte **Sojabohnenallergene**. So war z. B. eine Untereinheit des Glycinins in gekochten Sojabohnen und in verschiedenen Sojalecithinen noch in allergener Form nachweisbar (Müller et al. 1998). Erdnussprotein, das als verstecktes Allergen (engl. Hidden Allergen) in verarbeiteten Lebensmitteln die meiste Aufmerksamkeit gefunden hat, weist eine außerordentlich persistente Aktivität auf.

Die **pollenassoziierte Lebensmittelallergie** gegen frisches Obst, Gemüse und Nüsse ist in den deutschsprachigen Ländern zweifellos die häufigste Lebensmittelallergie bei Jugendlichen und Erwachsenen. Diese Form der Lebensmittelallergie basiert auf der kreuzreaktiven Erkennung von Lebensmittelallergenen durch primär gegen Pollenallergene gerichteten IgE. Die wichtigste Gruppe der **kreuzreaktiven Lebensmittelproteine** ist verwandt mit dem Hauptallergen (Bet v1) dem aus Birkenpollen. Mitglieder dieser Allergenfamilie wurden inzwischen in Apfel, Birne, Kirsche, Haselnuss, Sellerie und Karotte sowie in Aprikose und Pfirsich sowie der Sojabohne identifiziert.

Die allergieauslösende Wirkung durch Proteine nach deren oraler Aufnahme widerspricht auf den ersten Blick der Vorstellung, dass Proteine im Verdauungstrakt in Aminosäuren gespalten und dann vom Körper aufgenommen werden. Hierbei ist allerdings zu berücksichtigen, dass zum einen die pollenassoziierten Allergene bereits an den Schleimhäuten des Mund- und Rachenraumes zu Symptomen führen. Zum anderen können klassische Lebensmittelallergene vermutlich aufgrund ihrer relativ großen Stabilität im Verdauungstrakt in gewissem Ausmaß als intakte Proteine oder größere Proteinbruchstücke die Darmwand passieren. Beim Allergiker können zudem die Permeabilität der Darmwand verändert oder gewisse Schutzfunktionen, z. B. die Bildung von sekretorischem IgA, gestört sein, so dass es zu einer vermehrten Aufnahme von Proteinmolekülen aus dem Darm kommt.

### 4.4.1.3 Pseudoallergische Reaktionen

**Pseudoallergische Reaktionen** (PAR) imitieren das klinische Bild der allergischen Reaktion; sie können eine nahezu identische Symptomatik zeigen. Sie beruhen ebenfalls auf einer Freisetzung physiologisch aktiver Mediatorsubstanzen. Diese ist allerdings nicht durch eine Immunreaktion ausgelöst bzw. eine solche ist nicht nachweisbar. Unter dem Begriff PAR werden Überempfindlichkeiten nach ganz unterschiedlichen Mechanismen, die z. T. noch unbekannt sind, zusammengefasst. Sie fallen daher bei der Einteilung der Unverträglichkeiten in ◗ Abb. 4.4 unter den Begriff „undefiniert" und werden zu den **Intoleranzreaktionen** gezählt.

Im Gegensatz zur echten Allergie sind pseudoallergische Reaktionen stärker dosisabhängig. Die Symptome können bereits beim ersten Kontakt mit den auslösenden Stoffen – den **Pseudoallergenen** – auftreten; eine spezifische Sensibilisierung ist somit nicht unbedingt erforderlich. Weiterhin unterscheiden sich PAR von Allergien dadurch, dass sie durch Hauttestungen in der Regel nicht nachweisbar sind und dass die Unverträglichkeit nicht durch antikörperhaltiges Serum auf andere Individuen der gleichen Spezies übertragbar ist.

Das bekannteste Pseudoallergen ist die **Acetylsalicylsäure** (ASS, Aspirin®). Als ein möglicher Mechanismus für die Auslösung einer PAR durch ASS

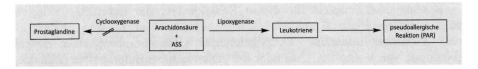

**◘ Abb. 4.6**   Prinzip einer pseudoallergischen Reaktion am Beispiel von ASS (Nach Ring 1988). *Erläuterung*: ASS Acetylsalicylsäure

wird eine Störung im Arachidonsäurestoffwechsel, nämlich die Hemmung des Enzyms Cyclooxygenase, diskutiert (◘ Abb. 4.6). Daraus soll eine verminderte Bildung von protektiven **Prostaglandinen** und eine verstärkte Leukotriensynthese (Mediatoren!) bei überempfindlichen Personen resultieren (Vieths 2011).

Ein weiterer Mechanismus für eine PAR ist die unspezifische Überbrückung zweier membranständiger IgE-Antikörper über deren Kohlenhydratanteil durch **Lectine**, also Proteine mit einer hohen spezifischen Bindungsfähigkeit für bestimmte Zucker, die z. B. in Hülsenfrüchten vorkommen (vgl. ▶ Abschn. 12.10). Auch hier besteht der Fall der Mediatorfreisetzung ohne Immunreaktion. Für viele andere PAR kommen diese Auslösemechanismen jedoch nicht in Betracht. Hier werden wiederum andere Ursachen, wie etwa die Destabilisierung der Mastzellmembran mit nachfolgender direkter Mediatorfreisetzung, genannt.

Verschiedene Lebensmittelinhaltsstoffe, unter ihnen auch eine Reihe von Zusatzstoffen, können eine Pseudoallergie auslösen. Gegen den Farbstoff **Tartrazin**, der in einigen EU-Ländern noch eingesetzt wird, aber auch gegen **Benzoesäure**, **pHB-Ester**, **Sorbinsäure**, **Sulfite** und **Gallate** wurden Überempfindlichkeiten dieses Typs festgestellt. Daneben sollen Reaktionen gegen natürliche Bestandteile von Lebensmitteln vorkommen. Hier sind vor allem die in vielen Obstsorten vorkommenden **Salicylate** zu nennen.

Auffällig ist, dass es sich im Gegensatz zu den meisten bislang identifizierten Auslösern der Lebensmittelallergie bei den Pseudoallergenen häufig um niedermolekulare Verbindungen handelt. Die Pseudoallergie gegen Lebensmittelinhaltsstoffe ist im Vergleich zur echten Lebensmittelallergie gegen natürliche Lebensmittelbestandteile sehr selten. Die Angaben zur Häufigkeit von Unverträglichkeitsreaktionen gegen Zusatzstoffe schwanken von 0,03 bis 0,15 % und 1 bis 2 % der in den jeweiligen Studien untersuchten Populationen (Vieths 2011).

### 4.4.1.4   Intoleranzreaktionen durch Enzymdefekte

Bereits vor der Entdeckung der pseudoallergischen Reaktionen wurden mit dem Begriff **Intoleranz**, der heute auch als Sammelbegriff für nicht immunologisch vermittelte Unverträglichkeitsreaktionen verwendet wird, solche Krankheitsbilder bezeichnet, denen angeborene oder erworbene **Enzymdefekte** zugrunde liegen. Sie führen zu Störungen im Bereich des Magen-Darm-Traktes oder zu Stoffwechselstörungen. Im Gegensatz zu den in den vorangehenden Abschn. „Lebensmittelallergien" und „Pseudoallergische Reaktionen" behandelten Reaktionen, werden die Symptome hier nicht durch Freisetzung von Mediatorsubstanzen aus Immunzellen hervorgerufen.

Bedeutendste Beispiele für diesen Reaktionstyp, der natürlich wiederum ganz unterschiedliche Krankheitsbilder bezeichnet, sind Lactose-, Fructose- und Galactose-Intoleranz, Phenylketonurie, Glucose-6-phosphatase-Mangel (Favismus, vgl. ▶ Abschn. 12.8) oder die glutensensitive Enteropathie (Zöliakie, Sprue).

- Die **Lactose-Intoleranz** beruht auf einem Mangel an ß-Galactosidase in den Schleimhautzellen des Dünndarms, so dass Lactose nicht oder nur unzureichend gespalten und metabolisiert werden kann. Sie äußert sich durch Diarrhoe und tritt bei Asiaten und Afrikanern häufiger auf als bei Europäern.
- **Fructose-Intoleranzen** sind selten. Sie gehen auf einen Defekt an Fructose-1-phosphat-spaltender Phosphofructoaldolase zurück. Dadurch werden schwere Störungen des Glucose-Stoffwechsels hervorgerufen, die bis zum hypoglycämischen Schock und zum Tode führen können.
- Häufiger ist die **Galactose-Intoleranz,** die auf einen Mangel an Galactokinase oder Uridyltransferase zurückgeführt wird. Die Folge verminderter Umwandlung von Galactose in Glucose sind Galactose-Anhäufung und Glucose-Mangel im Blut. Die vermehrte Reduktion von Galactose zu Galactit stört den Inosit-Stoffwechsel im Gehirn und kann zu Intelligenzdefiziten führen.
- **Phenylketonurie** ist eine angeborene Krankheit. Sie wird durch ein Defizit an Phenylalaninhydroxylase hervorgerufen, so dass Tyrosin-Mangel auftritt. Die Folge ist eine Anhäufung von **Phenylalanin** im Blut und die Ausscheidung von Phenylbrenztraubensäure mit dem Harn. Tyrosinmangel und Phenylbrenztraubensäure-Anhäufung bewirken schwere geistige Schäden.
- Die **Ahornsirup-Krankheit** ist ein angeborener Mangel einer (Verzweigtketten-) Aminosäure-Decarboxylase. Die Aminosäuren Leucin, Isoleucin und Valin reichern sich in den Körperflüssigkeiten an, und es entstehen verschiedene toxische Zwischenprodukte, vor allem Hydroxysäuren. Die Namensgebung beruht auf dem charakteristischen Geruch des Urins nach verbranntem Zucker, der vermutlich auf vermehrte Ausscheidung eines **α-Hydroxybuttersäureesters,** eines Abbauproduktes des Isoleucins, zurückzuführen ist. Die Krankheit kann im frühen Säuglingsalter zu einer schweren Hirnschädigung führen und hat häufig einen tödlichen Verlauf.
- In seltenen Fällen werden neben den relativ häufigen PAR gegen Sulfite auch **Sulfitintoleranzen** beobachtet, die auf einem angeborenen Defizit an Lebersulfitoxidase beruhen.
- Die **Zöliakie** oder **Sprue** ist eine Überempfindlichkeit gegen das **Gliadin** des Weizenklebers und anderer Getreidearten. Sie beruht vermutlich auf einem Enzymdefekt (Mangel einer spezifischen Peptidase) in den Schleimhautzellen des Dünndarms und tritt familiär gehäuft auf. Es treten Diarrhoe, Malabsorption und Resorptionsstörungen von Vitaminen und Mineralstoffen auf. Die Erkrankung stellt einen Sonderfall der Intoleranz dar, da sie mit der Bildung gliadinspezifischer, präzipitierender Antikörper, allerdings der Klasse IgG, einhergeht, weshalb neben der obengenannten Erklärung auch ein allergisches Geschehen als Ursache diskutiert wird.

## Zöliakie ↔ Nicht-Zöliakie-Glutensensitivität ↔ Weizenallergie

**Zöliakie** (Sprue) ist eine Gluten-Unverträglichkeit (medizinisch: **glutensensitive Enteropathie**), die mit einer entzündlichen Schädigung der Dünndarmschleimhaut verbunden ist. Sobald Gluten verzehrt wird, bilden sich die Darmzotten zurück, die Oberfläche des Dünndarms verringert sich und der Körper kann nicht genügend Nährstoffe aufnehmen – und es kommt in der klassischen Ausprägung zu Durchfällen. Weltweit leidet ca. 1 % der weißen Bevölkerung an Zöliakie. Die einzige Therapie dieser Erkrankung ist der komplette Verzicht auf glutenhaltige Lebensmittel und damit eine lebenslange glutenfreie Diät. Selbst Spuren von Gluten können bei Zöliakiekranken Beschwerden auslösen, da damit der Entzündungsprozess wieder gestartet wird. Unbehandelt kann die Zöliakie zu Mangelernährung, Gedeihstörungen bei Kindern und Blutarmut, aber auch zu psychischen und neurologischen Erkrankungen und in seltenen Fällen zu Darmkrebs führen.

**Nicht-Zöliakie-Glutensensitivität** ist eine nichtallergische Funktionsstörung des Darms durch Gluten. Die Zahl der Betroffenen wird in der Literatur mit 1 bis 6 % der Bevölkerung sehr unterschiedlich eingeschätzt. Im Gegensatz zu Zöliakie findet keine Schädigung der Darmschleimhaut statt. Bei dieser Unverträglichkeit sind die Hauptbeschwerden im Verdauungstrakt lokalisiert.

Weder bei Zöliakie noch bei Gluten-Sensitivität handelt es sich um eine Allergie. Bei einer **Weizenallergie**, die bei etwa 1 bis 4 % der Bevölkerung auftritt, produziert der Körper spezifische Antikörper gegen Inhaltsstoffe des Weizens. Es können schon bei sehr kleinen Weizenmengen (Spuren) starke allergische Reaktionen auftreten – bis hin zum lebensbedrohlichen anaphylaktischen Schock. Dabei können die Symptome im gesamten Körper vorkommen, wie z. B. eine triefende Nase, tränende Augen, asthmatische Beschwerden, Ekzeme und Kopfschmerzen. Nachdem durch den Allergologen eindeutig festgestellt worden ist, dass eine Weizenallergie vorliegt, muss Weizen gänzlich gemieden werden (Andersen et al. 2015).

## Gluten

Neben allen Weizenarten (wie Hartweizen, Emmer, Einkorn, Dinkel) enthalten auch Roggen, Gerste, Hafer u. a. **Gluten**. Gluten ist auf dem Gebiet der Unverträglichkeiten eine Sammelbezeichnung für Speicherproteine von Weizen, Roggen, Gerste, Hafer und weiterer Getreide. Im Einzelnen werden diese Proteine als Gliadine und Glutenine (Weizen), Seraline (Roggen), Hordeine (Gerste) und Avenine (Hafer) bezeichnet.

**Getreide mit geringem** bzw. **keinem Gluten-Gehalt** sind Hirse *(Paniceae)*, Sorghum *(Sorghum bicolor)*, Teff (Zwerghirse, *Eragrostis tef*) und Hafer *(Avena sativa)*.

**Glutenfrei ↔ sehr geringer Gluten-Gehalt**

Es gibt immer mehr als „glutenfrei" deklarierte Produkte auf dem Markt. „**Gluten-frei**" heißt, dass ein Höchstgehalt von 20 mg/kg einzuhalten ist. Analog dazu bedeutet ein „**sehr geringer Gluten-Gehalt**" laut EU-Verordnung, dass Produkte den Grenzwert von 100 mg/kg nicht übersteigen dürfen.

## 4.4.2 Toxische Reaktionen

**Toxische Reaktionen** auf Lebensmittel (genauer: auf Biotoxine, Buchteil III) sind von den nichttoxischen Reaktionen (siehe 4.4.1) zu unterscheiden und an dieser Stelle deshalb besonders erwähnenswert, weil die auftretenden Symptome manchmal zu Verwechslungen mit allergischen oder pseudoallergischen Reaktionen führen können. Sie gehen auf Stoffe in Lebensmitteln mit toxischer oder pharmakologischer Wirkung zurück, bewirken aber keine Freisetzung von Entzündungsmediatoren, obwohl z. T. die gleichen Substanzen für die Entstehung der Symptome verantwortlich sind (Histamin, Serotonin).

Biotoxine in Lebensmitteln können sehr unterschiedlichen Ursprungs sein (▶ Kap. 12–16), wobei die Dosis fraglos ausschlaggebend für die Wirkung ist, dazu gehören:

- natürliche biogene Inhaltsstoffe, z. B. **Alkaloide** (Solanin aus Kartoffeln oder Tomaten), **biogene Amine** wie Histamin oder Serotonin als Abbauprodukte von Aminosäuren (reifer Käse, Rotwein, Hefeextrakt, Sauerkraut, Bananen, Fisch, Walnüsse), **Phytoalexine** (z. B. Furocumarine aus Sellerie, Petersilie oder Pastinake) oder auch **toxische Proteine** (Lectine aus Hülsenfrüchten)
- Kontaminanten biogenen Ursprungs: Bakterientoxine, Saxitoxin etc., überhöhte Rückstände
- Umweltkontaminanten
- bestimmte Zusatzstoffe, z. B. **Glutamat** („China-Restaurant-Syndrom" bei empfindlichen Personen).

## Literatur

Andersen G, Köhler H, Rubach M, Schnecke W (2015) Jahresbericht der Deutschen Forschungsanstalt Freising 2014:136–139

2007    BfR (2007) Nulltoleranzen in Lebens- und Futtermitteln. Positionspapier vom 12.03.2007

Bruijnzeel-Koomen C, Ortolani C, Aas K, Bindslev-Jensen C, Björksten B, Moneret-Vautrin D, Wüthrich B (1995) Adverse reactions to food. Allergy 50:623–635

Deutsche Gesellschaft für Allergologie und Klinische Immunologie (2004) Weißbuch Allergie in Deutschland, 2. Aufl. Urban & Fischer, München

Deutsche Gesellschaft für Ernährung (DGE) (Hrsg) (2009) DGE-Beratungs-Standards. 10. vollständig überarbeitete Auflage, Deutsche Gesellschaft für Ernährung, Bonn

2012    DGE Deutsche Gesellschaft für Ernährung (Hrsg) (2012) Essen und Trinken bei Lebensmittelallergien, 4. vollständig überarbeitete Aufl., Deutsche Gesellschaft für Ernährung, Bonn

2008      DIN 32645 (2008) Chemische Analytik – Nachweis-, Erfassungs- und Bestimmungsgrenze unter Wiederholbedingungen – Begriffe, Verfahren, Auswertung. Stand 11/2008

Gell PGH, Coombs RRA (1968) Clinical aspects of immunology, 2. Aufl. Blackwell, Oxford

Jäger L, Wüthrich B (2002) Nahrungsmittelallergien und -intoleranzen, 2. Aufl. Urban & Fischer, München

Heberer T, Lahrssen-Wiederholt M, Schafft H, Abraham K, Pyrembel H, Hennig KJ, Schauzu M, Braeuning J, Goetz M, Niemann L, Gundert-Remy U, Luch A, Appel B, Banasiak U, Böl GF, Lampen A, Wittkowski R, Hensel A (2007) Zero tolerances in food and animal feed – Are there any scientific alternatives? A European point of view on an international controversy. Toxicol Lett 175(1–3):118–135

Matissek R, Janßen K, Kroh L (2020) Moderne Methoden in der analytischen Chemie. In: Kroh LW, Matissek R, Drusch S (Hrsg) Angewandte instrumentelle Lebensmittelanalytik, 4. Aufl. Behr's Verlag, Hamburg, S 1–12

Müller U, Weber W, Hoffmann A, Franke S, Lange R, Vieths S (1998) Commercial soybean lecithins: a source of hidden allergens. Z Lebensm Unters Forsch 207:341–351

Pirquet C (1906) Allergie. Munch Med Wochenschr 30:1457

Ring J (1988) Pseudo-allergische Arzneimittelreaktionen. In: Fuchs E, Schulz KH (Hrsg) Manuale allergologicum, Bd 4. Dustri, München, S 133

Schnapka J, Stauff A, Matissek R (2019) Zur Bedeutung der unteren Grenzen (LOD und LOQ) von Analysenmethoden am Beispiel von MOSH/MOAH. Deut Lebensm Rundsch 115:146–152

Vieths S (2006) Nahrungsmittelallergene. In: Saloga J, Klimek L, Buhl R, Mann W, Knop J (Hrsg) Allergologie-Handbuch. Schattauer, Stuttgart

Vieths S (2011) Unverträglichkeitsreaktionen/Allergien gegen Lebensmittel. Baltes W und Matissek R (2011): Lebensmittelchemie, 7. Aufl. Springer, Berlin New York, S 351–365

# Lebensmittelrisiko-analyse

## Inhaltsverzeichnis

© Der/die Herausgeber bzw. der/die Autor(en), exklusiv lizenziert durch Springer-Verlag
GmbH, DE, ein Teil von Springer Nature 2020
R. Matissek, *Lebensmittelsicherheit*,
https://doi.org/10.1007/978-3-662-61899-8_5

## 5.1 Lebensmitteltoxikologie

Die **Toxikologie** zu Deutsch *Giftkunde* ist die Lehre von den Giftstoffen. Sie untersucht interdisziplinär mit biowissenschaftlichen, chemischen und medizinischen Arbeitsmethoden, welche schädigenden (toxischen) Wirkungen chemische Stoffe auf Organismen und die Umwelt unter qualitativen und quantitativen Aspekten haben. Die Aufgabe der **Lebensmitteltoxikologie** ist die Untersuchung und Beschreibung gesundheitlich nachteiliger Wirkungen chemischer Stoffe in der menschlichen Nahrung. Dabei werden die verschiedenen Nahrungsketten, in denen der Mensch das Endglied bildet, berücksichtigt (Macholz et al. 1989).

Bei der Frage nach der Giftigkeit (Toxizität) eines Stoffes ist die aufgenommene Menge (Dosis) bzw. die Konzentration des betreffenden Stoffes in einem Lebensmittel von elementarer Relevanz. Manche Substanzen wirken in geringen Mengen günstig auf den Körper, sind jedoch in höheren Konzentrationen bedenklich. Alle Substanzen sind aber ab einer bestimmten, von der Verabreichungsart abhängigen Dosis tödlich. Ein diesbezüglicher historischer Leitspruch der Toxikologie ist im Kasten „Leitspruch des Paracelsus" zitiert.

---

**Leitspruch des Paracelsus**

*„Dosis sola facit venenum."*

Übersetzt bedeutet dies: „Alle Dinge sind Gift, und nichts ist ohne Gift; allein die Dosis macht, dass ein Ding kein Gift sei."

(Theophrastus Bombast von Hohenheim, genannt Paracelsus, 1493–1541).

---

## 5.2 Toxikologische Kenngrößen

Um die toxikologische Wirkung eines Stoffes zu ermitteln und zu bewerten, werden bestimmte **Kenngrößen** verwendet. Dabei wird unterschieden, ob eine akute (kurzfristige) oder chronische (langfristige) Wirkung vorliegt. Diese (pharmakologischen) Wirkungen können dabei sowohl negativ als auch positiv für den Menschen sein. Die Ableitung einer toxikologisch relevanten Dosis-Wirkung-Beziehung – meist aus Zellkulturen, Tierversuchen oder sonstigen Modellen – steht bei der Toxikologie an oberster Stelle. Zu diesem Zweck ist eine Fülle an teilweise sehr unterschiedlichen toxikologischen Kenngrößen definiert. Eine Auswahl dieser Kenngrößen wird in ◘ Abb. 5.1 näher betrachtet.

### 5.2.1 NOAEL

Eine der wichtigsten toxikologischen Kenngrößen ist der **No Observed Adverse Effect Level (NOAEL)**. Beim NOAEL handelt es sich um die Dosis oder Konzentration, bei welcher keinerlei schädliche Effekte bei Modellorganismen

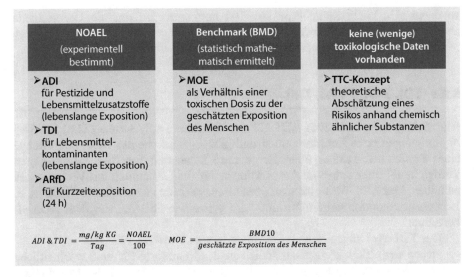

| NOAEL (experimentell bestimmt) | Benchmark (BMD) (statistisch mathematisch ermittelt) | keine (wenige) toxikologische Daten vorhanden |
|---|---|---|
| ➤ **ADI** für Pestizide und Lebensmittelzusatzstoffe (lebenslange Exposition) ➤ **TDI** für Lebensmittel- kontaminanten (lebenslange Exposition) ➤ **ARfD** für Kurzzeitexposition (24 h) | ➤ **MOE** als Verhältnis einer toxischen Dosis zu der geschätzten Exposition des Menschen | ➤ **TTC-Konzept** theoretische Abschätzung eines Risikos anhand chemisch ähnlicher Substanzen |

$$ADI \,\&\, TDI = \frac{mg/kg\,KG}{Tag} = \frac{NOAEL}{100} \qquad MOE = \frac{BMD10}{geschätzte\ Exposition\ des\ Menschen}$$

◘ **Abb. 5.1**    Überblick über die beschriebenen toxikologischen Kenngrößen und deren Berechnungen. *Erläuterungen*: siehe Text

beobachtet werden. Als Modellorganismen können z. B. Mäuse, Ratten oder Zellkulturen genutzt werden. Diese werden mit verschiedenen Konzentrationen des zu untersuchenden Stoffes exponiert. Im Anschluss wird dann ein definierter Endpunkt (z. B. Entstehung von Krebszellen) bestimmt.

Der NOAEL ist eine stoffabhängige Größe und bezieht sich immer auf ein Messverfahren (z. B. Vitalitätsmessung) bei einer bestimmten Applikationsform (oral, inhalativ) und Tierart bzw. Zellkultursystem.

Der NOAEL wird angegeben als „X" mg oder µg „Stoff"/kg Körpergewicht (KG) und Tag (d).

### 5.2.2 LOAEL

Der **Lowest Observed Adverse Effect Level (LOAEL)** ist die niedrigste Dosis oder Konzentration, bei welcher gerade noch schädliche Effekte bei Modellorganismen beobachtet werden.

Der LOAEL wird angegeben als „X" mg oder µg „Stoff"/kg KG · d.

### 5.2.3 ADI

Eine weitere wichtige Kenngröße in der Toxikologie ist der **Acceptable Daily Intake (ADI)**, also die erlaubte Tagesdosis eines zugelassenen Stoffs (beispielsweise Lebensmittelzusatzstoff, Pestizid), die bei lebenslanger täglicher Einnahme als unbedenklich betrachtet wird. Der ADI berechnet sich aus dem experimentell bestimmten NOAEL. Bei der Übertragung der Ergebnisse auf den Menschen wird ein (Un-)Sicherheitsfaktor von 100 herangezogen, um die Unterschiede zwischen den Testorganismen und dem Menschen zu gewährleisten.

Der ADI wird angegeben als „X" mg oder µg „Stoff"/kg KG · d.

### 5.2.4  TDI, TWI, PTWI, TMI

Als wichtiges Pendant zum ADI gilt der **Tolerable Daily Intake (TDI)** für Verunreinigungen bzw. Kontaminanten und gibt – genau wie der ADI – die Menge eines Stoffes an, welcher über die gesamte Lebenszeit pro Tag aufgenommen werden kann, ohne spürbare Auswirkungen auf die Gesundheit des Verbrauchers zu haben. Der TDI-Wert gibt somit den Grenzwert für unerwünschte Stoffe (z. B. Lebensmittelkontaminanten) an und wird genau wie der ADI aus dem NOAEL berechnet.

Der TDI wird angegeben als „X" mg oder µg „Stoff"/kg KG · d.

Neben dem TDI können zusätzlich noch Grenzwerte für eine wöchentliche (TWI = **Tolerable Weekly Intake**) oder monatliche (TMI = **Tolerable Monthly Intake**) tolerierbare Aufnahme definiert werden.

---

**TDI ↔ TWI ↔ PTWI ↔ TMI**

**TDI**
Der TDI-Wert **(Tolerable Daily Intake)** beschreibt die Menge eines unerwünschten Stoffes, die pro Tag lebenslang aufgenommen werden kann, ohne dass spürbare Auswirkungen auf die Gesundheit zu erwarten sind.

**TWI**
Der TWI-Wert **(Tolerable Weekly Intake)** beschreibt die Menge eines unerwünschten Stoffes, die in einer Woche lebenslang aufgenommen werden kann, ohne dass spürbare Auswirkungen auf die Gesundheit zu erwarten sind.

**PTWI**
Ist der TWI aufgrund einer fehlenden Datenbasis noch nicht ausreichend abgesichert, können provisorische (vorläufige) Werte angegeben werden. Dieser heißt dann **Provisional Tolerable Weekly Intake (PTWI)**.

**TMI**
Der TMI-Wert **(Tolerable Monthly Intake)** beschreibt die Menge eines unerwünschten Stoffes, die in einem Monat lebenslang aufgenommen werden kann, ohne dass spürbare Auswirkungen auf die Gesundheit zu erwarten sind.

---

### 5.2.5  ARfD

Die bei der toxikologischen Bewertung von Stoffen noch recht neue **Akute Referenzdosis (ARfD;** engl. Acute Reference Dose) stellt einen Grenzwert für die Kurzzeitexposition von Verbrauchern dar und wird hauptsächlich für die Bewertung von Pestiziden sowie Lebensmittelzusatzstoffen angewendet. Für Rückstände in Lebensmitteln ist die ARfD diejenige Menge, welche der Verbraucher bei einer oder mehreren Mahlzeiten über 24 h verteilt aufnehmen kann, ohne dass ein messbares Gesundheitsrisiko besteht. Die ARfD wird unter Anwendung eines (Un-)Sicherheitsfaktors (meist Faktor 100) aus dem NOAEL abgeleitet.

Der ARfD-Wert wird angegeben als „X" mg oder µg „Stoff"/kg KG · d.

### 5.2.6 Benchmarkverfahren

Gegenüber dem experimentell ermittelten NOAEL können rein mathematisch berechnete statistische Daten aus einer Dosis-Wirkungs-Beziehung mit dem Ziel einer quantitativen Risikoabschätzung abgeleitet werden. Die in diesem Kontext wohl bekannteste Methode ist das Benchmarkverfahren (sinngemäß „Maßstäbe vergleichen"). Dabei wird durch eine statistikgestützte Analyse vorliegender Dosis-Wirkungs-Beziehungen aus Untersuchungen mit Versuchstieren die Menge abgeschätzt, bei welcher eine definierte zusätzliche Wirkung auftritt. Die somit bestimmte Dosis wird als **Benchmarkdosis (BMD;** engl. Benchmark Dose) benannt.

Bei krebserregenden oder reproduktionsschädlichen Stoffen wird zudem noch die Dosis ermittelt, welche gegenüber der Kontrolle zu einer 10 % höheren Tumorbildung führt. Der untere Grenzwert des Vertrauensbereichs der Benchmarkdosis wird als **Benchmark Dose Lower Confidence Limit (BMDL)** bezeichnet, die Benchmark Dose Lower Confidence Limit bei 10 % als **BMDL10-Wert.**

### 5.2.7 MOE

Der **Margin of Exposure (MOE)** ist ein zur Risikoabschätzung verwendetes Instrument zur Abwägung möglicher Sicherheitsbedenken in Bezug auf in Lebens- und Futtermitteln vorkommende Substanzen, die sowohl genotoxisch (d. h., sie können die DNA schädigen) als auch kanzerogen (Krebs erzeugend) sind. Beim MOE handelt es sich um das Verhältnis zweier Faktoren: **der Dosis**, bei der in einer Tierstudie erstmals eine kleine, jedoch messbare schädliche Wirkung beobachtet wird, und **dem Expositionsniveau** gegenüber der betrachteten Substanz für eine gegebene Population.

Je kleiner die zu erwartende Exposition ist, desto größer wird also der MOE. Die Grundlage für die Berechnung liefert z. B. die schon beschriebene BMDL10. Ein MOE von 10.000 oder mehr (BMDL10, tumorauslösend bei 10 % der Tiere) liefert aus derzeitiger wissenschaftlicher Sicht unter dem Gesichtspunkt der öffentlichen Gesundheit wenig Anlass zur Besorgnis und berücksichtigt mehrere (Un-)Sicherheitsfaktoren.

**5**

> ### Ames-Test
>
> Nach Bruce Ames benanntes Testverfahren, um **mutagene Stoffe** zu identifizieren. Sogenannte Mangelmutantenbakterien werden dem potenziellen Mutagen ausgesetzt. Kommt es dabei zu einer **Rückmutation,** so wird diese sehr wahrscheinlich der Wirkung des getesteten Stoffes zugeschrieben, und der Stoff wird als mutagen wirkend eingeordnet.
>
> Eine Rückmutation wird auch als **Reversion** bezeichnet; es entstehen **Rückmutanten** bzw. **Revertanten.**

## 5.2.8  TTC-Konzept

Aufgrund verbesserter Analyseverfahren lassen sich mittlerweile immer mehr Substanzen nachweisen, die in niedrigen und sehr niedrigen Konzentrationen in Lebens- und Futtermitteln vorkommen. Für viele dieser Substanzen stehen jedoch wenige oder gar keine toxikologischen Daten zur Verfügung. Das **TTC-Konzept (Threshold of Toxicological Concern)** wurde entwickelt, um das Risiko dieser Substanzen auf ihre schädliche Wirkung hin zu bewerten.

Dabei werden Substanzen mit bekannter chemischer Struktur anhand chemisch ähnlicher Stoffe, für welche bereits eine toxikologische Beurteilung vorliegt, bewertet und ein Grenzwert festgelegt. Dieser ist nach dem Vorsorgeprinzip sehr niedrig gehalten. Durch spätere toxikologische Untersuchungen kann dieser fiktive Grenzwert bestätigt oder neu definiert werden.

## 5.2.9  Bewertungs- oder Unsicherheitsfaktoren

**Bewertungsfaktoren** (engl. Assessment Factors – a.f.) bzw. **Unsicherheitsfaktoren** (engl. Uncertainty Factors) bzw. **Sicherheitsfaktoren** (engl. Safety Factors) werden verwendet, um eine ermittelte toxikologische Kenngröße bestmöglich an die realen Voraussetzungen anzupassen. Sie setzen sich aus mehreren Teilfaktoren zusammen:

$$\text{a.f.} = \text{a.f.}_1 \cdot \text{a.f.}_2 \cdot \text{a.f.}_3 \cdot \text{a.f.}_4 \cdot \text{a.f.}_5$$

mit

- $\text{a.f.}_1$ Interspeziesfaktor (engl. Interspecies Factor): Menschen können 10-mal mehr sensitiv sein
- $\text{a.f.}_2$ Intraspeziesfaktor (engl. Intraspecies Factor): Berücksichtigung von Toxikokinetik, Toxikodynamik
- $\text{a.f.}_3$ Qualität der Datenbasis: Lücken, Studienqualität, Vereinbarkeit (engl. Consistency)

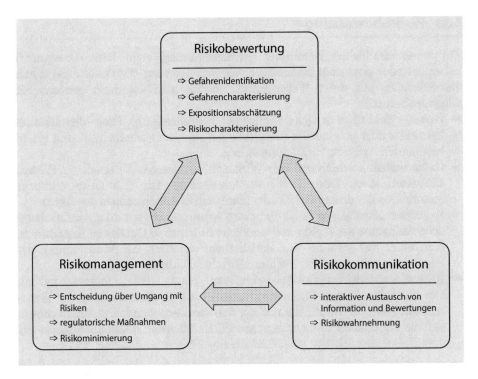

Risikobewertung

⇨ Gefahrenidentifikation
⇨ Gefahrencharakterisierung
⇨ Expositionsabschätzung
⇨ Risikocharakterisierung

Risikomanagement

⇨ Entscheidung über Umgang mit Risiken
⇨ regulatorische Maßnahmen
⇨ Risikominimierung

Risikokommunikation

⇨ interaktiver Austausch von Information und Bewertungen
⇨ Risikowahrnehmung

◘ **Abb. 5.2**  Elemente der Risikoanalyse (Nach Habermeyer et al. 2015)

- a.f.$_4$ Studiendauer (engl. Duration of Study)
- a.f.$_5$ Wesen (engl. Nature) und Schweregrad (engl. Severity) des Effekts

## 5.3 Risikoanalyse

Gemäß dem Ansatz des Codex Alimentarius ist das Ziel der Anwendung einer Risikoanalyse (engl. Risk Analysis) im Bereich der Lebensmittelsicherheit der Schutz der menschlichen Gesundheit. Grundvoraussetzung für eine Risikoanalyse ist:
- deren konsequente Anwendung
- Offenheit, Transparenz und Dokumentation
- Erfordernis der Bewertung und Überprüfung der neuesten wissenschaftlichen Daten.

Verfahren zur **Risikoanalyse** bei der Lebensmittelsicherheit wurden gemeinsam von der WHO und FAO entwickelt und folgen einem dreistufigen, strukturierten Ansatz (◘ Abb. 5.2).

## 5.3.1 Risikobewertung

Zur wissenschaftlichen Bewertung (**Risikobewertung,** engl. Risk Assessment) bekannter oder potenziell nachteiliger Auswirkungen auf die Gesundheit durch die Belastung mit durch Lebensmittel übertragenen Gefahren gehören die folgenden Schritte:

- **Gefahrenidentifikation** (engl. Hazard Identification): Die Identifikation bekannter oder potenzieller Auswirkungen auf die Gesundheit, die mit einem bestimmten Agens in Verbindung stehen.
- **Gefahrencharakterisierung/Dosis-Wirkungs-Beziehungen** (engl. Hazard Characterization, Dose Response Assessment): Die qualitative und/oder quantitative Bewertung der Art der abträglichen Auswirkungen des Agens.
- **Expositionsabschätzung** (engl. Exposure Assessment): Es wird die wahrscheinliche Aufnahme des Agens und sämtliche bedeutende Quellen probabilistisch, d. h. unter Verwendung von statistischen Verfahren zur Modellierung der Expositionshöhen und Expositionswahrscheinlichkeiten, abgeschätzt.
- **Risikocharakterisierung/Risikobeschreibung** (engl. Risk Characterization): Der letzte Schritt der Risikobewertung betrifft die Einschätzung der Wahrscheinlichkeit, der Häufigkeit und der Schwere der schädlichen Auswirkungen auf die Gesundheit in einer exponierten Bevölkerung durch Integration der vorausgehenden Schritte, einschließlich zugehöriger Unsicherheitsfaktoren.

## 5.3.2 Risikomanagement

Das **Risikomanagement** (engl. Risk Management) ist dem regulativen Bereich zugeordnet und verfolgt einen strukturierten Ansatz zur Festlegung und Umsetzung der angemessenen Optionen (BMEL 2018). Es besteht aus vier Bereichen:

- **Einleitende Maßnahmen:** Erstellung eines Risikoprofils, um so viele Informationen wie möglich als Grundlage für das Ergreifen weiterer Maßnahmen bereitzustellen.
- **Bewertung der Optionen:** Entscheidung über den Umgang mit den Risiken. Beherrschen eines Problems der Lebensmittelsicherheit unter Berücksichtigung wissenschaftlicher Informationen zum Risiko und anderen Faktoren. Optimierung der Effizienz und Effektivität. Technologische Machbarkeit und praktische Anwendbarkeit von Lebensmittelkontrollmaßnahmen an ausgewählten Punkten in der Lebensmittelkette.
- **Umsetzung der Entscheidungen:** Regulatorische Maßnahmen zur verbesserten Lebensmittelsicherheit und kontinuierliche Verifizierung.
- **Überwachung und Prüfung.** Sammeln und Analysieren von Daten, um evtl. neue Probleme der Lebensmittelsicherheit bei deren Auftreten zu identifizieren. Ableitung von möglicherweise neuen erforderlichen Maßnahmen zur Lebensmittelsicherheit, um die vorgeschriebenen Ziele der öffentlichen Gesundheit zu erreichen (Risikominimierung).

### 5.3.3 Risikokommunikation

Die **Risikokommunikation** (engl. Risk Communication) ist ein integrativer Bestandteil der Risikoanalyse und alle Gruppen von Beteiligten (die sog. Stakeholder) sollten von Beginn einbezogen sein, um Informationen und Meinungen auszutauschen und sicherzustellen, dass der Prozess, die Ergebnisse, die Bedeutung und die Grenzen verstanden werden.

Zu den Beteiligten gehören die (wissenschaftlich arbeitenden) Risikogutachter bzw. -bewerter, die Risikomanager und weitere interessierte Parteien. Für die effektive Risikowahrnehmung ist die Identifizierung von Interessengruppen und deren Vertretern ein wesentlicher Teil der gesamten Kommunikationsstrategie (▶ Abschn. 1.2.7).

## 5.4 ALARA-Prinzip

Zur Abschätzung des potenziellen Risikos von genotoxisch-cancerogenen Wirkungen wird nach internationalem Übereinkommen der MOE-Ansatz zugrunde gelegt. Bei genotoxisch-cancerogenen Stoffen kann keine Schwellendosis angenommen werden (▶ Abschn. 5.2.7), unterhalb derer keine unerwünschten Wirkungen mehr erwartet werden. In der EU gilt daher die Empfehlung, die Exposition gegenüber genotoxisch und cancerogen wirkenden Substanzen so weit zu minimieren, wie dies vernünftigerweise erreichbar ist. Hierbei handelt es sich um das sogenannte ALARA-Prinzip (Akronym von engl. **As Low As Reasonably Achievable**). Dabei ist zu beachten, dass selbst geringe Aufnahmemengen, insbesondere bei regelmäßigem Verzehr, mit einer Erhöhung gesundheitlicher Risiken verbunden sein können.

## Literatur

BMEL (2018) Bundesministerium für Ernährung und Landwirtschaft (Hrsg) Lebensmittelsicherheit verstehen. Fakten und Hintergründe. ▶ https://www.bmel.de/SharedDocs/Downloads/Broschueren/Lebensmittelsicherheit-verstehen.pdf?__blob=publicationFile. Prüfdatum: 15 Nov. 2019

Habermeyer M, Eisenbrand G (2015) Lebensmittelsicherheit. In: Lebensmittelchemie M (Hrsg) Fischer M, Glomb A. Behr's Verlag, Hamburg, S 681–695

Macholz R, Lewerenz HJ (Hrsg) (1989) Lebensmitteltoxikologie. Springer-Verlag, Berlin

# Kontaminanten in Lebensmitteln

## Inhaltsverzeichnis

# Umweltkontaminanten

## Inhaltsverzeichnis

© Der/die Herausgeber bzw. der/die Autor(en), exklusiv lizenziert durch Springer-Verlag
GmbH, DE, ein Teil von Springer Nature 2020
R. Matissek, *Lebensmittelsicherheit*,
https://doi.org/10.1007/978-3-662-61899-8_6

## 6.1 Einführung

**Umweltkontaminanten** (engl. Environmental Contaminants) sind gemäß systematischer Betrachtungsweise (▶ Kap. 4) dem unabsichtlichen Eintrag aus der Umwelt zuzuordnen. Sie können aus der Luft, dem Wasser oder dem Boden stammen und möglicherweise sehr persistente Verbindungen darstellen (z. B. Dioxine, Schwermetalle, Radionuklide). Da der Eintrag von „außen" erfolgt, sind sie den Kontaminanten der exogenen Art zuzuordnen (◘ Abb. 4.2.1.1).

Durch die Industrialisierung ist der Mensch vor allem in zivilisationsnahen Gebieten einer erhöhten Exposition von Umweltkontaminanten ausgesetzt. Nicht immer treten diese unmittelbar in Luft und Wasser auf, sondern häufig begleiten sie den Menschen auch in seinem häuslichen Umfeld. Das gilt beispielsweise für toxikologisch relevante Farbstoffe in Tapeten, Weichmacher in Wandfarben, für monomeres Vinylchlorid in Fußbodenbelägen und anderen PVC-Erzeugnissen, für Holzschutzanstriche u. dgl. mehr.

**6**

## 6.2 Anorganische Umweltkontaminanten

### 6.2.1 Metalle, Schwermetalle, Halbmetalle

Als die wichtigsten anorganischen Kontaminanten in Lebensmitteln müssen die Schwermetalle **Blei, Cadmium** und **Quecksilber** angesehen werden, die in verschiedenen Bindungsformen in Lebensmitteln vorkommen können. Es soll hier nicht beurteilt werden, ob unsere Vorfahren nicht vielleicht noch größeren Belastungen, z. B. durch Blei, ausgesetzt waren, indem sie aus Geschirr mit Bleiglasuren getrunken bzw. von Zinntellern mit nicht unerheblichen Bleigehalten gegessen haben. So gibt es auch Befunde, denen zufolge die Quecksilbergehalte von vor 60 bis 90 Jahren gefangenen Thunfischen, die in naturkundlichen Museen erhalten geblieben sind, höher lagen, als sie heute für den Verkehr in Lebensmitteln zugelassen sind. Vielmehr ist ein vorbeugender Verbraucherschutz auch für die Abstellung von solchen Belastungen verantwortlich, denen bereits unsere Vorfahren in Unkenntnis der Dinge ausgesetzt waren. Für bestimmte Lebensmittel hat der europäische Gesetzgeber hinsichtlich ihrer Gehalte für Quecksilber, Blei und Cadmium und andere Elemente Höchstwerte erlassen.

Aktuell wird auch verstärkt über das Leichtmetall **Aluminium** und seine möglichen Wirkungen diskutiert, so dass hier wohl zukünftig ein neues Thema zu bearbeiten sein wird.

Die Exposition gegenüber **Arsen** (As) bzw. As-Verbindungen stellt heute sicherlich eines der größten Umweltprobleme dar. Bei As handelt es sich um ein Halbmetall. War Arsen früher hauptsächlich als Mordgift bekannt, stehen heute die chronischen toxischen Wirkungen im Vordergrund, die insbesondere in Gegenden mit hohen Arsengehalten im Trinkwasser beobachtet werden.

---

**Metalle ↔ Schwermetalle ↔ Leichtmetalle ↔ Halbmetalle**

**Metalle**
Metalle werden von den Halbmetallen und den Nichtmetallen unterschieden. Metalle sind chemische Elemente, die charakteristische „metallische" Stoffeigenschaften aufweisen, die auf dem speziellen Zusammenhalt der Atome aufgrund der „metallischen Bindung" und der freien Beweglichkeit der Elektronen im Gitter basieren:
- hohe elektrische Leitfähigkeit
- hohe Wärmeleitfähigkeit
- Duktilität (Verformbarkeit)
- metallischer Glanz

**Schwermetalle**
Unter dem Term Schwermetalle werden üblicherweise solche Metalle zusammengefasst, deren Dichte größer als $5{,}0\,g/cm^3$ ist.

**Leichtmetalle**
Unter dem Begriff Leichtmetalle werden üblicherweise zusammengefasst solche Metalle verstanden, deren Dichte unter $5{,}0\,g/cm^3$ liegt.

**Halbmetalle**
Halbmetalle (veraltete Vokabel: Metalloide) sind Elemente, die hinsichtlich ihrer Stoffeigenschaften zwischen den Metallen und den Nichtmetallen einzuordnen sind. Weder von ihrer elektrischen Leitfähigkeit noch von ihrem Aussehen (metallischer Glanz) können sie einer der beiden Gruppen eindeutig zugeordnet werden.

## 6.2.1.1 Blei

**Blei** (Pb) kann in die Biosphäre über Bleihütten, Akkumulatoren- und andere Bleiwarenfabriken, durch Farben und Rostschutzmittel, Druckereien und Schriftgießereien gelangen, und zwar über Müll, Abluft und Abwasser. Seine Verbindungen treten dann in der Luft als Staub und im Wasser als Schwebstoffe auf. Schätzungen zufolge wurden im Rhein in den 1980er-Jahren jährlich etwa 3000 t Blei in Form von Schwebstoffen transportiert. Eine weitere wichtige Emissionsquelle war lange das dem Vergasertreibstoff (Benzin) als sog. Antiklopfmittel beigegebene Bleitetraethyl $Pb(CH_2CH_3)_4$. Blei stellt somit eine typische **Umweltkontaminante** dar.

Lebensmittel mit hohen Pb-Gehalten sind oberirdisch wachsende Gemüse- und Obstarten, vor allem solche mit wachsiger oder rauer Oberfläche. Daraus geht hervor, dass die Staubbelastung hier überwiegt. Daher können die Pb-Gehalte dieser Lebensmittel bereits durch gründliches Waschen erheblich herabgesetzt werden. Von Lebensmitteln tierischer Herkunft können besonders Leber und Nieren sowie Knochenpartien relativ stark bleihaltig sein. Auch Trinkwässer aus Bleirohren können höhere Pb-Konzentrationen enthalten, vor allem weiche Wässer, die solche Rohre besonders stark angreifen.

Blei kann sich auch aus entsprechendem **Keramikgeschirr** in unerwünschtem Ausmaß herauslösen; in diesem Fall stellt es eine sog. Migrationskontaminante dar (s. Blei-Lässigkeit ► Abschn. 7.4.1).

Massenerkrankungen auf französischen Kriegsschiffen um 1830 stellten sich als Pb-Vergiftungen heraus. Diese Kriegsschiffe waren mit Wasserleitungen aus Blei ausgerüstet, und dem Wasser wurde zur Skorbutbekämpfung Zitronensaft zugemischt (was zu einer pH-Wert-Absenkung führte). Auch das traurige Ende der Expedition John Franklins 1845 zur Suche nach der Nordwestpassage wurde, wie heute bekannt, durch Blei verursacht, das in den mitgenommenen Konserven auf Grund fehlerhafter Verlötung in großen Konzentrationen vorkam.

Die **Resorptionsrate** aufgenommener Pb-Verbindungen wird beim Menschen auf 5 bis 10 % geschätzt. Dabei lagern sie sich in Knochen und inneren Organen ab. Die Gefährdung liegt vor allem in dieser Kumulation, die zu irgendeinem Zeitpunkt die Freisetzung erheblicher Pb-Mengen begünstigen kann. Blei ist als Inhibitor von Enzymen und der Hämoglobin-Synthese stark toxisch.

> **Toxikologie von Blei**
>
> Die **EFSA** hat im April 2010 eine neue toxikologische Bewertung von **Blei** vorgenommen. Danach kann der bisherige **PTWI-Wert** von 25 µg/kg Körpergewicht nicht länger aufrechterhalten werden. Ein neuer Richtwert konnte aufgrund eines uneindeutigen Schwellenwertes, unterhalb dessen keine nachteiligen Auswirkungen auftreten, *nicht* festgelegt werden.

### 6.2.1.2 Cadmium

Die giftige Wirkung von **Cadmium** (Cd) in Lebensmitteln wurde erstmals 1955 bekannt, als eine Massenvergiftung (**Itai-Itai-Krankheit**, dt. Aua-Aua-Krankheit) in Japan auftrat. Befallen waren Personen, die Reis von Feldern gegessen hatten, die mit Wasser aus einer Cadmiumerz-Abraumhalde bewässert worden waren. Es traten, besonders bei älteren und geschwächten Personen, schmerzhafte Osteomalazien auf, die auf eine verminderte Calcium-Resorption und andere Störungen des Mineralhaushaltes zurückgeführt wurden. Zahlreiche Personen fanden den Tod. Wie heute bekannt ist, wird Cadmium vor allem in der Nebennierenrinde akkumuliert, wobei eine Bindung an Proteine diskutiert wird. Da die Halbwertszeit seiner Ausscheidung außerordentlich hoch ist (10–30 Jahre), sind bei erhöhter Cd-Exposition chronische Vergiftungen zu befürchten. Cd gilt auch als Stoff mit endokriner Wirksamkeit.

Cadmium ist ein Begleitelement des Zinks. Eine Gefährdung kann daher u. a. von Zinkhütten ausgehen. Aber auch die Farbenindustrie verarbeitet cadmiumhaltige Farben (Cadmiumsulfid und -selenid), die auch in rot-orangenen Deckfarben von Geschirr enthalten sein können. Gefährdungen entstehen außerdem durch cadmiumhaltigen Klärschlamm, Phosphatdünger und – nicht zu vernachlässigen – durch fossile Brennstoffe. Cadmium stellt eine typische Umweltkontaminante dar.

Eine **Cd-Aufnahme** ist sowohl durch die Atemluft als auch durch Lebensmittel möglich. Hier sind es besonders Speisepilze, Leinsamenschrot, Muscheln und Nieren von älteren Tieren (Rindfleisch, nicht Kalbfleisch). Während oral zugeführtes Cadmium nur zu etwa 5 % resorbiert wird, liegt die Resorptionsrate bei Zuführung über die Lunge bei fast 100 %. Raucher sind also besonders gefährdet.

Cadmium kann sich auch aus entsprechendem **Keramikgeschirr** in unerwünschten Ausmaß herauslösen; in diesem Fall stellt es eine Migrationskontaminante dar (s. Cadmium-Lässigkeit ▶ Abschn. 7.4.2).

---

**Toxikologie von Cadmium**

- **JECFA** hat im Juni 2010 für **Cadmium** einen PTMI-Wert von 25 µg/kg Körpergewicht festgelegt.
- Die **EFSA** hatte hingegen im März 2009 den TWI-Wert für Cadmium auf 2,5 µg/kg Körpergewicht weiter gesenkt (PTWI vorher: 7 µg/kg Körpergewicht).
- Die Neubewertung durch **JECFA** hebt die Absenkung des Grenzwertes durch die EFSA auf, und es liegen damit nunmehr zwei unterschiedliche toxikologische Bewertungen vor, wodurch die Gesetzgebung eine besondere Herausforderung erfährt.
- **Der neue PTMI-Wert** wird nach Angaben der **JECFA** von allen Altersgruppen in der Bevölkerung, einschließlich denjenigen mit einem hohen Verzehr an belasteten Lebensmitteln und Menschen mit speziellen Ernährungsregimen, z. B. Vegetariern, nicht überschritten.

---

### 6.2.1.3 Quecksilber

Gefahren durch **Quecksilber** (Hg, engl. Mercury bzw. Quicksilver) in Lebensmitteln wurden 1957 bis 1961 bekannt, als im japanischen **Minamata** eine Massenerkrankung auftrat, in deren Verlauf zahlreiche missgestaltete Kinder geboren wurden. Verursacher war ein Industriewerk, das quecksilberhaltige Abwässer in die Minamata-Bucht abgelassen hatte. Dort wurde es von Mikroorganismen in fettlösliches **Methylquecksilber** (MeHg) umgewandelt, das als fettlösliche Verbindung in die Nahrungskette gelangen konnte. Speisepilze spielen als Träger einer Hg-Belastung auch eine Rolle. Daneben gelten Fische, vor allem Thun- und Schwertfische, Haifisch, Aal, Stör, Hecht, Rochen und Rotbarsch als Träger erhöhter Hg-Konzentrationen.

Aus Studien wurde bekannt, dass beim Verzehr von Grindwalen, die auf den Färöer Inseln ein preisgünstiges Lebensmittel darstellen, erhebliche Mengen Quecksilber aufgenommen wurden. Dieses Quecksilber stammt offenbar aus der Umwelt und wird in den Walen als einem späten Glied der Nahrungskette besonders angereichert. Wie das dänische Gesundheitsamt ermittelte, wurden Kinder von Frauen, die ihrerseits größere Mengen Hg im Körper angereichert hatten (etwa 10 mg/kg Muskel), mit deutlich messbaren Nervenschäden geboren: Schäden an Feinmotorik, Sprache und Gedächtnis. Da Methylquecksilber die

Plazenta passieren kann, sollten vor allem schwangere Frauen nicht zu viel von oben genannten Fischen essen.

Quecksilber kann in Abwässern von Natronlauge- und Papierfabriken gefunden werden, bei Letzteren dann, wenn sie $HgCl_2$ als Schleimbekämpfungsmittel verwenden. Es sollte aber nicht übersehen werden, dass Steinkohle bis zu 1 mg Hg/kg enthalten kann, so dass in der Welt allein über ihre Verbrennung eine jährliche Freisetzung von 3000 t Quecksilber geschätzt wird. Während metallisches Quecksilber nur atmungstoxisch ist, sind anorganische und organische Hg-Verbindungen außerordentlich giftig, wenn sie über die Nahrung aufgenommen werden.

Quecksilber ist ein natürlich vorkommender, nicht abbaubarer Stoff. Quecksilber ist in der gesamten Umwelt vorhanden. In der *Atmosphäre* reagiert es kaum mit anderen Stoffen. So verteilt es sich mehr oder weniger gleichmäßig über große Entfernungen. Quecksilber durchläuft in der Umwelt viele Stoffkreisläufe zwischen Luft, Wasser und Boden, ehe es in tiefen Sedimentschichten eingeschlossen wird oder stabile mineralische Verbindungen eingeht und so schließlich nicht weiter verteilt werden kann.

Nach den vorherigen Ausführungen ist es evident, dass Quecksilber eine typische Umweltkontaminante darstellt. Mit dem Einspritzen von **elementarem Quecksilber** in Orangen wurde im Jahr 1978 aber ein (terroristische) Anschlag auf nach Deutschland und die Niederlande exportierte israelische Früchte unternommen. Diese Art des Vorkommens ist folglich als Manipulationskontaminanten einzustufen und wird in ▶ Abschn. 8.7 behandelt.

---

### Toxikologie von Quecksilber

- **Quecksilber** ist ein silberweißes Schwermetall mit der Ordnungszahl 80. Es ist das einzige Metall, das bei Standardbedingungen flüssig ist ($Kp._{Hg} = -38.83\,°C$). Hg weist eine hohe Oberflächenspannung und benetzt daher eine inerte Unterlage nicht. Der Dampfdruck von Hg beträgt 0,163 Pa bei 20 °C. Hg ist außer den Edelgasen das einzige Element, das bei Raumtemperatur in der Gasphase einatomig vorliegt. Es bildet mit sehr vielen Metallen Legierungen, die Amalgame genannt werden.

- **Quecksilber** ist ein Metall, das sowohl aus natürlichen Quellen als auch durch menschliche Aktivitäten in die Umwelt freigesetzt wird. Bei der Aufnahme über den Verdauungstrakt ist reines metallisches Hg vergleichsweise ungefährlich, eingeatmete Dämpfe wirken aber stark toxisch. Neben elementarem Hg kann es auch als **anorganisches Hg** (Quecksilber-I-Kation ⇨ $[Hg_2^{2+}]$ und Quecksilber-II-Kation ⇨ $[Hg^{2+}]$) sowie organisches Quecksilber vorkommen. Methylquecksilber ist bei weitem die häufigste Form von organischem Quecksilber in der Lebensmittelkette.

- Die **EFSA** hat in 2012 einen **TWI-Wert** von 1,3 µg/kg Körpergewicht für MeHg vorgeschlagen, der niedriger als der vom **JECFA** (2010) festgelegte Wert von 1,6 µg/kg Körpergewicht ist.

- **Methylquecksilber** (MeHg) ist die vorherrschende Form von Quecksilber in **Fisch** und anderen **Meeresfrüchten** und besonders giftig für das sich entwickelnde Nervensystem einschließlich des Gehirns. Zwar ist es unwahrscheinlich, dass die durchschnittliche Exposition gegenüber Methylquecksilber in Lebensmitteln den TWI-Wert überschreitet, bei Verbrauchern mit hohem und häufigem Fischkonsum jedoch steigt die Wahrscheinlichkeit, diesen Wert zu erreichen. Da zu dieser Gruppe auch Schwangere zählen können, kann es zu einer Exposition des Fötus in einer kritischen Entwicklungsphase des Gehirns kommen (EFSA 2012).
- **Anorganisches Hg** ist weniger giftig und findet sich ebenfalls in Fisch und anderen Meeresfrüchten sowie in Fertiggerichten. Für die meisten Menschen ist die Wahrscheinlichkeit niedrig, dass die lebensmittelbedingte Exposition gegenüber anorganischem Quecksilber den TWI-Wert überschreitet, sofern keine anderen Expositionsquellen hinzukommen (EFSA 2012).

## 6.2.1.4 Aluminium

**Aluminium** (Al) ist das dritthäufigste Metall in der Erdkruste, allerdings tritt es nicht in Reinform auf, sondern ist in Mineralien gebunden. Reines Al kann mit recht hohem Energieaufwand gewonnen werden. Al ist ein Leichtmetall. Es ist ubiquitär und damit auch natürlicher Bestandteil unserer Nahrung. Lebensmittel mit hohen Al-Gehalten sind Gewürze und Teeblätter. In anderen Lebensmitteln wie beispielsweise Frischgemüse, Gemüseprodukten, Frischobst, Käse, Nährmitteln, Kartoffeln und Kakaoerzeugnissen sowie Fleisch und Wurstwaren sind Al-Gehalte bis ca. 90 mg/kg möglich. Außerdem ist ein Übergang von Al von Bedarfsgegenständen auf Lebensmittel bekannt, z. B. durch Erhitzen saurer Lebensmittel in Kochtöpfen aus Aluminium, durch Verwendung von Al-Folie, Al-Schalen, Al-Blechen sowie sauren Getränken in Dosen aus Aluminium. Auch das Backen von alkalisch behandelten (4-%ige Natronlauge) Backwaren auf nichtlackierten Al-Blechen kann zu extrem hohen Al-Gehalten in den so gebackenen Brezeln oder anderem Laugengebäck führen. Im Trinkwasser liegt die Al-Konzentration im Allgemeinen <1 mg/L (Grenzwert laut Trinkwasserverordnung: 0,2 mg/L), höhere Gehalte sind allerdings in Mineralwasser nach Aufbereitung mittels Al-Sulfat-Flockung möglich.

Neben dem natürlich vorkommenden Aluminium können Al-haltige Lebensmittelzusatzstoffe einen Beitrag zur Al-Aufnahme durch die Nahrung liefern. Al oder seine Salze werden hierbei entweder als Farbstoff bei Überzügen von Zuckerwaren, als Festigungsmittel bei Eiprodukten, als Füllstoff in Kaugummi oder als Backtriebmittel bei feinen Backwaren eingesetzt.

**Aufnahmequellen** für Al bzw. deren Verbindungen können ferner Kosmetika (insbesondere Antitranspirantien auf Basis Al-haltiger Wirkstoffe, Zahncremes, Lippenstift u. a.) sein. Sehr hohe Al-Aufnahmen (5000–10.000 mg/d) sind außerdem bei der Einnahme bestimmter Medikamente, insbesondere Antacida (Magensäurebinder), denkbar. Die Aufnahme über die Nahrung spielt neben der Aufnahme über die Haut die größte Rolle. Über die Nahrung werden vom Körper tatsächlich jedoch nur äußerst geringe Mengen aufgenommen, da die meisten Al-Verbindungen sehr schwer löslich und somit praktisch nicht bioverfügbar sind.

In jüngster Zeit wird verstärkt über die Toxikologie, die Exposition und in diesem Zusammenhang auch über den gesundheitlichen Verbraucherschutz diskutiert. Eine neue Bewertung des BfR zeigt, dass die Aluminiumaufnahme aus Lebensmitteln im Vergleich zu früheren Studien niedriger ist. Lebensmittel sind nach wie vor eine relevante, jedoch nicht mehr die Hauptaufnahmequelle für die Bevölkerung. Werden weitere relevante Quellen der Aluminiumaufnahme mitberücksichtigt, wie aluminiumhaltige **kosmetische Mittel** und unbeschichtete **Lebensmittelkontaktmaterialen,** kann die Gesamtaufnahmemenge in allen Altersgruppen den TWI-Wert von 1 mg/kg Körpergewicht ausschöpfen oder sogar überschreiten (BfR 2019).

**6**

### Aluminium – Steckbrief

- Bei **Aluminium** handelt es sich um ein metallisches chemisches Element (Erdmetall/Leichtmetall) aus der dritten Gruppe und der dritten Periode des Periodensystems (Ordnungszahl 13, Wertigkeit 3, relative Atommasse 26,98154 u).
  Das silberweiße Pulver kristallisiert kubisch flächenzentriert, hat einen Schmelzpunkt von $Fp._{Al} = 660,37\,°C$ und einen Siedepunkt von $Kp._{Al} = 2467\,°C$. Al-Pulver ist an der Luft selbstentzündlich und ein guter Leiter für Wärme und elektrischen Strom.
- Aluminium kann leicht zu dünnen Schichten (4 bis 20 μm) ausgewalzt werden (Alufolie).

### Toxikologie von Aluminium

- Die **EFSA** hat für Aluminium einen **TWI-Wert** von 1 mg/kg Körpergewicht festgelegt.
- **Aluminium** besitzt eine nur geringe **akute** Toxizität. Die Aufnahme über den **Magen-Darm-Trakt** ist sehr gering. Aluminium gilt als nicht genotoxisch und wahrscheinlich als nicht cancerogen für den Menschen; eventuell kann es neurotoxisch wirken. Es gibt Toxikologen, die die Anwendung von hochdosierten aluminiumhaltigen Antitranspirantien mit Brustkrebs in Verbindung bringen; dies ist jedoch nicht bewiesen.

### 6.2.1.5 Arsen

**Arsen** (As) gehört neben Stickstoff, Phosphor, Antimon und Bismut zu den Elementen der fünften Hauptgruppe des Periodensystems, innerhalb der die chemischen und physikalischen Eigenschaften sehr unterschiedlich sind. Mit der Ordnungszahl 33 steht Arsen in der vierten Periode und befindet sich somit im Übergangsbereich von den Metallen zu den Nichtmetallen, was sich in der umfangreichen und komplizierten Chemie seiner Verbindungen äußert. So tritt As als Halbmetall nicht nur wie ein Nichtmetall anionisch, sondern auch wie ein Metall kationisch auf.

Arsen ist ein überwiegend aus natürlichen Quellen stammendes, ubiquitär vorliegendes Element, das in der Erdkruste mit einer Konzentration von 1,0 bis 2,0 mg/kg vorkommt und deshalb zu den eher seltenen Elementen zählt. Gelegentlich kommt Arsen in der Natur gediegen (elementar) vor. Am häufigsten liegt es jedoch als anorganisches As in Form seiner Sulfide in der Erdkruste gebunden vor. Daneben kommt es dort in Form seiner Oxide sowie in Arsenlegierungen als Metallarsenid ($[AsO_3]_3^-$) sowie -arsenat ($[AsO_4]_3^-$) und in biologischem Material in organischen As-Verbindungen, wie Arsenocholin, Arsenobetain oder Arsenozucker, vor.

---

**Arsen – Steckbrief**

**Arsen** hat eine relative Atommasse von 74,92 u und eine Dichte von 5,73 g/cm³. Graues α-Arsen ist an trockener Luft beständig, oxidiert aber an feuchter Luft. Beim Erhitzen an der Luft verbrennt das Halbmetall mit bläulicher Flamme zu weißem Arsen(III)-oxid, welches knoblauchartig riecht. Durch konzentrierte Salpetersäure wird graues α-Arsen zu Arsensäure, durch verdünnte Salpetersäure oder konzentrierte Schwefelsäure zu Arseniger Säure oxidiert. In seinen Verbindungen tritt Arsen in den Oxidationsstufen +5, +3 and -3 auf, wobei Verbindungen mit der Wertigkeit +3 am beständigsten sind.

---

Bei beruflich nicht exponierten Personen erfolgt die Aufnahme von Arsen hauptsächlich über Lebensmittel, in die es aufgrund geogener sowie anthropogener Expositionsquellen gelangt. Durch Verwitterung von Gesteinen und vulkanische Emissionen wird Arsen aus der Erdkruste in Böden, Wasser und die Luft eingetragen. Die gemessenen As-Konzentrationen im Grundwasser reichen von nicht nachweisbar bis 800 µg/L. Im Trinkwasser können in einigen Gebieten der Erde wie z. B. West Bengalen und Bangladesch As-Gehalte von bis zu 9 mg/L erreicht werden. Ferner sorgen immer wieder Meldungen über As-Gehalte in Reis aus China für Schlagzeilen.

Verschiedene Studien zeigen, dass der As-Gehalt im **Reis** steigt, wo die Bauern mit As-haltigem Wasser bewässern. Der Hauptteil des über die Nahrung aufgenommenen Arsens stammt in Deutschland aus Fisch und Fischprodukten, in denen organisches Arsen in Form von **Arsenobetain** vorliegt und wo Werte von bis zu 50 mg/kg TG (Nordseescholle, Oktopus) vorkommen können. Weiterhin relevant sind Braun- und Rotalgen, in denen mehr als 100 mg/kg TG Arsenozucker nachgewiesen wurden. Zu As-Gehalten in Kakao und Kakaoerzeugnissen liegen insgesamt nur wenige Daten vor.

Die Exposition gegenüber As-Verbindungen stellt heute sicherlich eines der größten Umweltprobleme dar. War Arsen früher hauptsächlich als Mordgift bekannt, stehen heute die chronischen toxischen Wirkungen im Vordergrund, die insbesondere in Gegenden mit hohen Arsengehalten im Trinkwasser beobachtet

**6**

werden. Hierzu gehören als erste Anzeichen Hautveränderungen und Durchblutungsstörungen („**Blackfoot Disease**"), aber auch Krebserkrankungen der Haut, Lunge, Blase und Niere. Vermehrte Tumorhäufigkeiten werden bereits bei vergleichsweise niedrigen Arsengehalten im Trinkwasser beobachtet (ab ca. 50 mg/L); als Wirkungsmechanismus wurden die Induktion von oxidativem Stress, die Beeinträchtigung von DNA-Reparaturprozessen und die Veränderung von DNA-Methylierungsmustern mit nachfolgenden Fehlregulationen bei der Genexpression identifiziert. Diese Wirkungen beziehen sich auf die anorganischen Arsenverbindungen Arsenat ($[AsO_4]^{3-}$) und Arsenit ($[AsO_3]^{3-}$) und ihre methylierten Metabolite; die Toxizität der organischen Verbindungen Arsenobetain und Arsenozucker ist noch weitgehend unbekannt. Zwar ist hier die akute Toxizität geringer, aber chronische Wirkungen der vergleichsweise hohen Mengen in Fisch, Meeresfrüchten und Algen müssten dringend abgeklärt werden.

---

### Arsen als Mordgift

— Die Giftigkeit vieler **Arsen-Verbindungen** war schon sehr früh bekannt. So war vor allem Arsenik ($As_2O_3$) im Mittelalter und in der Renaissance ein häufig genutztes Mordgift, mit dem zahlreiche Morde an hochrangigen Persönlichkeiten begangen wurden. Napoleon ist dabei wohl der berühmteste Fall für eine Arsenvergiftung, die durch eine Analyse seiner Haare mit modernen chemischen Analysenmethoden nachgewiesen werden konnte.

— So wurde Arsen über die Jahre hinweg zu einem Synonym für Gift, das auch die zwei liebenswerten, alten Damen Abby und Martha Brewster im Filmklassiker „Arsen und Spitzenhäubchen" aus dem Jahr 1941 dazu nutzten, alte, einsame Männer aus Mitleid „Gott näher zu bringen".

---

### Toxikologie von Arsen

— Das **EFSA**-Gremium für Kontaminanten in der Lebensmittelkette (CONTAM-Gremium) hat ein Gutachten zu den Gesundheitsrisiken veröffentlicht, die sich aus der Verunreinigung von Lebensmitteln durch Arsen ergeben können. Das Gremium verglich hierzu As-Mengen, die durch Lebensmittel und Getränke in den menschlichen Körper gelangen können, mit den Aufnahmemengen, ab denen Arsen bestimmte Gesundheitsprobleme verursachen könnte. Da zwischen beiden Werten nur geringe oder gar keine Unterschiede festgestellt wurden, empfahl das Gremium, die Exposition gegenüber anorganischem Arsen zu reduzieren sowie den PTWI-Wert nach unten anzupassen (EFSA 2009).

— Sowohl von der **WHO**, der amerikanischen **EPA** als auch durch die deutsche **Trinkwasserverordnung** wurde ein Trinkwassergrenzwert von 10 µg As/L festgelegt. Seit dem 01.01.2006 gilt dieser Wert auch für natürliche Mineral- und Tafelwässer. Wasser zur Zubereitung von Säuglingsnahrung darf 5 µg/L nicht überschreiten (Mineral- und Tafelwasserverordnung, MTVO).

— Die **EFSA** hat in ihrem Gutachten zu Arsen in Lebensmitteln veröffentlicht, dass an der von der JECFA festgelegten vorläufigen tolerierbaren wöchentlichen Aufnahme (PTWI) von 15 µg/kg Körpergewicht **nicht festgehalten** werden kann, da Daten gezeigt haben, dass anorganisches Arsen neben Hautkrebs auch Lungen- und Blasenkrebs verursacht und dass bei Expositionswerten, die unter den vom JECFA geprüften lagen, eine Reihe von Nebenwirkungen gemeldet wurde. Aus diesem Grund hat die **EFSA** eine untere Konfidenzgrenze der Benchmarkdosis zwischen 0,3 und 8 µg/kg Körpergewicht pro Tag festgelegt (EFSA 2009).

**Arsen – Höchstwerte**

— Im Rahmen des **EFSA**-Gutachtens wurde festgestellt, dass Verbraucher in Europa, die große Mengen Reis verzehren, z. B. Kleinkinder unter drei Jahren, einer hohen ernährungsbedingten Exposition gegenüber anorganischem Arsen ausgesetzt sein können (EFSA 2009). Aus diesem Grund wurden Ende Juni 2015 von der EU-Kommission in der VO (EU) Nr. 2015/1006 zur Änderung der Verordnung (EG) Nr. 1881/2006 hinsichtlich der Höchstgehalte für anorganisches Arsen in Lebensmitteln Höchstgehalte für anorganisches Arsen in Reis und verschiedenen Reiserzeugnissen festgelegt.
— Für **Reiswaffeln** und **-kräcker** gilt ein **Höchstwert** an anorganischem Arsen von 0,3 mg/kg, **Parboiled-** und **geschälter Reis** darf maximal 0,2 mg/kg anorganisches Arsen enthalten. Die festgelegten Höchstgehalte gelten seit dem 1. Januar 2016.
— **China** gehört zu den wenigen Ländern der Erde, die den As-Gehalt in Lebensmitteln schon seit längerem reglementieren. So gilt dort ein **Toleranzwert** für Arsen von 150 µg/kg Reis.

## 6.2.2 Radionuklide

**Radionuklide** besitzen Atome mit instabilem Atomkern, die sich unter Aussendung von radioaktiven Strahlen stabilisieren, wobei meist mehrere Zwischenstufen durchlaufen werden. Die weitaus meisten Radionuklide sind unter den Elementen mit Ordnungszahlen über 83 zu finden. Beispiele für „leichtere" Elemente mit natürlicher Radioaktivität sind die Isotope **Kalium-40 ($^{40}$K)**, **Kohlenstoff-14 ($^{14}$C)** und **Tritium ($^{3}$H)**.

**Primoridaler Ursprung**

Als **primordiale Nukleosynthese** wird in der Kosmologie die Bildung der ersten zusammengesetzten Atomkerne kurz nach dem Urknall bezeichnet. Der Theorie zufolge entstehen zunächst die leichteren Elemente He, De und Spuren von Li. Die heute zu beobachtenden schwereren Elemente stammen aus Fusions- und anderen Kernreaktionen in Sternen und damit aus viel späterer Zeit (Wikipedia 2019).

**◘ Tab. 6.1** Wichtige Radionuklide

| Element, Isotop | Physikalische Halbwertszeit | Emittierte Strahlung |
|---|---|---|
| Caesium-134 | 2 a | Gamma |
| Caesium-137 | 37 a | Gamma |
| Iod-131 | 8 d | Gamma |
| Strontium-90 | 28,5 a | Beta |
| Strontium-89 | 51 d | Beta |
| Zirkon-95 | 65 d | Gamma |
| Tritium | 12 a | Beta |
| Kohlenstoff-14 | 5 730 a | Beta |

**6**

**◘ Tab. 6.2** Arten radioaktiver Strahlung und ihre Eigenschaften

| Strahlung | Charakteristik | Energie (MeV) |
|---|---|---|
| α-Strahlen | Positiv geladene Heliumkerne | 2–10 |
| ß-Strahlen | Elektronen | 0,01–12 |
| γ–Strahlen | Elektromagnetische Wellen | bis 2,7 |

**Kalium-40** ist primordialen Ursprungs und hat wegen seiner großen Halbwertszeit von $1,3 \times 10^9$ Jahren seit Entstehung der Erde in seiner Konzentration nicht wesentlich abgenommen. Kohlenstoff-14 und Tritium werden durch kosmische Strahlung ständig nachgebildet. Für das Umfeld des Menschen sind außer diesen drei natürlichen Radionukliden die Zerfallsprodukte des Urans und Thoriums bedeutsam, z. B. **Radium-226**, **Blei-210** und **Polonium-210** aus der Uran-Radium-Zerfallsreihe. Daneben werden wir heute mit dem Phänomen künstlicher Radionuklide konfrontiert, die durch künstlich herbeigeführte Kernspaltungen (Atomwaffentests, Kernkraftwerke und Wiederaufbereitungsanlagen) gebildet werden. Die wichtigsten Nuklide sind in ◘ Tab. 6.1 aufgeführt.

Unter den weiteren, künstlich erzeugten Radionukliden ist vor allem das **Plutonium-239**, dessen Halbwertszeit $2,4 \times 10^4$ Jahre beträgt, sowie seine Folgeprodukte zu nennen.

Die Strahlungsarten und ihre Wirkungen sind in ◘ Tab. 6.2 beschrieben. **Gammastrahler** können heute in biologischem Material relativ leicht und oft ohne Probenvorbereitung gemessen werden. Dagegen ist die Abtrennung von α- und **ß-Strahlern** aus biologischem Material unumgänglich, um Verfälschungen durch Strahlenabsorption durch die Matrix auszuschließen. Die Gammastrahlung im menschlichen Körper kann wegen der guten Strahlentransparenz in sogenannten Ganzkörpermesszellen bestimmt werden.

Unter der **physikalischen Halbwertszeit** wird der Zeitraum verstanden, innerhalb dessen die Hälfte des Radionuklids zerfallen ist. Getrennt davon ist die **biologische Halbwertszeit** zu betrachten, die angibt, wann 50 % eines aufgenommenen Radionuklids durch physiologische Austauschreaktionen wieder aus dem menschlichen Körper ausgeschieden worden sind.

Für eine Beurteilung dieser Kontaminanten ist es wichtig, sowohl ihre Wirkung auf biologisches Material als auch ihr Verhalten im biologischen System zu kennen.

### 6.2.2.1 Wirkung von Radionukliden

Radionuklide senden energiereiche Strahlung aus, die im biologischen Material zu Ionisierungen und homolytischen Spaltungen unter Entstehung von Radikalen führt. Eine Hauptreaktion ist hier die Freisetzung von OH-Radikalen, die durch Kombination das Zellgift $H_2O_2$ entstehen lassen, das schnell unter Oxidation geeigneter Reaktionspartner abgebaut wird. Dadurch hervorgerufene somatische Schädigungen betreffen das Lebewesen selbst (z. B. Auslösung von Krebs), während genetische Schädigungen durch Veränderungen des Erbmaterials in den Nachfolgegenerationen auftreten. Wesentlich für das Ausmaß solcher Schädigungen ist nicht nur die Energie der Strahlung, sondern vor allem ihre Absorption entlang ihres Weges durch die Zellen. Die **absorbierte Strahlendosis** wurde früher in **rad** (engl. Röntgen Absorbed Dosis) ausgedrückt.

$$1\,rad = 100\,erg/g = 10^2\,J/kg$$

Allerdings wirkt nicht jede Strahlung in gleicher Weise auf biologisches Material ein, weshalb ein Qualitätsfaktor $q$ eingefügt und nun die effektive Strahlenwirkung mit der Maßeinheit **rem** (engl. Röntgen Equivalent Man) ausgedrückt wird:

$$1\,rem = rad \cdot q$$

Der Faktor q besitzt für ß- und $\gamma$-Strahlen den Wert 1, dagegen für $\alpha$-Strahlen 20. Die Äquivalentdosis wird in **Sievert** (Symbol: Sv) ausgedrückt:

$$1\,Sv = 100\,rem \text{ (vgl. hierzu: } 1\,Gy = 100\,rem = 1\,J/kg)$$

■ **Einheit der Radioaktivität**

Um die Kontamination eines Materials mit Radionukliden zu beschreiben, wurde früher die Einheit **Curie** (Symbol Ci) bzw. Milli-, Mikro-, Nano-, Pico- oder Femto-Curie benutzt (Letzteres entspricht $10^{-12}\,Ci$), die sich auf die Radioaktivität von 1 g Radium-226 bezog:

◻ **Tab. 6.3**   Organspezifische Wichtungsfaktoren bei radioaktiver Strahlung

| Organ | Wichtungsfaktor |
|---|---|
| Keimdrüsen | 0,25 |
| Brustdrüse | 0,15 |
| Rotes Knochenmark | 0,12 |
| Lunge | 0,12 |
| Schilddrüse | 0,03 |
| Knochen | 0,03 |
| Übrige Organe | 0,30 |
| Summe | 1,00 |

Quelle: Diehl et al. (1986)

**6**

$1\,Ci = 3,7 \cdot 10^{10}$ radioaktive Zerfälle pro Sekunde

Heute wird die besser zu handhabende Einheit 1 **Becquerel** (Symbol: Bq) für 1 Zerfall pro Sekunde verwendet. Damit ist:

$1\,Ci = 3,7 \cdot 10^{10}\,Bq$

Aufgrund der unterschiedlichen Anfälligkeit der Organe gegen strahlen-induzierten Krebs wurden Wichtungsfaktoren bestimmt, mit denen die Teil-körperdosen multipliziert werden (◻ Tab. 6.3). Die effektiven Äquivalentdosen, die sich für jedes Radionuklid anders darstellen, sind in ◻ Tab. 6.4 für die wichtigsten Radionuklide angegeben.

### 6.2.2.2  Radionuklide im menschlichen Umfeld

■ **Kalium-40**

**Kalium** (K) kommt ubiquitär in Pflanzen und im Tierreich vor. Wegen seines $^{40}K$-Isotops, eines $\gamma$-Strahlers, verursacht es für den Menschen die höchste Strahlenexposition, die pro Gramm Gesamtkalium 30.944 Bq $^{40}K$ beträgt. Somit bedeutet die mittlere tägliche Aufnahme von 3 g Kalium mit der Nahrung eine Radioaktivität von 93 Bq $^{40}K$, die sich gleichmäßig im gesamten Muskel verteilt, da Kalium vor allem intrazellulär gespeichert wird. Ein 70 kg schwerer Mensch enthält etwa 140 g Kalium, entsprechend 4300 Bq $^{40}K$. Über den $^{40}K$-Gehalt einiger Lebensmittel unterrichtet ◻ Tab. 6.5.

■ **Kohlenstoff-14**

**Kohlenstoff-14** ($^{14}C$) entsteht u. a. auch bei Kernfusionen, bei denen Neutronen freigesetzt werden. So wurden in den 1950er und 1960er Jahren durch

□ **Tab. 6.4** Effektive Äquivalentdosis pro zugeführter Radioaktivität (mrem/Bq)

| Radionuklid | Erwachsene | Kleinkinder bis 1 Jahr |
|---|---|---|
| Sr-89 | 0,00025 | 0,0025 |
| Sr-90 | 0,0035 | 0,011 |
| Ru-103 | 0,00008 | 0,00035 |
| I-131 | 0,0013 | 0,011 |
| Cs-134 | 0,002 | 0,0012 |
| Cs-137 | 0,0014 | 0,0009 |
| K-40 | 0,0005 | 0,0039 |
| C-14 | 0,00006 | 0,0004 |

Quelle: Henrichs et al. (1985)

□ **Tab. 6.5** Kalium-40-Gehalte einiger Lebensmittel

| Lebensmittel | Gesamt-Kalium (g/kg) | Kalium-40 (Bq) |
|---|---|---|
| Rindfleisch, mager | 3,16 | 97,7 |
| Kuhmilch, 3,5 % Fett | 1,55 | 47,9 |
| Hühnerei, gesamt | 1,47 | 45,5 |
| Kartoffeln | 5,20 | 160,9 |
| Bohnen, weiß | 13,1 | 405,4 |
| Weizenmehl, Type 1200 | 2,41 | 74,6 |
| Gemüse (Mittelwert) | 3,0 | 92,8 |

Kernwaffentests große Mengen $^{14}C$ freigesetzt, was seinerzeit zu einer Verdoppelung des $^{14}CO_2$-Gehaltes in der Atmosphäre geführt hat. Durch zunehmende Verdünnung mit $CO_2$ aus der Verbrennung fossiler Brennstoffe hat sich der relative Anteil von $^{14}CO_2$ in den letzten Jahren deutlich vermindert. Natürlich wird auch $^{14}CO_2$ im Rahmen der Photosynthese der Pflanzen verwertet und gelangt so in die menschliche Nahrung. Die dadurch täglich aufgenommene Radioaktivität beträgt im Mittel 57 Bq $^{14}C$. Der menschliche Körper enthält 180 g Kohlenstoff/kg, was bei einem Körpergewicht von 70 kg einer spezifischen Aktivität von 2900 Bq $^{14}C$ entspricht.

■ **Tritium**

**Tritium** (T) wird durch kosmische Strahlung gebildet und gelangt über das Wasser in die Nahrungskette des Menschen. Es entsteht aber auch durch Kernreaktionen und wird von Kernkraftwerken und Wiederaufbereitungsanlagen an Atmosphäre und Abwasser abgegeben. Zur Zeit der Kernwaffentests um 1960 waren die Konzentrationen allerdings noch höher, jetzt wird indessen mit der

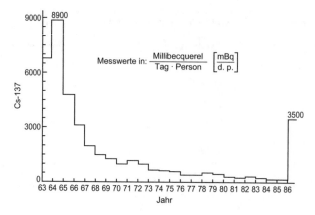

**6**

**◘ Abb. 6.1**    Caesium-137-Aktivitätszufuhr über die Gesamtnahrung von 1963 bis 1986 (Nach Diehl et al. 1986)

Einstellung eines Gleichgewichtes gerechnet, da die physikalische Halbwertszeit ziemlich niedrig ist. Derzeit liegt der Tritium-Gehalt von Wasser bei 0,4 Bq $^3$H/kg, so dass ein Mensch von 70 kg Gewicht (entsprechend 51 kg Wasser) eine Tritium-Menge enthält, die einer Aktivität von 20 Bq entspricht.

▪ **Caesium-137/Caesium-134**

Beide **Caesium**-Isotope ($^{134}$Cs/$^{137}$Cs) werden in Kernreaktoren gebildet. Wegen der erheblich niedrigeren physikalischen Halbwertszeit von $^{134}$Cs verschiebt sich das Verhältnis schnell zugunsten von $^{137}$Cs. Physiologisch verhält sich Caesium ähnlich wie Kalium, d. h., es verteilt sich im Säugetier im gesamten Muskel, wo es intrazellulär gespeichert wird. Die biologische Halbwertszeit liegt für ein Kleinkind bei 20 Tagen, für 80-Jährige dagegen bei 100 Tagen. In unserer Nahrung wird Radiocaesium vor allem mit Milch und Milchprodukten, Fleisch und Getreideerzeugnissen aufgenommen.

Bei dem Reaktorunfall von Tschernobyl im April 1986 gelangten große Mengen dieser Isotope in die Atmosphäre, von wo sie mit Regen niedergeschlagen wurden (**„Washout"**), so dass starke Aktivitätserhöhungen in Freilandgemüse, Milch und Fleisch dort gemessen wurden, wo viel kontaminierter Regen niedergegangen war. Obwohl stark kontaminierte Partien vernichtet wurden, erreichte die $^{137}$Cs-Aktivität in der Nahrung 1986 einen Betrag von 3,5 Bq $^{137}$Cs pro Tag und Person (◘ Abb. 6.1). War das abgeregnete $^{137}$Cs anfangs noch von den Blättern abwaschbar, so drang es dann innerhalb der nächsten vier Wochen durch Blätter und Wurzeln in die Pflanzen ein.

Freilandgemüse enthielt damals teilweise über 150 Bq $^{137}$Cs/kg, ebenso hoch war die Kontamination von Rind- und Kalbfleisch, sofern die Tiere auf der Weide gehalten wurden. Bei Stalltieren, die mit Silage gefüttert wurden, war die Aktivität dagegen deutlich niedriger. Sehr hohe Caesium-Gehalte wurden seinerzeit in Beerenfrüchten gemessen, teilweise über 800 Bq $^{137}$Cs, das sich in der Hauptsache in den Kernen befand. Die Jahresmittelwerte der Radioaktivitätsbelastung von Frischmilch von 1961 bis 2008 zeigt ◘ Abb. 6.2.

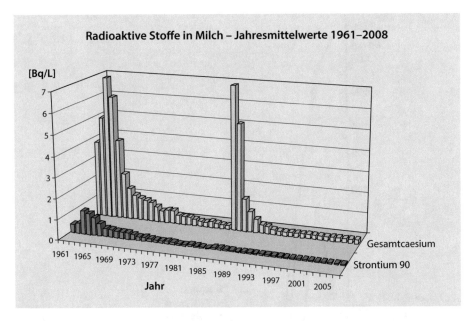

**Radioaktive Stoffe in Milch – Jahresmittelwerte 1961–2008**

☐ **Abb. 6.2** Jahresmittelwerte der Radioaktivitätsbelastung von Frischmilch von 1961 bis 2008 (Nach Kühn et al. 2010)

**Pilze** und Flechten akkumulieren Caesium in besonderem Maße. So wurden im Oktober 1986, also ein halbes Jahr nach der Katastrophe von **Tschernobyl,** in gewissen Pilzen (z. B. Maronen) über 2000 Bq $^{137}$Cs gemessen. Dementsprechend waren die Werte in Wildschweinen und Rotwild, die sich u. a. von Flechten ernähren, zehnmal so hoch wie in Rindern. In ganz besonderem Maße waren davon die Rentiere Lapplands betroffen, da der radioaktive Fallout dort extrem hoch war und sich Rentiere vorwiegend von Flechten ernähren. Aufgrund der sehr hohen $^{137}$Cs-Gehalte war ihr Fleisch genussuntauglich. Auch noch nach über einem Jahr wurde von stark erhöhten Caesium-Werten in Pilzen berichtet, die das Nuklid nun aus dem Boden aufgenommen hatten. In anderen Nutzpflanzen waren die $^{137}$Cs-Konzentrationen allerdings wieder fast bis zum Normalwert abgefallen, da das in den Boden gelangte Caesium an einige Bodenminerale gebunden wird und daher von den Wurzeln praktisch nicht mehr aufgenommen werden kann.

■ **Iod-131**

Das Radionuklid **Iod-131** ($^{131}$I) trat unmittelbar nach dem Reaktorunfall in **Tschernobyl** in größeren Mengen auf. Entsprechend der physiologischen Metabolisierung fanden sich extrem hohe Aktivitäten in den Schilddrüsen von Schlachttieren. Aber auch sonst wurden im Muskel sehr hohe Aktivitäten gemessen, teilweise über 4000 Bq $^{131}$I/kg. Nach etwa 10 Wochen waren sie dagegen wegen der sehr kurzen physikalischen Halbwertszeit von $^{131}$I soweit

**6**

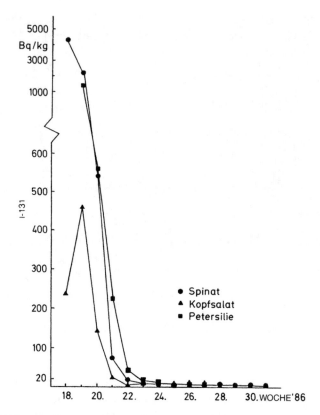

**Abb. 6.3** Wochenmittelwerte der Iod-131-Gehalte von Gemüse und Kräutern im Jahr 1986 (Nach Diehl et al. 1986)

abgefallen, dass sie fast nicht mehr messbar waren. Die Grafik in **Abb. 6.3** zeigt diesen Verlauf.

**■ Strontium-90/Strontium-89**

**Strontium** (Sr) verhält sich chemisch und physiologisch ähnlich wie Calcium, d. h., es wird in die Knochen eingebaut, von wo ein Austausch kaum eintritt. Zu der hohen biologischen Halbwertszeit für $^{90}$Sr von über 28 Jahren, während $^{89}$Sr hier praktisch keine Rolle spielt.

Strontium-90 ist also ein außerordentlich gefährliches Nuklid, das unmittelbar nach dem Fallout vorwiegend in Milch und Milchprodukten auftritt. Infolge der Kernwaffenversuche in den 1950er und 1960er Jahren erreichte die $^{90}$Sr-Aufnahme 1964 einen Mittelwert von 1,1 Bq pro Person und Tag und reduzierte sich dann in den folgenden Jahren nach Aussetzen der Versuche auf Werte um 0,3 Bq. Besonders gefährdet sind Säuglinge und Kleinkinder, deren Skelett erst im Aufbau ist. So wurden 1964 für die Knochen von Säuglingen (11. Tag bis 1 Jahr) mittlere $^{90}$Sr-Gehalte von 0,2 Bq/g Calcium im Knochen, für Erwachsene über 20 Jahren dagegen nur von 0,03 Bq/g Ca angegeben.

Beim Reaktorunfall in Tschernobyl war die Temperatur im Reaktorkern offenbar nicht hoch genug, um größere Mengen Strontium verdampfen zu lassen. Zumindest ergaben die Messungen in Deutschland keine wesentlichen $^{90}$Sr-Anstiege.

- **Zirconium-95/Niob-95**

**Zirconium-95** ($^{95}$Zr) und sein Tochternuklid **Niob-95** ($^{95}$Nb) wurden vor allem nach Kernwaffentests registriert. Zuletzt traten sie nach dem chinesischen Test von 1969 auf. In Gemüsen wurden Werte bis 4 Bq/kg gemessen wurden.

- **Radium-226**

**Radium-226** ($^{226}$Ra) ist ein natürliches Radionuklid, dessen Effektivität in biologischem Material wegen der emittierten α-Strahlung besonders hoch ist. Mit der Nahrung nehmen wir pro Tag etwa 0,1 Bq $^{226}$Ra auf, vor allem mit Getreide und pflanzlichen Lebensmitteln. Besonders hohe Werte besitzen Paranüsse, die im Amazonasbecken angebaut werden und die dort enthaltenen, relativ hohen Bodenkonzentrationden an $^{226}$Ra kumulieren. So wurde in ihnen schon über 100 Bq $^{226}$Ra gemessen. Radium und seine Zerfallsprodukte finden sich auch in einigen Mineralwässern. Der Radium-Gehalt in Gesteinen ist regional unterschiedlich, so dass die Exposition stark differiert. Aufgenommenes Radium kann entsprechend seiner Verwandtschaft mit dem Calcium leicht in den Knochen abgelagert werden.

- **Blei-210/Polonium-210**

**Blei-210** ($^{210}$Pb) und **Polonium-210** ($^{210}$Po) entstammen der Uran-Zerfallsreihe. Es sind α-Strahler mit physikalischen Halbwertszeiten von 20 Jahren bzw. 138 Tagen. Die Nuklide werden besonders in Flechten kumuliert, so dass sie auch in Rentierfleisch vorkommen.

### 6.2.2.3 Abschätzung der Strahlenexposition

Zur Berechnung der aufgenommenen Strahlendosen wird die Aufnahme der einzelnen Nuklide z. B. pro Jahr mit der in ◘ Tab. 6.4 angegebenen effektiven Äquivalentdosis multipliziert. Wenn der Bundesbürger also im Jahr 1986 im Mittel täglich 3,5 Bq Caesium-137 aufgenommen hat, so errechnet sich daraus:

$$3{,}5\,\mathrm{Bq}\ ^{137}\mathrm{Cs} \cdot 365\,\mathrm{Tage} \cdot 0{,}0014 = 1{,}79\ \mathrm{mrem}$$

Hinzu kommen die Werte für Caesium-134:

$$1{,}7\,\mathrm{Bq}\ ^{134}\mathrm{Cs} \cdot 365\,\mathrm{Tage} \cdot 0{,}002 = 1{,}24\ \mathrm{mrem}$$

Die aufgenommene Strahlendosis durch Radiocaesium betrug also etwa 3,1 mrem. Für Iod-131 wurde bei einer jährlichen Zufuhr mit der Nahrung von 235 Bq eine Ingestionsdosis von 0,30 mrem errechnet, so dass die Strahlenexposition des Bundesbürgers infolge des Kernkraftwerksunfalls einer Strahlendosis von 3,4 mrem entsprechen würde. Diese Werte sind grob geschätzt und setzen u. a. voraus, dass der Bundesbürger stark kontaminierte Lebensmittel gemieden hat. In jedem Fall ist aber die Strahlenexposition durch natürliche Radionuklide zu addieren, die eine Ingestionsdosis von etwa 38 mrem ausmacht.

### 6.2.2.4 Rechtliche Regelungen

Der Reaktorunfall von Tschernobyl stellte den Gesetzgeber vor die Notwendigkeit, auf die Kontamination unserer Lebensmittel schnell zu reagieren, um die Gesundheit der Bevölkerung nicht zu gefährden. In Zusammenarbeit mit der Strahlenschutzkommission wurde seinerzeit daher Milch mit Gehalten höher als 500 Bq $^{131}$I und Frischgemüse mit mehr als 250 Bq $^{131}$I für den Verkauf gesperrt.

### 6.2.3 Perchlorat, Chlorat

**Perchlorate** ($ClO_4^-$), die Salze der Perchlorsäure, kommen natürlicherweise oder als Folge industrieller Anwendungen in der Umwelt vor (Düngemittel) und können insbesondere bei pflanzlichen Lebensmitteln zu einer Kontamination führen. Sie können auch durch oxidative Vorgänge in der Atmosphäre gebildet werden (und über den Niederschlag in Böden und Gewässer gelangen) oder bei der Verwendung chlorhaltiger Desinfektionsmittel in geringen Mengen erzeugt werden. Durch welche Ursachen Perchlorat in Lebensmittel gelangt, ist abschließend noch ungeklärt.

**Chlorate** ($ClO_3^-$) sind die Salze der Chlorsäure. Sie sind universell wirksame Totalherbizide, seit 2008 in der EU aber nicht mehr zugelassen. Chlorat ist ein typisches Desinfektionsnebenprodukt und bildet sich z. B. beim Einsatz von Natriumhypochlorit oder bei der Desinfektion von Trink- und Brauchwasser mit Chlor oder Chlordioxid als Nebenprodukt.

Eintragspfade für Lebensmittel pflanzlicher Herkunft können daher sein:
- Verwendung von gechlortem oder Chlordioxid enthaltendem Waschwasser oder illegale direkte Chlorierung der Lebensmittel
- aus der Umwelt über atmosphärische Ablagerungen, durch kontaminierte Beregnungs- oder Bewässerungswässer oder aus einer verbotenen Anwendung von Chloraten als Herbizid
- Aufnahme durch die Pflanzen aus dem Boden.

In Lebensmitteln wie Bohnen, Brokkoli, Basilikum, Koriander, Chilischoten wurden teils bedenkliche Konzentrationen an Perchlorat und/oder Chlorat (0,84–2,7 mg/kg) gefunden.

Perchlorat und Chlorat sind deshalb von toxikologischem Interesse, da sie die Aufnahme von Iodid in die Schilddrüse reversibel hemmen. Bei höheren Dosen und bei empfindlichen Personengruppen (Kinder, Schwangere, Personen mit

Schilddrüsenfunktionsstörungen oder Iodmangel) können Schädigungen der roten Blutkörperchen wie die Bildung von Methämoglobin oder Hämolyse auftreten.

---

**Toxikologie von Chlorat und Perchlorat**

- Die **EFSA** hat einen **TDI-Wert** von 3 μg/kg Körpergewicht für **Chlorat** und 0,3 μg/kg Körpergewicht für Perchlorat festgesetzt (EFSA 2014).
- Für **Chlorat** wurde von der **EFSA** ebenfalls einen **ARfD-Wert** von 36 μg/kg Körpergewicht abgeleitet (EFSA 2014).
- In der **EU** wurden im Jahr 2020 Höchstwerte für **Chlorat** in Obst und Gemüse, in Tee und Kräutertees, in verarbeiteten Erzeugnissen auf Getreidebasis sowie in Säuglings- und Babynahrung erarbeitet (Verordnung (EU) 2020/749).
- Für **Perchlorat** werden gemäß **BfR** akute Gesundheitsgefahren durch die einmalige Aufnahme als unwahrscheinlich angesehen, so dass *kein* ARfD-Wert abgeleitet wurde (BfR 2018).

---

## 6.3 Organische Umweltkontaminanten

### 6.3.1 Polychlorierte Dibenzodioxine und Dibenzofurane

Unter der Bezeichnung **Dioxine** (engl. Dioxins) wird umgangssprachlich die Gruppe der polychlorierten **Dibenzo[1,4]dioxine (PCDD)** zusammengefasst. Hierzu werden häufig auch die physikalisch und chemisch eng verwandten sowie toxikologisch ähnlichen polychlorierten **Dibenzofurane (PCDF** oder umgangssprachlich **Furane)** gezählt. Durch die verschiedenen Chlorierungspositionen (1 bis 8 Cl-Atome) an den Grundmolekülen ergeben sich 75 PCDD- und 135 PCDF-Kongenere. Die Grundkörper der beiden Verbindungsklassen zeigt ◘ Abb. 6.4.

Das **Kongener** (Erläuterungen s. Kasten „Kongenere") mit der höchsten Toxizität ist das 2,3,7,8-Tetrachlordibenzo[1,4]dioxin (kurz **TCDD**), welches auch unter der Bezeichnung **Sevesogift** bekannt ist. Da für die Toxizität die Position und Anzahl der Chloratome entscheidend ist, werden 17 Dioxine, die an den Positionen 2, 3, 7 und 8 chloriert sind, aufgrund ihrer Toxizität als **Leitkongenere** bezeichnet. Zur Beurteilung dieser toxisch relevanten Leitkongenere werden sogenannte **Toxizitätsäquivalentfaktoren (TEF**; engl. Toxic Equivalency Factors) herangezogen, welche die Stärke der toxischen Wirkung im Verhältnis zu der des TCDD angeben. Anhand dieser werden die Toxizitätsäquivalente (TE oder TEQ) berechnet, die zur toxischen und lebensmittelrechtlichen Beurteilung von Dioxin-Gemischen verwendet werden (◘ Tab. 6.6).

**Dioxine/Furane** zeigen ihre akute Giftigkeit durch entzündliche Wirkung auf die Haut (Chlorakne), diese treten nur bei Einwirkung hoher Dosen auf, z. B. bei einem Arbeits- oder Chemieunfall. Solche hohen Expositionen können

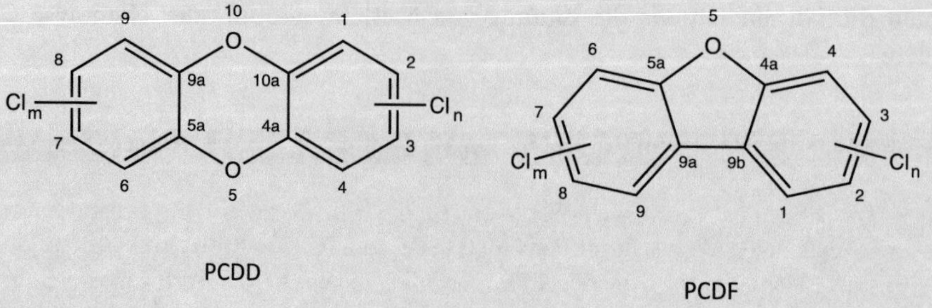

**Abb. 6.4** Grundkörper von PCDD und PCDF. *Erläuterung*: m bzw. n = 1–8

**6**

**Tab. 6.6** Übersicht der Leitkongenere mit TEF-Wert

| Kongenere | TEF-Wert |
|---|---|
| **Dibenzo-p-dioxine (PCDD)** | |
| 2,3,7,8-TCDD | 1 |
| 1,2,3,7,8-PeCDD | 1 |
| 1,2,3,4,7,8-HxCDD | 0,1 |
| 1,2,3,6,7,8-HxCDD | 0,1 |
| 1,2,3,4,6,7,8-HxCDD | 0,1 |
| OCDD | 0,001 |
| **Dibenzofurane (PCDF)** | |
| 2,3,7,8-TCDF | 0,1 |
| 1,2,3,7,8-PeCDF | 0,05 |
| 2,3,4,7,8-PeCDF | 0,5 |
| 1,2,3,4,7,8-HxCDF | 0,1 |
| 1,2,3,6,7,8-HxCDF | 0,1 |
| 1,2,3,7,8,9-HxCDF | 0,1 |
| 2,3,4,6,7,8-HxCDF | 0,1 |
| 1,2,3,4,6,7,8-HpCDF | 0,01 |
| 1,2,3,4,7,8,9-HpCDF | 0,01 |
| OCDF | 0,0001 |

Quelle: Verordnung (EG) 1881/2006
HpCDF Heptachlorodibenzofuran; HxCDD Hexachlorodibenzodioxin; HxCDF
Hexachlorodibenzofuran; OCDD Octachlorodibenzodioxin; OCDF Octachlorodibenzofuran;
PeCDD Pentachlorodibenzodioxin; PeCDF Pentachlorodibenzofuran; TCDD
Tetrachlordibenzodioxin; TCDF Tetrachlordibenzofuran

auch dauerhafte Störungen des Fettstoffwechsels und Leberschäden hervorrufen. Dioxine weisen eine hohe chemische Stabilität (**Persistenz**) auf und können auf diese Weise in der Umwelt persistieren und sich im Fettgewebe anreichern, wo sie kaum abgebaut werden. Dioxine/Furane entstehen üblicherweise als unerwünschte Nebenprodukte bei **Verbrennungsprozessen** beispielsweise bei der Müllverbrennung, Wald-/Buschbränden oder Krematorien, bei Bleichprozessen in der Papierherstellung, bei der Herstellung von chlorierten Pestiziden und bei Schmelzvorgängen in der metallurgischen Industrie. Dioxine/Furane treten meist mit PCB (▶ Abschn. 6.3.2) vergesellschaftet auf. Die Immission in die Umwelt hat seit Ende der 1970er Jahre deutlich abgenommen, u. a. durch den Einbau geeigneter Filteranlagen und den Verzicht auf Chlorbleiche bei der Papierherstellung. Es wurde durch neuere Forschungen festgestellt, dass Dioxine auch **geogenen Ursprungs** sein können; so werden sie bei vulkanischen Aktivitäten gebildet.

---

**Persistenz**

Der Begriff **Persistenz** beschreibt die **Langlebigkeit** bzw. **Beständigkeit** von meist organischen Verbindungen gegenüber chemisch-physikalischem und biologischem Abbau sowohl in der Umwelt als auch in Lebewesen.

---

Das BfR hat in seiner Stellungnahme von 2011 veröffentlicht, dass als chronische Wirkungen von Dioxinen in Tierversuchen Störungen der Reproduktionsfunktionen, des Immunsystems, des Nervensystems und des Hormonhaushaltes beobachtet werden. Die Leber und die Schilddrüse wurden dabei als empfindlichste Zielorgane identifiziert. Bei einigen Dioxinen wird davon ausgegangen, dass sie das Risiko, an Krebs zu erkranken, erhöhen können (BfR 2011).

**Höchstgehalte** für Dioxine in Lebensmitteln sind auf europäischer Ebene in der Verordnung (EG) Nr. 1881/2006 geregelt. Die Höchstgehalte werden hier als Summe der 17 Leitkongenere vorgeschrieben. Für Hühnereier und Eiprodukte gilt z. B. ein Höchstgehalt von 3,0 pg/g Fett. Lebensmittel sind in Deutschland für etwa 95 % der Dioxin-Aufnahme des Menschen verantwortlich; dabei entfallen rund 70 % auf tierische Lebensmittel wie Eier, Milch und Fleisch (Rexroth 2017).

## 6.3.2 Polychlorierte Biphenyle

Die wichtigsten Verbindungen aus der Klasse der *polyhalogenierten aromatischen Verbindungen* sind die **polychlorierten Biphenyle** (PCB; ☐ Abb. 6.5), die thermisch überaus stabil sind. 1929 erstmals hergestellt, wurden sie als Kälte- und Wärmeübertragungsöle, Hydraulikflüssigkeiten in der Maschinenindustrie, Transformatorenöle, als Weichmacher und Brandverzögerer in Lacken, Farben, Beschichtungen, Klebstoffen, Dichtungsmassen, Kabelisolierungen, Kunststoffen sowie Verpackungsmitteln eingesetzt.

PCB-haltige Anstriche in älteren Futtersilos führten in der Vergangenheit zu einer starken PCB-Belastung der Futtermittel und infolgedessen zu Höchst-

**❏ Abb. 6.5**  Polychlorierte Biphenyle (PCB, PCB-Kongenere). *Erläuterung:* m bzw n = 0, 1, 2, 3, 4 oder 5

mengenüberschreitungen bei fettreichen Milchprodukten. Derartige Altlasten konnten aber durch umfangreiche Untersuchungen weitestgehend erkannt und als Kontaminationsquellen beseitigt werden. Dass intensive Kontrollen jedoch auch weiterhin erforderlich sind, zeigte der Skandal um **belgische** Lebensmittel im Jahr 1999. In diesem Fall waren mit PCB und auch Dioxinen verunreinigte **Ölabfälle** zu Futtermitteln verarbeitet worden und dadurch in die Lebensmittelkette gelangt. Die Folge war ein Anstieg der PCB-Gehalte in Geflügelfleisch und Eiern bis über die zulässigen Höchstwerte (Bayrisches Staatsministerium für Umwelt und Verbraucherschutz 2019). Dies zog die Vernichtung großer Mengen kontaminierter Lebensmittel tierischer Herkunft nach sich.

Die unter dem Namen Clophen® bzw. Arochlor® gehandelten Produkte stellen komplizierte Gemische verschiedener Isomere bzw. Verbindungen unterschiedlichen Halogenierungsgrades dar (sog. Kongenere), deren gaschromatografische Bestimmung dementsprechend aufwändig ist. Spurenweise sollen sie manchmal auch polychlorierte Dibenzodioxine (PCDD) und polychlorierte Dibenzodifurane (PCDF) enthalten, die sich z. B. bei einem Transformatorenbrand in großer Menge aus PCB gebildet haben.

Über Abwässer gelangten PCB aufgrund ihrer geringen Abbaubarkeit **(Persistenz)** und guten Fettlöslichkeit in die Nahrungskette und können heute ubiquitär nachgewiesen werden. Obwohl mehrere Länder die Verwendung polychlorierter Biphenyle verboten bzw. auf geschlossene Systeme beschränkt haben, werden sie jedoch immer wieder in Fettpartien tierischer Lebensmittel (Fleisch, Eier, Milch) nachgewiesen. So weisen über 90 % der Fleischproben in ihren Fettanteilen PCB-Spuren auf, deren Menge allerdings fast immer unter der gesetzlich festgesetzten Höchstmenge von 0,01 mg/kg liegt. Polychlorierte Biphenyle können auch im menschlichen Körperfett und in Muttermilch – glücklicherweise mit abnehmender Tendenz – nachgewiesen werden.

PCB besitzen ähnlich chemisch-physikalische Eigenschaften und somit ein ähnliches Umweltverhalten und toxikologische Wirkung wie die Dioxine. PCB gelten auch als Stoffe mit endokriner Wirksamkeit. Unterschieden werden die PCB daher in dioxinähnliche und nicht dioxinähnliche PCB.

### Kongenere

Zum Begriff Kongenere (engl. Congeners = Verwandte) s. auch Kasten „Kongenere" in ▶ Abschn. 9.7.

— **Kongenere,** bei denen an zwei oder mehr der orthoständigen C-Atome 2, 2', 6 und 6' anstelle eines H-Atoms ein Cl-Atom gebunden ist, haben aufgrund der räumlichen Hinderung durch die großen Cl-Atome eine stark eingeschränkte freie Drehbarkeit der beiden Phenylringe um die C–C-Einfachbindung. Dadurch ist die Einnahme einer planaren Konformation energetisch sehr ungünstig. Solche unplanaren PCB-Kongenere besitzen keine dioxinähnliche Wirkung und werden demzufolge als **nichtdioxinähnliche PCB** (engl. non-dioxin like PCD ⇨ **ndl-PCB**) bezeichnet.

— Sind allerdings im PCB-Molekül an den vier ortho-C-Atomen keine Cl-Atome gebunden, so sind die beiden über eine C–C-Einfachbindung verbundenen Phenylringe frei drehbar, und die Einnahme einer planaren Struktur ist leicht möglich. Solche planaren PCB-Kongenere besitzen deshalb auch eine dioxinähnliche Wirkung und tragen die Bezeichnung **dioxinähnliche PCB** (engl. dioxin like PCD ⇨ **ndl-PCB**).

— Für einzelne PCB-Kongenere wurden Toxizitätsäquivalenzfaktoren festgelegt, um deren toxikologische Potenz zu gewichten.

In diese Klasse von umweltrelevanten Stoffen gehören auch **polybromierte Biphenyle**, die als Flammschutzmittel verwendet werden. Vor einigen Jahren gelangten größere Mengen davon versehentlich in Viehfutter. Nach dem Schlachten enthielt das Fleisch dieser Tiere noch erhebliche Rückstände dieses Mittels, so dass eine größere Anzahl Menschen im US-Bundesstaat Michigan nach Genuss dieses Fleisches erhebliche Gesundheitsschädigungen davontrug, u. a. Gedächtnisschwund.

### 6.3.3 Perfluoralkyl-Substanzen, Polyfluoralkyl-Substanzen

### Perfluoralkyl-Substanzen und Polyfluoralkyl-Substanzen

— Als **per- und polyfluorierte Alkylverbindungen** (**PFAS**) werden im allgemeinen Sprachgebrauch die **Perfluoroalkyl-Substanzen** *und* die **Polyfluoroalkyl-Substanzen** summarisch, d. h. ohne genauere Differenzierung, bezeichnet.

— **Perfluoroalkyl-Substanzen**
*Per*fluoroalkyl-Substanzen sind – chemisch genauer betrachtet – organische Alkyl-Verbindungen, deren Wasserstoff-Atome am Kohlenstoff-Gerüst vollständig durch Fluor-Atome substituiert sind (also mit Ausnahme der Wasserstoff-Atome als Bestandteil funktioneller Gruppen) (◘ Abb. 6.6).

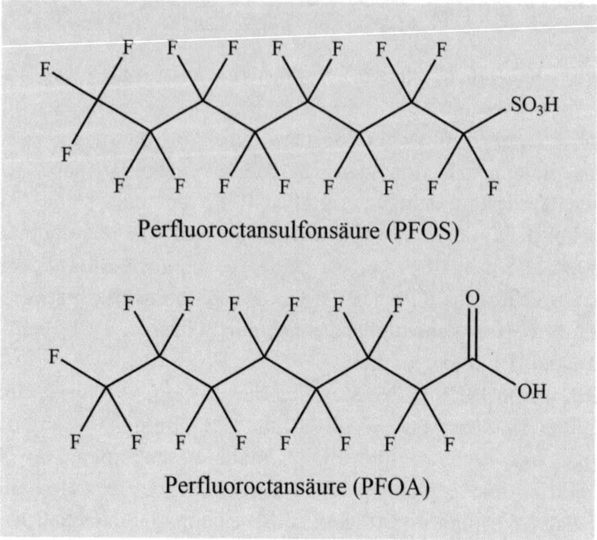

□ **Abb. 6.6**    Perfluorierte Alkylsubstanzen am Beispiel PFOS und PFOA

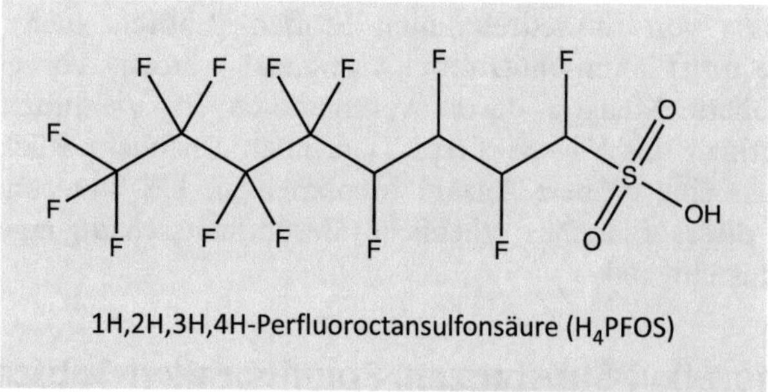

□ **Abb. 6.7**    Polyfluorierte Alkylsubstanz am Beispiel H₄PFOS

— **Polyfluoroalkyl-Substanzen**

Unter *Poly*fluoroalkyl-Substanzen werden – chemisch genauer betrachtet – organische Alkyl-Verbindungen verstanden, deren Wasserstoff-Atome am Kohlenstoff-Gerüst teilweise, aber nicht vollständig, durch Fluor-Atome substituiert sind (□ Abb. 6.7).

**Per-** und **polyfluorierte Alkylsubstanzen (PFAS)** (engl. Per- and Polyfluoro Alkyl Substances) sind anthropogenen Ursprungs, in der Umwelt kommen sie nicht natürlich vor. Es sind fast 5000 verschiedene PFAS bekannt. Zahlreiche PFAS gehören zu den persistenten Stoffen, da sie chemisch stabil und biologisch (nach derzeitigem Kenntnisstand) nicht abbaubar sind. Sie reichern sich in der Nahrungskette an und verbleiben als „Body Burden" mehrere Jahre im menschlichen Körper

(Halbwertszeit im Menschen: PFA: ca. 5 Jahre, Nonadecafluorodecansäure – PFDA: ca. 2–4 Jahre). Sie werden nicht metabolisiert, sondern mit Urin und Faeces langsam wieder ausgeschieden. PFAS haben aufgrund ihres chemischen Aufbaus (hydrophiler und hydrophober Molekülteil) amphiphile Eigenschaften (Tenside). Die wichtigsten Vertreter sind die **Perfluorooctansulfonsäure (PFOS)** und **Perfluorooctansäure (PFOA)** (◘ Abb. 6.6).

PFAS sind Bestandteil vieler Haushalts- und Industriechemikalien. Sie finden sich in fotografischen Beschichtungen, schmutz-, fett- und wasserabweisenden Papieren, in Möbelpolituren, Imprägniermitteln, Haushaltsreinigern, Skiwachsen, Klebern, Lacken und Feuerlöschschäumen sowie in Antifoggingmitteln für Glas. Sie werden ferner bei der Herstellung von Polytetrafluorethylen (PTFE) für Antihaftbeschichtungen bei Pfannen sowie in der Produktion von Elektrochips und Hartchromschichten verwendet.

Einen Vertreter der **polyfluorierten** Alkylsubstanzen, nämlich 1H,2H,3H,4H-Perfluoroctansulfonsäure – **H₄PFOS** (engl.1H,2H,3H,4H-Perfluorooctansulfonsic acid), zeigt ◘ Abb. 6.7. Diese Verbindung wird auch als **6:2-Fluortelomersulfonsäure** (6:2-FTS) bezeichnet, weil sie durch eine besondere Polymerisationsform, die sog. Telomerisation, synthetisiert wird. $H_4PFOS$ wird als Ersatzprodukt für PFOS bzw. deren Salze in Löschschäumen eingesetzt.

Menschen nehmen PFAS vor allem über das Trinkwasser auf. Einige Vertreter der PFAS verursachen in hohen Dosen bei Ratten Leberkrebs. Viele PFAS sind jedoch toxikologisch noch nicht hinreichend bewertet. In einer neuen Stellungnahme hat die **EFSA** niedrige **PTWI-Werte** für PFOS von 13 mg/kg Körpergewicht und für PFOA von 6 mg/kg Körpergewicht abgeleitet (EFSA 2018). ◘ Tab. 6.7 gibt eine Übersicht über den Gehalt in Lebensmitteln.

### 6.3.4 Polycyclische aromatische Kohlenwasserstoffe

Im Jahre 1915 wurde an Kaninchen und Mäusen die Entwicklung von Hauttumoren beobachtet, nachdem ihre Haut mehrfach mit Teer bestrichen wurde. Einige Jahre später konnte eine Reihe der für diese Krebsauslösung verantwortlichen Verbindungen isoliert werden. Sie hatten alle die Struktur **polycyclischer**

◘ **Tab. 6.7** Mittlere Gehalte von PFOA und PFOS in ausgewählten Lebensmitteln

| Lebensmittel | PFOA (µg/kg) | PFOS (µg/kg) |
| --- | --- | --- |
| Leber von Wildtieren | 5,5 | 215 |
| Fleisch und Fleischwaren (ohne Innereien) | 0,1 | 0,6 |
| Seefisch und Meeresfrüchte | 0,2 | 2,1 |
| Fische aus Binnengewässern | 1,3 | 27 |
| Pflanzliche Lebensmittel | <LOQ | <LOQ |

Quelle: EFSA (2018)

**aromatischer Kohlenwasserstoffe (PAK)** (engl. Polycyclic Aromatic Hydrocarbons – **PAH**).

Wie heute bekannt ist, entstehen solche Verbindungen u. a. bei der Verbrennung kohlenstoffhaltigen Materials, wobei der Ablauf radikalischer Mechanismen angenommen wird. Diese Verbindungen sind heute praktisch überall in unserer Umwelt vorhanden, also auch im Erdreich. Auch in Oberflächengewässern kommen sie häufig vor, obwohl sie selbst wasserunlöslich sind. Begünstigend für ihre Verteilung sollen jedoch Micellbildungen mit Tensiden sein. Aus dem Erdreich können diese Verbindungen von Pflanzen aufgenommen werden. So wurden vor allem in Spinat, Salat und Grünkohl teilweise erhebliche Gehalte gefunden. Ungeklärt ist die Frage über ihre mögliche Biosynthese in der Pflanze selbst. Bis heute konnten in Umwelt und Nahrung etwa 250 PAH nachgewiesen werden. Etwa ein Viertel von ihnen wirkt krebserregend.

Anhand dieser Zuordnung stellen PAH **Umweltkontaminanten** dar. Sie können aber auch den **Prozesskontaminanten** zugeordnet werden, da sie durch Hitzebehandlung in Lebensmitteln selbst entstehen können. Die PAH sind somit ein schönes Beispiel für **multioriginäres** Vorkommen von Kontaminanten. In diesem Buch werden die PAH ausführlich in ▶ Abschn. 9.11 behandelt.

### 6.3.5  Perchlorethylen

**Perchlorethylen (PER,** Tetrachlorethen, ◘ Abb. 6.8) wurde erstmals in Eiern von Hühnern nachgewiesen, die unter anderem mit Produkten aus der Tierkörperbeseitigung gefüttert worden waren, nachdem die Tierkadaver mit diesem Lösungsmittel entfettet wurden. In den 1980er Jahren wurde festgestellt, dass fetthaltige Lebensmittel das vorzugsweise zur **chemischen Reinigung** eingesetzte Perchlorethylen aus der Raumluft sorbieren (binden), so dass teilweise erhebliche Kontaminationen festgestellt wurden. Auch hier liegt die Ursache außerhalb des Lebensmittelbereiches.

Zum Schutz des Verbrauchers wurde dennoch eine duldbare Höchstmenge von 0,1 mg/kg festgesetzt. Allerdings ist es keine Frage, dass eine Abstellung

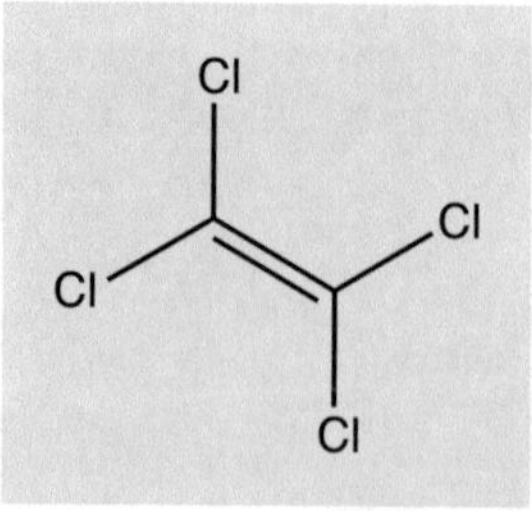

◘ **Abb. 6.8**  Perchlorethylen (PER)

dieses Problems nur erreicht werden kann, wenn Lebensmittel in unmittelbarer Nähe zu chemischen Reinigungsbetrieben nicht feilgehalten werden dürfen. Da allerdings auch die angrenzenden Wohnungen und die in ihnen aufbewahrten Lebensmittel in Mitleidenschaft gezogen wurden, dürfte die sicherste Lösung des Problems nur darin liegen, dass solche Betriebe kein Perchlorethylen mehr freisetzen. Der Ersatz von Perchlorethylen durch bestimmte Fluorchlorkohlenwasserstoffe (**Frigene**) ist keineswegs eine sinnvolle Alternative, nachdem bekannt ist, dass diese sehr leicht flüchtigen Verbindungen die Ozonschicht unseres Planeten schädigen können.

### 6.3.6 Benzol, Toluol, Xylole, Ethylbenzol, Styrol

**BTXE** (auch BTEX oder nur BTX) ist die zusammenfassende Abkürzung für die leichtflüchtigen aromatischen Kohlenwasserstoffe **Benzol**, **Toluol** und die drei strukturisomeren o-/m-/p-Xylol (= **Xylole**) und **Ethylbenzol**. Die Verbindungen kommen vergesellschaftet als Rohstoffe und Lösungsmittel in der Petrochemie und der chemischen Industrie zum Einsatz. Manchmal wird auch **Styrol** zu den BTXE dazugezählt (◘ Abb. 6.9).

**Benzol** kommt häufig mit geringen Mengen an TXE vergesellschaftet vor. Benzol ist als Bestandteil von Benzin bekannt, entsteht aber auch bei Verbrennungsprozessen (Autoabgase, Tabakrauch sowie Abgase von Großfeuerungsanlagen), was zu einer ubiquitären Verteilung in der Umwelt führt. Daher wird Benzol als Umweltkontaminante vorwiegend über die Atemluft aufgenommen, kann aber auch als Kontaminante in Trinkwasser und Lebensmitteln vorkommen. Da BTXE-haltige Lösemittel in der 1990er Jahren zudem üblicherweise

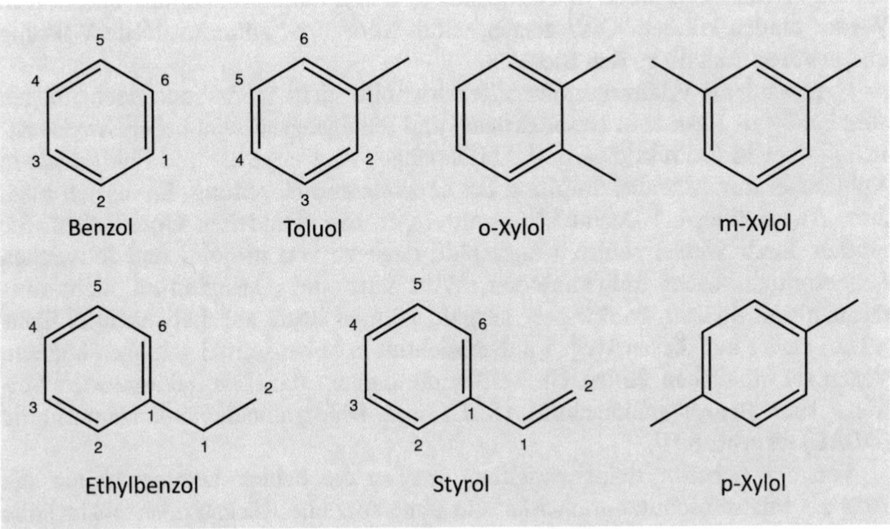

◘ **Abb. 6.9**  Leichtflüchtige aromatische Kohlenwasserstoffe (BTXE und Styrol)

von der Druckfarbenindustrie zur Herstellung von **Illustrierten/Magazinen** verwendet wurden, gasten anschließend solche Druckerzeugnisse die leichtflüchtigen BTXE bei der Lagerung und dem Verkauf in den Verkaufsräumen stark aus. Via Gasphasenübergang konnten auf diese Weise in diesen Räumen gelagerte (verpackte) fetthaltige Lebensmittel kontaminiert werden. Der Gehalt an BTXE in den damaligen Druckerzeugnissen erreichte Spitzenwerte von bis zu 1 g/kg Zeitschrift.

Aus der BTXE-Gruppe gilt insbesondere Benzol als krebserzeugend und keimzellschädigend. Eine Aufnahmemenge, die als unbedenklich anzusehen wäre, kann daher nicht angegeben werden. Die Benzol-Konzentration in Lebensmitteln muss folglich durch geeignete Maßnahmen so niedrig wie möglich gehalten werden (ALARA-Prinzip (vgl. hierzu ▶ Abschn. 5.4)).

Wie beschrieben, kann eine Kontamination von Lebensmitteln mit Benzol über exogene Einträge erfolgen. Es gibt aber auch Fälle, wo Benzol als **Prozesskontaminante** betrachtet werden muss (▶ Abschn. 9.13) und daher als ein unerwünschter Stoff mit multipler Eintragsquelle anzusehen ist.

### 6.3.7  Quartäre Ammoniumverbindungen

**Quartäre Ammoniumverbindungen** (QAV, Quats, engl. Quaternary Ammonium Compounds) sind organische Ammoniumverbindungen. Die vier Valenzen eines Stickstoffatoms sind an vier organische Reste (R) gebunden. QAV sind chemisch gesehen ionische Verbindungen, also Salze mit $X^-$ als Anion (häufig Chlorid-Ion). Unterschieden wird der Amin-Typ ($NR_4^+X^-$) vom Imin-Typ ($R = NR_2^+X^-$); auch N-alkylierte Heteroaromaten zählen zu den QAV. QAV mit mindestens einer langen Alkyl-Gruppe weisen oberflächenaktive Eigenschaften auf und werden den kationischen Tensiden zugerechnet, also Substanzen, die sowohl in Wasser als auch in Fett löslich sind und dadurch Schmutz und Fett in Wasser binden können. QAV zeigen keimtötende bzw. antimikrobielle Wirkung und gehören deshalb zu den **Bioziden**.

QAV sind als Pflanzenschutzmittelwirkstoffe nicht mehr zugelassen, dienen aber häufig als Biozide in **Desinfektions-** und **Reinigungsmitteln**, beispielsweise zur Reinigung von Produktions- und Abfüllanlagen als Fungizide und Bakterizide in Kühlwasser zur Algenbekämpfung bei der Wasseraufbereitung. Sie haften nach ihrer Anwendung als Desinfektionsmittel gut an behandelten Oberflächen. Sie werden durch Wasser schlecht abgespült, dagegen von protein- und fettreichen Lebensmitteln leicht aufgenommen. Wird nach der Desinfektion nicht ausreichend mit heißem Trinkwasser gespült, können Reste auf Lebensmittel übergehen. Da sie auf diesen Wegen unbeabsichtigt in Lebensmittel gelangen können, stellen sie in solchen Fällen Umweltkontaminanten dar. Die bekanntesten Vertreter sind **Benzalkoniumchlorid (BAC)** und **Didecyldimethylammoniumchlorid (DDAC)** (◼ Abb. 6.10).

Von der Lebensmittelüberwachung werden die beiden Letztgenannten seit 2012 als Pflanzenschutzmittelwirkstoffe ohne spezielle Rückstandshöchstgehalte angesehen. Die EU-Kommission legte nach einer Risikoabschätzung des BfR einen **Toleranzwert** von 0,5 mg/kg sowohl für BAC als auch für DDAC fest.

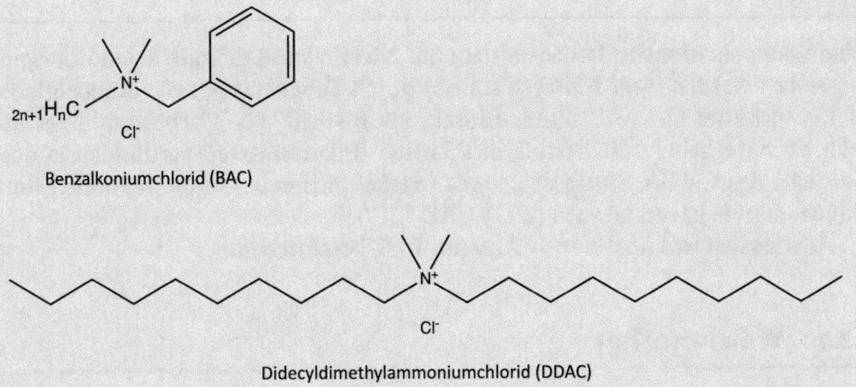

Benzalkoniumchlorid (BAC)

Didecyldimethylammoniumchlorid (DDAC)

**◘ Abb. 6.10**    QAV am Beispiel von BAC und DDAC

Darüber liegende Gehalte werden beanstandet, unabhängig davon, ob deren Ursache zu ermitteln ist (BfR 2012, LGL Bayern 2019). Von den knapp 1600 Proben – die das LGL Bayern in 2009–2012 untersuchte – wiesen nur jeweils 1 % Rückstände dieser Substanzen auf. In nur sehr wenigen Proben wurden beide Stoffe gleichzeitig gefunden. Der höchste Gehalt an DDAC mit 0,58 mg/kg in einer Probe Biobananen aus Ecuador überschritt den zeitlich befristeten Toleranzwert von 0,5 mg/kg und widersprach damit der Auslobung als Bioprodukt. Den Maximalgehalt an BAC wies das LGL mit 0,18 mg/kg in einer Probe Zuckerschoten aus Simbabwe nach (LGL Bayern 2019).

### 6.3.8 Mineralölkohlenwasserstoffe

Die Einfuhr von **Sonnenblumenöl** aus der **Ukraine** in die EU war zwischen 2008 und 2014 verboten. Der Grund dafür war der Nachweis hoher Gehalte an **Mineralöl** in vorangegangenen Lieferungen (Rexroth A 2017). Berichtet wurde von Mineralölgehalten in ukrainischem Öl bis zu 7500 mg/kg. Die Befunde konnten damals nicht weiter spezifiziert werden, weil die Analytik noch nicht so weit entwickelt war, wie sie es zwischenzeitlich im Hinblick auf die aktuelle MOSH/MOAH-Thematik (Kohlenwasserstoffe aus Mineralöl) nunmehr ist. Laut EU-Kommission soll das Sonnenblumenöl auf „natürlichem Wege" aus der Luft und von Rückständen bei der chemischen Schädlingsbekämpfung mit Mineralöl verunreinigt worden sein (Tagesspiegel 2008).

Verunreinigungen von Lebensmitteln bzw. deren Rohstoffen durch mineralische Kohlenwasserstoffe wie MOSH/MOAH können auch durch Begasung mit Abgasen von Verbrennungsmotoren (Diesel) oder beim Transport durch Rohrfördersysteme mit ölhaltiger Druckluft erfolgen. Ausführlich wird das Thema der Kontamination mit Mineralölkohlenwasserstoffen (MOSH/MOAH etc.) in ► Abschn. 7.2 behandelt.

### 6.3.9 Nicotin

Eine **Kontamination**von Lebensmitteln mit **Nicotin** kann deshalb als multioriginär angesehen werden, weil Einträge sowohl durch Tabakstäube oder Raucherhände in Lebensmittel als auch durch Einsatz als Pestizid, als Tierbehandlungsmittel oder als natürlicher Inhaltsstoff in Pflanzen (Pflanzentoxin) stattfinden können. Versuche des CVUA Stuttgart zeigen, welches Ausmaß Kontaminationen durch Raucherhände haben können (s. CVUAS 2019).

Ausführlich ist Nicotin in ▶ Abschn. 10.5. beschrieben.

### 6.3.10 Weichmacher

**6**

**Weichmacher** können aus dem mit ihre Hilfe „weichgemachten" Kunststoffmaterial austreten (migrieren): Sie gelangen dabei in die **Umwelt** und aus verschiedenen Produkten auch in Lebensmittel und können auf diese Weise in nennenswertem Umfang mit der Nahrung aufgenommen werden. Die direkte Aufnahme über die Haut ist nur bei den kurzkettigen Phthalat-Estern ausgeprägt. Als Weichmacher setzt die Industrie sehr unterschiedliche Stoffe ein, mengenmäßig überwiegen gegenwärtig schwerflüchtige Phthalsäure-Ester (UBA 2019).

Ausführlicher werden die Weichmacher in ▶ Abschn. 7.3.13 abgehandelt.

### Literatur

Bayrisches Staatsministerium für Umwelt und Verbraucherschutz (2019) ▶ https://www.vis.bayern.de/ernaehrung/lebensmittelsicherheit/unerwuenschte_stoffe/pcb.htm. Prüfdatum: 26. Dez. 2019

BfR (2011) Bewertung der zur Revision vorgeschlagenen EU-Höchstgehalte für Dioxine und PCB. Stellungnahme Nr. 029/2011des BfR vom 21. Januar 2011. ▶ https://www.bfr.bund.de/cm/343/bewertung_der_zur_revision_vorgeschlagenen_eu_hoechstgehalte_fuer_dioxine_und_pcb.pdf. Prüfdatum: 8. Jan. 2020

BfR (2012) Gesundheitliche Bewertung der Rückstände von Benzalkoniumchlorid in Lebensmitteln. Stellungnahme Nr. 032/2012 des BfR vom 13. Juli 2012. ▶ https://www.bfr.bund.de/cm/343/gesundheitliche-bewertung-der-rueckstaende-von-benzalkoniumchlorid-in-lebensmitteln.pdf

BfR (2018) Der Eintrag von Chlorat in die Nahrungskette sollte reduziert werden. Stellungnahme vom 15.02.2018

BfR (2019) Reduzierung der Aluminiumaufnahme kann mögliche Gesundheitsrisiken minimieren, Stellungnahme Nr. 045/2019 vom 18.11.2919

CVUAS (2019) Nikotin in Lebensmitteln – Was hat das mit Rauchen zu tun? Vom 29.1.2019. ▶ https://www.ua-bw.de/pub/beitrag.asp?subid=1&Thema_ID=5&ID=2888&Pdf=No&lang=DE. Prüfdatum: 27. Dez. 2019

Diehl JF, Ehlermann D, Frindlik O, Kalus W, Müller H, Wagner A (1986) Radioaktivität in Lebensmitteln – Tschernobyl und die Folgen. Berichte der Bundesforschungsanstalt für Ernährung, Karlsruhe

EFSA (2009) Scientific opinion on arsenic in food1 EFSA panel on Contaminants in the Food Chain (CONTAM) EFSA Journal 2009, 7(10):1351

EFSA (2012) ▶ https://www.efsa.europa.eu/de/press/news/121220. Prüfdatum: 18. Nov. 2019

EFSA (2014) Scientific opinion on the risks to public health related to the presence of perchlorate in food, in particular fruits and vegetables. EFSA Journal 2014, 12(10):3869

EFSA (2018) Risk to human health related to the presence of perfluorooctane sulfonic acid and perfluorooctanoic acid in food. EFSA Journal 2018, 16(12):5194

Henrichs K, Elsässer U, Schotola, C, Kaul A(1985) Dosisfaktoren für Inhalation oder Ingestion von Radionuklidverbindungen. Bundesgesundheitsamt, ISH-Hefte 7881, Berlin

Kühn T, Kutzke M, Andresen JA (2010) Umweltrelevante Kontaminanten. In: Frede W (Hrsg) Handbuch für Lebensmittelchemiker, 3. Aufl. Springer, Berlin, S 427

LGL Bayern (2019) ► https://www.lgl.bayern.de/lebensmittel/chemie/pflanzenschutzmittel/pestizide_pflanzlich_lm/ue_2012_qav.htm. Prüfdatum: 25. Dez. 2019

Rexroth A (2017) Rückstände in Pflanzenölen. Ernährung im Fokus 03/04: 78–83

Tagespiegel (2008) ► https://www.tagesspiegel.de/verbraucher/lieferbeschraenkung-eu-kontrolliert-ukrainisches-sonnenblumenoel-scharf/1240180.html. Vom 23.5.2008. Prüfdatum: 26. Dez. 2019

Verordnung (EG) Nr. 1881/2006 der Kommission vom 19. Dezember 2006 zur Festsetzung der Höchstgehalte für bestimmte Kontaminanten in Lebensmitteln

Verordnung (EG) Nr. 396/2005 des Europäischen Parlaments und des Rates hinsichtlich der Höchstgehalte an Rückständen von Chlorat in oder auf bestimmten Erzeugnissen

Verordnung (EU) 2020/749 der Kommission vom 4. Juni 2020 zur Änderung des Anhangs III der Verordnung (EG) Nr. 396/2005 des Europäischen Parlaments und des Rates hinsichtlich der Höchstgehalte an Rückständen von Chlorat in oder auf bestimmten Erzeugnissen

Wikipedia (2019) Primordiale Nukleosynthese. ► https://de.wikipedia.org/wiki/Primordiale_Nukleosynthese. Prüfdatum: 18. Nov. 2019

# Migrations- kontaminanten

## Inhaltsverzeichnis

© Der/die Herausgeber bzw. der/die Autor(en), exklusiv lizenziert durch Springer-Verlag GmbH, DE, ein Teil von Springer Nature 2020
R. Matissek, *Lebensmittelsicherheit*,
https://doi.org/10.1007/978-3-662-61899-8_7

## 7.1 Einführung

Als **Migrationskontaminanten** (engl. Migration Contaminants) werden hier gemäß systematischer Betrachtungsweise (▶ Kap. 4) die unabsichtlichen Einträge von unerwünschten Stoffen (Migrationsstoffe) in Lebensmittel sowohl während des Herstellungsprozesses (z. B. aus technischen Geräten) als auch während der Aufbewahrung, der Lagerung und dem Transport durch den Kontakt mit Lebensmittelbedarfsgegenständen verstanden. Sie können auch als **Kontaminanten aus Lebensmittelbedarfsgegenständen** bezeichnet werden. Da der Eintrag von „außen" – durch Migration – erfolgt, sind sie den Kontaminanten der exogenen Art zuzuordnen (▶ Abschn. 4.2.1).

**Bedarfsgegenstände** sind im engeren Sinne solche Gegenstände, die bei ihrem bestimmungsgemäßen Gebrauch mit Lebensmitteln in Berührung kommen und dabei auf sie einwirken können, wie Behälter, Gerätschaften, Rohrleitungen und Apparaturen in der Lebensmittelindustrie und im Lebensmittelhandwerk, aber auch Küchen- und Essgeschirr sowie Verpackungen jedweder Art, wie Konservendosen, Kunststoffbecher, Folien, Faltschachteln und dergleichen (**Lebensmittelbedarfsgegenstände** oder **Lebensmittelkontaktmaterialien**, engl. Food Contact Materials – **FCM**).

Zu den Bedarfsgegenständen zählen darüber hinaus aber auch solche Gegenstände, die funktionsbedingt mit dem Körper – insbesondere der Haut – in Kontakt treten und mit ihr reagieren können bzw. ihrem Einfluss unterliegen, wie Wäsche und Bekleidung, oder solche, die zur Körperpflege verwendet werden, wie Bürsten, Pinsel und Kämme, aber auch Hygienepapiere etc. Ferner werden zu den Bedarfsgegenständen alle Mittel hinzugerechnet, die zur Reinigung und Pflege im Haushalt verwendet werden, wie Waschmittel für Textilien, Haushaltsreiniger, Spülmittel für Küchen- und Essgeschirr bis hin zu Reinigungs- und Desinfektionsmitteln für Lebensmittelbetriebe sowie Gummihandschuhe.

Scherzartikel und Spielwaren, z. B. Kinderspielzeug, zählen ebenfalls zu den Bedarfsgegenständen. Schließlich werden all solche Dinge mit erfasst, die der Gesetzgeber vorsorglich wegen ihrer möglichen Einwirkungen auf Lebensmittel oder auf den menschlichen Körper den Bedarfsgegenständen gleichgestellt (z. B. Geruchsverbesserer, Insektenvertilger für Räume).

Bedarfsgegenstände können aus den unterschiedlichsten Materialien bestehen; entweder als solche selbst in Monoform oder in (vielfältiger) Kombination untereinander (z. B. Verbünde). Zu nennen sind in erster Linie Papier, Karton, Pappe, Kunststoffe, Zellglas, Elastomere (Gummi), Glas, Emaille, Keramik, Porzellan, Metalle, Legierungen, Leder, Holz, Textilien bzw. Fasern (z. B. Jute) und viele mehr. Ganz besondere Bedeutung als Material für Lebensmittelbedarfsgegenstände haben in den letzten Jahren bekanntlich die Kunststoffe und Papier, Karton, Pappe erlangt.

Da der Kreis der Bedarfsgegenstände, die mit Lebensmitteln in Berührung kommen und auf sie einwirken können, ganz besondere Bedeutung hat, wurden hierfür in den letzten Jahren spezielle Regelungen erlassen (**Bedarfsgegenständeverordnung**) und als eigenständiger Begriff für diese Gruppe die Bezeichnung **Lebensmittelbedarfsgegenstände** eingeführt.

## 7.2 Kontaminanten aus recycelten Cellulosefasern

Lebensmittelverpackungen aus Papier, Karton und Pappe, die unter Verwendung von Recyclingfasern hergestellt wurde, können mit unerwünschten Stoffen belastet sein. Es existiert eine enorme Vielfalt an potenziell migrierenden Stoffen. Im Entscheidungshilfeprojekt des Bundesministeriums für Ernährung und Landwirtschaft (BMEL) wurde dieser Frage nachgegangen (BMEL 2012). Erkannt wurde insbesondere, dass Mineralölbestandteile als Kontaminanten für Lebensmittel hierbei die höchste Relevanz haben. Es wurde aber auch darauf hingewiesen, dass eine Vielzahl der Stoffe strukturmäßig noch gar nicht bekannt ist und daher enormer Forschungsbedarf besteht. Aus Sicht der Lebensmittelsicherheit handelt es sich folglich um unbeabsichtigt in Lebensmittel eindringende Substanzen (engl. Non-Intentionally Added Substances – **NIAS**, vgl. ▶ Abschn. 7.3.5).

Als Kontaminanten, die aus Rezyklatfasererzeugnissen über die Gasphase in darin verpackte Lebensmittel übergehen, werden mit aktuellem Bezug Mineralölkohlenwasserstoffe und Diisopropylnaphthaline intensiv diskutiert. Beide Stoffgruppen sollen deshalb in ▶ Abschn. 7.2.1 und 7.2.2 näher betrachtet werden.

### 7.2.1 MOSH, MOAH und MORE

#### 7.2.1.1 Grundlagen

In den letzten Jahren wurden in den verschiedensten Lebensmitteln Spuren von Mineralölbestandteilen nachgewiesen. Bei diesen handelt es sich um hochkomplexe Mischungen von **mineralischen Kohlenwasserstoffen** oder **Mineralölkohlenwasserstoffen** (engl. Mineral Oil Hydrocarbons; Akronym: **MOH**), die nach chemischen Aspekten in zwei Teilmengen subklassifiziert werden können.

Die Gruppe, die den wesentlichen Teil dieser Verbindungen ausmacht, wird den **gesättigten mineralischen Kohlenwasserstoffen** (engl. Mineral Oil Saturated Hydrocarbons) zugeordnet und trägt das Akronym **MOSH**. Die zweite Gruppe, die zwar prozentual den geringeren Anteil darstellt, aber deswegen nicht weniger bedeutend ist, wird von verschiedenen **aromatischen mineralischen Kohlenwasserstoffen** (engl. Mineral Oil Aromatic Hydrocarbons) gebildet und kurz als **MOAH** bezeichnet.

MOSH/MOAH kommen in unserer Umwelt nahezu überall vor, was bei der Menge des verbrauchten Erdöls nicht verwundert: Rund 15 Mrd. L Erdöl wurden laut Internationaler Energieagentur (IEA) in 2015 weltweit pro Tag verbraucht, das zum größten Teil verbrannt wird (IEA 2016). Entsprechend vielfältig sind die Wege, über die Mineralölbestandteile auch in Lebensmittel gelangen können.

Dass dies der Fall ist, zeigten erstmals Forschungsergebnisse aus dem Kantonalen Labor in Zürich bereits in den 1990er Jahren (Droz und Grob 1997). Als Ursache wurde seinerzeit in vielen Fällen aus recyceltem Altpapier hergestellte Kartonage identifiziert, die sich mittlerweile als Haupteintragsweg herausgestellt hat. Sie enthält **mineralölhaltige Druckfarben** aus dem **Zeitungsdruck**. Laut **Umweltbundesamt** (UBA) werden über diesen Weg allein EU-weit jährlich mehr als 60.000 t Mineralöl in den europäischen Altpapierkreislauf eingetragen (Matissek et al. 2016).

Aus Recyclingkarton, -papier und -wellpappe können MOSH/MOAH über die Gasphase in Lebensmittel übergehen. Die ersten Befunde betrafen zunächst direkt in Karton oder Papier verpackte, trockene Lebensmittel mit einer großen Oberfläche wie Reis, Haferflocken, Mehl und Nudeln, später auch fetthaltige Lebensmittel wie Nüsse, Backwaren, Pizza u. dgl. Selbst in pflanzlichen und tierischen Lebensmitteln, die nicht in Karton oder Papier endverpackt sind (wie beispielsweise Schokolade, Speiseeis, Speisefette/-Öle u. dgl.) wurden Mineralölbestandteile gefunden. Über die freiwillige langjährige Reduzierung des Mineralölgehaltes in Recyclingkarton durch die Kartonhersteller gibt ◘ Abb. 7.1 rückblickend bis 1980 Auskunft.

Die **Herausforderungen** hinsichtlich der notwendigen Minimierung von MOSH/MOAH in Lebensmitteln sind immens. Einerseits, weil es entlang der Prozesskette – von der Ernte über den Transport bis hin zur Verarbeitung und Lagerung von Rohwaren und Lebensmitteln – zahlreiche mögliche Eintragsquellen gibt und weltweit viele Stakeholder an dieser Kette beteiligt sind. Hinzu kommt ferner, dass bei der analytischen Bestimmung von MOSH und MOAH aufgrund der komplizierten und komplexen Sachlage allerhöchste Ansprüche und Erfahrungen an die Labore gestellt werden müssen. Um Eintragsquellen von MOSH/MOAH möglichst umfassend zu identifizieren und Möglichkeiten zu finden, sie zu verschließen, wurden in den letzten Jahren insbesondere in Deutschland und der Schweiz wissenschaftliche Forschungsprojekte durchgeführt (Matissek et al. 2016; Grob 2018; Matissek et al. 2018b).

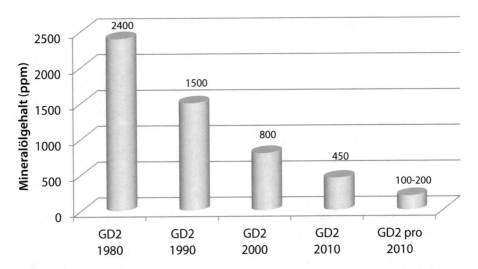

**◘ Abb. 7.1**   Reduzierung des Mineralölgehaltes in Recyclingkarton 1980–2010 (Nach Mühlhauser 2011). *Erläuterung:* Bei GD2-Karton handelt es sich um einen gestrichenen Chromoduplexkarton mit sehr hohem Altpapieranteil

## 7.2.1.2 Begriffsbestimmungen

- **MOH, MOSH, MOAH**

Die Welt der mineralischen Kohlenwasserstoffe ist multidimensional und aufgrund ihrer Komplexität kaum überschaubar. Mineralöle setzen sich im Wesentlichen aber aus zwei chemisch und strukturell unterschiedlichen Fraktionen von Kohlenwasserstoffen zusammen; die schon erwähnten Gruppen: MOSH und MOAH. Beide umfassen **Myriaden von Einzelverbindungen** und Isomeren mit Kohlenstoff-Ketten zwischen 10 und 50 C-Atomen. Je nach Eintragsquelle kommen MOSH und MOAH als Verunreinigungen von Lebensmitteln und deren Rohstoffen vergesellschaftet bei einem ungefähren Verhältnis MOSH:MOAH~4:1 vor und sind im strengeren Sinne durch die Analysenmethodik definierte Summenwerte. Die Summe von MOSH und MOAH wird geläufig als MOH bezeichnet.

Detaillierter betrachtet sind **MOSH** gesättigte paraffinartige, d. h. offenkettige, meist verzweigte und naphthenartige (cyclische) Kohlenwasserstoffe mit niedriger bis mittlerer Viskosität. **MOAH** dagegen sind aromatische Kohlenwasserstoffverbindungen, die überwiegend aus einem bis vier Ringsystemen bestehen und bis zu 97 % alkyliert sind (EFSA 2012). Beide Fraktionen sieden im Bereich 250 bis 300 °C und verfügen über Kohlenstoff-Zahlen von bis zu C50. Eine Übersicht über Grundstrukturen bei MOSH resp. MOAH gibt ◘ Abb. 7.2 resp. ◘ Abb. 7.3.

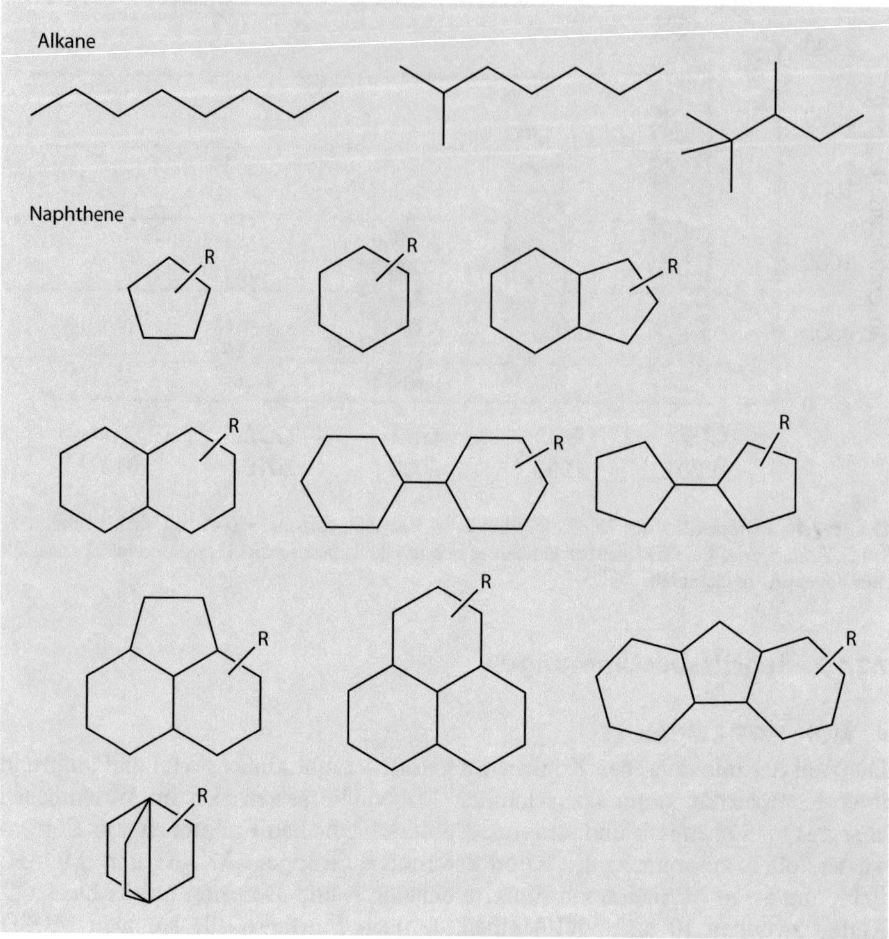

**7**

■ **Abb. 7.2**  Grundstrukturen von MOSH-Verbindungen (Auswahl)

Die Abschätzung der möglichen Anzahl von Kohlenwasserstoffisomeren in Abhängigkeit von der Anzahl der C-Atome ist in ■ Abb. 7.4 illustriert. Eine Übersicht über die Rohölverarbeitung und dabei entstehende Produkte gibt ■ Abb. 7.5.

| MOH |
| --- |

Das Akronym **MOH** kommt von Mineral Oil Hydrocarbons und wird verwendet für die Summe von MOSH und MOAH; wenn also nicht weiter differenziert werden soll oder kann.

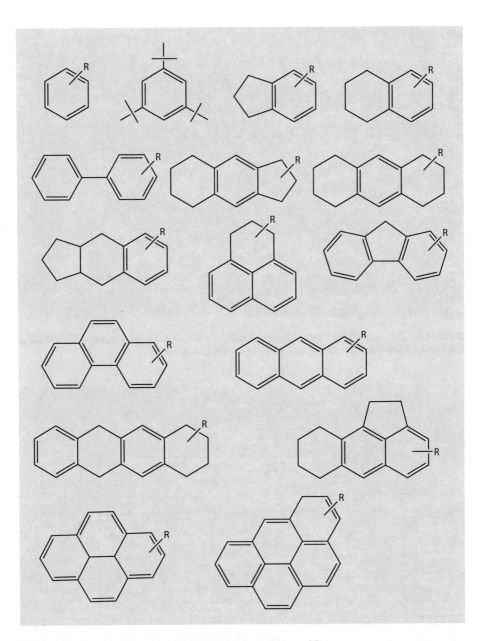

**◨ Abb. 7.3**   Grundstrukturen von MOAH-Verbindungen (Auswahl)

**7**

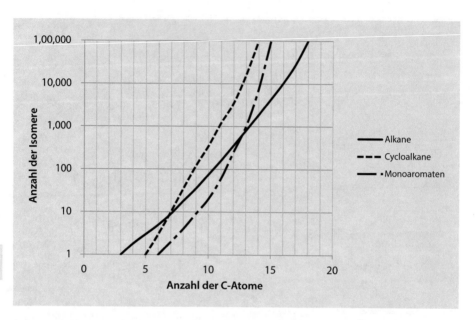

**▫ Abb. 7.4** Zur Abschätzung der möglichen Anzahl von Kohlenwasserstoffisomeren in Abhängigkeit von der Anzahl der C-Atome (Nach Beens und Brinkman 2000)

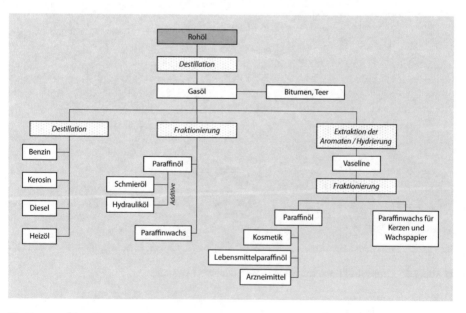

**▫ Abb. 7.5** Übersicht über die Rohölverarbeitung und die dabei entstehenden Produkte (In Anlehnung an EFSA 2012)

---

**MOSH**

**MOSH** steht für **Mineral Oil Saturated Hydrocarbons**. In der Analytik umfasst dies den gesamten Zahlenbereich der Alkane von n-C10 bis n-C50. Es wird entweder der Gesamtgehalt „Total-MOSH" (d. h. n-C10 bis n-C50) gemessen oder unterteilt in die einzelnen Gehalte der sechs folgenden Fraktionen:

- $\geq$C10 bis $\leq$C16
- >C16 bis $\leq$C20
- >C20 bis $\leq$C25
- >C25 bis $\leq$C35
- >C35 bis $\leq$C40
- >C40 bis $\leq$C50

*Erläuterung:* Erfasst werden mit der üblichen Analytik (LC-GC-FID) zwar alle **Normalalkane** (n-Alkane: homologe Reihe mit linear, d. h.h geradkettig und unverzweigt verknüpften C-Atomen, die sich in der Anzahl der $CH_2$-Einheiten unterscheiden) und **Isoalkane** (iso-Alkane, i-Alkane: abgeleitet von isomere, d. h. verzweigte Alkane) sowie die **Cycloalkane** (cyclische Alkane: C-Atome sind ringförmig angeordnet). Die Zuordnung in die Einzelfraktionen erfolgt aber über die Zudotierung von Standardalkanen (dies sind n-Alkane), so dass aus diesem Grund die Definition der Einzelfraktionen über die n-Alkane erfolgt (JRC 2019; Matissek et al. 2018b).

---

**MOAH**

**MOAH** ist das Akronym für **Mineral Oil Aromatic Hydrocarbons**. In der Analytik umfasst dies den gesamten Zahlenbereich der Aromaten von n-C10 bis n-C50. Es wird entweder der Gesamtgehalt „Total-MOAH" (d. h. n-C10 bis n-C50) gemessen oder unterteilt in die einzelnen Gehalte der vier folgenden Fraktionen:

- $\geq$C10 bis $\leq$C16
- >C16 bis $\leq$C25
- >C25 bis $\leq$C35
- >C35 bis $\leq$C50

*Erläuterung:* Erfasst werden mit der üblichen Analytik (LC-GC-FID) zwar alle (hoch-)alkylierten und nicht alkylierten Mono- und Polyaromaten, die Zuordnung in die Einzelfraktionen erfolgt aber analog zu den MOSH-Fraktionen über die Zudotierung derselben Standardalkane, so dass aus diesem Grund die Definition der Einzelfraktionen über die n-Alkane erfolgt (JRC 2019; Matissek et al. 2018b).

---

■ **MOSH-Analoga, MORE, POH**

Im Laufe der Zeit ist eine Reihe von Zusammenhängen und Analogien bei Mineralölkohlenwasserstofffraktionen erkannt worden, die deshalb nach ihrer Abstammung zugeordnet spezielle Bezeichnungen bekommen haben. Als in der analytischen Praxis aufgrund ihrer Verwechselungsgefahr mit MOSH besonders bedeutend erwiesen haben sich Gruppen von oligomeren Kohlenwasserstoffen,

die zumeist aus Polymeren durch Abspaltung oder Migration auftreten – die **poly-olefinischen oligomeren Kohlenwasserstoffe (POH)** wie PAO, POSH, POMH, PAC etc. (Kasten „POH, PAO, POSH, POMH, PAC").
**MORE** ist ein neu eingeführtes Akronym für MOSH-ähnliche Strukturen **(MOSH-Analoga).** Raffinierte, also aufgereinigte Mineralölprodukte (engl. Mineral Oil Refined Products) sind insgesamt Verbindungen des MOSH-Typus und typischerweise „frei" von den MOAH-Verbindungen. MORE können in Form von zugelassenen Lebensmittelzusatz- oder Hilfsstoffen bei der Lebensmittelproduktion verwendet werden und bilden somit eine Schnittmenge mit zugelassenen Stoffen. Analytisch sind sie von den MOSH nur in besonderen Einzelfällen (z. B. Wachse) oder mit großem analytischen Aufwand (spezielle Trenntechniken, Massenspektrometrie, Comprehensive GCxGC-TOF-MS) differenzierbar (Matissek et al. 2018b).

---

**MORE**

MORE leitet sich von **Mineral Oil Refined (Paraffinic) Hydrocarbons** ab. Hierunter sind zu verstehen z. B. Wachse, mikrokristalline Wachse, Weißöle, Trennmittel, Schmierstoffe, POSH, PAO. MORE ist also ein Oberbegriff für MOSH-ähnliche Strukturen (MOSH-Analoga). MOSH und MORE sind mit den üblichen Analysentechniken (LC-GC-FID) analytisch (sehr) schwer zu trennen/zu erkennen. Oftmals helfen nur Bestätigungsanalysen mittels Massenspektrometrie.

---

**POH, PAO, POSH, POMH, PAC**

- **POH** meint **polyolefinische oligomere Kohlenwasserstoffe.** Diese bestehen überwiegend aus gesättigten Verbindungen, die als POSH abgekürzt werden, und geringen Anteilen an olefinischen Komponenten, die als POMH abgekürzt werden. Sie entstammen aus Polymeren (Polyolefinen). POH lassen sich nur mit großem analytischen Aufwand von MOSH unterscheiden.
- **POSH** steht für **Polyolefin Oligomeric Saturated Hydrocarbons,** die als oligomere Abbauprodukte der Polyolefine aus PE- und PP-Verpackungen in Lebensmittel migrieren können.
- **PE-POSH** steht für POSH, die aus Polyethylen (PE) entstammen.
- **PP-POSH** steht für POSH, die aus Polypropylen (PP) entstammen.
- **PAO** sind **Poly-α-Olefine.** Sie sind Bestandteile von synthetischen Schmierstoffen ober entstammen oft aus Hotmeltklebern.
- **POMH** repräsentiert die **Polyolefin Oligomeric Monounsaturated Hydrocarbons,** die als oligomere Abbauprodukte von Polyolefinen auftreten können.

- **PAC** ist das Akronym für **Polycyclic Aromatic Compounds** (dt. Polycyclische Aromatische Verbindungen) und umfasst neben der Untergruppe der PAH (Polycyclic Aromatic Hydrocarbons; dt. Polycyclische Aromatische Kohlenwasserstoffe – PAK) die heterocyclischen aromatischen Verbindungen (Heterocyclic Aromatic Compounds – NSO-PAC und andere Heterocyclen).

*Erläuterung:* NSO = N Nitrogen, S Sulphur, O Oxygen

- **Cancerogenität von Mineralöl: der IP346-Assay**

**Mineralöl** ist nicht gleichzusetzen mit Erdöl bzw. Rohöl. Mineralöle werden mit Hilfe komplizierter und aufwändiger Raffinationsprozesse und Reinigungsschritte (petrochemische Prozesse) aus Erdöl bzw. Rohöl gewonnen. (Zur Definition des Begriffs Mineralöl Kasten „Mineralöl – Definition nach IARC“.) **Erdöl** ist ein natürlich in der oberen Erdkruste vorkommendes, gelblich bis schwarzes, hauptsächlich aus Kohlenwasserstoffen bestehendes Stoffgemisch, das im Laufe der Erdgeschichte durch Umwandlungsprozesse unter hohem Druck aus abgestorbenen Pflanzenteilen entstanden ist. Dieser Vorgang wird als **Diagenese** bezeichnet.

Der Unterschied zwischen den Begriffen Erdöl und Rohöl besteht darin, dass unter Erdöl der in der Oberfläche der Erde eingelagerte Rohstoff verstanden wird. Nach der Förderung, allerdings noch im unbehandelten Zustand, wird es als Rohöl bezeichnet.

Bevor Mineralölzwischenprodukte, die cancerogene Aromaten enthalten können, weiterverarbeitet werden dürfen, werden diese mittels eines einfachen toxikologischen Schnelltests überprüft. Die Differenzierung von Mineralölprodukten aufgrund ihrer Cancerogenität mit Hilfe des sog. **IP346-Assays** (auch IP346-Test genannt) ist in ◘ Abb. 7.6 schematisch dargestellt. Dieser Test ist eine von der Mineralölindustrie entwickelte zuverlässige gravimetrische Routinemethode zum Überprüfen des cancerogenen Potentials von Mineralölprodukten und ersetzt einen älteren Hauttest an Versuchsmäusen.

Die Probe wird dazu mit **DMSO** (Dimethylsulfoxid) extrahiert, anschließend wird das DMSO abgedampft und der Rückstand ausgewogen. Extrahiert werden überwiegend 3–7-Ring-PAC, aber auch andere Substanzen. Zur Selektivität der „Bindung" ◘ Abb. 7.7. Die Bezeichnung „3–7-PAC" fokussiert auf die chemische Stoffgruppe der Polycyclic Aromatic Compounds (**PAC**, dt. polycyclische aromatische Verbindungen) und umfasst neben der Untergruppe der **PAH** die heterocyclischen aromatischen Verbindungen.

**Was ist eigentlich Mineralöl? – Definition nach IARC**

**Mineralöle** sind chemische Substanzen, die aus natürlich vorkommendem rohem Erdöl gewonnen werden. Das **Rohöl** wird zunächst bei atmosphärischem Druck und anschließend unter Hochvakuum destilliert, um einerseits Vakuumdestillate und andererseits Rückstandsfraktionen zu erhalten, die weiter zu Mineralölen raffiniert werden können. Mineralöle, die aus rohem Erdöl raffiniert wurden,

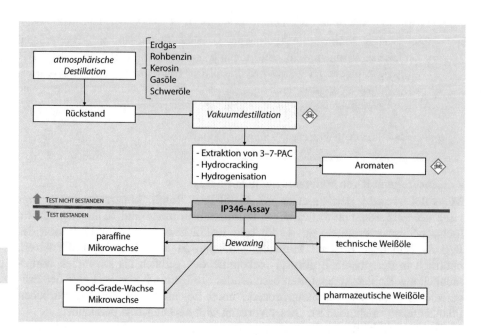

■ **Abb. 7.6**   Trennung von Mineralölprodukten gemäß IP346-Assay aufgrund ihrer Cancerogenität (Nach Carrillo 2011a). *Erläuterung:* Dewaxing: Entparaffinierungsprozess; 3–7-PAC: 3–7-kernige Aromaten

sind komplexe und variable Mischungen von gerad- und verzweigtkettigen paraffinischen, naphthenischen (cycloparaffinischen) und aromatischen Kohlenwasserstoffen, mit C-Zahlen von 15 und mehr und Siedepunkten im Bereich von 300 bis 600 °C (IARC 2012; deutsche Übersetzung: Matissek 2019).

**IP346-Assay**

— Ein **IP346-Ergebnis** <3 % bedeutet „Test bestanden"; ein IP346 >3 % zeigt an, dass das Produkt als potenziell cancerogen gekennzeichnet werden muss. Durch diesen Test werden praktisch alle Produkte ausgeschlossen, die nach der Vakuumdestillation erhalten werden.
— Die 3–7-Ring-PAC werden in Mineralöl im Siedepunktbereich von 340 bis 565 °C gefunden (Kp.$_{Phenanthren}$ = 340 °C; Kp.$_{Coronen}$ = 535 °C).
— Der Test ist in der EU zur Klassifizierung und zum Kennzeichnen von Mineralölprodukten akzeptiert.

### 7.2.1.3  Eintragspfade in Lebensmittel

Eintrittspfade von Mineralölbestandteilen in Lebensmittel sind außerordentlich multipel. So können die bei der Produktion von Lebensmittelverpackungen aus

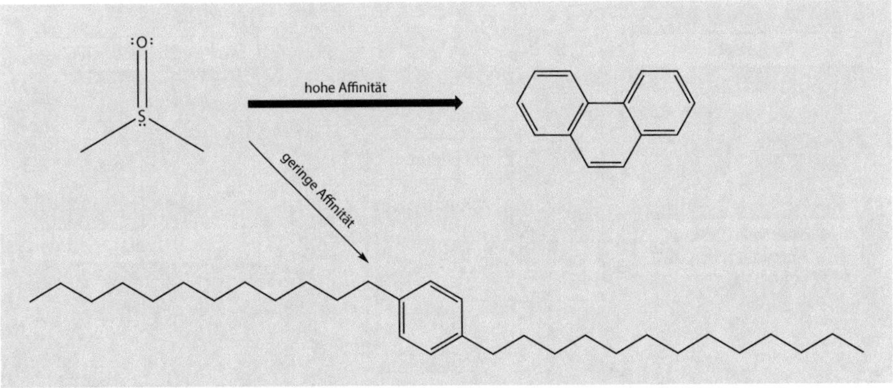

□ **Abb. 7.7**    IP346-Assay – Selektivität von DMSO für 3–7-PAC (Nach Carrillo 2011b)

ökologischen Gesichtspunkten häufig eingesetzten Recyclingkartons (hergestellt aus recyceltem Altpapier) höhere Mineralölanteile enthalten. Ursprung dieser Mineralöle sind Druckfarben, wie sie üblicherweise im Zeitungsdruck verwendet werden. Diese Mineralöle aus Druckfarben und Recyclingkartons können in hohen Mengen in verpackte Lebensmittel übergehen.

Die **Migration** in Lebensmittel erfolgt entweder über direkten Kontakt oder in der Regel über Verdampfung, Transport in der Gasphase und Rekondensation im Lebensmittel. Bei Raumtemperatur gilt dies für Mineralölkomponenten mit einem gewissen Dampfdruck (z. B. Kohlenwasserstoffe <C25). Eine Migration ist aber auch über den direkten bzw. indirekten Kontakt möglich (z. B. Kohlenwasserstoffe >C35). Innenverpackungen aus Papier, PE (Polyethylen) oder PP (Polypropylen) verzögern die Migration, unterbinden sie jedoch nicht, wohingegen Aluminium- und PET (Polyethylenterephthalat)-haltige Verpackungen als migrationsdichte Barrieren gelten. Eine Übersicht über die Einflüsse beim **Gasphasenübergang** von MOSH und MOAH auf Lebensmittel gibt □ Abb. 7.8.

Lebensmittel können allerdings auch bereits vor dem Verpacken Verunreinigungen von MOSH bzw. MOAH enthalten. Bei der **Ernte** können Einträge durch MORE-haltige Pestizidformulierungen oder durch Schmier- und Hydrauliköle aus Erntemaschinen erfolgen (EFSA 2012, Schnapka und Matissek 2016). Auch die Behandlung des **Ernteguts** mit MORE-haltigen Mitteln, z. B. mit Antischaum-/Trennmitteln, mit Staubbindern (Antidusting, z. B. bei Sojabohnen) oder durch Spraying für mehr Glanz (z. B. Reis, Pfeffer, Vanille), kann eine Quelle sein. Darüber hinaus besteht die Möglichkeit eines Eintrags von MOSH/MOAH während der Rohstoffverarbeitung, beispielsweise durch ölende Maschinenteile oder durch Betriebsöle, die bei Wartungs- bzw. Reinigungsarbeiten oder in Luftdruckfördersystemen verwendet werden.

Auch durch die Verwendung bestimmter zugelassener **Zusatz- und Hilfsstoffe** in allen Bereichen der Lebensmittelverarbeitung ist ein Eintrag vom MORE-Typus in Lebensmittel möglich. Normalerweise ist der Eintrag in diesen Fällen auf die gesättigten Kohlenwasserstoffe beschränkt, da es sich hierbei in

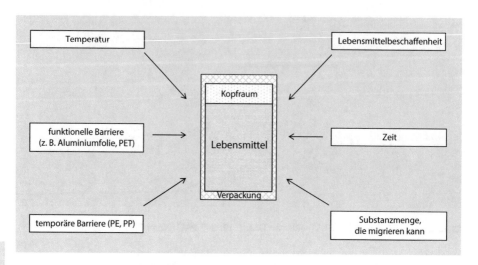

**7**

☐ **Abb. 7.8** Einflüsse beim Gasphasenübergang von MOSH/MOAH auf Lebensmittel. *Erläuterung:* Die Pfeile symbolisieren die Einflussfaktoren

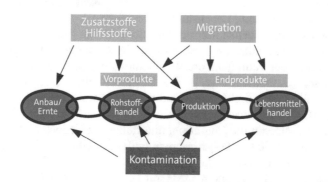

☐ **Abb. 7.9** Potenzielle Eintragsquellen für MOSH/MOAH entlang der Lebensmittelkette (schematisch) (Matissek et al. 2014)

der Regel um gereinigte Erzeugnisse (wie Wachse, Paraffine, Weißöle) handelt, deren Ursprung auf Mineralöle zurückzuführen ist (MOSH bzw. MORE). Eine Übersicht über die potenziellen Eintragsquellen von MOSH/MOAH entlang der gesamten Lebensmittelkette gibt schematisch ☐ Abb. 7.9. Über die verschiedenen potenziell möglichen Eintragsquellen von Mineralölkohlenwasserstoffen am Beispiel des Grundnahrungsmittels Reis informiert ☐ Abb. 7.10.

Als eine weitere relevante Quelle für unerwünschte Einträge von MOSH/ MOAH konnten die bereits in den 1990er Jahren bekannt gewordenen Verunreinigungen von **Jute- und Sisalsäcken** durch – nun zwar deutlich verbesserte, aber immer noch nicht wirklich lebensmittelkonforme – **Batching-Öle** bestätigt werden. In derartigen Säcken werden bekanntlich sowohl viele Rohstoffe als auch

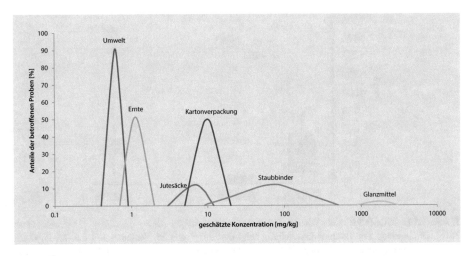

**◘ Abb. 7.10** Verschiedene potenziell mögliche Eintragsquellen für mineralische Kohlenwasserstoffe ($\sum$ MOSH + MOAH) in Reis (Nach EFSA 2012). *Erläuterung:* Dargestellt sind Anteile der betroffenen Proben (in %) und geschätzte Konzentration (in mg/kg)

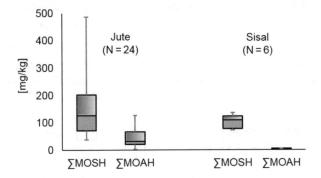

**◘ Abb. 7.11** MOSH/MOAH-Gehalte in Jute- und Sisalsäcken. *Erläuterung:* Die Boxplot-Darstellung zeigt den durch das 25. Perzentil und das 75. Perzentil begrenzten Interquartilbereich (Box) und das Maximum sowie Minimum des Datensatzes (Matissek et al. 2016). $\sum$ = C10–C35

Lebensmittel transportiert und (längere Zeit) gelagert. Auch nach Einführung des Jutesackstandards für Säcke mit Lebensmittelkontakt **(Food Grade Quality)** im Jahr 1998 durch die Internationale Jute Organisation (IJO; heute International Jute Study Group – IJSG) (IJSG 2005) und der damit einhergehenden Verwendung von pflanzlichen Batching-Ölen konnten bis vor kurzem in Jutesäcken teils beachtliche Mengen an MOSH/MOAH quantifiziert werden (◘ Abb. 7.11).

**Batching-Öl**

Formulierungen auf „Öl"-Basis, die zur Behandlung **(Batschen)** von Fasern wie Jute und Sisal dienen, um deren Verarbeitung zu Säcken zu erleichtern (engl. Batching Oil).

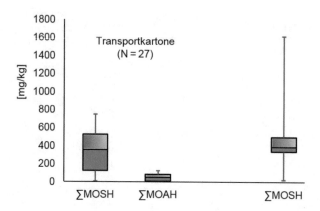

□ **Abb. 7.12**   MOSH/MOAH-Gehalte in Recyclingkartonagen und -dressings (Matissek et al. 2016). *Erläuterung:* Die Boxplot-Darstellung zeigt den durch das 25. Perzentil und das 75. Perzentil begrenzten Interquartilbereich (Box) und das Maximum sowie Minimum des Datensatzes. $\sum$ = C10–C35; N = Anzahl der Proben

**7**

---

**Dressings**

Bezeichnung für Wellpappen, mit denen Transportcontainer ausgekleidet werden, um beim Transport von Lebensmittelrohwaren die Feuchtigkeit zu regulieren und Verderb (durch Schimmelbildung resp. Mykotoxinbildung) zu vermeiden. **Dressings** werden meist aus (mineralölhaltigen) Recyclingfasern hergestellt.

---

Als einer der Haupteintragsquellen erwiesen sich aber weiterhin Kartons, Pappen und Wellpappen aus **Recyclingfasern.** Letztere – als Dressings bezeichnet – werden u. a. zur Feuchtigkeitsregulierung, beispielsweise zum Auskleiden von Schiffscontainern, eingesetzt (□ Abb. 7.12). Recyclingkartonage kann wegen des darin verarbeiteten Altpapiers Mineralölbestandteile aus Farben enthalten, die für den Zeitungsdruck verwendet werden. Diese werden aus der Kartonage bzw. der Pappe oder Wellpappe freigesetzt und gehen so über die Gasphase in Rohstoffe und Lebensmittel über. Zusätzlich sind **Klebstoffe (Hotmelts)** auf Basis mineralischer Kohlenwasserstoffe, die bei der Verpackungsproduktion eingesetzt werden, sowie **mineralölhaltige Farben,** mit denen Verpackungen bedruckt werden, als Eintragsquellen von MOSH/MOAH bekannt geworden. Obwohl Hersteller für Produktverpackungen mittlerweile Karton aus Frischfaser verwenden, diese mit mineralölfreien Farben bedrucken und zum Schutz geeignete Barrieren einsetzen, löst dies das Problem nur teilweise.

Auch aus Umverpackungen zu Transportzwecken, Container-Dressings sowie aus im Handel oder im Haushalt zu Lebensmitteln benachbart gelagerten Kartons können Mineralölbestandteile in Lebensmittel migrieren. Ferner ist zu beachten, dass gegebenenfalls auch Verpackungen aus **Metall** (z. B. Weißblechdosen) von einer entsprechenden Vorbehandlung mit Walzölen, Verformölen (engl. **Surface Lubricants**) bzw. Beschichtungen und Lacken zu MOSH/MOAH/MORE-Rückständen im Lebensmittelgut führen können (BLL 2017).

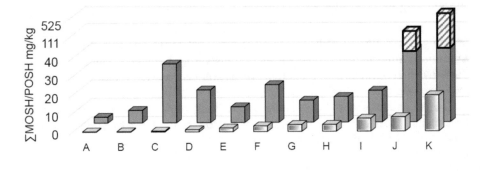

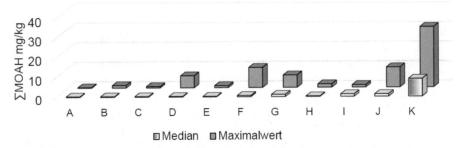

□ Median  ■ Maximalwert

**□ Abb. 7.13** MOSH/POSH/MOAH-Gehalte in verschiedenen Lebensmitteln oder Rohstoffen (Matissek et al. 2016). *Erläuterung:* Die Balkendiagrammdarstellung zeigt jeweils den Median- und Maximalwert des Datensatzes nach aufsteigenden MOSH/POSH-Medianen sortiert. $\sum = C10–C35$; N = Anzahl der Proben: **A** Getreide/Cerealien (N = 42); **B** Zucker (N = 65), **C** Sultaninen (N = 11); **D** Ölsamen/Kokosflocken (N = 68); **E** Milchpulver (N = 27); **F** Kaffee (N = 12); **G** Kakaomassen (N = 83); **H** Eipulver (N = 22); **I** Butter (N = 25); **J** Pflanzliche Fette (N = 47); **K** Gewürze (N = 30)

### 7.2.1.4 Ergebnisse aus der Kontaminantenforschung

Im Rahmen eines in den Jahren 2013 bis 2018 durchgeführten Forschungsprojekts wurden diverse Rohstoffe für Lebensmittel auf ihre Gehalte an MOSH und MOAH untersucht (Matissek 2014; Matissek et al. 2014, 2016). Dabei zeigte sich, dass beispielsweise frische **Kakaobohnen** (das sind unfermentierte, ungetrocknete Kakaosamen; botanisch: Kotyledonen) von Natur aus keine MOSH/MOAH enthalten (Dingel und Matissek 2016), d. h., Einträge können erst beim Transport und der Lagerung entlang der gesamten Prozesskette stattfinden. Und das gilt für nahezu alle Lebensmittelrohstoffe, besonders dann, wenn diese ähnlich transportiert und gelagert werden. Die Ergebnisse einiger untersuchter Lebensmittel oder Rohstoffe sind in □ Abb. 7.13 zusammengefasst. Während MOSH/POSH-Gehalte in vielen Rohstoffen quantitativ bestimmbar waren, konnten MOAH-Werte nur in einigen wenigen Rohstoffgruppen (z. B. Kaffee, Kakaomassen, pflanzliche Fette und Gewürze) oberhalb der Bestimmungsgrenze erfasst werden.

Die **Migration** von Mineralölkohlenwasserstoffen in Lebensmittel erfolgt im Falle von trockenen und bei Raumtemperatur gelagerten Lebensmitteln über Verdampfung, Transport in der Gasphase und Rekondensation im Lebensmittel. Infolgedessen ist sie beschränkt auf Verbindungen mit einem gewissen Dampfdruck (z. B. Kohlenwasserstoffe <C24). Innenverpackungen aus Papier, Polyethylen (PE) oder Polypropylen (PP) verzögern die Migration, unterbinden sie jedoch nicht vollständig. Lediglich Aluminium- und Polyethylenterephthalat(PET-)haltige Verpackungen sowie Spezialfolien gelten als migrationsdichte, **funktionelle Barrieren** (BfR 2010; Lütjohann 2011). Doch auch diese haben Nachteile: So ist die Herstellung von Folien aus Aluminium für Innenbeutel oder zur Beschichtung von Karton nicht nur sehr energieintensiv, sondern auch nachteilig beim Recycling-Prozess und umweltbelastend. Außerdem kann die Verwendung von wasserdampfundurchlässigen Folien zu einem erhöhten Keimwachstum im Lebensmittel sowie bei Backwaren zum Verlust der Knusprigkeit oder Rösche führen.

**7**

---

### Funktionale Barrieren gegen MOSH/MOAH – Leitlinien

- Die Entwicklung **MOSH/MOAH-dichter Folien** bzw. Beschichtungen ist Gegenstand intensiver Forschungsarbeiten in der Verpackungs- und Lebensmittelindustrie. Diese sind notwendig, da produktspezifische Qualitätsanforderungen zu berücksichtigen sind.
- In einem großangelegten Gemeinschaftsforschungsprojekt in 2019 wurden als wichtiges Ergebnis für die Praxis **„Leitlinien zur Abschätzung der MOSH/ MOAH-Migration aus Verpackungen in Lebensmittel mit dem Ziel der Minimierung"** erarbeitet und in einer deutschsprachigen und einer englischsprachigen Version veröffentlicht (BLL 2019a).
- In dieser „Leitlinie" sind neben Berechnungsverfahren und Migrationstests sowie Migrationsmodellierungen auch ausführliche Tabellen mit vollständigen **funktionalen Barrieren** mit Angabe der entsprechenden Dicke des Materials zu finden (BLL 2019b).

---

### Das Phänomen Kakaoschale – Senke für MOSH/MOAH

- **Kakaoschalen** reichern MOSH/MOAH an. Kakaokerne (Kakaonibs) enthalten trotz ihres höheren Fettgehaltes weitaus geringere Gehalte an MOSH und MOAH als in den jeweils korrespondierenden Kakaoschalen. So wurde in einer Stichprobenanzahl N = 75 in manuell geschälten Kakaokernen MOSH-Gehalte von <0,5–1,6 mg/kg resp. MOAH-Gehalte von <0,5–0,9 mg/kg gemessen (Dingel 2017). In den Korrespondierenden Kakaoschalen (N = 75) lagen die MOSH-Gehalte dagegen bei 0,6–136,3 mg/kg resp. die MOAH-Gehalte bei <0,1–75,6 mg/kg. Die Kakaoschale wirkt also als **Senke** für MOH.
- Aus botanischer Sicht ist die Kakaoschale eine Samenschale **(Testa)** mit klar definierten Bereichen (Näheres s. Lehrbücher der Botanik wie Hohmann und Gassner 2007). Unter der äußeren Epidermis sitzen in Gruppen angeordnet große Schleimzellen, an die sich eine Schicht Schwammparenchym mit Leitbündeln anschließt. Die darunterliegende Steinzellschicht wird nur noch durch

eine weitere dünne Parenchymschicht und ein dünnes Silberhäutchen (Endo-spermrest) abgeschlossen.

- Nach der **Fermentation** der Kakaobohnen verbleiben aber häufig Reste der Pulpa auf der Samenschale, so dass die reale Kakaoschale vielmehr das Zusammenspiel der Samenschale mit anhaftenden, getrockneten Pulpa-resten, möglichen Resten des Plazentastranges und zurückbleibender Fermentationsbiota darstellt. Untersuchungen zur Messung der inneren Ober-fläche können das Phänomen der Anreicherung von MOSH/MOAH in Kakao-schalen nicht hinreichend beschreiben. Vielmehr scheinen Effekte, hervorgerufen durch auf Stärke angelagerte Oberflächenproteine, die Anlagerung an nicht lipophile Komponenten zu ermöglichen (Dingel 2017).

### 7.2.1.5 Gesundheitliche Bewertung und Expositionsabschätzung

Mineralölkohlenwasserstoffe wie **MOSH** und **MOAH** werden leicht und zu etwa 90 % vom Körper resorbiert. Es ist inzwischen erwiesen, dass sich kürzerkettige MOSH im menschlichen Fettgewebe und in verschiedenen Organen anreichern (Fleming et al. 1998; Droz und Grob 1997). Abhängig vom Gewebetyp können MOSH mit einer Kettenlänge von C16–C45 nachgewiesen und quantifiziert werden. MOSH mit einer Kohlenstoffkettenlänge <C16 akkumulieren dagegen nicht im menschlichen Körper (Barp et al. 2014). Das BfR hat daher für MOSH mit einer Kohlenstoffkettenlänge von C10 bis C16 einen **Richtwert** für den tolerierbaren Übergang auf Lebensmittel in Höhe von 12 mg/kg Lebensmittel abgeleitet. Für eine Kettenlänge von >C16–C20 liegt dieser bei 4 mg/kg (BfR 2015a, b). Gemäß BfR sollte der Übergang von MOSH soweit wie technisch möglich minimiert werden.

**MOAH** werden zwar ebenfalls resorbiert, jedoch vollständig metabolisiert. Da die MOAH-Fraktion aus überwiegend alkylierten aromatischen Kohlen-wasserstoffen besteht, ist laut BfR nicht auszuschließen, dass in dieser Fraktion auch krebserregende Verbindungen vorkommen. Daher sollte **kein nachweis-barer Übergang** von MOAH auf Lebensmittel stattfinden (BfR 2015b). In Tier-versuchsstudien konnte eine estrogene Wirkung von MOAH nachgewiesen werden (Tarnow et al. 2014). Bislang liegen keine toxikologischen Studien über die Effekte aufgenommener Mineralölbestandteile – weder über MOSH noch MOAH – auf den Menschen vor (Empfehlung EU 2017/84).

---

**MOSH – Bewertung durch die EFSA**

Die Bewertung der EFSA von Mai 2012 geht von einer täglichen MOSH-Aufnahme von 0,03 bis 0,3 mg/kg bei Erwachsenen aus. Bei einem **NOAEL** für MOSH von 19 mg/kg Körpergewicht kann hieraus ein **MOE** (Margin of Expo-sure, vgl. ▶ Abschn. 5.2.7) von 59 bis 690 abgeleitet werden. Aufgrund dieser neuen toxikologischen Bewertungen der EFSA ist eine Korrektur des **temporären ADI-Werts** für MOSH vorgesehen.

Hinsichtlich der **Aufnahme von Mineralölbestandteilen** geht die EFSA in ihrer letzten Schätzung vom Jahr 2012 von einer täglichen MOSH-Aufnahme von 0,03 bis 0,3 mg/kg Körpergewicht bei Erwachsenen aus, wobei bei Kindern die Aufnahme auch höher sein kann. Die Aufnahme von MOAH liegt nach Schätzungen der EFSA bei etwa 20 % der Werte für MOSH, also zwischen 0,006 und 0,06 mg/kg Körpergewicht pro Tag (EFSA 2012). Derzeit gibt es keine gesetzlichen Vorgaben, die die Gehalte an Mineralölbestandteilen (MOSH/MOAH) in Lebensmitteln regulieren. Um das Vorkommen von MOSH/MOAH in Lebensmitteln zu überwachen und damit eine Expositionsabschätzung zu ermöglichen, hat die EU-Kommission im Januar 2017 eine **Monitoring-Empfehlung** veröffentlicht (Empfehlung (EU) 2017/84). Hiernach sollen die Mitgliedsstaaten unter aktiver Beteiligung der Lebensmittelindustrie das Vorkommen von MOSH/MOAH in einer Auswahl von Lebensmitteln und Kontaktmaterialien kontrollieren und die ermittelten Daten anschließend der EFSA zur Verfügung stellen.

## 7.2.1.6  Spezialanalytik als Schlüssel zum Verständnis

Die Bestimmung der Gehalte von MOSH und MOAH in Lebensmitteln stellt höchste Ansprüche an die Analytik und die Laboratorien, insbesondere deswegen, weil es sich um komplexe Gemische handelt, die jeweils als Summe aller Komponenten quantifiziert werden müssen. Eine Analyse der Einzelkomponenten ist aufgrund der enormen Anzahl der Verbindungen mit heutigen Analysentechniken nicht möglich. Aus diesem Grund resultieren aus der gaschromatografischen Analyse komplexer Mineralölgemische keine scharfen Peaks, sondern sehr breite Signale. Analytiker sprechen in solchen Fällen von einem **chromatografischen „Hügel"** (engl. Hump oder Unresolved Complex Mixtures – UCM; ◘ Abb. 7.14). In der Analytik wird davon ausgegangen, dass eine Anzahl von bis zu ca. 200 bis 500 verschiedener Analysen grundsätzlich gaschromatografisch separiert werden kann. Im Falle der Mineralölanalytik wird diese Anzahl schnell um ein Vielfaches überschritten: Bei einer angenommenen Kettenlänge von 40 C-Atomen, ist eine hypothetische Anzahl von **60 Billionen** verschiedener Verbindungen in einer Fraktion rechnerisch möglich (Matissek 2016).

---

**Humps**

**Humps** (dt. Hügel, auch engl. **Unresolved Complex Mixture – UCM**) bezeichnet die Darstellung gaschromatografischer Analysen mit sehr breiten Signalen. Typisches Bild bei der Analyse von Mineralölkohlenwasserstoffen, bei denen sich aufgrund der enormen Anzahl der Verbindungen keine scharfen Peaks von Einzelkomponenten darstellen lassen, sondern sich eine Vielzahl einzelner Signale wie ein Hügel präsentiert.

---

Nach derzeitigem Stand der Technik (State of the Art) erfolgt die **Analytik** von MOSH und MOAH am zuverlässigsten mit Hilfe eines online gekoppelten Systems bestehend aus einem flüssigchromatografischen und einem gaschromatografischen Teil mit nachgeschaltetem Flammenionisationsdetektor

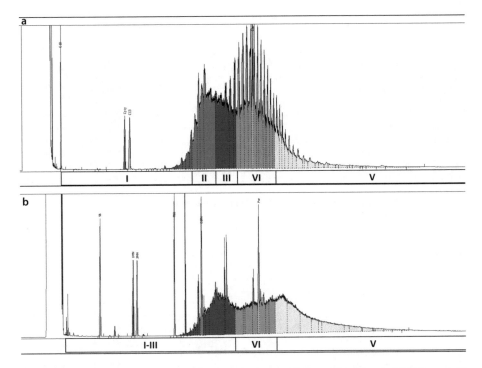

**◘ Abb. 7.14** Darstellung eines sogenannten chromatografischen „Hügels": **a)** MOSH- und **b)** MOAH-Chromatogramm einer Recyclingkarton-Probe mit Unterteilung in Kohlenwasserstofffraktionen. *Erläuterung:* **I** ≥C10– ≤C16; **II** <C16– ≤C20; **III** <C20– ≤C24; **IV** <C24– ≤C25; **V** <C35

(LC-GC-FID). Auf internationaler Ebene wurde in den vergangenen Jahren an einem normierten, in Ringversuchen überprüften Referenzanalyseverfahren gearbeitet. Zwischenzeitlich liegt die fertige Norm mit dem Titel „Lebensmittel – Pflanzliche Öle und Lebensmittel auf Basis pflanzlicher Öle – Bestimmung von gesättigten Mineralölkohlenwasserstoffen (MOSH) und aromatischen Mineralölkohlenwasserstoffen (MOAH) mit on-line HPLC-GC-FID; Deutsche Fassung EN 16.995:2017" vor (DIN 2017). Diese Norm wurde dringend erwartet, denn sie ist äußerst wichtig, um in unterschiedlichen Laboren gemessene Werte zuverlässig miteinander vergleichen zu können.

Erschwert wird die Analytik zusätzlich allerdings vielfach durch in Lebensmittel vorkommende MOSH-ähnliche Strukturen. So können Polyolefin Oligomeric Saturated Hydrocarbons **(POSH),** aus Polyethylen- (PE) oder Polypropylen-Folien (PP) oder Poly-α-olefine **(PAO),** die Bestandteile von synthetischen **Schmierstoffen** und **Hotmelt**-Klebstoffen sind, in das Lebensmittel migrieren. Analytisch sind diese jedoch nur schwer von den MOSH zu unterscheiden (Strukturbeispiele ◘ Abb. 7.15).

Der Einsatz von **Hilfs- und Zusatzstoffen** in Form von zugelassenen, raffinierten Mineralölprodukten (sog. MORE), wie z. B. paraffinische **Wachse** oder **Glanzmittel,** kann des Weiteren zu einer Erhöhung des „MOSH"-Anteils

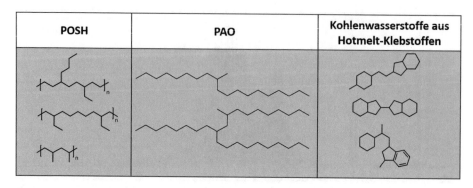

**Abb. 7.15** Beispielstrukturen von MOSH-ähnlichen Kohlenwasserstoffen

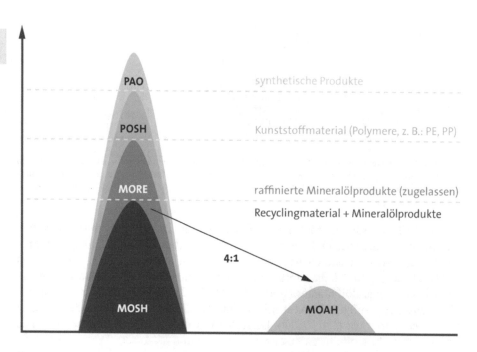

**Abb. 7.16** Verschiebung des üblichen MOSH/MOAH-Verhältnisses (ca. 4:1) durch additiv überlagernde Gehalte an POSH, PAO und MORE (schematisch). (Matissek 2017)

und damit zu einer Verschiebung des üblichen MOSH/MOAH-Verhältnisses führen. Mittels online gekoppelter LC-GC-FID ist eine analytische Differenzierung von MOSH, POSH, PAO und MORE deswegen nicht möglich, weil sich diese Komponenten unter der Summenkurve des „MOSH"-Humps aufsummieren (**Abb. 7.16). Für eine derartige Unterscheidung kann der Einsatz der umfassenden (engl. comprehensive) Gaschromatografie gekoppelt mit Flugzeit-Massenspektrometrie (GCxGC-ToF–MS) sehr hilfreich sein, da diese Gerätekombination eine nähere Charakterisierung und in Einzelfällen auch eine Identifizierung der vorliegenden Substanzklassen ermöglicht.

### 7.2.1.7 Leitfaden, Toolboxen und Orientierungswerte

Die Lebensmittelwirtschaft ist seit dem Bekanntwerden der Problematik bemüht, die Einträge an mineralischen Kohlenwasserstoffen in Lebensmitteln zu minimieren. Aufgrund der Vielfalt der Eintragsquellen und der Komplexität der Analytik ist dies eine immense Herausforderung. Die Arbeiten sind aber inzwischen so weit fortgeschritten, dass umfassende, gut strukturierte **MOSH/MOAH-Toolboxen** zur Vermeidung von Einträgen unerwünschter Mineralölkohlenwasserstoffe in Lebensmitteln sowohl für Deutschland vom Bund für Lebensmittelrecht und Lebensmittelkunde (BLL; neue Bezeichnung: Lebensmittelverband Deutschland) (BLL 2018) als auch auf europäischer Ebene von FoodDrinkEurope (FDE) (FDE 2018) veröffentlicht wurden. Anhand solcher Handlungshilfen und Hinweisen kann jedes Unternehmen individuell auf die eigenen Prozesse und Produkte bezogene Maßnahmen zur Eintragsreduzierung prüfen und ableiten.

---

**MOSH/MOAH-Toolbox – Standards setzen**

- **Die erste „Toolbox zur Minimierung von MOSH/MOAH in Lebensmitteln"** wurde vom **Lebensmittelchemischen Institut** (LCI) bereits im Jahr 2015 entwickelt und vorerst intern in der deutschen Süßwarenindustrie genutzt (BDSI 2015). Diese Toolbox stellte zunächst nur einen branchen-internen Standard dar.
- **Auf Basis** dieser erfolgreichen Version entstand 2017 eine **erweiterte** und **die gesamte Lebensmittelbranche** in Deutschland ansprechende „Toolbox zur Vermeidung von Einträgen unerwünschter Mineralölkohlenwasserstoffe in Lebensmittel", die vom **Bund für Lebensmittelrecht und Lebensmittelkunde** (BLL; neue Bezeichnung: Lebensmittelverband Deutschland) in deutscher und englischer Sprache „Toolbox for Preventing theTransfer of Undesired Mineral Oil Hydrocarbons into Food" veröffentlicht wurde (BLL 2017). Die Toolbox entwickelte sich in der Abfolge zum nationalen Standard.
- 2018 schließlich wurde die BLL-Toolbox aufgrund ihrer überragenden Aktualität und Bedeutung vom europäischen Lebensmittelverband **FoodDrinkEurope** (FDE) für die gesamte Lebensmittelbranche in der EU adaptiert und publiziert unter dem Titel „Toolbox for Preventing the Transfer of Undesired Mineral Oil Hydrocarbons into Food" (FDE 2018).
- Die Toolbox war damit zum internationalen Standard gereift.

---

Das Referenzlabor der EU-Kommission, das **Joint Research Centre (JRC),** hat im Jahr 2019 einen Leitfaden zur Probenahme, Analytik und zur Datenweitergabe zum Monitoring von MOSH/MOAH in Lebensmitteln und Lebensmittelkontaktmaterialien publiziert. Von großer Bedeutung ist diesbezüglich, dass hier erstmals amtliche Bestimmungsgrenzen für die verschiedenen Lebensmittelkategorien angegeben werden (JRC 2019).

Durch die Vielfalt der Quellen, die Komplexität und Unterschiedlichkeit der Prozessketten, durch die Rollen unverzichtbarer Hilfsstoffe und ubiquitären Umwelteinflüssen haben sich die Erkenntnisse verdichtet, dass sich auch bei Einhaltung einer optimierten Guten Herstellungs- und Verpackungspraxis mit einer **Grundbelastung** zu rechnen ist. Bislang fehlten jedoch ausreichend Daten, um das Ziel einer guten fachlichen Praxis produkt- und prozessspezifisch überhaupt einschätzen zu können. Es fehlten auch einheitliche Bezugsgrundlagen für die Befundbeurteilung bei Endverbraucherprodukten durch die Überwachung oder Warentester. Aus diesem Grunde hat sich in Deutschland eine gemeinsame Projektgruppe bestehend aus der Länderarbeitsgemeinschaft Verbraucherschutz, Arbeitsgruppe Lebensmittel- und Bedarfsgegenstände, Wein und Kosmetika (ALB) (für die Lebensmittelüberwachung) und dem Bund für Lebensmittelrecht und Lebensmittelkunde e. V. (für die Lebensmittelwirtschaft) gebildet, um auf der Basis von Daten aus Überwachung und Wirtschaft **Orientierungswerte** abzuleiten, die im Sinne eines Minimierungskonzepts wirken können. Nach Sammlung und Sichtung von über **10.000 Datensätzen** konnten im Jahr 2019 für die ersten Lebensmittelkategorien Orientierungswerte erstellt werden (◘ Tab. 7.1).

**7**

---

### Orientierungswerte – offizielle Definition

— „Die Werte geben eine Orientierung, welcher **quellenunabhängige Gehalt** an mineralölartigen Kohlenwasserstoffen (MOH als Summe von MOSH und MOSH-Analogen (wie POSH, PAO, MORE) und als MOAH) in Lebensmitteln einer spezifischen Gruppe mit hoher statistischer Wahrscheinlichkeit zu erwarten ist als Ergebnis einer guten fachlichen Herstellungspraxis auf den verschiedenen Prozessstufen und aufgrund ubiquitärer Einflüsse."

— „Werden **Orientierungswerte überschritten,** kann dies auf mögliche und gemäß der Guten Praxis gegebenenfalls vermeidbare Eintragsquellen im Rahmen der Herstellungs- und Verpackungsprozesse entlang einer Lieferkette hinweisen und Anlass für Ursachenforschung sein. Bei der weiteren Beurteilung eines Produktes sind dessen Zusammensetzung, Art und Dauer der Verpackung, Mindesthaltbarkeit, Informationen über die Rohstoffsituation, über Verarbeitungsprozesse und Lebensmittelkontaktmaterialien auf allen Stufen sowie die Zweckbestimmung und die üblichen Verzehrmengen zu berücksichtigen" (Zitate: Helling und Stähle 2019).

---

### Limit of Quantification – LOQ

— Gemäß DIN 32645 ist die **LOQ** der kleinste Gehalt einer Substanz in einer Probe, die bei vorgegebener statistischer Sicherheit und einem festgelegten relativen Vertrauensbereich quantitativ bestimmbar ist **(Bestimmungsgrenze).**

— *Als Faustregel gilt:* Die LOQ entspricht dem dreifachen Wert der LOD (Limit of Detection, **Nachweisgrenze**) (vgl. ▶ Abschn. 4.3.2).

**◘ Tab. 7.1** Orientierungswerte* MOSH/MOAH 2019 und 2020

| Produktgruppe Lebensmittelkategorie | MOSH & MOSH-Analoge $\sum$ C10–C50 (mg/kg) | MOAH $\sum$ C10–C50 (mg/kg) |
|---|---|---|
| Pflanzliche Öle (wie Rapsöl, Sonnenblumenöl, Leinöl, Olivenöl) (außer Öle/Fette tropischer Pflanzen und Sojaöl) | 13 | n. b.[1] |
| Brot und Kleingebäck, Feine Backwaren, Getreideerzeugnisse und getreidebasierte Produkte, Cerealien | 6 | n. b.[2] |
| Süßwaren (Zuckerwaren außer Kaugummi), Schokolade und kakaobasierte Süßwaren | 9 | n. b.[3] |
| Nüsse, Ölsaaten, Kokosnuss, Erdnüsse und Trockenfrüchte sowie Mischungen daraus | 4 | n. b.[3] |
| Fertiggerichte, Saucen, Kartoffelfertigerzeugnisse, vegetarische Produkte, Desserts | – | – |
| Trockenprodukte (Suppen, Saucen, Getränkepulver) einschl. Kartoffeltrockenprodukte | – | – |
| Fleisch und Fleischerzeugnisse | – | – |
| Kräuter und Gewürze | – | – |

Quelle: Helling und Stähle (2019), LAV und Lebensmittelverband Deutschland (2020)
* Definition Kasten „Orientierungswerte – Offizielle Definition"
– z. Z. noch nicht verfügbar
– LOQ Definition und Erläuterungen „Limit of Quantification"
– n. b. nicht bestimmbar, d. h. Gehalte unter LOQ (hier: $LOQ_{max}$ in mg/kg gemäß JRC Technical Report (JRC 2019)
[1] $LOQ_{max}$ für jede Fraktion für Fette/Öle, entspricht 2 mg/kg
[2] $LOQ_{max}$ für jede Fraktion für fettarme Lebensmittel <4 % Fett, entspricht 0,5 mg/kg
[3] $LOQ_{max}$ für jede Fraktion >4 % Fett, entspricht 1 mg/kg

- In einigen Fällen, zum Beispiel in der aktuellen technischen Leitlinie der Gemeinsamen Forschungsstelle der EU-Kommission (Joint Research Centre – JRC) zur Analytik von MOSH/MOAH im Rahmen des geplanten EU-Monitorings, wird zwischen der **Zielbestimmungsgrenze** (engl. target-LOQ, $LOQ_t$) und der **maximalen Bestimmungsgrenze** ($LOQ_{max}$) unterschieden (Schnapka et al. 2019).
- *Erläuterung:* Die Zielbestimmungsgrenze wird nach rechtlicher Grundlage oder einem Projektziel festgelegt. Die $LOQ_t$ ist der Wert, der im Idealfall erreichbar ist, von einem Labor angestrebt werden sollte und der in der Regel je nach Matrix technisch möglich ist. Die $LOQ_{max}$ dagegen entspricht einer Mindestanforderung, die für ein bestimmtes Verfahren nicht überschritten werden sollte. Es ist die höchst geduldete LOQ, die unter normalem analytischem Aufwand erreichbar ist. Mit anderen Worten stellt dies „die untere Grenze des praktischen Arbeitsbereiches" dar (vgl. ▶ Abschn. 4.3.2).

## 7.2.1.8 Minimierungsansätze

Aus Sicht des Bundesinstituts für Risikobewertung, des Bundesministeriums für Ernährung und Landwirtschaft (BMEL), des Umweltbundesamtes und der Lebensmittelwirtschaft (UBA) könnte eine wesentliche Quelle des Eintrages von Mineralölbestandteilen in Lebensmittel größtenteils dadurch eliminiert werden, dass für den Zeitungsdruck mineralölfreie Farben auf Pflanzenölbasis zum Einsatz kommen. Laut UBA könnte dadurch allein in der EU ein jährlicher Eintrag von mehr als 60.000 t Mineralöl in den Recycling-Kreislauf sehr effektiv bei vergleichsweise geringen Gesamtkosten vermieden werden (Flasbarth 2013). Zwar wäre diese Bekämpfung des Problems an seinem Ursprung am effektivsten, und es stehen Druckfarben auf Pflanzenölbasis zur Verfügung, doch hat die Zeitungsindustrie bislang keine Umstellung vorgenommen.

Die Lebensmittelwirtschaft arbeitet seit Jahren daran, den Eintrag von MOSH/MOAH in den Bereichen zu minimieren, auf die sie direkt Einfluss nehmen kann (Matissek et al. 2016). Auch die Papierwirtschaft nimmt sich seit Längerem der Problematik an. Weil hierzulande in den vergangenen Jahren viel getan wurde und auch aktuell noch viel getan wird, schneiden deutsche Produkte im internationalen Vergleich vergleichsweise gut ab. Beispielsweise ist dies für den deutschen Markt bei Adventskalenderschokolade belegt (CVUA-MEL 2015).

Folgende **Ansätze zur Reduzierung oder Minimierung** von Mineralölbestandteilen in Lebensmitteln werden bereits umgesetzt, sind möglich bzw. werden derzeit getestet:

- Der Einsatz von **Frischfaser-** statt Recycling-Kartonage für Verpackungen wird von vielen Lebensmittelherstellern vorgenommen. Da Mineralölbestandteile aber auch aus Jute- und Sisalsäcken, Transportverpackungen, Wellpappe als Auskleidung von Transportcontainern in Rohstoffe oder aus benachbart gelagerter Kartonage in Lebensmittel übergehen können, ist dies nur eine Teillösung. Sie wird vom UBA nicht präferiert, weil die Verwendung von recyceltem Altpapier umweltfreundlicher und nachhaltiger ist.
- Umstellung auf **mineralölfreie Druckfarben** beim Bedrucken von Verpackungen – auch dies wird in der Regel bereits von der Lebensmittelwirtschaft umgesetzt.
- Einsatz von geeigneten **Barrieren** zwischen Lebensmittel und Verpackungskarton, beispielsweise durch Beschichtung der Kartoninnenseiten mit geeigneter Folie (Verbundfolie) oder Nutzung von entsprechenden Innenbeuteln (Bag-in-Box). Die Entwicklung MOSH/MOAH-dichter Folien bzw. Beschichtungen ist derzeit Gegenstand intensiver Forschungsarbeiten in der Verpackungsindustrie, weil produktspezifische Qualitätsanforderungen zu berücksichtigen sind. Nachteile: Verbundverpackungen sind schlechter recyclefähig und die Aluminiumproduktion ist energieintensiv, also insgesamt umweltbelastend. Außerdem müssen Spezialfolien maßgeschneidert für die zu verpackenden Lebensmittel entwickelt werden.
- Die **Verringerung des Einsatzes von Altpapiersorten** mit hohen Mineralölkonzentrationen in der Produktion von Recycling-Karton wird von der Papierwirtschaft bereits umgesetzt.

- Die **konsequente Umsetzung** der bereits seit 1998 gültigen IJO-Empfehlungen zur Behandlung von Jute- und Sisalsäcken, d. h. ausschließliche Behandlung mit mineralölfreien Batching-Ölen auf pflanzlicher Basis und Einsatz von mineralölfreien Farben bei der Kennzeichnung der Säcke, wird von der Lebensmittelwirtschaft und von Rohwarenlieferanten gefordert.

### 7.2.1.9 Weitere Eintragsquellen für Mineralölkohlenwasserstoffe

Die Einfuhr von **Sonnenblumenöl** aus der **Ukraine** in die EU war zwischen 2008 und 2014 verboten. Der Grund dafür war der Nachweis hoher Gehalte an **Mineralöl** in vorangegangenen Lieferungen (Rexroth 2017). Berichtet wurde von Mineralölgehalten in ukrainischem Öl bis zu 7500 mg/kg. Die Befunde konnten damals nicht weiter spezifiziert werden, weil die Analytik noch nicht so weit entwickelt war, wie sie es zwischenzeitlich im Hinblick auf die aktuelle MOSH/MOAH-Thematik (Kohlenwasserstoffe aus Mineralöl) nunmehr ist. Laut EU-Kommission soll das Sonnenblumenöl auf „natürlichem Wege" aus der Luft und von Rückständen bei der chemischen Schädlingsbekämpfung mit Mineralöl verunreinigt worden sein (Tagesspiegel 2008).

Verunreinigungen von Lebensmitteln bzw. deren Rohstoffen durch mineralische Kohlenwasserstoffe wie MOSH/MOAH können neben dem zuvor ausführlich beschriebenen Übergang (Migration) aus Rezyklatfasern nicht nur durch Begasung mit Abgasen von Verbrennungsmotoren (Diesel) und beim Transport durch Rohrfördersysteme mit ölhaltiger Druckluft erfolgen, sondern auch aus Rückständen bei der chemischen Schädlingsbekämpfung mit Mineralöl beim Anbau von Ölsamen (Beispiel: Sonnenblumenöl aus der Ukraine in den Jahren 2008–2014) auftreten (▶ Abschn. 6.3.8).

### 7.2.2 Diisopropylnaphthaline

**Diisopropylnaphthaline (DIPN)** werden häufig als Lösungsmittel für Farbstoffe in den Mikrokügelchen von Selbstdurchschreibepapieren eingesetzt. Sie stellen ein komplexes Isomerengemisch dar, in dem 2,6- und 2,7-Diisopropylnaphthalin als bevorzugte Isomere mit je etwa 40 % den Hauptteil ausmachen (❏ Abb. 7.17).

> **Selbstdurchschreibepapier**
>
> Es handelt sich um ein Papier, das mit einem Farbträger beschichtet ist und bei Druck darauf (Schreiben mit einem Stift) ein Farbmittel freigesetzt. Eine geeignete Beschichtungsform für den Farbträger ist die **Mikroverkapselung.** Die Mikrokapsel als Farbträger enthält ein Farbmittel, welches in einem Lösungsmittel gelöst ist. Als Lösungsmittel wird häufig **DIPN** (als Isomerengemisch) verwendet.

Da DIPN beim **Recyclingprozess** von Altpapier nicht vollständig entfernt wird, ist es in Rezyklatfaserpapieren wiederzufinden. DIPN kann – beim Fehlen einer Sperrschicht (Barriere) – über die Gasphase aus Recyclingpapier in darin

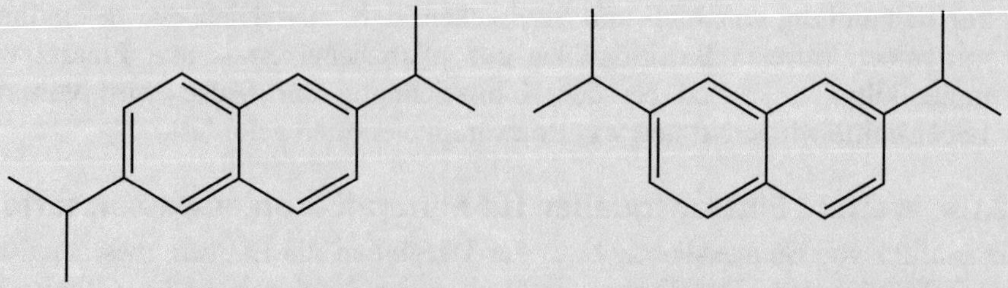

2,6-Diisopropylnaphthalin          2,7-Diisopropylnaphthalin

**□ Abb. 7.17** 2,6- und 2,7-Diisopropylnaphthalin

verpackte Lebensmittel übergehen und diese kontaminieren, selbst wenn kein direkter Kontakt zwischen Lebensmittel und Verpackung besteht. Es sind zwar keine konkreten gesundheitlichen Bedenken zu DIPN bekannt, jedoch wird im Sinne des allgemeinen Minimierungsgebotes gefordert, den Gehalt in Lebensmitteln so gering wie technisch möglich zu halten.

DIPN ist deswegen **toxikologisch unbedenklich,** weil die Alkylsubstitution des aromatischen Rings eine Ringoxidation und damit die Umwandlung zu toxischen Reaktionsprodukten verhindert. 2,6-DIPN ist strukturell identisch mit natürlich vorkommenden Pflanzenwachstumsregulatoren in Kartoffeln und wurde deswegen auch als Keimhemmungsmittel für Kartoffeln vorgeschlagen.

## 7.3 Kontaminanten aus Kunststoffmaterialien

### 7.3.1 Grundzüge

Kunststoffe (Polymere) spielen heute auch im Lebensmittelbereich eine große, nicht wegzudenkende Rolle. Häufig werden sie in Form von Verpackungsmaterialien und anderen Gegenständen im Kontakt mit Lebensmitteln eingesetzt. Es gibt eine Vielzahl von Kunststoffarten, die aber grundsätzlich immer aus dem spezifischen Polymer, aus sogenannten Additiven wie Stabilisatoren u. a. und eventuell notwendigen technischen Hilfsstoffen aufgebaut sind.

In Deutschland hat die Frage der gesundheitlichen Unbedenklichkeit von Kunststoffen im Kontakt mit Lebensmitteln eine lange Geschichte. Vom Bundesinstitut für Risikobewertung (BfR) bzw. dessen Vorläuferinstitutionen wurden seit 1958 **Empfehlungen zur gesundheitlichen Bewertung von Materialien für den Lebensmittelkontakt** herausgegeben. Die Empfehlungen sind weltweit einmalig, spiegeln sie doch mit ihren Positivlisten so etwas wie die gute Herstellerpraxis wider. Die Aufnahme neuer Substanzen und die Anpassung an die aktuellen Rechtsvorschriften machen regelmäßige Änderungen der Empfehlungen erforderlich, die im Bundesgesundheitsblatt – Gesundheitsforschung – Gesundheitsschutz in Form von Mitteilungen bekannt gegeben werden. Das BfR veröffentlicht die aktualisierten Empfehlungen auf seiner Website in der „Datenbank BfR-Empfehlungen zu Materialien für den Lebensmittelkontakt".

Bei Kunststoffmaterialien ist ganz besonders neben der **Globalmigration** insbesondere die **spezifische Migration** spezieller Stoffe **(Migranten)** zu beachten. Das Fachgebiet der Migrationsmessung und Modellierung ist sehr umfangreich und spezialisiert. Hierzu gibt es eine umfassende Fachliteratur, auf die an dieser Stelle verwiesen sei. Besonders relevant sind die Stoffgruppen Monomere, Abbauprodukte von Polymeren, Stabilisatoren, Weichmacher, Reaktionsbeschleuniger, Photoinitiatoren oder sonstige Hilfsstoffe und sog. NIAS.

In diesem Werk sollen nur ein paar ausgewählte Migrationskontaminanten bezüglich Kunststoffmaterialien behandelt werden, wie beispielsweise bei den Monomeren das Vinylchlorid (▶ Abschn. 7.3.2), bei den Abbauprodukte von Polyolefinen (Polyethylen, Polypropylen) die oligomeren POSH-Bestandteile (▶ Abschn. 7.3.3), die Stoffe Bisphenol A (▶ Abschn. 7.3.4), Acrylamid (▶ Abschn. 7.3.6), Melamin (▶ Abschn. 7.3.7), Formaldehyd (▶ Abschn. 7.3.8), Acetaldehyd (▶ Abschn. 7.3.9), Antimon (▶ Abschn. 7.3.10), Anthranilamid (▶ Abschn. 7.3.11), Styrol (▶ Abschn. 7.3.12) und PCB (▶ Abschn. 7.3.13), Weichmacher (▶ Abschn. 7.3.14) sowie die sog. NIAS (▶ Abschn. 7.3.5).

> **Migranten**
>
> **Migranten** (engl. Migrants) sind die Stoffe, die migrieren.

### 7.3.2 Vinylchlorid

**Vinylchlorid** (**VC**; Synonyme: Chlorethylen, Chlorethen, Vinylchlorid-Monomer – VCM) ist eine gasförmige Substanz, die zur Herstellung von Polyvinylchlorid (PVC) mittels sog. radikalischer Polymerisation verwendet wird (◘ Abb. 7.18). Es polymerisiert bei Einwirkung von Licht, Luft und Wärme. VC wird es als cancerogen eingestuft und kann beispielsweise Angiosarkome in der Leber verursachen. Aufgrund der erwiesenen Cancerogenität kann kein MAK-Grenzwert festgelegt werden.

VC kann in Materialien und Gegenständen, die dazu bestimmt sind, mit Lebensmitteln in Berührung zu kommen, in Resten vorhanden sein und möglicherweise migrieren. Bedarfsgegenstände aus Vinylchloridpolymerisaten dürfen Höchstgehalte an VC von höchstens 1 mg/kg Bedarfsgegenstand enthalten (Bedarfsgegenständeverordnung 2016). Der Trinkwasserrichtwert der WHO in Höhe von 5 µg/L wurde auf Basis der krebserzeugenden Wirkungen (lineare Extrapolation, Risikoniveau $10^{-5}$) abgeleitet (WHO 1996). Der festgelegte Grenzwert von 0,5 µg/L (Restmonomer-Konzentration im Wasser) in der Deutschen Trinkwasserverordnung wurde mit einer linearen Krebsrisikoabschätzung mit einem Risikoniveau von $10^{-6}$ erläutert (Schuhmacher-Wolz et al. 2005).

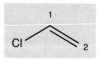

◘ **Abb. 7.18**   Vinylchlorid-Monomer

In PVC-Fertigprodukten beträgt der VC-Gehalt im Mittel <100 µg/kg. Er liegt somit weit unterhalb der von der Bedarfsgegenständeverordnung vorgeschriebenen Grenze von 1 mg/kg. Die Migration in Lebensmittel liegt unterhalb von 0,01 mg/kg. Bei den heutigen Restgehalten sind Krebsfälle nicht mehr beobachtet worden (Römpp 2019a).

### 7.3.3 Abbauprodukte von Polymeren

Kunststoffe auf Polyolefin-Basis wie z. B. LD-PE (engl. Akronym für: Low Density Polyethylene) können herstellungsbedingt verschiedene Oligomere enthalten (◘ Abb. 7.19). Diese Verbindungen werden als POH bezeichnet und können zu Interferenzen beim analytischen Nachweis von MOSH bzw. More führen (▶ Abschn. 7.2.1.6).

### 7.3.4 Bisphenole

Die **Bisphenole** stellen eine Gruppe von Verbindungen dar, die zwei Hydroxyphenyl-Gruppen im Molekül tragen. Der Begriff ist ein Trivialname und wird somit gebildet aus den beiden Wörtern *bis* (für zwei) und *Phenol* (für Hydroxyphenyl). Die angehängten Buchstaben haben üblicherweise Bezug zu den eingesetzten chemischen Vorstufen (Edukten). Es sind ca. 16 verschiedene Bisphenole beschrieben worden. Bisphenol „A" bedeutet z. B., dass dieser Stoff aus Phenol und *A*ceton synthetisiert wurde.

Besondere Relevanz hat in den letzten Jahren just dieses **Bisphenol A (BPA)** (◘ Abb. 7.20) erlangt. BPA wird zur Herstellung von Kunststoffen (wie Polycarbonat u. dgl.) und Epoxidharzen für die Beschichtung metallischer Behälter, aber auch als Antioxidans in Weichmachern verwendet. Es wird ferner in Thermopapier eingesetzt. In PET-Flaschen ist BPA nicht enthalten (▶ Abschn. 7.3.9). Studien zur gesundheitlichen Bewertung sind sehr widersprüchlich. Frankreich hat die Verwendung von BPA kürzlich verboten.

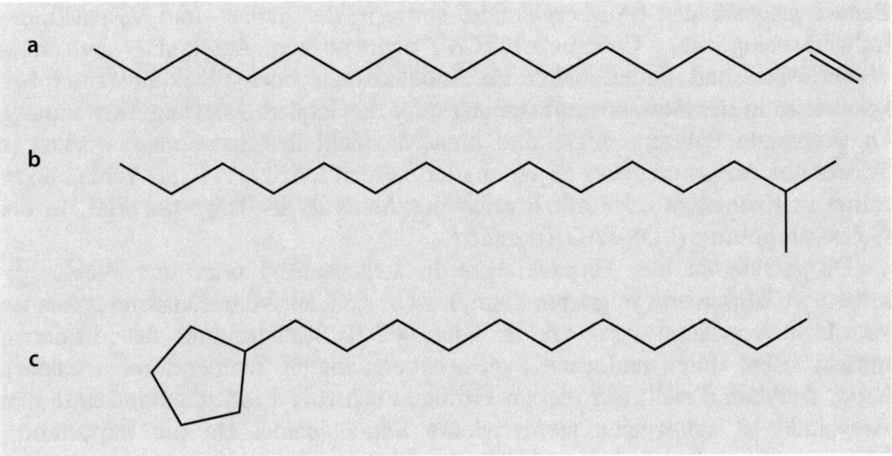

□ **Abb. 7.19** Polyolefinische oligomere Kohlenwasserstoffe (POH) in LD-PE: **a** >60 % verzweigte Kohlenwasserstoffe, <40 % Alkene wie α-Olefine (PAO); **b** Vinylidene; **c** alkylierte Cyclopentane

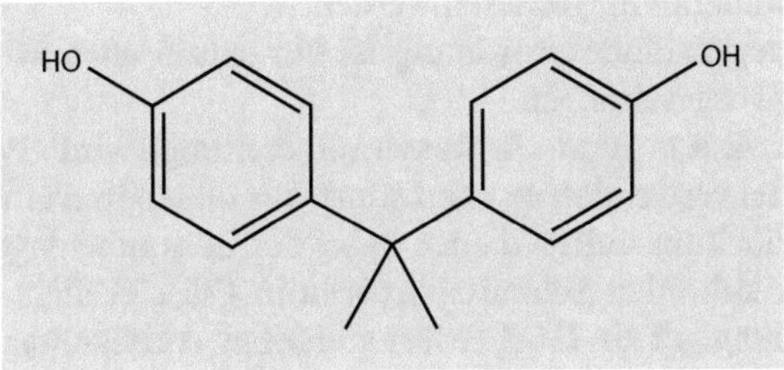

□ **Abb. 7.20** Bisphenol A (BPA)

## 7.3.5 Non-Intentionally Added Substances (NIAS)

Stoffe, die bei der Herstellung von Materialien und Gegenständen aus Kunststoffen verwendet werden, können Verunreinigungen oder Abbauprodukte enthalten. Diese gelangen bei der Herstellung von Lebensmittelbedarfsgegenständen (engl. Food Contact Materials – FCM) zusammen mit den Stoffen unbeabsichtigt in das Kunststoffmaterial. Es handelt sich also um unbeabsichtigt eingebrachte Substanzen (engl. **Non-Intentionally Added Substances – NIAS**). Viele dieser NIAS sind bislang nicht identifiziert; es wird aber geschätzt, dass dies einige Tausende sein könnten.

## 7.3.6 Acrylamid

**Acrylamid** kann als Migrationskontaminante in Erscheinung treten. Acrylamid ist ein Kunststoffmonomer und wird industriell zur Herstellung von polymeren

Bedarfsgegenständen (Polyacrylamide) sowie in der Papier- und Verpackungsindustrie eingesetzt. Unvernetzte (Co-)Polymere von Acrylamid sind meist wasserlöslich und finden daher als Stabilisatoren oder Flockungsmittel beispielsweise in der **Abwasseraufbereitung** oder der **Papierherstellung** Verwendung. Quervernetzte Polyacrylamide sind hingegen nicht löslich, sondern quellen in Wasser auf. Aufgrund dieser Eigenschaften werden Letztere z. B. als Verdickungsmittel in Kosmetika oder mit Bereich der Analytik als Trägermaterial bei der Gelelektrophorese (SDS-PAGE) genutzt.

Da Acrylamid aus Verpackungen in Lebensmittel oder aus Flockungsmitteln in Trinkwasser migrieren kann, lässt es sich den **Migrationskontaminanten** zuordnen. Acrylamid wurde erst im Jahr 2002 als Stoff bekannt, der in Lebensmitteln selbst durch endogene Synthese bei höheren Temperaturen entstehen kann. Acrylamid stellt aus diesem Grunde auch eine **Prozesskontaminante** dar. Acrylamid ist somit eine **multioriginäre Kontaminante.** Da die Expositionshöhe gegenüber dem in Lebensmitteln gebildetem Acrylamid deutlich relevanter ist, als die aus Migrationsquellen stammenden Anteile, wird Acrylamid im ▶ Abschn. 9.3 ausführlich behandelt.

An dieser Stelle soll auf die zusätzliche Bedeutung als Migrationskontaminante hingewiesen werden:
- Laut Bedarfsgegenständeverordnung ist ein spezifischer Migrationswert von unter 10 µg/kg vorgeschrieben.
- In der Trinkwasser- und Abwasseraufbereitung wird Polyacrylamid als Flockungsmittel verwendet; es kann somit aus diesen in das Wasser abgegeben werden. Die Flockungsmittel dienen dabei der Zusammenlagerung (Flockung) von kleinsten, kolloiden Schmutzpartikeln in Flüssigkeiten. Nach der Trinkwasserverordnung gilt ein Höchstwert von 0,1 µg Acrylamid/L.

### 7.3.7 Melamin

**Melamin** (Formel s. ❑ Abb. 8.1) dient zusammen mit **Formaldehyd** als monomerer Rohstoff zur Herstellung von Polymeren wie **Melamin-Formaldehyd-Kondensationsharz (MFH).** MHF zählt zu den Aminoplasten. Nach dem Durchhärten über eine Polykondensation bilden diese Harze duroplastische Kunststoffe, die nach ihrer Aushärtung durch Erwärmung oder andere Maßnahmen nicht mehr verformt werden können und eine hohe Bruchsicherheit aufweisen. Aus MFH werden Lebensmittebedarfsgegenstände gefertigt wie Gebrauchsgeschirr (Teller, Becher, Schüsseln) und Küchenutensilien (Kochlöffel, Pfannenwender). Damit das MFH die gewünschten Materialeigenschaften bekommt, muss diesem stets ein Füllstoff zugesetzt werden. Als alternative Füllstoffe werden in den letzten Jahren Materialien wie Holzspäne oder Reste aus der Verarbeitung von Reis, Kaffee oder Bambus **(Bambusfasern)** eingesetzt. Wird solche MFH-Ware – sog. **Bambusware** – für Gefäße wie Coffee-to-go-Becher eingesetzt, können diese nach Untersuchungen des BfR gesundheitlich bedenkliche Stoffe – wie Melamin (und Formaldehyd) – an heiße Lebensmittel abgeben (BfR 2019). Melamin kann also in solch einem Fall eine Migrationskontaminante darstellen.

Für Melamin hat die EFSA im Jahr 2010 einen **TDI-Wert** von 0,2 mg/kg Körpergewicht und Tag abgeleitet (EFSA 2010). Nach Angaben des BfR zeigte sich, dass Bambuswarengeschirr im Test eine mehr als doppelt so hohe Freisetzung aufwies, wie herkömmliches MHF-Geschirr. So wurde eine Freisetzung von Melamin aus füllbaren Gegenständen für den Lebensmittelkotakt aus „Bambusware" (N = 180) bis zu 20,7 mg/L Simulanz (3-%ige Essigsäure, 2 h bei 80 °C, 3. Migrat) gemessen. Für Erwachsene stellen die gemessenen Melaminmigrationen demnach kein Gesundheitsrisiko dar. Kleinkinder jedoch, die sehr häufig heiße Lebensmittel aus MFH-Geschirr und hier besonders „Bambusware" verzehren, können täglich bis zur dreifachen Menge des TDI aufnehmen. MFH-Geschirr sollte auf keinen Fall in der Mikrowelle erhitzt werden (BfR 2019).

Da Melamin aufgrund seines hohen Stickstoffanteils zur Streckung oder Verfälschung von proteinhaltigen Produkten eingesetzt worden ist, da es einen höheren analytisch ermittelten Proteingehalt vorzutäuschen vermag, kann es aufgrund des multioriginären Vorkommens in Lebensmitteln auch als **Manipulationskontaminanten** klassifiziert werden (▶ Abschn. 8.2).

### 7.3.8 Formaldehyd

**Formaldehyd** (engl. Formaldehyde, ◘ Abb. 7.21) dient zusammen mit**Melamin** (Formel s. ◘ Abb. 8.1) als monomerer Rohstoff zur Herstellung von Polymeren wie **Melamin-Formaldehyd-Kondensationsharz (MFH)**. Aus MFH werden Lebensmittelbedarfsgegenstände gefertigt wie Gebrauchsgeschirr (Teller, Becher, Schüsseln, Coffee-to-go-Becher) und Küchenutensilien (Kochlöffel, Pfannenwender) (vgl. ▶ Abschn. 7.3.7). Nach Untersuchungen des BfR kann gerade **Bambusware** neben Melamin auch Formaldehyd an heiße Lebensmittel abgeben (BfR 2019). Formaldehyd kann also in solch einem Fall ebenso eine Migrationskontaminante darstellen.

Für **Formaldehyd** hat das BfR in seiner aktuellen Stellungnahme auf der Grundlage der vorhandenen Studien einen **TDI** von 0,6 mg/kg Körpergewicht

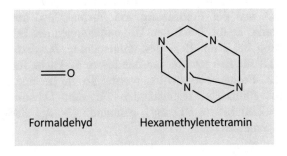

Formaldehyd        Hexamethylentetramin

◘ **Abb. 7.21**  Formaldehyd und Hexamethylentetramin

und Tag abgeleitet (BfR 2019). Allerdings sollte für Formaldehyd der Beitrag aus Lebensmittelkontaktmaterialien für Erwachsene lediglich 20 % von diesem Wert betragen, da Formaldehyd auch natürlicherweise in verschiedenen pflanzlichen und tierischen Lebensmitteln enthalten ist.

---

**Formaldehyd in Lebensmitteln**

- **Formaldehyd** wird aus gewebespezifischen Inhaltsstoffen freigesetzt, wie beispielsweise in bestimmten Fischarten aus **Trimethylaminoxid** (TMAO). Die Gehalte der einzelnen Lebensmittel schwanken stark. In Milch und Getränken wie Kaffee werden in der Regel geringe Mengen Formaldehyd gefunden. Obst- bzw. Gemüsesorten wie Bananen, Nektarinen, Äpfel bzw. Blumenkohl, Kartoffeln, Karotten weisen Formaldehyd-Mengen in einem Bereich von etwa 30 bis 60 mg/kg auf; ebenso wie Rind-, Geflügel- und Schaffleisch. Von Natur aus zeigen Shiitakepilze (50 bis 450 mg/kg) und Seewasserfische (200 bis 300 mg/kg) die höchsten Formaldehyd-Gehalte (LGL Bayern 2019).
- **Formaldehyd** selbst ist aufgrund seiner vielfältigen Reaktionen mit Eiweißen nicht mehr als Lebensmittelzusatzstoff zugelassen. Es wird jedoch in saurem Milieu aus **Hexamethylentetramin** (Urotropin, ◘ Abb. 7.21) freigesetzt, das als Lebensmittelzusatzstoff (E 239) gemäß Zusatzstoff-Zulassungsverordnung für Provolone-Käse in einer Höchstmenge von 25 mg/kg (berechnet als Formaldehyd 3000 mg/kg) zugelassen ist.
- Da Formaldehyd flüchtig ist ($Kp._{CHO} = -19\,°C$) und beim Erhitzen entweicht, enthalten gebrühte, gekochte oder gebackene Lebensmittel niedrigere Gehalte als das nicht erhitzte Produkte. Nach Angaben nehmen Verbraucher täglich eine im Vergleich zur körpereigenen Produktion geringe Menge über Lebensmittel auf. Die mittlere tägliche Aufnahmemenge mit der Nahrung wird auf 1,5 bis 14 mg/Tag geschätzt (BfR 2004a).

---

Da ein mögliches Gesundheitsrisiko bei der Aufnahme von Formaldehyd nicht nur von der täglichen Gesamtaufnahmemenge, sondern auch von der Formaldehyd-Konzentration im Lebensmittel abhängt, hat das BfR zusätzlich zum TDI eine maximal duldbare Formaldehyd-Konzentration eines Lebensmittels abgeleitet, die sich aus der Freisetzung von Formaldehyd aus einem Lebensmittelkontaktmaterial ergibt. Nach den Untersuchungen des BfR war die Formaldehyd-Freisetzung bei etwa 25 % des untersuchten *Bambuswarengeschirrs* so hoch, dass der TDI für Erwachsene um das bis zu 30-Fache für und für Kinder um das bis zu 120-Fache überschritten wurde. So wurde eine Freisetzung von Formaldehyd aus füllbaren Gegenständen für den Lebensmittelkotakt aus *Bambusware* (N = 228) bis zu 912 mg/L Simulanz (3-%ige Essigsäure, 2 h bei 80 °C, 3. Migrat) gemessen (BfR 2019).

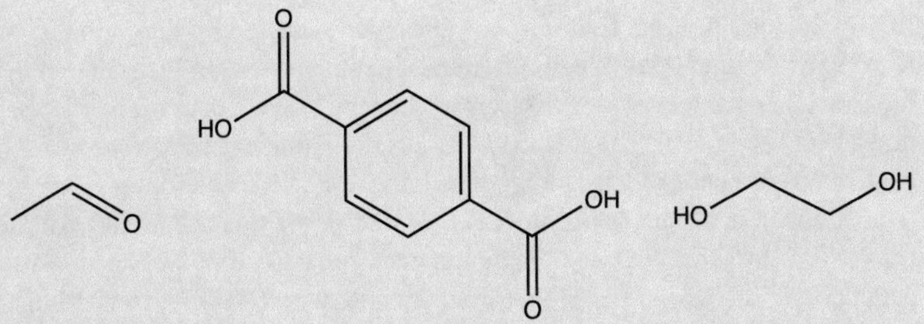

Terephthalsäure

Ethylenglycol

**Abb. 7.22**  Acetaldehyd, Terephthalsäure, Ethylenglycol

## 7.3.9  Acetaldehyd

**Acetaldehyd** (Ethanal, engl. Acetaldehyde, ◘ Abb. 7.22) ist ein Nebenprodukt bei der Herstellung des Kunststoffs **Polyethylenterephthalat – PET** (Kasten „Polyethylenterephthalat (PET) – Herstellung"). Acetaldehyd entsteht, wenn PET bei hohen Temperaturen (>260 °C) geschmolzen wird, beispielsweise bei der Herstellung der PET-Preforms (Kasten „Herstellung von PET-Flaschen"). Wie viel Acetaldehyd beim Erhitzen, d. h. bei der Verarbeitung des Materials freigesetzt wird, hängt auch von der Qualität des PET ab.

Acetaldehyd ruft in Mineralwasser ein süßliches **Fehlaroma** hervor. Ab einer Konzentration von etwa 0,02 mg Acetaldehyd/L kann der durchschnittliche Verbraucher es geschmacklich wahrnehmen. Dieses Fehlaroma in Mineralwasser ist unerwünscht. Acetaldehyd ist somit eine **Migrationskontaminante.** Die Hersteller von PET-Flaschen haben die Herstellungsverfahren optimiert und die Migration von Acetaldehyd minimiert. Typischerweise liegt die Konzentration von Acetaldehyd in der PET-Flaschenwand bei 1 bis 2 mg/kg, was eine Haltbarkeit von ca. 9 Monaten ermöglicht. Die Bildung des Aromastoffs Acetaldehyd ist kein gesundheitliches, sondern eher ein geschmackliches Problem durch die untypisch fruchtig-süße Geschmacksnote. Bei Süßgetränken, Säften und Bier spielt die geschmackliche Beeinträchtigung durch Acetaldehyd keine Rolle, weil die Konzentration im Getränk selbst bereits deutlich höher ist als die Migration aus der PET-Flasche (◘ Tab. 7.2) (Welle 2016).

---

**Herstellung von Polyethylenterephthalat (PET)**

— **Kunststoffflaschen** aus **PET** haben in den letzten Jahren einen sehr hohen Marktanteil bei der Abfüllung von Mineralwasser und verschiedenen anderen Getränken erlangt. Die gute Hitzebeständigkeit dieses Materials ermöglicht es, dass Lebensmittel auch direkt ihren PET-Verpackungen gekocht oder erwärmt werden können (vgl. hierzu auch ▶ Abschn. 7.3.10).

- PET wird aus **Terephthalsäure** (eine Dicarbonsäure, engl. Terephthalic Acid; ◘ Abb. 7.22) und **Ethylenglycol** (ein Dialkohol, engl. Ethylene Glycol; ◘ Abb. 7.22) mittels Polymerisationsreaktion (Polykondensation) hergestellt und ist ein thermoplastischer Kunststoff aus der Familie der Polyester.
- Die Reaktion benötigt wie die meisten Polymerisationsreaktionen einen Katalysator, in diesem Fall **Antimontrioxid** (◘ Tab. 7.3; s. auch Kasten „Antimontrioxid – Estrogene Wirkung?"). Es entsteht zunächst das PET-Granulat, aus dem dann anschließend der Hohlkörper gebildet wird (Kasten „Herstellung von PET-Flaschen").

**7**

### Herstellung von PET-Flaschen

**PET-Flaschen** werden in einem zweistufigen Prozess hergestellt. Zunächst wird das PET-Granulat bei etwa 280 °C geschmolzen und zum **Preform** verarbeitet. Diese Preform hat bereits das spätere Gewinde, ist jedoch klein und kann gut transportiert werden. Die Preform wird kurz vor dem Füllprozess auf etwa 120 °C erwärmt und in seine endgültige Flaschenform aufgeblasen (**Streckblasprozess**). PET ist im Gegensatz zu Glas nicht gasdicht.

◘ **Tab. 7.2**   Acetaldehyd-Gehalte in Lebensmitteln

| Lebensmittel | mg/L bzw. mg/kg |
|---|---|
| Mineralwasser in PET-Flaschen (höchster Gehalt) | 0,03–0,04 |
| Mineralwasser in PET-Flaschen (typischer Gehalt) | <0,01 |
| Apfelsaft | 0,2–11,8 |
| Bier | 0,6–63 |
| Brot | 4,9–10,0 |
| Essig | 20–1 060 |
| Joghurt | 0,7–76 |
| Orangensaft | 0,7–192 |
| Wein, Sekt | 2,5–493 |
| Zitrusfrüchte | 1,2–230 |
| EU-Grenzwert für die Migration von Acetaldehyd aus Verpackungen | 6 |
| Geschmacksschwellenwert von Acetaldehyd in Mineralwasser | ca. 0,02 |

Quelle: Nijssen et al. (2009)

◘ **Tab. 7.3**  Stoffe in PET und deren spezifische Migrationsgrenzwerte

| Stoff | Spezifischer Migrationsgrenzwert (mg/L) |
|---|---|
| Acetaldehyd | 6 |
| Ethylenglycol und Diethylenglycol | 30 |
| Terephthalsäure | 7,5 |
| Isophthalsäure | 5 |
| Antimontrioxid | 0,04 |
| Anthranilamid | 0,05 |

Quelle: Welle (2016)

### Acetaldehyd – Toxikologie

- **Acetaldehyd** wird in der Leber durch die Aldehyd-Dehydrogenase zu Essigsäure metabolisiert, welche nachfolgend über den Urin ausgeschieden werden kann. In Bakterienzellen verursacht Acetaldehyd Genmutationen, in Säugerzellen Genmutationen, Schwesterchromatidaustausch, DNA-Schäden, Mikronuclei und Aneuploidie. Inhalationsstudien am Tier zeigten ab Acetaldehyd-Konzentrationen von 750 mg/kg und höher, chronische Gewebeschäden und Tumoren des Atmungstraktes. Cancerogenität und Gewebeschäden treten vermutlich erst bei Konzentrationen auf, bei denen die Kapazität der Aldehyd-Dehydrogenase überschritten ist (Römpp 2019b).
- Das **IARC** bewertet die Evidenz für das Auftreten von Cancerogenität im Tierversuch als ausreichend; bzw. beim Menschen als inadäquat: mögliches Cancerogen für den Menschen – Gruppe 2B (IARC 1999).

Zwischen allen Verpackungen – so auch bei PET – und dem Lebensmittel treten bekannterweise Wechselwirkungen auf. Die eingesetzten Rohstoffe wie zum Beispiel die Monomere Ethylenglycol und Terephthalsäure oder der Katalysator Antimontrioxid sowie andere verwendete Substanzen sind mit Migrationsgrenzwerten belegt (◘ Tab. 7.3). Ebenfalls hat das als Additiv für PET-Flaschen zugelassene Anthranilamid einen **spezifischen Migrationsgrenzwert** (◘ Tab. 7.3). Zusätzlich zu diesen spezifischen Grenzwerten ist auch die Gesamtheit aller Substanzen beschränkt, welche in das Lebensmittel übergehen dürfen (Gesamtmigration: max. 10 mg/dm² Verpackungsfläche).

### Terephthalat ↔ Phthalate ↔ Weichmacher in PET?

**Phthalate** sind immer wieder in der öffentlichen Diskussion, unter anderem deshalb, weil einige hormonähnlich wirken können (estrogene Wirkung). Die Begrifflichkeit des Kunststoffs **Polyethylenterephthalat** kann bei Verbrauchern dazu führen, dass davon ausgegangen wird, dass die als **Weichmacher** für Kunststoffe bekannten „Phthalate" auch bei PET eingesetzt werden. Wie das BfR bestätigt, werden zur Herstellung von PET-Flaschen jedoch weder Phthalate noch andere Weichmacher eingesetzt. Sie wurden daher in den betreffenden Mineralwässern entweder gar nicht oder nur in so geringen Konzentrationen nachgewiesen, dass sie gemessene estrogene Aktivitäten nicht erklären (BfR 2015c).

### Antimontrioxid – Estrogene Wirkung?

Bei der Herstellung von PET können **Antimon-Verbindungen** wie Antimontrioxid (Antimon(III)-oxid, $Sb_2O_3$) als Katalysator verwendet werden. Diese können möglicherweise in das Füllgut migrieren. Gemäß Publikation des BfR aus dem Jahre 2015 hat **Antimon** eine sehr geringe estrogene Wirksamkeit.

In ▶ Abschn. 7.3.10 wird die Migration von Antimon aus Lebensmittelbedarfsgegenständen näher beschrieben.

### Bisphenol A in PET?

**Bisphenol A** – BPA (◖ Abb. 7.20) gehört zu einer Gruppe von Substanzen, die hormonähnlich wirken können (estrogene Wirkung). BPA kann in Gegenständen aus Kunststoffen enthalten sein, auch in solchen, die mit Lebensmitteln in Kontakt kommen (▶ Abschn. 7.3.4). Beispiele für solche Lebensmittelbedarfsgegenstände sind Trinkbecher, Plastikgeschirr oder auch die Innenbeschichtung von Konservendosen. In PET-Flaschen ist Bisphenol A jedoch **nicht enthalten** (BfR 2015c).

## 7.3.10  Antimon

Bei der Herstellung des Kunststoffs **Polyethylenterephthalat** (**PET**; ▶ Abschn. 7.3.9) können **Antimon-Verbindungen** wie Antimontrioxid (Antimon(III)-oxid, $Sb_2O_3$) als Katalysator verwendet werden. Diese können möglicherweise in das Füllgut migrieren (vgl. hierzu auch die Ausführungen über PET in ▶ Abschn. 7.3.9).

Gemäß Publikation des BfR aus dem Jahre 2015 hat **Antimon** eine sehr geringe estrogene Wirksamkeit. In Mineralwässern wurden Konzentrationen von bis zu 2 µg Sb/L nachgewiesen. Diese Werte unterschreiten den Grenzwert für den Übergang von Antimon aus Verpackungsmaterialien auf Lebensmittel deutlich. Der **Migrationsgrenzwert** wurde von der EU-Kommission festgelegt und liegt bei 40 µg Sb/kg Lebensmittel (BfR 2015c).

**Trinkwassergrenzwerte** für Antimon liegen deutlich niedriger als der Migrationsgrenzwert aus Verpackungen. So darf in der EU maximal 5 µg Sb/L Trinkwasser vorkommen. Der im Vergleich zu Verpackungen deutlich niedrigere

Trinkwassergrenzwert begründet sich darin, dass Trinkwasser zusätzlich auch zum Kochen u. dgl. verwendet wird.

Die gute **Hitzebeständigkeit** von PET ermöglicht es, dass darin verpackte Lebensmittel direkt in ihren Verpackungen gekocht oder erwärmt werden können. Die Fertiggerichte werden dazu noch tiefgekühlt in einen Mikrowellen- oder Backofen zum Erhitzen eingebracht. Gegenwärtig sind solche PET-Schalen verfügbar und sollen die bisher eingesetzten Aluminium- und Kartonmaterialien ersetzen (BAG 2007). Eine hohe Sb-Konzentration im PET (bis 300 mg Sb/ kg Kunststoff) führt bei erhöhter Temperatur zu vermehrter Migration dieses Elements in Lebensmittel. Um die Belastung der Konsumenten, die sich aus dem Gebrauch dieses Typs von PET Verpackung ergibt, zu beurteilen, hat das Schweizerische **Bundesamt für Gesundheit (BAG)** eine Studie (Haldimann et al. 2007) durchgeführt und kommt zu dem Schuss, dass die Sb-Konzentration mit erhöhter Kochtemperatur steigt und zu Gehalten im Lebensmittel von 20 bis 35 µg Sb/kg führen kann. Ausgerollter und auf einer PET-Platte gebackener Kuchenteig wies sogar eine Konzentration von über 200 µg Sb/kg auf. Brat- schläuche geben der Studie zufolge ebenfalls bedeutende Mengen Antimon (88 µg Sb/kg Lebensmittel) ab. In Bezug auf den TDI-Wert stuft das BAG diese Mengen jedoch als noch nicht kritisch ein, dennoch übersteigt die Sb-Zufuhr die übliche ernährungsbedingte Aufnahme (BAG 2007).

---

**Antimon – Steckbrief**

**Antimon** (Sb, lat. Stibium, engl. Antimony) ist ein Halbmetall mit der Ordnungs- zahl 51. Sb ist kein essenzielles Element für den Menschen. Es steht im Perioden- system der Elemente in der fünften Periode und in der fünften Hauptgruppe. In der Erdkruste kommt es mit einer Häufigkeit von etwa 0,2 ppm vor. In Ozeanbasalten schwankt die Häufigkeit von 0,02 bis 0,8 ppm. Seewasser enthält etwa 0,15 ppb Sb. Seine toxischen Wirkungen sind bei beruflich exponierten Personen bekannt (BAG 2007).

---

**Antimon – Toxikologie**

- Die **IARC** hat Antimontrioxid als eine möglicherweise krebserzeugende Substanz für den Menschen eingestuft (IARC 1989).
- Die **WHO** hat einen **TDI-Wert** von 6 µg/Kg Körpergewicht festgelegt (WHO 2003).
- Die **EFSA** hat unter Berücksichtigung der verschiedenen Expositionsquellen 10 % des TDI-Wertes den Lebensmittelkontaktmaterialien zugeordnet, um einen **spezifischen Migrationsgrenzwert** von 40 µg Sb/kg Lebensmittel abzuleiten (EFSA 2004).
- Die **Verordnung** (EU) Nr. 10/2011 über Gegenstände aus Kunststoff mit Lebens- mittelkontakt legt für den Übergang von Antimon in Lebensmittel einen **spezi- fischen Migrationswert** von 40 µg Sb/kg Lebensmittel fest.

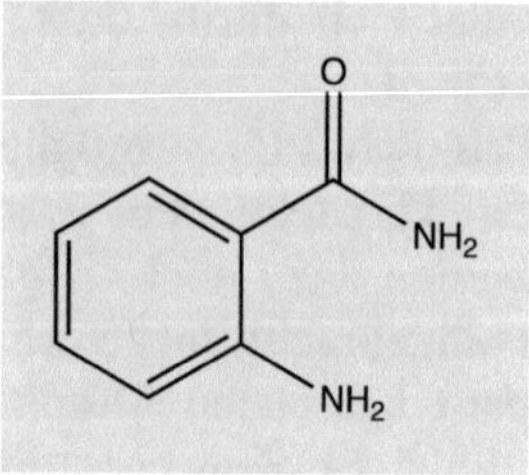

■ **Abb. 7.23**   Acetaldehyd-Fänger: Anthranilamid

### 7.3.11 **Anthranilamid**

Wie in ▸ Abschn. 7.3.9 dargelegt, können bei in PET-Flachen abgefülltem Mineralwasser geringe Mengen an **Acetaldehyd** in dieses migrieren und dort ein süßliches Fehlaroma auslösen. Um dies zu verhindern, wird bei der Herstellung der PET-Flaschen das Additiv **Anthranilamid** (■ Abb. 7.23) als **Acetaldehyd-Fänger** (engl. Scavanger) verwendet. Anthranilamid ist eine Verbindung aus der Gruppe der Carbonsäureamide, bindet Acetaldehyd chemisch und verringert folglich die Konzentration in der PET-Flaschenwand, was zu einer geringeren Migration von Acetaldehyd in das Mineralwasser führt. Folglich wird der Geschmacksschwellenwert von Acetaldehyd in Mineralwasser innerhalb des Haltbarkeitszeitraums nicht mehr überschritten.

Anthranilamid selbst kann jedoch auch in das Mineralwasser migrieren und ist deshalb ebenso eine Migrationskontaminante. Die Konzentrationen an Anthranilamid in Mineralwasser bleiben jedoch unterhalb des gesetzlich erlaubten **Migrationsgrenzwertes** (■ Tab. 7.3). Bei PET-Flaschen für Süßgetränke, Saft und Bier wird kein Anthranilamid eingesetzt (Welle 2016).

### 7.3.12 **Styrol**

**Styrol** (Vinylbenzol, Phenylethen, engl. Styrene, ■ Abb. 9.43) ist ein ungesättigter, aromatischer Kohlenwasserstoff, der leicht polymerisierbar ist. Styrol dient als wichtiges Monomer zur Herstellung von Kunststoffen wie Polystyrol, Styrol-Acrylnitril und Acrylnitril-Butadien-Styrol und kann daher als **Migrationskontaminante** in Lebensmitteln auftreten. Beschrieben wurde beispielsweise eine Kontamination von Wein durch die Verwendung von unsachgemäß verarbeiteten glasfaserverstärkten Kunststofftanks.

Styrol kommt aber auch eine gewisse Bedeutung als Prozesskontaminante in Lebensmitteln zu. So stört es bei der **Weizenbierherstellung**, da es dort unerwünschterweise auftritt. In ▸ Abschn. 9.14 wird Styrol ausführlich behandelt.

## 7.3.13 Polychlorierte Biphenyle

**Polychlorierte Biphenyle (PCB)** (Formel ◨ Abb. 6.5) sind thermisch überaus stabil. 1929 erstmals hergestellt, wurden sie als Kälte- und Wärmeübertragungsöle, Hydraulikflüssigkeiten in der Maschinenindustrie, Transformatorenöle aber auch als Weichmacher und Brandverzögerer in Lacken, Farben, Beschichtungen eingesetzt. PCB-haltige Anstriche in älteren Futtersilos führten seinerzeit zu einer starken PCB-Belastung der Futtermittel und infolge dessen zu Höchstmengenüberschreitungen bei fettreichen Milchprodukten. Derartige Altlasten konnten in der Vergangenheit aber durch umfangreiche Untersuchungen weitestgehend erkannt und als Kontaminationsquellen beseitigt werden (Bayrisches Staatsministerium für Umwelt und Verbraucherschutz 2019). Ausführlich werden die PCB in ▶ Abschn. 6.3.2 beschrieben.

## 7.3.14 Weichmacher

**Weichmacher** (engl. Plasticizers) sind sog. Weichmachungsmittel, die spröden Kunststoffen (Thermoplasten, Duroplasten) zugesetzt werden, um diese geschmeidiger und elastischer im Gebrauch oder der weiteren Verarbeitung zu machen. Sie sind in großen Mengen in Kunststoffen, Lacken, Anstrich- und Beschichtungsmitteln, Dichtungsmassen, Kautschuk- und Gummiartikeln sowie in Klebstoffen enthalten.

Weichmacher können aus dem Material austreten (migrieren): Sie gelangen dabei in die Umwelt und aus verschiedenen Produkten auch in Lebensmittel und können auf diese Weise in nennenswertem Umfang mit der Nahrung aufgenommen werden. Die direkte Aufnahme über die Haut ist nur bei den kurzkettigen Phthalat-Estern ausgeprägt. Als Weichmacher setzt die Industrie sehr unterschiedliche Stoffe ein, mengenmäßig überwiegen gegenwärtig schwerflüchtige Phthalsäure-Ester (UBA 2019).

Die fünf am häufigsten bei Kunststoffen eingesetzten Phthalate (Formeln ◨ Abb. 7.24) sind:

- **DIDP** (Diisodecylphthalat)
- **DINP** (Diisononylphthalat)
- **DEHP** (Diethylhexylphthalat)
- **DBP** (Dibutylphthalat)
- **BBP** (Benzylbutylphthalat).

Es gibt verschiedene **Phthalate** mit unterschiedlichen gesundheitsschädlichen Wirkungen – einige wirken beispielsweise auf das Hormonsystem (estrogene Wirkung), andere auf die Leber. Für die fünf häufigst verwendeten Weichmacher hat die EFSA im Jahr 2019 einen Gruppen-TDI-Wert bzw. einen Solo-TDI-Wert erarbeitet (◨ Tab. 7.4). Bisher gibt es für Weichmacher keine Höchstgehalte in Lebensmitteln. Zur Beurteilung können aber die TDI herangezogen werden. In manchen Produkten wie in Spielzeug, Babyartikeln, Kosmetika oder Lebensmittelverpackungen ist der Einsatz einiger Phthalate verboten (BfR 2013).

7

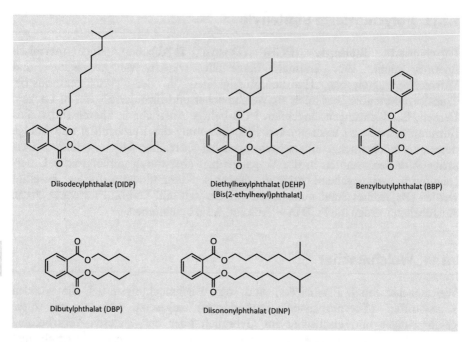

Diisodecylphthalat (DIDP)

Diethylhexylphthalat (DEHP)
[Bis(2-ethylhexyl)phthalat]

Benzylbutylphthalat (BBP)

Dibutylphthalat (DBP)

Diisononylphthalat (DINP)

☐ **Abb. 7.24**  Wichtige Phthalate

☐ **Tab. 7.4**    Tolerierbare tägliche Aufnahmemenge (TDI) für die fünf wichtigsten Phthalat-Weichmacher

| Phthalat | TDI (µg/kg KG · d) |
|---|---|
| DINP + DEHP + DBP + DEHP | 50* |
| DIDP | 150** |

Quelle: Nach EFSA 2019
*Gruppen-TDI
**Solo-TDI für DIDP, weil es sich nicht auf die Testosteron-Spiegel in Föten auswirkt

## 7.4  **Kontaminanten aus Keramikgeschirr**

Farbige **Glasuren** von **Keramikgeschirr** können Schwermetalle wie **Blei** und **Cadmium** enthalten. Dies gilt grundsätzlich auch für die farblosen, weißen Gegenstände aus Steingut und Porzellan, abhängig von dem Blei-Gehalt ihrer Glasuren.

Die Schwermetalle können aus den Glasuren herausgelöst werden, abhängig davon:

━ ob die Keramik bei hohen oder niedrigen Temperaturen gebrannt wurde
━ ob es sich um Ober- oder Unterglasdekore handelt

— welche Art von Lebensmitteln (pH-Wert) mit den Keramikgefäßen bzw. -gegenständen in Kontakt kam
— über welchen Zeitraum die Lebensmittel in den Gefäßen bzw. Gegenständen aufbewahrt wurden.

Gefäße (Schalen, Kannen, Terrinen etc.) bzw. Gegenstände (Teller, Tassen, Becher etc.), aus denen Blei und Cadmium austreten können, werden blei- bzw. cadmiumlässig genannt; das Phänomen selbst als „**X-Lässigkeit**", wobei X den zu betrachtenden Stoff darstellt (z. B. Pb, Cd).

Im menschlichen Körper können Blei und Cadmium gesundheitliche Beeinträchtigungen verursachen, wobei Kinder besonders gefährdet sind (BfR 2004). Um zu verhindern, dass Verbraucher durch blei- oder cadmiumlässige Keramikgefäße Schaden nehmen, wurden 1984 auf EU-Ebene Höchstmengen für die Abgabe von Blei und Cadmium festgelegt. Auf nationaler Ebene gelten die Vorschriften der Bedarfsgegenständeverordnung.

### 7.4.1 Blei-Lässigkeit

Als **Blei-Lässigkeit** (engl. Lead Solubility) wird das Phänomen des Herauslösens des Schwermetalls Blei aus den (farbgebenden) Glasuren von Lebensmittelbedarfsgegenständen aus Keramik durch saure Lebensmittel bezeichnet (nach Römpp 2020a).

Zur Bestimmung der Blei-Lässigkeit wird die Extraktion mit einem Lebensmittelsimulanz, welches einem pH-Wert < 2 entspricht (4-%ige Essigsäure, 24 h) durchgeführt (DIN 51031). Anschließend wird der Blei-Gehalt mittels eines geeigneten instrumentellen Analysenverfahrens (AAS oder ICP-MS) ermittelt. Gemäß Bedarfsgegenständeverordnung gilt für derartige, *befüllbare Gegenstände mit einer Fülltiefe von mehr als 25 mm* eine Höchstmenge von 4,0 mg Pb/L (Römpp 2020b).

Blei kommt überwiegend als **Umweltkontaminante** vor, weswegen es ebenda ausführlich behandelt wird (▶ Abschn. 6.2.1).

### 7.4.2 Cadmium-Lässigkeit

Als **Cadmium-Lässigkeit** (engl. Cadmium Solubility) wird das Phänomen des Herauslösens des Schwermetalls Blei aus den (farbgebenden) Glasuren von Lebensmittelbedarfsgegenständen aus Keramik durch saure Lebensmittel bezeichnet (nach Römpp 2020a).

Zur Ermittlung der Cadmium-Lässigkeit wird zunächst eine Extraktion mit einem Lebensmittelsimulanz (24 h mit 4-%iger Essigsäure, entsprechend einem pH-Wert <2) durchgeführt (DIN 51031), anschließend wird der Cadmium-Gehalt mit Hilfe eines geeigneten instrumentellen Analysenverfahrens (AAS oder ICP-MS) bestimmt. Gemäß Bedarfsgegenständeverordnung gilt für derartige, *befüllbare Gegenstände mit einer Fülltiefe von mehr als 25 mm* eine Höchstmenge von 0,3 mg Cd/L (Römpp 2020b).

Cadmium kommt überwiegend als **Umweltkontaminante** vor. Es wird deswegen in ▶ Abschn. 6.2.1 ausführlich behandelt.

### 7.4.3 Antimon-Lässigkeit

Als **Antimon-Lässigkeit** (engl. Antimony Solubility) wird das Phänomen des Herauslösens des Halbmetalls Antimon aus den Glasuren von Lebensmittelbedarfsgegenständen aus Keramik bzw. Emaille durch saure Lebensmittel bezeichnet.

Antimon (Sb) wurde bereits in ▶ Abschn. 7.3.10 als Migrationskontaminante aus Kunststoffmaterialien beschrieben. Auch **Haushaltskeramik** (bzw. Emaille) kann mit einer antimonhaltigen Glasur versehen sein. Die Deckkraft von Glasuren kann durch Natriumantimonat sowie Antimontrioxid verbessert werden. Der wichtigste Anwendungszweig sind hierbei bleifreie Glasuren (DERA 2013). Unter bestimmten Bedingungen (niedriger pH-Wert) können sich aus der Keramikglasur geringe Mengen Antimon lösen und ins Lebensmittel übergehen (LGL Bayern 2020). Durch die Aufnahme von Lebensmitteln, die sich in dem glasierten Geschirr befinden, kann Antimon in den Körper gelangen.

Zur **Toxikologie** von Antimon s. Kasten „Antimon – Toxikologie" in ▶ Abschn. 7.3.10.

Für Gegenstände aus Kunststoff mit Lebensmittelkontakt wurde für den Übergang von Antimon in Lebensmittel ein **spezifischer Migrationswert** von 40 µg Sb/kg Lebensmittel festgelegt (Verordnung (EU) Nr.10/2011).

## Literatur

Bayrisches Staatsministerium für Umwelt und Verbraucherschutz (2019) ▶ https://www.vis.bayern.de/ernaehrung/lebensmittelsicherheit/unerwuenschte_stoffe/pcb.htm. (Prüfdatum: 26.12.2019)

Beens J, Brinkman UAT (2000) The role of gas chromatography in compositional analyses in the petroleum industry. Trends Anal Chem 19(4):260–327

Bundesamt für Gesundheit, Schweiz (BAG) (Hrsg) (2007) Risikoanalyse: Antimon in Lebensmitteln und Fertiggerichten, die direkt in PET-Schalen zubereitet werden.23. August 2007. ▶ https://www.blv.admin.ch. Zugegriffen: 13. Jan. 2020

Barp L, Kornauth C, Wuerger T, Rudas M, Biedermann M, Reiner A, Concin N, Grob K (2014) Mineral oil in human tissues, Part I: concentrations and molecular mass distributions. Food Chem Toxicol 72:312–321

Bayrisches Landesamt für Gesundheit und Lebensmittelsicherheit (LGL Bayern) (Hrsg) (2019) Formaldehyd in Lebensmitteln. ▶ https://www.lgl.bayern.de/lebensmittel/chemie/toxische_reaktionsprodukte/formaldehyd/index.htm. Zugegriffen: 9. Dez. 2019

Bayrisches Landesamt für Gesundheit und Lebensmittelsicherheit (LGL Bayern) (Hrsg) (2020) Antimon. ▶ https://www.lgl.bayern.de/lebensmittel/chemie/schwermetalle/antimon/index.htm. Zugegriffen: 15. Jan. 2020

Bundesverband der Deutschen Süßwaren Industrie (BDSI) (Hrsg) (2015) Toolbox zur Minimierung von MOSH/MOAH in Lebensmitteln. Veröffentlicht nur im Mitgliederkreis des BDSI. Mai 2015

Bedarfsgegenständeverordnung (2016) Anlage 5. Ausfertigungsdatum: 10.04.1992; zuletzt geändert durch Art. 2 Abs. 1 G v. 15.2.2016 I 198

BfR (2004a) Formaldehyd – Gefährlicher als bisher angenommen? Stellungnahme des BfR vom 29. November 2004

BfR (2004b) Blei und Cadmium aus Keramik. Aktualisierte Stellungnahme Nr. 023/2005 des BfR vom 26. März 2004

BfR (2010) Stellungnahme Nr. 008/2010 des BfR vom 9. Dezember 2009. (► https://www.bfr.bund. de/cm/343/uebergaenge_von_mineraloel_aus_verpackungsmaterialien_auf_lebensmittel.pdf. Zugegriffen 22. Juni. 2019

BfR (2013) Fragen und Antworten zu Phthalat-Weichmachern. FAQ des BfR und de UBA vom 7.Mai 2013. ► https://www.bfr.bund.de/cm/343/fragen-und-antworten-zu-phthalat-weichmachern.pdf. Zugegriffen: 27. Dez. 2019

BfR (2015a) XXXVI. Papiere, Kartons und Pappen für den Lebensmittelkontakt. ► https://bfr.ble.de/ kse/faces/resources/pdf/360.pdf;jsessionid=f316D84321C5909 fA0891666f1DD326C. Zugegriffen: 4. Jan. 2016

BfR (2015b) Fragen und Antworten zu Mineralölbestandteilen in Schokolade aus Adventskalendern und anderen Lebensmitteln – Aktualisierte FAQ des BfR vom 26. November 2015. ► https:// www.bfr.bund.de/cm/343/fragen-und-antworten-zu- mineraloelbestandteilen-in-schokolade-aus-adventskalendern-und-anderen-lebensmitteln.pdf. Zugegriffen: 3. Mai. 2016

BfR (2015c) Ausgewählte Fragen und Antworten zu PET-Flaschen. Aktualisierte FAQ des BfR vom 10. Februar 2015. ► https://www.bfr.bund.de/cm/343/ausgewaehlte-fragen-und-antworten-zu-pet-flaschen.pdf. Zugegriffen: 27. Dez. 2019

BfR (2019) Gefäße aus Melamin-Formaldehyd-Harz wie „Coffee to go" Becher aus „Bambusware" können gesundheitliche bedenkliche Stoffe in heiße Lebensmittel abgeben. Stellungnahme Nr. 046/2019 vom 25.11.2019

Bund für Lebensmittelrecht und Lebensmittelkunde (BLL) (Hrsg) (2017) Toolbox zur Vermeidung von Einträgen unerwünschter Mineralölkohlenwasserstoffe in Lebensmittel. ► https://www.bll.de/ de/infomaterial/toolboxen/pb-toolbox-mosh-moah. Zugegriffen: 7. Jan. 2020

Bund für Lebensmittelrecht und Lebensmittelkunde (BLL) (Hrsg) (2019a) Leitlinien zur Abschätzung der MOSH/MOAH-Migration aus Verpackungen in Lebensmittel mit dem Ziel der Minimierung. ► https://www.lebensmittelverband.de/de/lebensmittel/verpackung/mineraloeluebergaenge/ leitlinien-minimierung-mosh-moah. Tabelle A11 und Tabelle A12. Zugegriffen: 8. Jan. 2020

Bund für Lebensmittelrecht und Lebensmittelkunde (BLL) (Hrsg) (2019b) Leitlinien zur Abschätzung der MOSH/MOAH-Migration aus Verpackungen in Lebensmittel mit dem Ziel der Minimierung. ► https://www.lebensmittelverband.de/de/lebensmittel/verpackung/mineraloeluebergaenge/ leitlinie-minimierung-mosh-moah. Zugegriffen: 8. Jan. 2020

Bundesministerium für Ernährung und Landwirtschaft (BMEL) (Hrsg) (2012) Entscheidungs-hilfeprojekt Nr. 2809HS012: Ausmaß der Migration unerwünschter Stoffe aus Verpackungs-materialien aus Altpapier in Lebensmittel. Chemisches und Veterinäruntersuchungsamt Stuttgart, Landesuntersuchungsanstalt für das Gesundheitswesen Sachsen, Technische Universität Dresden, Kantonales Labor Zürich

Carrillo JC (2011a) ► https://www.arbeidshygiene.nl/-uploads/files/insite/2011-03-10-juan-carlos-carlillo.pdf. Zugegriffen: 9. Febr. 2019

Carrillo JC (2011b) ► https://mobil.bfr.bund.de/cm/343/the-toxicology-of-mineral-oil-at-dermal-exposure.pdf. Zugegriffen: 9. Febr. 2019

CVUA-MEL (2015) Chemisches und Veterinäruntersuchungsamt Münsterland-Emscher-Lippe (AöR) Jahresbericht: 36–37

DERA (2013) Deutsche Rohstoffagentur (Hrsg) Rohstoffrisikobewertung – Antimon. Label D Druck + Medien GmbH, Berlin. ISSN 2193-5319. ISBN 978-3-943566-09-3. S. 11. ► www.bgr.bund.de/ DERA_Rohstoffinformationen. Zugegriffen: 14. Jan. 2020

DIN (2008) Chemische Analytik – Nachweis-, Erfassungs- und Bestimmungsgrenze unter Wiederhol-bedingungen – Begriffe, Verfahren, Auswertung. DIN 32645. Stand November 2008

DIN (2017) Lebensmittel – Pflanzliche Öle und Lebensmittel auf Basis pflanzlicher Öle – Bestimmung von gesättigten Mineralöl-Kohlenwasserstoffen (MOSH) und aromatischen Mineralöl-Kohlen-wasserstoffen (MOAH) mit on-line HPLC-GC-FID; Deutsche Fassung DIN EN 16995:2017-08

Dingel A, Matissek R (2016) Kein MOSH/MOAH in frischen Kakaofrüchten. Lebensmittelchemie 70:5–6

Dingel A (2017) Mineralische Kohlenwasserstoffe in Kakao und Schokolade und Konzepte zur Minimierung. Dissertation TU Berlin

Droz C, Grob K (1997) Determination of food contamination by mineral oil material from printed cardboard using on-line coupled LC-GC-FID. Z Lebensm Unters Forsch A. 205(3):239–241

EFSA (2004) Opinion of the scientific panel on food additives, flavourings, processing aids and materials in contact with food (AFC) on a request from the commission related to a 2nd list of substances for food contact materials. EFSA Journal 24:1–13

European Food Safety Authority (EFSA) (2010) (Hrsg) Scientific Opinion on melamine in food and feed. EFSA Journal 8(4): 1573

EFSA (2012) Panel on Contaminants in the food Chain (Contam): Scientific opinion on Mineral Oil Hydrocarbons in food. EFSA Journal 10:2704

EFSA (2019) FAQ: Phthalate in Lebensmittelkontaktmaterialien aus Kunststoff. Vom 10. Dezember 2019.► https://www.efsa.europa.eu/de/news/faq-phthalates-plastic-food-contact-materials. Zugegriffen: 27. Dez. 2019

Empfehlung (EU) 2017/84 der Kommission vom 16. Januar 2017 über die Überwachung von Mineral-ölkohlenwasserstoffen in Lebensmitteln und Materialien und Gegenständen, die dazu bestimmt sind, mit Lebensmitteln in Berührung zu kommen. ABl. EU. L12: 95–96, 17.01.2017

FoodDrinkEurope (FDE) (Hrsg) (2018) Toolbox for preventing the transfer of undesired mineral oil hydrocarbons into food. ► https://www.fooddrinkeurope.eu/publication/preventing-transfer-of-undesired-mineral-oil-hydrocarbons-into-food/. Zugegriffen: 7. Jan. 2020

Flasbarth J (2013) Mineralöl in Lebensmitteln – ein wunder Punkt der Kreislaufwirtschaft. J Verbr Lebensm 8:1–3

Fleming KA, Zimmermann HJ, Shubik P (1998) Granulomas in the livers of humans and fischer rats associated with the ingestion of mineral hydrocarbons: a comparison. Regul Toxicol Pharmacol 27:75–81

FoodDrinkEurope (FDE) (2018) Preventing transfer of undesired Mineral Oil Hydrocarbons into food. ► https://www.fooddrinkeurope.eu/publication/preventing-transer-of-undesired-mineral-oil-hydrocarbons-into-food

Hohmann B, Gassner G (2007) Mikroskopische Untersuchung pflanzlicher Lebensmittel und Futter-mittel. Der Gassner, 6. Aufl. Behr's Verlag, Hamburg, S 386

Grob K (2018) Mineral oil hydrocarbons in food: a review. Food Additives & Contaminants: Part A 35:1845–1860. ► https://doi.org/10.1080/19440049.2018.1488185

Haldimann M, Blanc A, Dudler V (2007) Exposure to antimony from polyethylene terephthalate (PET) trays used in ready-to-eat meals. Food Addit Contam 24(8):860–868. ► https://doi.org/10.1080/02652030701297511

Helling R, Stähle S (2019) Orientierungswerte für Mineralölkohlenwasserstoffe (MOH) in Lebens-mitteln. Erste Lebensmittelkategorien. ► https://www.lebensmittelverband.de/de/presse/pressemit-teilungen/pm-20190614-moh-orientierungswerte-veroeffentlicht. Zugegriffen: 29. Apr. 2019

IARC (1989) Monographs Volume 47, antimony trioxide and antimony trisulfide. ► https://monographs.iarc.fr. Zugegriffen: 13. Jan. 2020

IARC (2012) Monographs Volume 100 F-19/2012, Mineral Oils, S 179–196

IARC (1999) Monographs Volume 71, Re-evaluation of some organic chemicals, hydrazine and hydrogen peroxide, S 319–335. Zugegriffen: 26. Dez. 2019

International Energy Agency (IEA) (2016) Oil market report: world oil demand, ► https://www.iea.org/oilmarketreport/omrpublic/. Zugegriffen: 22. Juni. 2016

International Jute Study Group (IJSG) (2005) IJO Standard 98/01-Revised 2005. ► https://www.jute.org/IJO%20Standard%2098-01%20%20(revised%202005)%20final%20version.pdf   Zugegriffen: 22. Juni. 2016

JRC (2019) Guidance on sampling, analysis and data resorption for the monitoring of mineral oil hydrocarbons in food and food contact materials. In: Bratinova S, Hopkstra E (Hrsg) JRC technical reports, EU, JRC 115694, EUR29666EN

Lütjohann J (2011) MOSH/MOAH: Aktueller Stand der Analytik und Bewertung von Mineralöl-kohlenwasserstoffen in Lebensmitteln und papierbasierten Verpackungen. Dt Lebensm-Rundsch 107:566–573

7

LAV und Lebensmittelverband Deutschland (2020) Länderarbeitsgemeinschaft Verbraucherschutz (LAV) Arbeitsgruppe Lebensmittel- und Bedarfsgegenstände, Wein und Kosmetika (ALB) und Lebensmittelverband Deutschland e.v. : Orientierungswerte für Mineralölkohlenwasserstoffe (MOH) in Lebensmitteln, Stand Juni 2020, ID:35217

Matissek R (2014) Mineral oil transfer to food. eFood Lab International Electronic Magazine 1:16–22

Matissek R, Raters M, Dingel A, Schnapka J (2014) Focus on mineral oil residues-MOSH/MOAH food contamination. Labor and More International Edition 3:12

Matissek R, Dingel A, Schnapka J (2016) Minimierung von Mineralölbestandteilen in Lebensmitteln. Wissenschaftlicher Pressedienst Moderne Ernährung Heute 4:73–81

Matissek R (2016) „Humps" – Challenges in chromatographic separation. Sweet Vision 5

Matissek R (2017) MOSH/MOAH Minimisation in Foods – 3 Years Research. Präsentation anlässlich der International Fresenius Conference „Residues of Mineral Oil and Synthetic Hydrocarbons in Food", Düsseldorf/Germany, 28.-29.3.2017

Matissek R, Stauff A, Schnapka J (2018a) MOSH, MOAH & MORE – Mineralische Kohlenwasserstoffe in Lebensmitteln. Ergebnisse und Erkenntnisse eines Forschungsprojektes zur Identifizierung von Eintragswegen. In: Behr's (Hrsg) Festschrift für Dr. Axel Preuß, Behr's Verlag, Hamburg, S. 187–203. ISBN 978-3-95468-568-4

Matissek R, Fischer M, Steiner G (2018b) Lebensmittelanalytik, 6. Aufl. Springer Spektrum, Berlin, S. 633 ff. ▶ https://doi.org/10.1007/978-3-662-55722-8

Matissek R (2019) Lebensmittelchemie, 9., vollständig überarbeitete Aufl. Springer, Heidelberg (Siehe Kap. 12.9.2. Im Druck)

Mühlhauser M (2011) Aktivitäten zur Reduzierung der Migration von Mineralöl aus recyceltem Fasermaterial. Präsentation anlässlich der BfR-Tagung „Mineralöle in Lebensmittelverpackungen – Entwicklungen und Lösungsansätze", Berlin/Germany

Nijssen LM, van Ingen-Visscher, Donders JH (2009) VCF database, TNO, Zeist, The Netherlands. ▶ https://www.wcf-online.nl

Rexroth A (2017) Rückstände in Pflanzenölen. Ernährung im Fokus 03/04: 78–83

Römpp (2019a) Vinylchlorid. ▶ https://roempp.thieme.de/roempp4.0/do/data/RD-22-00805. Zugegriffen: 21. Nov. 2019

Römpp (2019b) Acetaldehyd. ▶ https://roempp.thieme.de/roempp4.0/do/data/RD-01-00418. Zugegriffen: 26. Dez. 2019

Römpp (2020a) Bleilässigkeit. ▶ https://roempp.thieme.de/roempp4.0/do/data/RD-02-04028. Zugegriffen: 2. Jan. 2020

Römpp (2020b) Keramik. ▶ https://roempp.thieme.de/roempp4.0/do/data/RD-11-00792. Zugegriffen: 2. Jan. 2020

Schnapka J, Matissek R (2016) MOSH/MOAH in lebensmitteltechnischen Schmierstoffen. Lebensmittelchemie 70:6–7

Schnapka J (2017) Charakterisierung von Mineralöleinträgen (MOSH/MOAH in Lebensmitteln. Dissertation TU Berlin

Schnapka J, Stauff A, Matissek R (2019) Zur Bedeutung der unteren Grenzen von Analysenmethoden LOD und LOQ am Beispiel von MOSH/MOAH. Deut Lebensm-Rundsch 115:146–152

Schuhmacher-Wolz U, Hassauer M, Oltnmanns J, Schneider K (2005) Verfahren zur Ableitung von Höchstgehalten für krebserzeugende Umweltkontaminanten in Lebensmitteln. Im Auftrag des BfR. S 32

Tagespiegel (2008) ▶ https://www.tagesspiegel.de/verbraucher/lieferbeschraenkung-eu-kontrolliert-ukrainisches-sonnenblumenoel-scharf/1240180.html. Vom 23.5.2008. (Prüfdatum: 26.12.2019)

Tarnow P, Hutzler C, Schön K, Tralau T, Luch A, Hasse A (2014) Estrogenic activity of aromatic compounds present in mineral oil used in printing inks. Toxicol Lett 229:64–65

UBA (2019) Häufige Fragen zu Phthalaten bzw. Weichmachern. ▶ https://www.umweltbundesamt.de/themen/gesundheit/umwelteinfluesse-auf-den-menschen/chemische-stoffe/weichmacher/haeufige-fragen-zu-phthalaten-bzw-weichmachern#textpart-1. Zugegriffen: 27. Dez. 2019

Verordnung (EU) Nr.10/2011 der Kommission vom 14.Januar 2011 über Materialien und Gegenstände aus Kunststoff, die dazu bestimmt sind, mit Lebensmitteln in Berührung zu kommen. Amtsblatt der Europäischen Union L 12/2-89 vom1 5.1.2011

Welle F (2016) Verpackungsmaterial aus Polyethylenterephthalat (PET) DLG-Expertenwissen 4/2016.   ▶ https://www.dlg.org/fileadmin/downloads/food/Expertenwissen/Lebensmitteltechnologie/2016_4_Expertenwissen_PET.pdf. Zugegriffen: 26. Dez. 2019

World Health Organization (WHO) (Hrsg) (1996) Guidelines for drinking water quality. Health criteria and other supporting information, Bd. 2. World Health Organization, Geneva

World Health Organization (WHO) (Hrsg) (2003) Antimony in drinking-water. Background document for development of WHO Guidelines for drinking-water quality, Geneva

7

# Manipulationskonta- minanten

## Inhaltsverzeichnis

© Der/die Herausgeber bzw. der/die Autor(en), exklusiv lizenziert durch Springer-Verlag GmbH, DE, ein Teil von Springer Nature 2020
R. Matissek, *Lebensmittelsicherheit*,
https://doi.org/10.1007/978-3-662-61899-8_8

## 8.1 Einführung

Lebensmittelbetrug umfasst die vorsätzliche und unerlaubte Substitution, Addition, Beimischung, Verdünnung, Fälschung, Imitation, **Manipulation** oder Falschdarstellung von Lebensmitteln, mit der Absicht, dadurch einen ökonomischen Vorteil zu erzielen (▶ Abschn. 4.2.1). Die unerlaubterweise eingesetzten Stoffe können (hoch-)toxisch sein. Lebensmittelverfälschung dagegen ist die abgeschwächte Form davon, die sich meist in einer Wertminderung im Nährwert, im Genusswert oder in der Brauchbarkeit des Lebensmittels niederschlägt. Ein wertgemindertes Lebensmittel ist jedoch verkehrsfähig, wenn die Abweichung deutlich kenntlich gemacht ist und diese dem Verbraucher ermöglicht, die abweichende Beschaffenheit deutlich zu erkennen.

Wenn der Terminus „Manipulation" diesbezüglich als Oberbegriff für derartige **„manipulative Eingriffe"** bei Lebensmitteln akzeptiert wird, ist der Ausdruck **„Manipulationskontaminanten"** (engl. Manipulation Contaminants) sicherlich als treffend anzusehen – und soll hier im Folgenden verwendet werden. Es ist evident, dass Manipulationskontaminanten immer der Kategorie der **absichtlichen Kontaminanten** zuzuordnen sind. Aus Sicht des redlichen Lebensmittelunternehmens bzw. der Lebensmittelüberwachung ist das Beimischen dieser Stoffe aufgrund der betrügerischen Absicht und der damit fehlenden Informationen, als sehr problematisch und hinterlistig einzustufen, weil der „Fantasie" hierbei praktisch keine Grenzen gesetzt sind.

Aktionen bei der Manipulation von Lebensmitteln können aber über die „nur" betrügerische Absicht hinaus das Potenzial eines **kriminellen** (Erpressung, Mordanschlag) oder **terroristischen** (Anschlag auf Leib und Seele) Aktes haben. Die Manipulation dient in derartigen Fällen der Unbrauchbarmachung zusammen mit der Verbreitung von Angst und Schrecken durch **vergiftete Lebensmittel**. Dies ist ein typischer Fall für Food Defense (▶ Abschn. 2.3.4).

> **Manipulation**
>
> Manipulation ist das undurchschaubare, geschickte Vorgehen, mit dem sich jemand einen Vorteil verschafft bzw. etwas Begehrtes gewinnt (nach Duden 2019).

## 8.2 Melamin

**Melamin** (1,3,5-Triamino-2,4,6-triazin, engl. Melamine) ist ein farbloses kristallines Pulver, zu dessen physikalischen Eigenschaften die Zersetzung beim Schmelzvorgang ab ca. 350 °C und die gute Löslichkeit in heißem Wasser zählen. Die chemische Struktur ist ◨ Abb. 8.1 zu entnehmen. Die drei reaktiven primären Aminogruppen sind die Ursache für eine Vielzahl chemischer Reaktionen. Nachdem Justus von Liebig im Jahr 1834 das heterocyclische aromatische Melamin erstmals aus Kaliumthiocyanat und Ammoniumchlorid herstellte, wird es heute technisch durch Trimerisierung, auch Polykondensation genannt, von Harnstoff

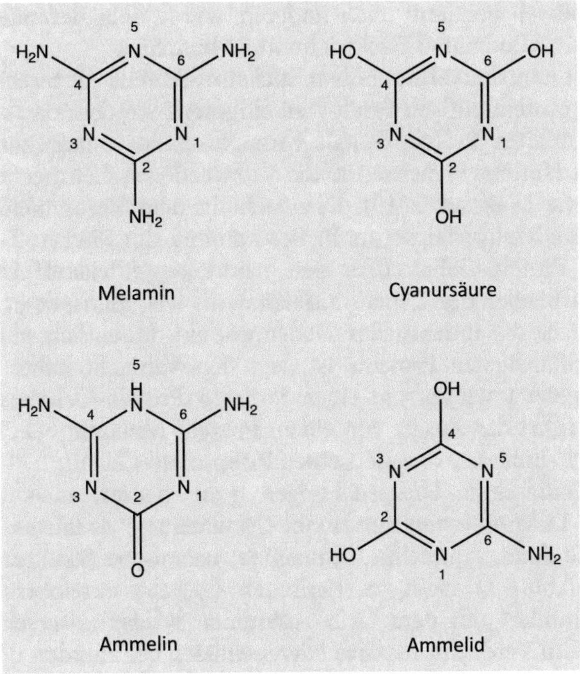

□ **Abb. 8.1**   Melamin und seine Desaminierungsprodukte

gewonnen. Durch die Kopplung an die Harnstoffherstellung ist Melamin demgemäß hauptsächlich ein industrielles Nebenprodukt. Melamin ist eine Verbindung, die sich über einen ungewöhnlich **hohen Stickstoffanteil** im Molekül auszeichnet.

Melamin dient zusammen mit Formaldehyd als monomerer Rohstoff zur Herstellung von Polymeren wie **Melamin-Formaldehyd-Kondensationsharz (MFH)**. Aus MFH werden Lebensmittebedarfsgegenstände gefertigt wie Gebrauchsgeschirr (Teller, Becher, Schüsseln, Coffee-to-go-Becher u. a. aus Bambusfasern) und Küchenutensilien (Kochlöffel, Pfannenwender). Da diese, Melamin (und Formaldehyd) durch Migration an darin aufbewahrte heiße Lebensmittel abgeben können, kann Melamin auch als **Migrationskontaminante** eingestuft werden und stellt somit eine multioriginäre Kontaminante dar (▶ Abschn. 7.3.7).

Im Jahr 2007 häuften sich Meldungen über unerlaubte Zusätze von Melamin in Futtermitteln, Reisproteinkonzentraten sowie Mais- und Weizengluten aus China und den USA. Diese Verbindung erlangte Aufmerksamkeit aufgrund rätselhafter Todesfälle von Katzen und Hunden in den USA, Kanada und Südafrika. Als Todesursache wurde Nierenversagen festgestellt, und die Analysen der verdächtigen Futtermittelproben ergaben den Nachweis von Melamin. Im Jahr 2008 traten dann in China systematisch mit Melamin **„gestreckte"** Milch und Milchprodukte auf, die insbesondere für Säuglinge und Kleinkinder verwendet wurden. Eine Vielzahl von Erkrankungen und einige Todesfälle machten den Vorfall weltweit bekannt; unter anderem wurde über Befunde von Melamin auch in Eipulver, Gluten und Backtriebmitteln berichtet.

Melamin ist aufgrund seines hohen Stickstoff-Anteils zur Streckung oder Verfälschung von proteinhaltigen Produkten eingesetzt worden, da es einen höheren analytisch ermittelten Protein-Gehalt vorzutäuschen vermag (zum Aufbau von Proteinen und Hintergrundwissen s. die verschiedenen Lehrbücher der Lebensmittelchemie wie Matissek 2019). Dies steht in dem Zusammenhang, dass bei den Standardanalysenverfahren (z. B. Bestimmung des Stickstoff-Gehaltes nach Kjeldahl) der Protein-Gehalt über den ermittelten **Stickstoff-Anteil** berechnet wird (vgl. Lehrbücher der Lebensmittelanalytik wie Matissek et al. 2018). Die Tatsache, dass es als industrielles Nebenprodukt wesentlich günstiger als die gewünschten pflanzlichen Proteine ist, legt den Verdacht nahe, dass Melamin absichtlich zugesetzt wurde, um einen höheren Protein-Gehalt vorzutäuschen. Beispielsweise führt der Zusatz von einem Prozent Melamin bei der Berechnung zu einem ca. 4 % höheren, vorgetäuschten Rohprotein-Gehalt.

Aus amerikanischen Untersuchungen geht hervor, dass sich Melamin sowie dessen Desaminierungsprodukte **Cyanursäure**, **Ammelin** und **Ammelid** (engl. Cyanuric Acid, Ammeline, Ammelide; chemische Strukturen dieser Verbindungen ◘ Abb. 8.1) nicht im tierischen Gewebe anreichern, sondern bis zu 98 % unverändert mit dem Urin zusammen wieder ausgeschieden werden. Melamin steht im Verdacht, massive **Nierenschäden** bei Hunden und Katzen verursachen zu können, allerdings ist bisher noch unklar, ob das Melamin selbst diese Schäden hervorruft oder ob es eventuell eine bisher nicht identifizierte weitere toxische Substanz die beobachteten Erkrankungsfälle hervorruft.

Für **Melamin** hat die EFSA im Jahr 2010 einen neuen abgesenkten **TDI-Wert** von 0,2 mg/kg Körpergewicht und Tag abgeleitet (EFSA 2010). Eine neue Studie deutet darauf hin, dass Melamin die Nieren schon bei geringeren Aufnahmemengen schädigen kann, als dies zuvor eingeschätzt wurde.

## 8.3 Sudanfarbstoffe

Bei den **Sudanfarbstoffen** (Sudan I–IV, Sudanrot 7B, engl. Sudan Dyes) handelt es sich um synthetisch hergestellte, meist rötliche Azofarbstoffe. Eine wesentliche Eigenschaft der Azofarbstoffe ist, neben ihrer sehr intensiven Farbgebung, ihre Struktur mit zwei aromatischen Ringsystemen, die durch eine Azogruppe (–N=N–) verbunden sind. In ihren chemischen Eigenschaften sind sich die Sudanrotfarbstoffe aus diesem Grund sehr ähnlich. Es handelt sich um pulverförmige sehr stabile Stoffe, die sich leicht in Ölen, Kohlenwasserstoffen, Alkoholen, Ethern usw., nicht aber in Wasser lösen. Der Name Sudan® ist ein eingetragenes Warenzeichen der BASF SE für bestimmte Azo- und Anthrachinonfarbstoffe.

Industrielle Verwendung finden die Sudanfarbstoffe, insbesondere **Sudan I** bis **IV** (◘ Abb. 8.2), vor allem beim Färben von Mineralölprodukten wie Dieselöl und Heizöl, von Wachserzeugnissen wie Schuhcremes, Bohnermassen, Kerzen

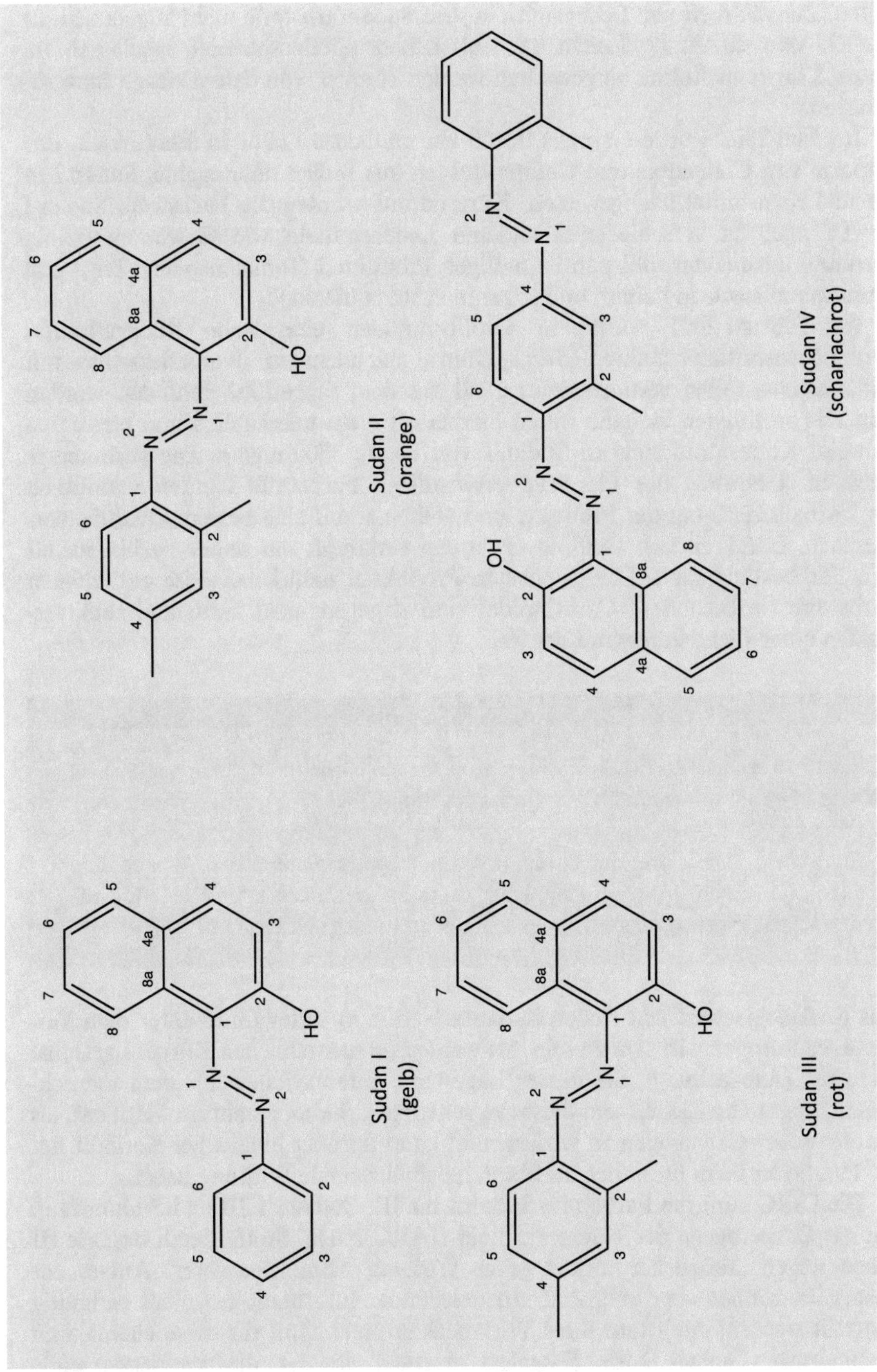

Sudan II
(orange)

Sudan IV
(scharlachrot)

Sudan I
(gelb)

Sudan III
(rot)

**Abb. 8.2** Sudanfarbstoffe I bis IV. *Erläuterung:* () Eigenfarbe

sowie zur Herstellung von Kugelschreiberpasten, Tuschen und Filzschreibertinten. Zum Färben von Lebensmitteln sind Sudanfarbstoffe nicht zugelassen. In der EU sind sie seit 1995 nicht mehr als Lebensmittelzusatzstoff zugelassen, da sie im Körper in Amine aufgespalten werden können, von denen einige cancerogen sind.

Im Mai 2003 wurde erstmals durch ein amtliches Labor in Frankreich, das Importe von **Chilipulver** und Chiliprodukten aus Indien untersuchte, Sudan I in einem Lebensmittel nachgewiesen. Kurz darauf wurden die Farbstoffe Sudan I bis IV auch in verschiedenen anderen Lebensmitteln wie Gewürzen (Chili, Kurkuma), tomaten- und paprikahaltigen Produkten, Tomatensoßen, Teig- und Wurstwaren sowie in Palmöl und sogar in Pesto entdeckt.

Im Februar 2005 wurde in Großbritannien eine weite Rückrufaktion von Lebensmittelprodukten durchgeführt, nachdem in **Worcestersauße** mit Sudanrotfarbstoffen verunreinigtes Chili aus dem Jahre 2002 gefunden worden war. Die ermittelten Gehalte waren hierbei oft nicht unerheblich und erreichten teilweise Konzentrationen an Sudan I von bis zu 3500 mg/kg. Die verbotenerweise im Ursprung der Gewürze verwendeten Farbstoffe dienten vermutlich zur Farbauffrischung der Produkte und sollten somit eine bessere Qualität vortäuschen. Der Preis von Chilipulver ist eng verknüpft mit seiner Farbintensität und Farbbeständigkeit. Die in solchen Produkten natürlicherweise enthaltenen Farbstoffe (insbesondere Carotinoide) sind dagegen nicht lichtstabil und verblassen unter Lichteinfluss mit der Zeit.

**8**

---

**Sudan I**

Sudan I ist auch als eine **synthesebedingte Verunreinigung** in Gelborange S (auch bezeichnet als Sunsetgelb FCF, engl. **Sunset Yellow – E 110**) beschrieben worden.

*Erläuterung:* Diese Nebenreaktion tritt beim Syntheseschritt der Azokupplung dann auf, wenn bei der Kupplungsreaktion zwei nichtsulfonierte Moleküle zusammenkoppeln. In der Folge entsteht Sudan I statt Sunsetgelb.

---

Aus **toxikologischer Sicht** stehen Sudanfarbstoffe in erster Linie unter dem Verdacht, cancerogen wirksam zu sein. Sie werden im menschlichen Körper in Amine gespalten (**Azospaltung),** die in der Lage sind, Interaktionen mit dem menschlichen Erbgut einzugehen und dieses zu schädigen. Sudan I steht im Verdacht, als genotoxisches Cancerogen zu wirken, und kann darüber hinaus bei Kontakt mit der Haut oder beim Einatmen als Staub sensibilisierende Wirkung haben.

Die **IARC** stuft die Farbstoffe Sudan I bis III, Sudanrot 7B und Sudanbraun RR als Cancerogene der Kategorie 3 ein (IARC 2016). Stoffe der Kategorie III geben wegen „möglicher cancerogener Wirkung beim Menschen" Anlass zur Besorgnis, können aber aufgrund unzureichender Informationen nicht endgültig beurteilt werden. Aufgrund ihres Wirkmechanismus kann für diese chemischen Verbindungen keine Dosis festgelegt werden, ab der die krebserzeugende

Wirkung eintritt (Schwellenwert). Das bedeutet auch, dass für diese Stoffe keine duldbare tägliche Aufnahmemenge (TDI) festgelegt werden kann (BfR 2003).

## 8.4 Reaktivfarbstoffe

Eine besonders „clevere Art" der Anwendung von Manipulationskontaminanten stellen die Reaktivfarbstoffen dar. Diese Art der Manipulation setzt schon erhebliches chemisches Fachwissen und technologisches Know-how voraus. Auf diese Weise kann eine Schönung (schönere brillantere Farbe) erzielt werden, wobei sich der Nachweis dieses Stoffes aufgrund seiner **kovalenten Bindung an Lebensmittelbestandteile** als sehr schwierig und kompliziert gestaltet.

**Reaktivfarbstoffe** (oder Reaktionsfarbstoffe, engl. Reactive Dyes Red 195) sind *eigentlich* Farbstoffe zum Färben von Textilien auf Baumwoll-, Woll- oder Polyamidfaserbasis. Der Färbeprozess mit Reaktivfarbstoffen beruht darauf, dass sich eine kovalente chemische Bindung zwischen dem Farbstoff und den funktionellen Gruppen dieser Fasern ausbildet und die Färbung damit „waschecht" wird. Das Farbstoffmolekül weist daher neben der farbgebenden Komponente (Abk. RS in ◘ Abb. 8.3) eine spezielle, reaktionsfreudige Komponente (Reaktivkomponente) auf. Letztere kann mit funktionellen Gruppen der Faser (z. B. Hydroxy-, Amino- oder Amid-Gruppen) kovalent reagieren.

Reactive Red 195 ist ein solcher Reaktivfarbstoff auf Azobasis. Chemisch betrachtet ist er ein hetero-bifunktioneller Reaktivfarbstoff mit einem Monochlortriazin- und einem aromatischen Vinylsulfon-Reaktivanker (◘ Abb. 8.4). Diese Substanz ist zwar als Textilfarbstoff, aber für die Verwendung in Lebensmitteln *nicht* zugelassen.

---

**Aufbauprinzip von Reaktivfarbstoffen**

- ▬ Das Prinzip besteht in der Kombination eines Chromophors mit einem elektrophilen Zentrum als Reaktionsanker. Chromophore können sein Azo-, Anthrachinon-, Phthalocyanin-, Phenoxazin-Farbstoffe u. dgl., die aber auf alle Fälle wasserlöslich machende Gruppen enthalten müssen. An das elektrophile Zentrum (Monochlortriazin, Dichlortriazin u. dgl. mehr) sind im Allgemeinen eine oder mehrere Abgangsgruppen (Sulfonsäure-Gruppen) gebunden (◘ Abb. 8.3).
- ▬ **Reaktivanker**
  Als Reaktivanker wird die aktive Gruppe bei Reaktivfarbstoffen bezeichnet, die mit den funktionellen Gruppen der Faser kovalente Bindungen ausbildet (am Beispiel von Reactive Red 195: Monochlortriazin- und Vinylsulfon-Reaktivanker) (Römpp 2019a).

---

Im Jahr 2016 wurde der gesundheitlich bedenkliche Textilfarbstoff Reactive Red 195 in einem färbenden **Pflanzenextrakt** (auf Hibiskus- und Rote-Bete-Basis) für Lebensmittel gefunden (Müller-Maatsch et al. 2016). Der Nachweis derartiger

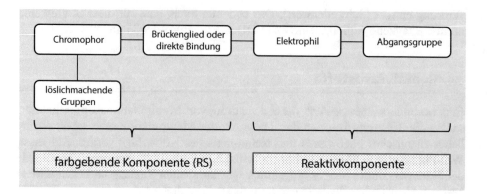

**◻ Abb. 8.3**    Prinzipieller Aufbau von Reaktivfarbstoffen (Nach Römpp 2019b)

Reaktivfarbstoffe in einem verarbeiteten Lebensmittel gestaltet sich aber nun deshalb so schwer, weil diese mit den üblichen Extraktionsmethoden nicht erfasst werden, da sie eben kovalent gebunden sind. In solchen Fällen müssen vor der eigentlichen Identifizierungsmethode (HPLC-PDA-MS/MS-Flüssigkeits-chromatografie mit Photodiodenarray und gekoppelter Massenspektrometrie) geeignete **hydrolytische Spaltungsverfahren** vorgenommen werden.

## 8.5  Diethylenglycol

In den 1980er Jahren wurden in einigen österreichischen Weinen Zusätze von **Diethylenglycol** (Diethylenglykol – DEG, Glycol, ◻ Abb. 8.5) nachgewiesen (sog. „Weinskandal", „Glycolskandal", „Glycolweinskandal"). DEG ist ein chemischer Stoff, der üblicherweise als **Weichmacher** für Zellglasfolien und Feuchthaltemittel, aber auch als Frostschutzmittel in technischen Bereichen verwendet wird. Es handelt sich also auch hier wieder um den unerlaubten Zusatz eines Stoffes, der den Manipulationskontaminanten zuzuordnen ist.

DEG ist ein Glycolether und gehört zur chemischen Basisgruppe der Alkohole (Diole). Diese süß schmeckende Verbindung mit bitterem Nachgeschmack besitzt die Eigenschaft, schon in kleinen Mengen billigen Weinen geschmacklich den **Charakter von Ausleseweinen** zu vermitteln, gleichzeitig steigt in der Analyse der Gehalt an zuckerfreiem Extrakt. Als Höchstwert wurden 48 g DEG/L Wein gefunden. Es mussten Millionen Flaschen Wein vom Markt genommen werden, Vergiftungen traten aber keine auf (Fuhrmann 2006).

Diethylenglycol wird im Körper über Glycolsäure und Glyoxylsäure zu Oxal-säure abgebaut. Es ist **stark toxisch** und reichert sich durch Rückresorption in der Niere an, wo es zu Nephrosen und Veränderungen der Nierentubuli führt. Erste Vergiftungen beim Menschen beginnen bei Zufuhren von etwa 50 bis 100 mg/kg Körpergewicht.

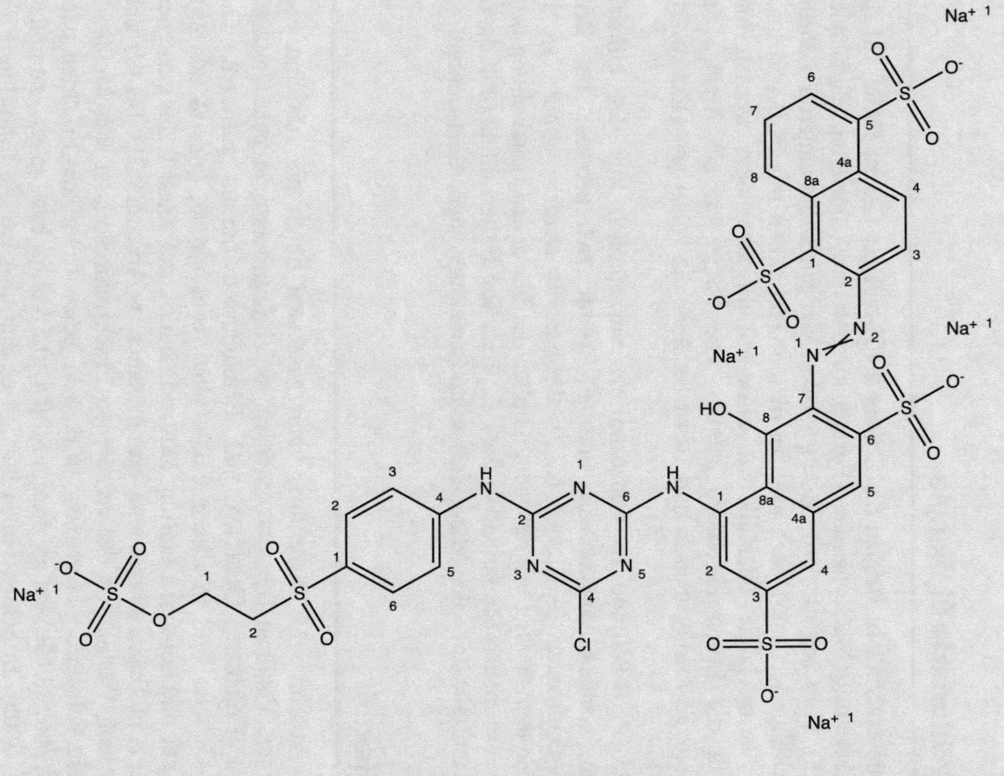

Reactive Red 195 (1,5-Naphthalenedisulfonic acid, 2-[2-[8-[[4-chloro-6-[[4-[[2-(sulfooxy)ethyl]sulfonyl]phenyl]amino] -1,3,5-triazin-2-yl]amino]-1-hydroxy-3,6-disulfo-2-naphthalenyl]diazenyl]-, sodium salt)

□ **Abb. 8.4** Reactive Red 195

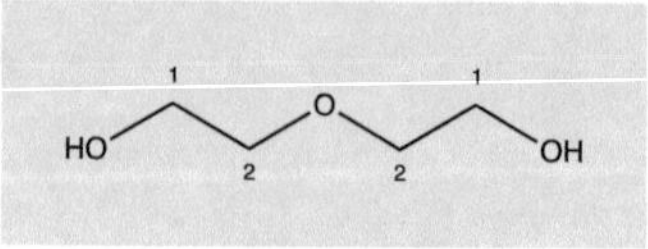

**◘ Abb. 8.5**  Diethylenglycol

## 8.6  Polychlorierte Biphenyle

1999 wurde erstmals in Belgien die Zugabe **PCB**-haltiger Öle zu Fetten für die Tierfutterbereitung nachgewiesen (Formel zu den polychlorierten Biphenylen ◘ Abb. 6.5). Dies zog die Vernichtung großer Mengen kontaminierter Lebensmittel tierischer Herkunft nach sich. In diesem Fall waren mit PCB und auch Dioxinen verunreinigte **Ölabfälle** zu Futtermitteln verarbeitet worden und dadurch in die Lebensmittelkette gelangt. Die Folge war ein Anstieg der PCB-Gehalte in Geflügelfleisch und Eiern bis über die zulässigen Höchstwerte (Bay 2019).

Obwohl PCB-Befunde in Lebensmitteln vornehmlich aus der Umwelt oder dem Umfeld entstammen und sie somit richtigerweise bei dem **Umweltkontaminanten** (▶ Abschn. 6.3.2) abgehandelt werden, können sie in Fällen – wie dem zuvor beschriebenen, nämlich der bewussten Beimischung bzw. in Kauf genommenen Manipulation der Fettphase von Futtermitteln (und damit der Lebensmittelkette) – den **Manipulationskontaminanten** zugeordnet werden.

## 8.7  Methanol

Wie in ▶ Abschn. 9.15 ausgeführt, kann **Methanol** durch die Aktivität von Esterasen aus **Pektinen** freigesetzt werden und infolgedessen in pektinhaltigen natürlichen Früchten, Gemüsen und Erzeugnissen daraus auftreten. Die Methanol-Gehalte sind in diesen Fällen aber recht niedrig (vgl. ◘ Tab. 9.9). Auch bei der alkoholischen Gärung kann Methanol, auf diese Weise entstehen (vornehmlich in Tresterweinen und -branntweinen, ▶ Abschn. 9.21). Bei der sich anschließenden Destillation der vergorenen Fruchtmaische lässt sich Methanol jedoch nicht vollständig abtrennen, so dass in jedem Brand aus Früchten oder Wein auch geringe Mengen an diesem Stoff (>0,5 Vol.-% bzw. >5 g/L) zu finden sind (LGL 2005). In beiden Fällen handelt es sich also um die Einordnung als Prozesskontaminante (▶ Abschn. 9.15 und 9.21).

Darüber hinaus sind aber mehrere Fälle bekannt geworden, in denen Methanol zur Streckung oder Verfälschung von alkoholhaltigen Getränken und Wein zugesetzt wurde und somit auch als Manipulationskontaminanten eine Rolle spielt. So wurde in der Mitte der 1980er Jahre in verschiedenen **italienischen Weinen** Methanol nachgewiesen. Diese Geschehen wurde als der **Methanolskandal** publik. In Italien war offenbar insbesondere Barbera-Weinen billiges

Methanol beigemischt worden, um einen höheren Gehalt an Alkohol (Ethanol) vorzutäuschen. In den Medien wurde berichtet, dass rund hundert Menschen daran erkranken und acht starben (Spiegel 1986). Methanol ist giftig, die tödliche Dosis liegt für Erwachsene bei 50 bis 75 g. Vergiftungserscheinungen sind Herz- und Muskelschwäche, Krämpfe, Abnahme des Sehvermögens oder Blindheit und im Extremfall der Tod. Methanol wird nach neuen Untersuchungen zudem als potenziell reproduktionstoxisch eingestuft.

Ein trauriger Manipulationsfall bei Spirituosen trat im Jahr 2005 in der **Türkei** auf, als nach dem Genuss von gefälschtem **Raki** 18 Menschen infolge Herzversagens starben. Dieser Raki hatte Methanol statt Ethanol enthalten. Der Vertrieb des manipulierten Rakis erfolgte ausschließlich in der Türkei. Als Grund für diese Manipulation wurde gesehen, dass die Verbrauchssteuern auf alkoholische Getränke gestiegen waren und somit die Nachfrage nach billigeren Produkten nicht mehr bedient werden konnte; dies wurde für kriminelle Zwecke ausgenutzt. In Deutschland wurden daraufhin von der Lebensmittelüberwachung (LGL Bayern) zehn türkische Rakiproben aus dem Handel untersucht. Die gefundenen Methanol-Gehalte lagen in diesen Proben zwischen 0,0 und 0,02 Vol-.% bzw. 0,10 und 0,30 g/L. Von Methanol-Mengen in dieser Größenordnung geht keine Gefahr für eine Gesundheitsschädigung aus (LGL 2005).

---

**Raki**

**Raki** ist eine traditionelle türkische Spirituose, die aus frischen Weintrauben oder Rosinen durch alkoholische Gärung und anschließende Destillation gewonnen wird. Der so erhaltene Alkohol wird mit Anissamen versetzt und erneut destilliert. Raki weist eine übliche Trinkstärke von 43 bis 50 Vol.-% auf. Der Geschmack ist lakritzähnlich. Die Herstellungsweise bedingt, dass natürlicherweise geringe Mengen an Methanol enthalten sind.

---

## 8.8 Quecksilber

**Quecksilber** (Hg, engl. Mercury bzw. Quicksilver) ist ein silberweißes Schwermetall mit der Ordnungszahl 80. Es ist das einzige Metall, das bei Standardbedingungen flüssig ist. Hg weist eine hohe Oberflächenspannung und benetzt daher eine inerte Unterlage nicht. Vielmehr bildet es wegen seiner starken Kohäsionskräfte linsenförmige Tropfen, die sehr schwer aufzusammeln sind, da sie sich immer weiter verteilen. Bei der Aufnahme über den Verdauungstrakt ist reines metallisches Quecksilber vergleichsweise ungefährlich, eingeatmete Dämpfe wirken aber stark toxisch. Extrem toxisch sind allerdings organische Quecksilber-Verbindungen (wie Methylquecksilber), da diese im Gegensatz zu elementarem Quecksilber fettlöslich sind (vgl. ► Abschn. 6.2.1).

Nach den Ausführungen in ▶ Abschn. 6.2.1 ist es evident, dass Quecksilber (zumeist in Form von Verbindungen) eine typische Umweltkontaminante darstellt. Mit dem **Einspritzen** von elementarem Quecksilber in **Orangen** (Apfelsinen) wurde im Jahr 1978 ein Giftanschlag auf nach Deutschland und in die Niederlande exportierte israelische Früchte unternommen. Diese Art des Vorkommens ist gemäß den Definitionen in ▶ Abschn. 6.2.1 als **Manipulationskontaminanten** einzustufen und soll hier kurz behandelt werden. Die Manipulation dient in derartigen Fällen der Unbrauchbarmachung von Lebensmitteln und der Verbreitung von Schrecken. Dies ist ein typischer Fall für Food Defense (▶ Abschn. 2.3.4).

Was war damals geschehen? Vermutlich hatte eine unbekannte Terrororganisation metallisches Quecksilber in israelische Orangen (wohl unter Zuhilfenahme einer Spritze) eingespritzt, um so den Absatz der Früchte in den Importländern zu beeinflussen. Das Quecksilber wurde beim Schälen der Früchte als kleine metallische Kügelchen von Kunden entdeckt und führte so zu Irritationen. Zwar wurde nur in einem Dutzend Orangen Quecksilber-Einschlüsse entdeckt, der Absatz ging aber (kurzfristig) rapide zurück. Da bei der Aufnahme über den Verdauungstrakt reines metallisches Quecksilber vergleichsweise ungefährlich ist, traten den Medienmeldungen zufolge aber keine echten Krankheitsfälle auf (Spiegel 1978).

## 8.9  Ricin

**Ricin** (Rizin, engl. Ricin) ist ein äußerst toxisches Protein, das in den Samen der Ricinusstaude (Wunderbaum) vorkommt. Es ist ein starker Inhibitor der eukaryotischen Proteinbiosynthese – und damit einer der giftigsten Eiweißstoffe, die in der Natur vorkommen. Der Ricin-Gehalt in den Samen liegt bei etwa 1 bis 5 % des Proteingehalts (▶ Chemie.de 2020, Wikipedia 2020). Für Menschen sind 1 bis 20 mg reines Ricin pro kg Körpergewicht tödlich. Ricin wird allerdings meistens versehentlich durch den Verzehr von Ricinussamen aufgenommen (▶ Abschn. 12.22).

Nach den obigen Ausführungen und denen in ▶ Abschn. 12.22 ist es evident, dass Ricin ein typisches **Biotoxin** darstellt. Nach dem es aber als potente **Biowaffe** für Mord- und Terroranschläge zu trauriger Berühmtweit gebracht hat, ist Ricin in derartig gelagerten Fällen gemäß den Definitionen in ▶ Abschn. 4.2.1 zudem als **Manipulationskontaminanten** einzustufen. Die Manipulation dient unter diesen Umständen Anschlägen auf Leib und Seele von Personen. Je nach Verabreichung des Agens kann dies evtl. ein typischer Fall für Food Defense (▶ Abschn. 2.3.4) sein.

Übrigens ist Ricin in der Kriegswaffenliste des Kriegswaffenkontrollgesetzes aufgeführt. Ricin wurde 1962 als Atemgiftkampfstoff patentiert (Römpp 2020).

# Literatur

Bay Bayrisches Staatsministerium für Umwelt und Verbraucherschutz (Hrsg) (2019) ▶ https://www. vis.bayern.de/ernaehrung/lebensmittelsicherheit/unerwuenschte_stoffe/pcb.htm. Zugegriffen: 26. Dez. 2019

BfR (2003) Sudanfarbstoffe I bis IV in Lebensmitteln. Stellungnahme vom 19.11.2003. ▶ https://www. bfr.bund.de/cm/343/farbstoffe_sudan_i_iv_in_lebensmitteln.pdf. Zugegriffen: 20. Nov. 2019

Chemie.de (2020) Rizin. ▶ https://www.chemie.de/lexikon/Rizin.html. Prüfdatum: 24. Jan. 2020

Duden (2019) Manipulation. ▶ https://www.duden.de/rechtschreibung/Manipulation. Zugegriffen: 4. Dez. 2019

European Food Safety Authority (EFSA) (Hrsg) (2010) Scientific opinion on melamine in food and feed. EFSA Journal 8(4):1573

Fuhrmann GF (2006) Toxikologie für Naturwissenschaftler. Vieweg + Teubner

IARC (2016) IARC monographs on the identification of carcinogenic hazards to humans. ▶ https:// monographs.iarc.fr/list-of-classifications/. Zugegriffen: 20. Nov. 2019

Bayrisches Landesamt für Gesundheit und Lebensmittelsicherheit (LGL) (Hrsg) (2005) Methanol in türkischem Raki. ▶ https://www.lgl.bayern.de/lebensmittel/warengruppen/wc_37_spirituosen/ue_2005_raki.htm. Zugegriffen: 18. Jan. 2020

Matissek R, Fischer M, Steiner G (2018) Lebensmittelanalytik, 6. Aufl. Springer Spektrum, Berlin, S 633 ff. ▶ https://doi.org/10.1007/978-3-662-55722-8

Matissek R (2020) Lebensmittelchemie, 9., vollständig überarbeitete Aufl. Springer, Berlin (Siehe Kap. 9. Im Druck)

Müller-Maatsch J, Schweiggert RM, Carle R (2016) Adulteration of anthocyanin- and betalain-based coloring foodstuffs with the textile dye 'Reactive Red 195' and its detection by spectrophotometric, chromatic and HPLC-PDA-MS/MS analyses. Food Control 70:333–338. ▶ https://doi.org/10.1016/j.foodcont.2016.06.012

Römpp (2019a) Reaktivanker. ▶ https://roempp.thieme.de/roempp4.0/do/data/RD-18-00477. Zugegriffen: 20. Nov. 2019

Römpp (2019b) Reaktivfarbstoffe. ▶ https://roempp.thieme.de/roempp4.0/do/data/RD-18-00483. Zugegriffen: 20. Nov. 2019

Römpp (2020) Ricin. ▶ https://roempp.thieme.de/roempp4.0/do/data/RD-18-01375. Prüfdatum: 24. Jan. 2020

Spiegel (1978) Orangen – Silbrige Spritzer. Quecksilber in israelischen Orangen verunsicherte letzte Woche die Bundesbürger: Gezielter Gift-Anschlag oder Psycho-Terror durch vorgetäuschte Gefahren? Heft 6. ▶ https://www.spiegel.de/spiegel/print/d-40616668.html. Zugegriffen: 17. Jan. 2020

Spiegel (1986) Wein – Tod in Italien. Die Wein-Skandale nehmen kein Ende. Nun haben Panscher italienischem Vino ein tödliches Gift zugesetzt. ▶ https://www.spiegel.de/spiegel/print/d-13519771. html. Zugegriffen: 18. Jan. 2020

Wikipedia (2020) Rizin. ▶ https://de.wikipedia.org/wiki/Rizin. Prüfdatum: 24. Jan. 2020

# Prozesskontaminanten

## Inhaltsverzeichnis

© Der/die Herausgeber bzw. der/die Autor(en), exklusiv lizenziert durch Springer-Verlag
GmbH, DE, ein Teil von Springer Nature 2020
R. Matissek, *Lebensmittelsicherheit*,
https://doi.org/10.1007/978-3-662-61899-8_9

## 9.1 Einführung

Gesundheitlich unerwünschte Stoffe, die bei der Herstellung und Zubereitung *im Lebensmittel selbst* entstehen, stellen sog. endogene Kontaminanten dar (▶ Abschn. 4.2.1). Aufgrund Ihrer großen Bedeutung und der Erkenntnis, dass sie endogener Natur sind, erhielten sie die eigenständige, besondere Bezeichnung: **Prozesskontaminanten** (engl. Process Contaminants oder „Foodborne Toxicants"). Diese toxikologisch relevanten Stoffe können sowohl bei der industriellen oder handwerklichen Zubereitung als auch im Haushalt oder der Gastronomie entstehen.

Prozesskontaminanten können streng systematisch wie im Kasten „Prozesskontaminanten – Systematik" vorgenommen, klassifiziert werden (modifiziert und ergänzt nach Raters 2019).

---

**Prozesskontaminanten – Systematik**

— Der Begriff Prozesskontaminanten umfasst eine mächtige Gruppe von Stoffen, die im Rahmen von Herstellungs-, Be- und Verarbeitungs- sowie Zubereitungsprozessen von Lebensmitteln aus Inhaltsstoffen oder Zutaten unbeabsichtigt entstehen können und die aufgrund ihrer toxikologischen Wirkungen in der menschlichen Nahrung unerwünscht sind. In Anbetracht der zahlreichen möglichen Prozesse, die zur Bildung derartiger Stoffe führen, bilden die Prozesskontaminanten eine immens heterogene Gruppe chemischer Substanzen. Die Systematisierung kann entsprechend den jeweiligen Prozessen in physikalische (thermische Behandlung und Bestrahlung), chemische (Säure-/Alkalibehandlung, Chlorierung, Hydrierung) und biochemische Prozesse vorgenommen werden.

Zu beachten ist, dass einige Prozesskontaminanten multioriginär auftreten können, d. h., ihr Vorkommen kann sehr unterschiedliche Ursachen haben bzw. verschiedenen Quellen entstammen.

— **Thermische Behandlung**

Die thermische Behandlung von Lebensmitteln gehört zu den Prozessen in der Be- und Verarbeitung bzw. Zubereitung von Lebensmitteln, bei dem die Vielfalt an möglicherweise generierten Prozesskontaminanten am größten ist. Als ursächlich hierfür gilt die in zahlreichen Lebensmitteln unter Einfluss von Hitze stattfindende Maillard-Reaktion sowie auch die bei starkem Erhitzen von Fetten mögliche Lipid-Degradation, bei denen unzählige Reaktionsprodukte gebildete werden können.

Beispiele für solche im Zuge der Maillard-Reaktion oder der Lipid-Degradation oder im Verlauf sonstiger thermischer Prozesse (wie beispielsweise Zersetzungsprozesse) gebildeter Prozesskontaminanten sind u. a. Acrylamid, Acrolein, Furan, Imidazole, Hydroxymethylfurfural, Furfurylalkohol, Benzol, Methanol, Chlorpropandiole in freier Form (MCPD) oder gebunden als Fettsäureester

(MCPD-Ester), Glycidyl-Ester, polycyclische aromatische Kohlenwasserstoffe, Nitrosamine, heterocyclische aromatische Amine, trans-Fettsäuren, Epoxyfettsäuren u. dgl. mehr.

— **Bestrahlung**

Die Bestrahlung von Lebensmitteln zu Konservierungszwecken kann zu nachweisbaren Veränderungen der chemischen Zusammensetzung führen. Prozesskontaminanten, die aus der Strahlenbehandlung von Lebensmitteln resultieren können, sind u. a. Benzol sowie Alkane und Alkene, die aus Fettbestandteilen entstehen können. Der Nachweis von Alkanen/Alkenen dient ferner als Nachweis einer Strahlenbehandlung. Die Mengen der durch den Prozess der Bestrahlung gebildeten Stoffe sind jedoch sehr gering.

— **Säure-/Salzbehandlung**

Bereits seit Jahrzehnten bekannte Prozesskontaminanten, die bei der Behandlung von Lebensmitteln mit Säuren (z. B. säurekatalysierte Hydrolyse von Pflanzenproteinen) bzw. Salzen (Pökeln mit Nitritpökelsalz) entstehen können, sind die Chlorpropanole (3-MCPD) bzw. die Nitrosamine.

— **Alkali-/Laugenbehandlung**

Es sind nur wenige Anwendungen von alkalischen Lösungen in der Lebensmittelherstellung bekannt: So wird Kakao mit Pottasche ($K_2CO_3$) oder anderen Alkalisierungsmitteln (wie Natriumcarbonat, Ammoniumcarbonat, Magnesiumcarbonat, Natriumhydroxid, Kaliumhydroxid, Calciumhydroxid, Magnesiumhydroxyd) behandelt, wodurch sich Farbe und Löslichkeitsverhalten ändern. Bei der Nixtamalisation werden Maiskörner mehrere Stunden mit wässrig-alkalischen Lösungen (wie gelöschtem Kalk) bei höheren Temperaturen behandelt. Dadurch verliert das Maiskorn seine physikalische Struktur, die Lauge kann eindringen und zieht chemische Veränderungen nach sich. Prozesskontaminanten sind bei beiden Alkali-Verfahren bislang nicht beschrieben worden.

— **Hydrierung bzw. Fetthärtung**

Bei der industriellen Teilhärtung pflanzlicher oder tierischer Öle durch katalytische Hydrierung können trans-Fettsäuren als Prozesskontaminanten in unterschiedlichen Mengen entstehen.

— **Chlorierung**

Das Vorkommen von Chlorat bzw. Perchlorat als Prozesskontaminante in Lebensmitteln wird nach derzeitigem Erkenntnistand auf den Kontakt von Lebensmitteln mit Wasser, welches zuvor mit chlorhaltigen Desinfektionsmitteln behandelt worden ist, zurückgeführt. Chlorat und in geringem Maße auch Perchlorat gelten als Desinfektionsnebenprodukte, welche bei der Desinfektion von Trink- und Brauchwasser mit Chlor oder Chlordioxid entstehen können.

— **Enzymatische Prozesse**

Als Beispiele für Prozesskontaminanten, die durch Wirkung von natürlicherweise enthaltenen oder zu technologischen Zwecken zugesetzten Enzymen im Lebensmittel entstehen können, sind Ethylcarbamat sowie Methanol zu nennen.

**9**

— **Fermentation**

Fermentative Prozesse spielen in der Lebensmitteltechnologie bei der Herstellung, Be- und Verarbeitung zahlreicher Lebensmittel eine sehr wichtige Rolle und sind häufig erwünscht, weil sie erst zum jeweiligen Produkt führen. Als mögliche im Verlauf einer Fermentation entstehende unerwünschte Prozesskontaminanten sind z. B. biogene Amine sowie Ethylcarbamat zu nennen.

## 9.2 Maillard-Reaktion

Vor über hundert Jahren beschrieb Louis Camille Maillard eine Reaktion beim Erhitzen eines Gemisches von D-Glucose und Glycin, in deren Verlauf sich ein brauner Niederschlag unter $CO_2$-Freisetzung gebildet hatte. Derartige Braunfärbungen entstehen häufig, wenn Lebensmittel erhitzt werden (beim Braten von Fleisch, Backen von Brot, Rösten von Kaffee, Kakao etc.). Diese Farbentwicklung ist auf die **Maillard-Reaktion** zwischen reduzierenden Zuckern und Aminosäuren zurückzuführen (◻ Abb. 9.1). Gleichzeitig werden charakteristische Aromastoffe freigesetzt, so dass der Maillard-Reaktion eine zentrale Bedeutung für die Aroma- und Farbentwicklung von erhitzten Lebensmitteln zukommt.

**Über hundert Jahre Maillard-Reaktion**

Der französische Naturwissenschaftler und Mediziner L. C. **Maillard** dokumentierte im Jahr 1912 im Rahmen seiner Doktorarbeit eine Reaktion, die er beim Erhitzen eines Gemisches aus D-Glucose und Glycin beobachtet hatte und in deren Verlauf unter $CO_2$-Abspaltung ein brauner Niederschlag erhalten worden war (Maillard 1912). In einer mehrstufigen Reaktion kommt es hierbei ausgehend von den reduzierenden Zuckern und Amino-Verbindungen unter Einwirkung hoher Temperaturen (150–180 °C) zur Bildung heterocyclischer Verbindungen, die für die Farbgebung, das Aroma und als Indikator einer Erhitzung von Lebensmitteln von großer Bedeutung sind. Diese Reaktion ist aber durchaus als januskpöfig zu bezeichnen, da neben sehr erwünschten Verbindungen auch gesundheitlich unerwünschte Stoffe (wie Acrylamid) entstehen.

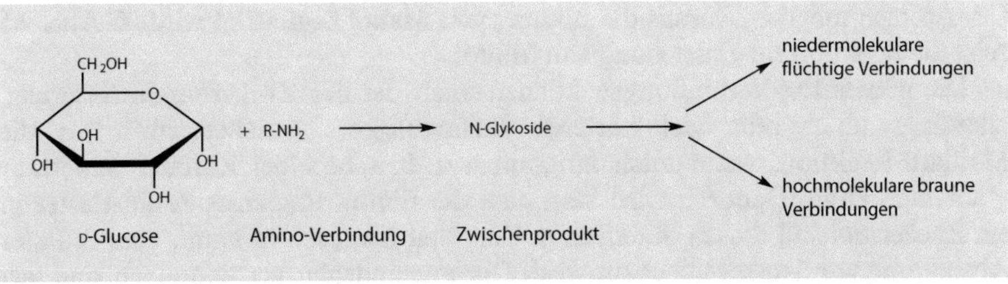

◻ **Abb. 9.1** Prinzip der Maillard-Reaktion

Wie aus ◻ Abb. 9.2 zu entnehmen ist, wird die Maillard-Reaktion durch die Entstehung eine N-Glycosid-Bindung (**I**) zwischen einem Kohlenhydrat und einer Amino-Verbindung eingeleitet. Während N-Glycoside in saurem Milieu schnell hydrolytisch gespalten werden, erleiden sie hier unter Protonenkatalyse eine Amadori-Umlagerung in ein säurestabiles Isomer. Dabei wird eine Endiol-Form (**II**) durchlaufen, die sich durch Verschiebung eines Wasserstoff-Atoms in die 1-Stellung stabilisiert. Letztlich ist dabei aus dem Aldose-Derivat der Abkömmling einer Ketose (**III**) entstanden, die dann einen Halbketal-Ring (**IV**) bilden kann.

Solche **Amadori-Produkte** kommen in einigen Lebensmitteln vor, so beispielsweise das **Fructose-Prolin** (**V**) in fermentiertem Tabak, das in der Glutzone der Zigarette zu zahlreichen flüchtigen Verbindungen, unter anderem zu Aromastoffen, abgebaut wird. Andere Fructose-Aminosäuren wurden nach thermischer Behandlung von gefriergetrockneten Gemüseerzeugnissen nachgewiesen, wo sie Vorstufen für Fehlaromabildungen darstellten. Hier wurden sie als Leitsubstanzen beurteilt, die beginnende Schädigungen der Produkte anzeigten.

### Halbketale

**Halbketale** (engl. Hemiketals) entstehen generell aus der Reaktion eines Ketons mit einem Alkohol.

Während der **Amadori-Umlagerung** selbst entstehen schon mehr oder weniger große Mengen eines braunen, höhermolekularen Stoffgemisches. Während nämlich das Amadori-Produkt (Typ **III** bzw. **IV**) relativ stabil ist, durchläuft ihre Endiol-Form (**II**), in die sie in alkalischem Milieu leicht übergeführt werden kann, sehr leicht Eliminierungsreaktionen. Dabei werden bevorzugt allylständige Gruppen abgespalten, was dann zur Eliminierung eines Moleküls Wasser oder des Amin-Restes führt.

Im ersten Fall entsteht als fassbares Zwischenprodukt das **3-Desoxyhexoson**, das durch weitere Abspaltung von zwei Molen Wasser schnell zu **Hydroxymethylfurfural** (HMF) abgebaut wird (◻ Abb. 9.3). Bildet sich dagegen zuerst ein 2,3-Endiol, wird die Abspaltung des allylständigen Amin-Restes begünstigt, so dass schließlich das **1-Desoxyhexoson** entsteht, dessen Spaltung Diketone, Furanone oder auch Furane ergibt (◻ Abb. 9.4). Ist die 4-Stellung besetzt, wie bei Maltose, ist nur ein Ringschluss zwischen den C-2- und C-6-Atomen möglich, woraus die Bildung von **Maltol** begünstigt wird. ◻ Abb. 9.5 zeigt die Reaktion zur Entstehung von Maltol.

Die genannten Verbindungen können auch bei der **Zuckerkaramellisierung**, allerdings unter sehr viel härteren Bedingungen, entstehen, während die Maillard-Reaktion, wenn auch langsam – z. B. schon bei Zimmertemperatur – ablaufen kann. Dadurch wird klar, dass die Einführung eines Amin-Restes in ein Zuckermolekül dessen Stabilität u. U. soweit herabsetzen kann, dass es unter Abspaltung von Wasser abgebaut wird. Die entstandenen Verbindungen sind fast alle außerordentlich reaktiv und können sich spontan mit Amin-Komponenten

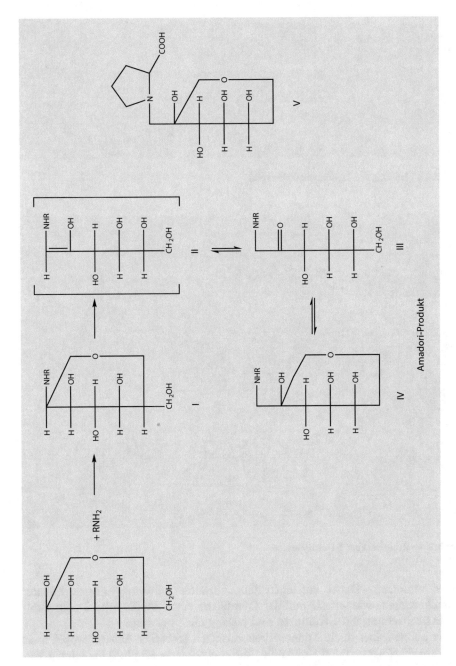

**Abb. 9.2**  Amadori-Umlagerung

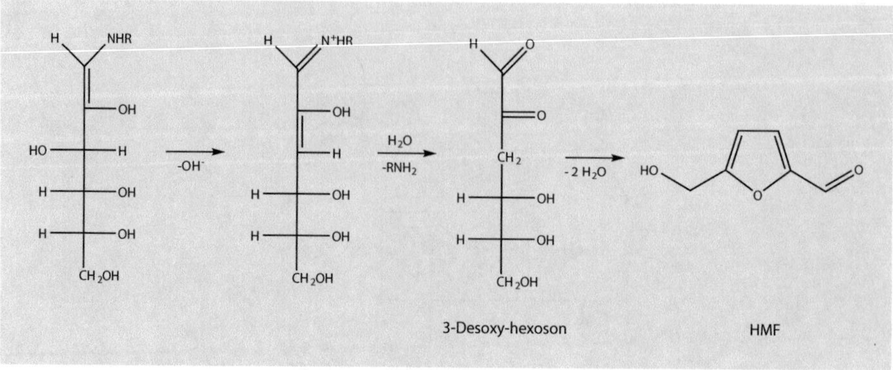

◘ **Abb. 9.3**    Bildung von Hydroxymethylfurfural

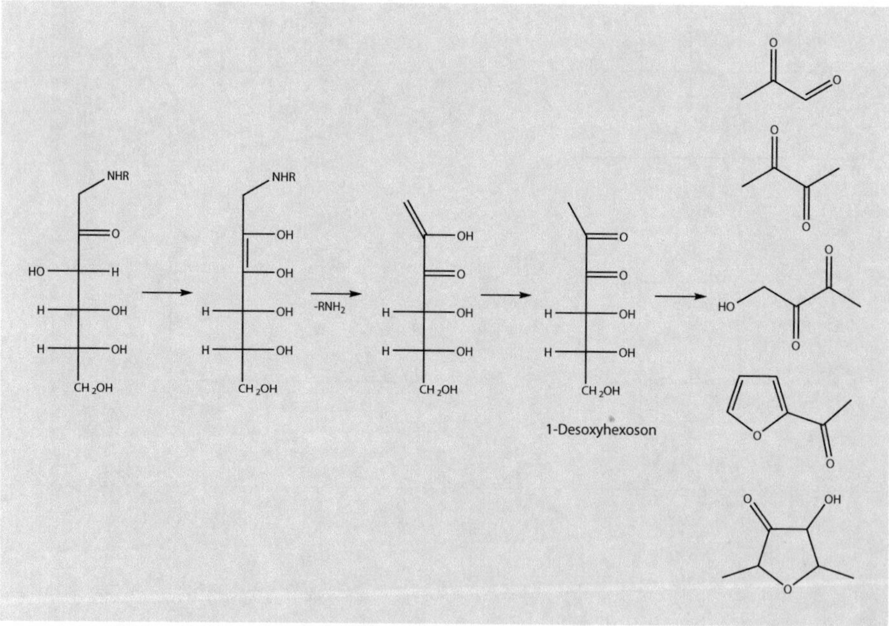

**9**

◘ **Abb. 9.4**    Reaktion über 1-Desoxyhexoson

weiter umsetzen. Dabei entstehen dann braune Substanzgemische höherer Molekülmassen, wie wir sie auf der Oberfläche eines Steaks oder in der Brotkruste beobachten, ihre Strukturen sind bislang nicht bekannt.

Sie können aber auch Aminosäuren zersetzen **(Strecker-Abbau)**, wobei diese decarboxyliert werden und Kohlendioxid freisetzen, was Maillard bei seinem Versuch beobachtet hat. Als „Nebenprodukte" derartiger Kondensationsreaktionen untereinander entstehen aber dann Hunderte von niedermolekularen Ver-

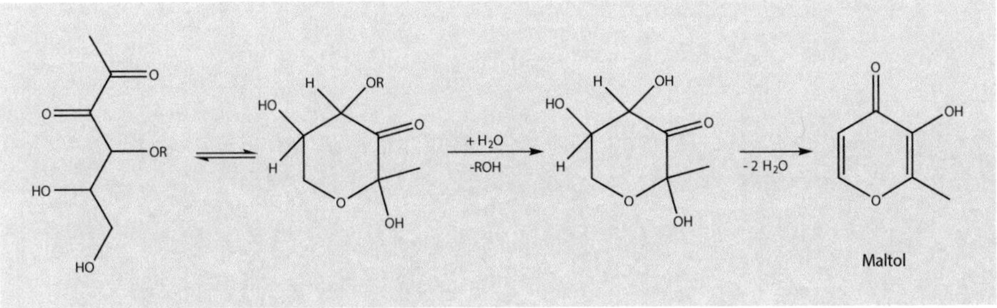

**◘ Abb. 9.5**   Reaktion zu Maltol

bindungen, die meist heterocyclische Strukturen besitzen und in ihrer Gesamtheit zu bekannten Röst-, Back- oder Brataromen beitragen.

Die **Maillard-Reaktion** ist für die Lebensmittelchemie deshalb essenziell, weil hier Kohlenhydrate und Proteine, wichtige Inhaltsstoffe der Lebensmittel, miteinander reagieren. Bei Umsetzung von Amino-Gruppen mit reduzierenden Kohlenhydraten kommt es dann zur Maillard-Reaktion mit ihren Charakteristika:

— Abbau von Kohlenhydraten u. a. unter Freisetzung flüchtiger Verbindungen mit mehr oder weniger charakteristischen Aromanoten **(thermische Aromen)**.

— Blockierung von Proteinen zu unverdaulichen Verbindungen sowie Abbau von freien α-Dicarbonylverbindungen **(Strecker-Abbau)**.

— Weiterreaktion von Zuckerabbauprodukten miteinander oder mit anderen reaktiven Verbindungen unter Entstehung farbiger **Melanoidine**. Ihre Strukturen waren bisher unbekannt. Der Grund mag darin liegen, dass sie bei molekularen Massen von >10 kDa (z. B. im **Zuckerkulör**) dennoch keinen polymerhomologen Aufbau besitzen, sondern durch vielfältige Kondensationen reaktiver Verbindungen aller Art entstanden sind. Aus Modellreaktionen kann geschlossen werden, dass die reaktiven Systeme bei der Melanoidin-Bildung offenbar C-H-acide Verbindungen mit einschließen, die dann mit geeigneten Reaktionspartnern Kondensationsreaktionen eingehen (◘ Abb. 9.6 und 9.7). Häufige Reaktionspartner scheinen Furanaldehyde zu sein. So wurden bei der Reaktion von Furfural mit Alanin bzw. Lysin die in ◘ Abb. 9.8 wiedergegebenen, rotfarbenen cis/trans-isomeren Verbindungen 1 und 2 identifiziert. Wie nachgewiesen werden konnte, werden entsprechende Körper auch bei Reaktion mit anderen Aminosäuren, z. B. Lysin, gebildet. Solche Verbindungen entstehen auch bei Reaktion von Furfural mit Casein, wobei die beiden Chromophore über die ε-Aminogruppe des Lysins gebunden sind, die das N-Atom des Pyrrolinon-Restes liefert. Diese Befunde geben erste Einblicke in die komplexe Chemie der Melanoidin-Bildung im Rahmen der Maillard-Reaktion. Melanoidine wirken **antioxidativ** und **bakterizid**. So schützt z. B. die braune Brotkruste weitgehend vor Schimmelbefall. Melanoidine enthalten wahrscheinlich Stickstoff-Radikale.

— Umsetzung von Amino-Verbindungen mit reduzierenden Zuckern zu unerwünschten Stoffen, wie **Acrylamid**.

**9**

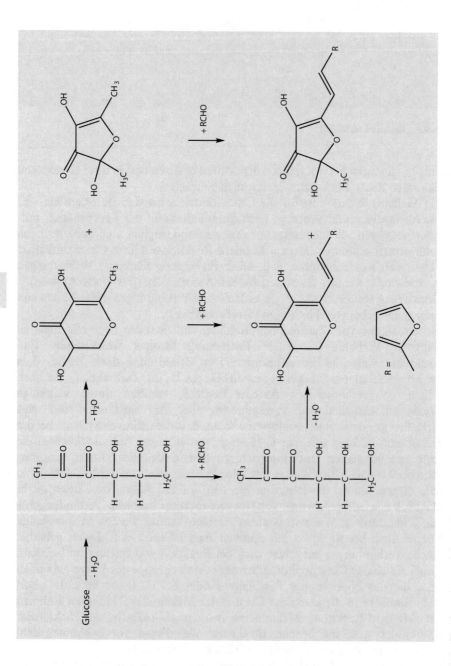

☐ **Abb. 9.6**    Kondensationsreaktionen C-H-acider Verbindungen bei der Entstehung gelbgefärbter Kondensationsprodukte – Teil I

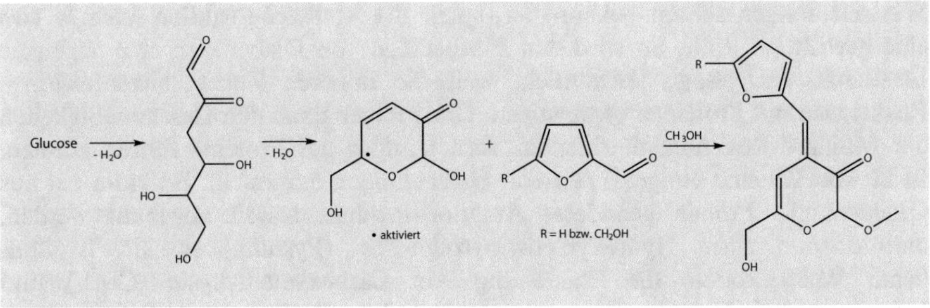

9.2 · Maillard-Reaktion

**Abb. 9.7** Kondensationsreaktionen C-H-acider Verbindungen bei der Entstehung gelbgefärbter Kondensationsprodukte – Teil II

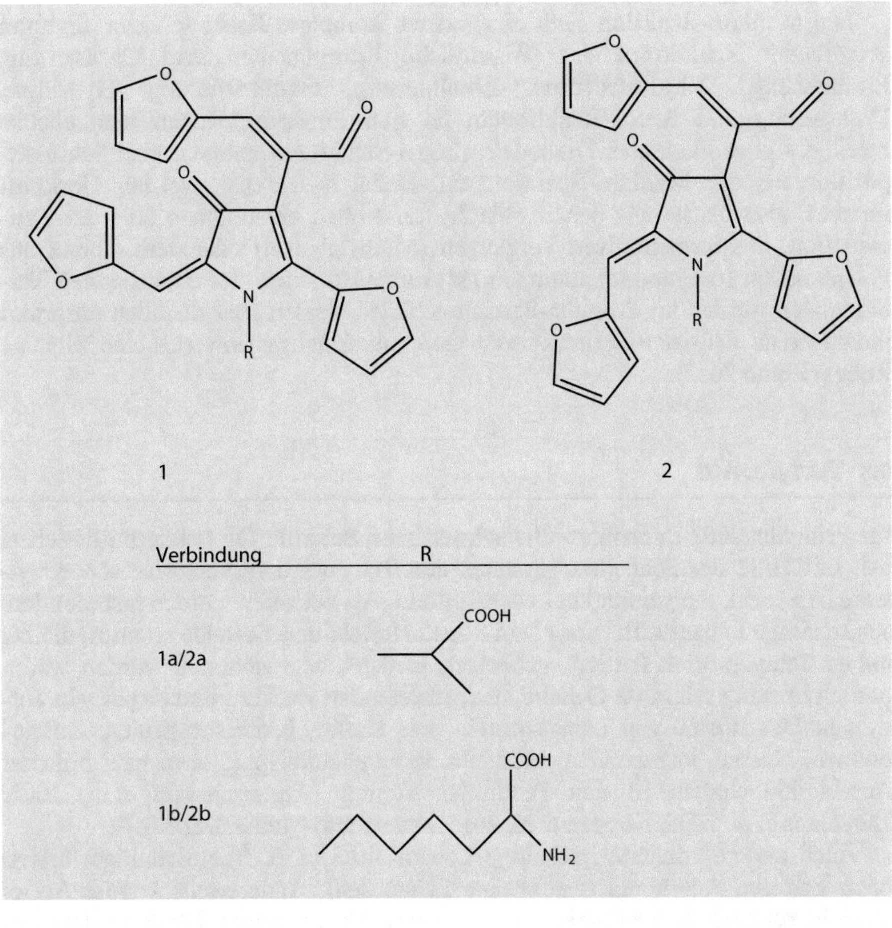

**Abb. 9.8** Rotfarbene Verbindungen aus der Reaktion von Alanin bzw. Lysin mit Furfural

Wie seit einigen Jahren bekannt ist, spielt die **Maillard-Reaktion auch *in vivo*** eine gewichtige Rolle. So wird den Blutgefäßen von Diabetikern eine geringere Elastizität nachgesagt, vermutlich, weil die höheren Zuckerkonzentrationen Reaktionen mit Proteinen begünstigen. Diese folgen dann den Gesetzmäßigkeiten der Maillard-Reaktion, die hier zu Vernetzungen der Proteine führen können. In ◘ Abb. 9.9 sind einige Typen von Umsetzungen dargestellt. So kann ein aus Glucose und Protein gebildetes Amadori-Produkt soweit abgebaut werden, dass es nun einen Hydroxymethylpyrollyl-Rest (Pyrralin) enthält. In ähnlicher Weise konnte die Entstehung von **Carboxymethyllysin** (CML) und Pentosidin bei Umsetzung von reduzierenden Zuckern mit Casein unter *In-vivo*-Bedingungen nachgewiesen werden. Die genannten Verbindungen können dann weiter kondensieren bzw. zu Vernetzungen führen. Sie werden unter dem Begriff **Advanced Glycosylation Endproducts** (AGE; dt. fortgeschrittene Glykationsendprodukte) zusammengefasst.

Die Maillard-Reaktion stellt eine extrem komplexe **Kaskade** vieler simultan ablaufender Reaktionen dar. Wesentliche Komponenten sind Cyclisierung, Enolisierung, Dehydratisierung, Eliminierung, Fragmentierung, Hydrolyse, Umlagerung und Redox-Reaktionen. Es sind ionische Mechanismen ebenso beteiligt wie radikalische. Die $\alpha$-Dicarbonyl-Strukturen nehmen eine Schlüsselposition bei der Maillard-Reaktion ein. Dabei ist es egal, welcher Herkunft sie sind, also ob sie aus dem Kohlenhydrat-Abbau entstammen, aus der Fettoxidation, aus fermentativen Vorgängen (Methylglyoxal) oder dem Abbau aus Polyphenolen (o-Chinone) stammen (◘ Abb. 9.10). Viele der entstehenden Verbindungen werden im Promille-Bereich gebildet, spielen aber dennoch aufgrund ihres extrem niedrigen Geruchs- oder Geschmacksschwellenwertes eine wichtige Rolle (Glomb 2015).

## 9.3 Acrylamid

Im Frühjahr 2002 informierte die schwedische Behörde für Lebensmittelsicherheit mit Hilfe des Schnellwarnsystems der EU über den Nachweis von **Acrylamid** (AA; engl. Acryamide) in Lebensmitteln. Als betroffen wurden insbesondere stärkehaltige Lebensmittel vor allem aus **Kartoffeln** und **Getreide** erkannt, die bei hohen Temperaturen frittiert, gebacken, geröstet oder gebraten worden waren und gleichzeitig relevante Gehalte an reduzierenden Zuckern und Asparagin aufweisen. Das Rösten von Lebensmitteln, wie Kaffee, Kaffeesubstituten, Kakaobohnen, Nüssen, insbesondere Mandeln, kann ebenfalls zu hohen bzw. höheren Acrylamid-Gehalten in den Produkten führen (Andrezejewski et al. 2004; Taeymans et al. 2005; Köppen et al. 2015; Raters und Matissek 2018).

Auch andere kohlenhydrathaltige Lebensmittel (z. B. fructosehaltige) bilden beim Erhitzen Acrylamid (wie **braune Lebkuchen**). Andererseits konnte Acrylamid in geringfügig oder wenig erhitzten sowie in gekochten Lebensmitteln nur in geringen Mengen oder gar nicht nachgewiesen werden. Eine Ausnahme bilden hier in Salzlake eingelegte **schwarze Oliven** mit einem Median von 313 µg/kg

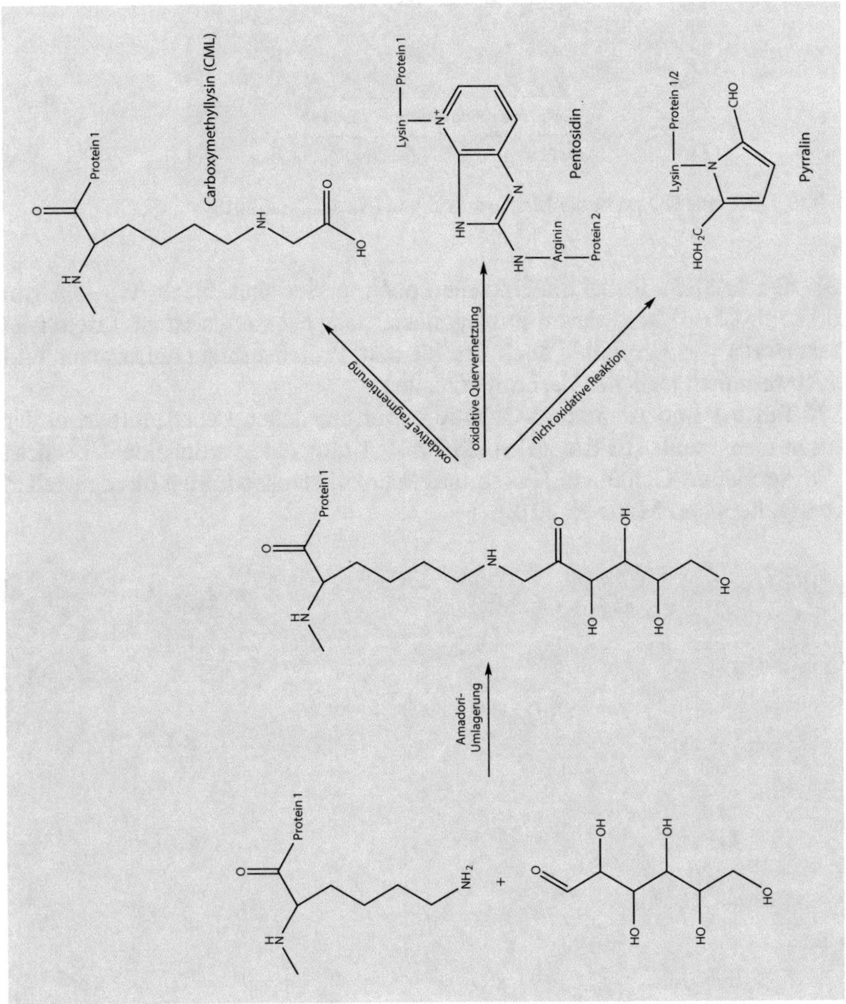

■ Abb. 9.9 Entstehung von Advanced Glycosylation Endproducts (AGE)

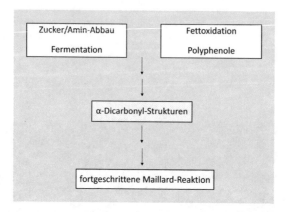

**□ Abb. 9.10**    Moderne Sichtweise der Maillard-Reaktion (Nach Glomb 2015)

(N = 3) (EFSA 2015), wobei die Ursachen noch unklar sind. Nach Arbeiten von Casado et al. (2013) wird davon ausgegangen, dass bei sterilisiertem Tafeloliven als **Prekursoren** von Acrylamid auch Peptide bzw. Proteine fungieren können, und das in Abwesenheit jeglicher Carbonyl-Quellen.

In **□** Tab. 9.1 sind Acrylamid-Gehalte in verschiedenen Lebensmitteln in der EU zusammengestellt (EFSA 2015). **□** Tab. 9.2 gibt eine vertiefende Übersicht über die Acrylamid-Gehalte in Kakao und Schokoladenprodukten des deutschen Marktes (Raters und Matissek 2018).

**□ Tab. 9.1**    Acrylamid-Gehalte in verschiedenen Lebensmitteln – Mediane von amtlichen Kontrollen in der EU

| Lebensmittel | µg/kg |
|---|---|
| Kartoffelprodukte, frittierte (außer Kartoffelchips und Snacks) | 196 |
| Kartoffelchips und Snacks | 389 |
| Gemüsechips | 1511 |
| Brot | 17 |
| Frühstückscerealien | 67 |
| Feine Backwaren, Cracker, Knäckebrot | 120 |
| Kaffee (trocken) | 221 |
| Kaffeeersatz (trocken) | 667 |
| Nüsse, Ölsamen, geröstet | 25 |
| Schwarze Oliven in Salzlake | 313 |
| Pflaumen, Datteln | 47 |
| Paprikapulver | 25 |
| Produkte auf Kakaobasis | 65 |
| Quelle: Nach EFSA (2015) | |

**◘ Tab. 9.2** Acrylamid-Gehalte (Range) in Kakao und Schokoladen des deutschen Marktes in den Jahren 2015–2017

| Kakao und Kakaohaltige Produkte | N | N>LOD (%) | µg/kg |
|---|---|---|---|
| **Kakaohalberzeugnisse** | | | |
| Kakaobohnen, ungeröstet | 3 | 3 (100) | 50–80 |
| Kakaopulver | 25 | 25 (100) | 40–440 |
| Kakaonibs, geröstet | 13 | 13 (100) | 50–380 |
| Kakaomasse | 50 | 50 (100) | 40–490 |
| Kakaobutter | 3 | 0 (0) | ≤LOD |
| **Schokoladen und Kakaohaltige Endprodukte** | | | |
| Milchschokolade/-kuvertüre [25 %] | 67 | 20 (30) | ≤LOD–90 |
| Schokolade/-kuvertüre [35/53 %] | 93 | 87 (94) | ≤LOD–400 |
| Schokolade mit zusätzlichen Ingredienzien | 93 | 46 (49) | ≤LOD–200 |
| Kakaohaltige Getränkepulver | 9 | 0 (0) | ≤LOD |
| Weiße Schokolade | 7 | 0 (0) | ≤LOD |

Quelle: Raters und Matissek (2018)
LOD Limit of Detection, Bestimmungsgrenze: hier ≤30 µg/kg
[] angegebener Kakaogehalt mind.

---

**Acrylamid im Spannungsfeld Prozesskontaminante ↔ Migrationskontaminante**

- Da Acrylamid aus Verpackungen in Lebensmittel oder aus Flockungsmitteln in Trinkwasser migrieren kann, lässt es sich den **Migrationskontaminanten** zuordnen. Acrylamid wurde erst im Jahr 2002 als Stoff bekannt, der in Lebensmitteln selbst durch endogene Synthese bei höheren Temperaturen entstehen kann. Acrylamid stellt aus diesem Grunde auch eine **Prozesskontaminante** dar. Acrylamid ist somit eine **multioriginäre Kontaminante.**
- Da die Expositionshöhe gegenüber dem in Lebensmitteln gebildetem Acrylamid deutlich relevanter ist, als die aus Migrationsquellen stammenden Anteile, wird Acrylamid an dieser Stelle ausführlich behandelt. Hinsichtlich der zusätzlichen Bedeutung als Migrationskontaminante sei auf ► Abschn. 7.3.6 verwiesen.

---

**Der „Urknall" – Die Entstehung des Begriffs "Prozesskontaminante"**

- Die größtmögliche Überraschung auslösende Entdeckung von Acrylamid im April 2002 hat die Wissenschaft, die Industrie und die zuständigen Behörden urgewaltig aufgeschreckt, den Terminus „Kontaminante" revolutioniert und nicht zuletzt eine gänzlich neue Stoffklasse in das öffentliche Interesse gerückt.

— Es erscheint aus heutiger Sicht daher durchaus berechtigt, für diesen „**Big Bang**" der Lebensmittelchemie als Allegorie den Urknall zu bemühen. Thermische Reaktionsprodukte, in gesundheitlich unerwünschter Form als **Prozesskontaminanten** bezeichnet, haben ihren Ursprung sehr häufig in der Maillard-Reaktion, eben jener Reaktion, die der Forscher L. C. Maillard vor über hundert Jahren im Rahmen seiner Dissertation entdeckte (Raters und Matissek 2012).

— Mit der Erkennung der Bedeutung und Bildung der Prozesskontaminanten wurde erst allmählich klar, dass diese Stoffe von Natur aus *in vivo* entstehen: „**Mutter Natur hat uns mit Acrylamid ein Kuckucksei ins Nest gelegt.**" (*Zitat:* Reinhard Matissek)

Acrylamid (◧ Abb. 9.11) ist hautreizend und hat sich u. a. im Tierversuch als cancerogen erwiesen. Es ist das Monomer von **Polyacrylamid,** das als Flockungsmittel bei der Wasseraufbereitung eingesetzt wird. Es wird auch in der Papierindustrie und als Dispersionsmittel bei der Herstellung von Anstrichen verwendet und kann daher zumindest als „einfache" Kontaminante in Lebensmitteln auftreten.

Sein Nachweis in Lebensmitteln hat zu intensiven Untersuchungen geführt, da die Bildung in Lebensmitteln als Prozesskontaminante zunächst unglaublich erschien. Der chemische Bildungsweg von Acrylamid in Lebensmitteln gilt inzwischen als weitgehend aufgeklärt. In mehreren unabhängigen Studien konnte gezeigt werden, dass bei Erhitzung der Aminosäure **Asparagin** mit bestimmten **α-Dicarbonyl-Verbindungen** (reduzierende Zucker, insbesondere Glucose und Fructose) im Rahmen der Maillard-Reaktion Acrylamid gebildet werden kann. Der Mechanismus der Acrylamid-Bildung ist in ◧ Abb. 9.12 wiedergegeben. Weiterhin stellte sich in vertiefenden Untersuchungen heraus, dass bei beiden Mechanismen **3-Aminopropionamid (3-APA)** eine Schlüsselrolle als Intermediat innehat. Neben der thermischen Bildung von 3-APA aus Asparagin wurde ferner ein biochemischer Bildungsweg aufgezeigt, der ohne Mitwirkung reduzierender Zucker und ohne jegliche Hitzeeinwirkung, sondern vielmehr durch Enzyme (Decarboxylasen) abläuft (◧ Abb. 9.13 und 9.14).

Acrylamid wirkt im Tierversuch cancerogen und reproduktionstoxisch. Für die krebserzeugende Wirkung wurde ursprünglich ein genotoxischer Mechanis-

◧ **Abb. 9.11**   Acrylamid (AA)

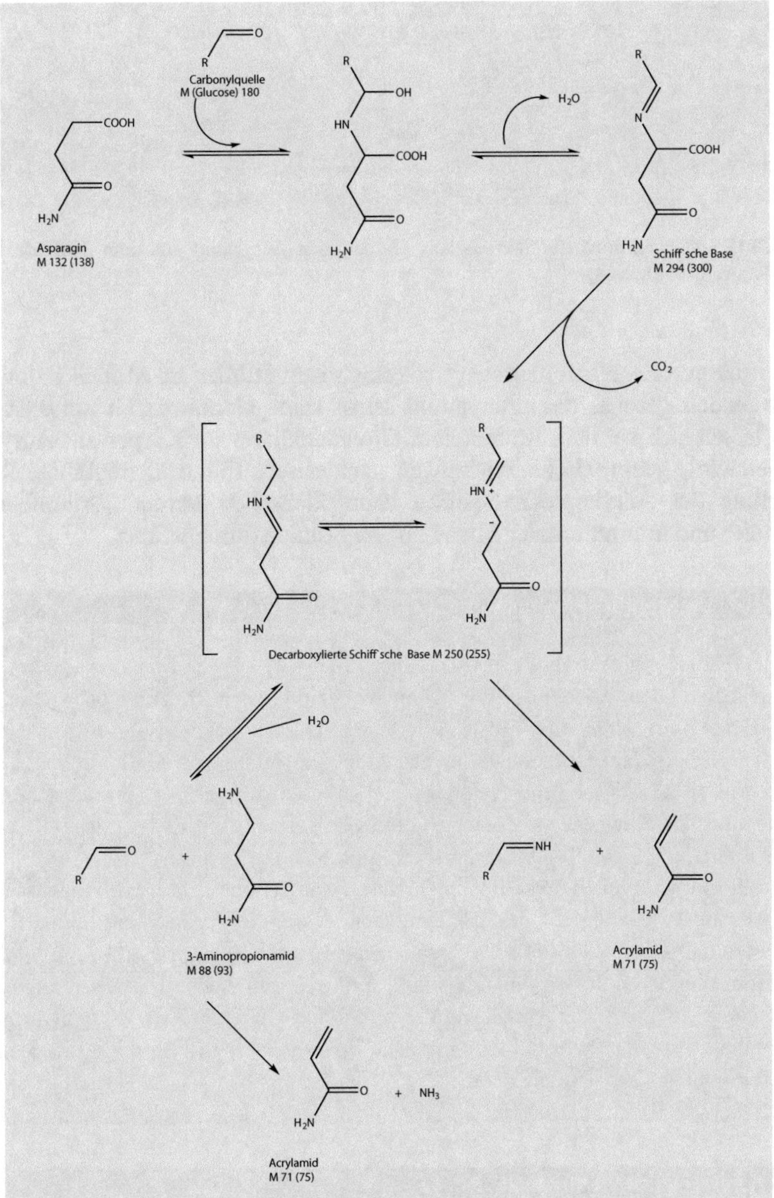

**□ Abb. 9.12** Mechanismus der Acrylamid-Bildung in erhitzten Lebensmitteln im Rahmen der Maillard-Reaktion (Nach Zyzak et al. 2003). *Erläuterung:* In Klammern sind die molaren Massen des isotopenmarkierten Asparagins vermerkt

**☐ Abb. 9.13**  Mechanismus der thermischen Bildung von Acrylamid aus dem Vorläufer 3-APA (Nach Granvogl et al. 2004)

mus angenommen. Nach neuesten toxikologischen Studien im Modell Humanblut wurde jedoch gezeigt, dass Acrylamid selbst keine Genotoxizität aufweist. Hingegen lassen sich bei dem Metaboliten **Glycidamid**, der im Körper aus Acrylamid gebildet wird, genotoxische Wirkungen nachweisen. Für eine tragfähige Risikobewertung der Acrylamid-Exposition beim Menschen werden fortlaufend auf nationaler und internationaler Ebene diverse Studien durchgeführt.

## Acrylamid – Steckbrief Minimierung

**9**

- ▬ **Acrylamid** entsteht als **Prozesskontaminante** aus den Precusoren Asparagin und reduzierenden Kohlenhydraten während der Maillard-Reaktion beim Braten, Backen, Frittieren oder Rösten von stärkehaltigen Lebensmitteln. Acrylamid findet sich daher besonders in erhitzten Kartoffel- und Getreideprodukten sowie in Röstkaffee (und Instantkaffee, Kaffeesubstituten). Aber auch in Brot, Frühstückscerealien, Gemüsechips, Nüssen, vornehmlich in Mandeln, Kakao, Oliven, Karamell, Nougat, Lakritz etc. wurde es nachgewiesen.
- ▬ Weil die genannten Präkursoren in fast jedem Lebensmittel vorhanden sind, ist eine vollständige Unterdrückung oder Verhinderung der hitzeinduzierten Bildung kaum erreichbar. Veränderungen technologischer Prozesse unter kontrollierten industriellen Herstellungsbedingungen haben in den vergangenen Jahren eine deutliche **Absenkung** der Acrylamid-Gehalte bewirkt. Ob dies auch unter normalen Haushaltsbedingungen zu erreichen ist, ist noch nicht ausreichend geklärt, aber eher fraglich.

## Acrylamid – Steckbrief Toxikologie

- ▬ **Acrylamid** gilt als wahrscheinlich krebserregend beim Menschen. Es wird angenommen, dass die krebserzeugende Wirkung von Acrylamid primär auf seiner metabolischen Oxidation zum genotoxischen Metaboliten Glycidamid (GA) beruht (s. ☐ Abb. 9.15). Sowohl Acrylamid als auch Glycidamid sind hochreaktiv und gehen im Organismus mit zahlreichen Biomolekülen – insbesondere mit Glutathion (GSH) – Bindungen ein. Solche Reaktionen dienen

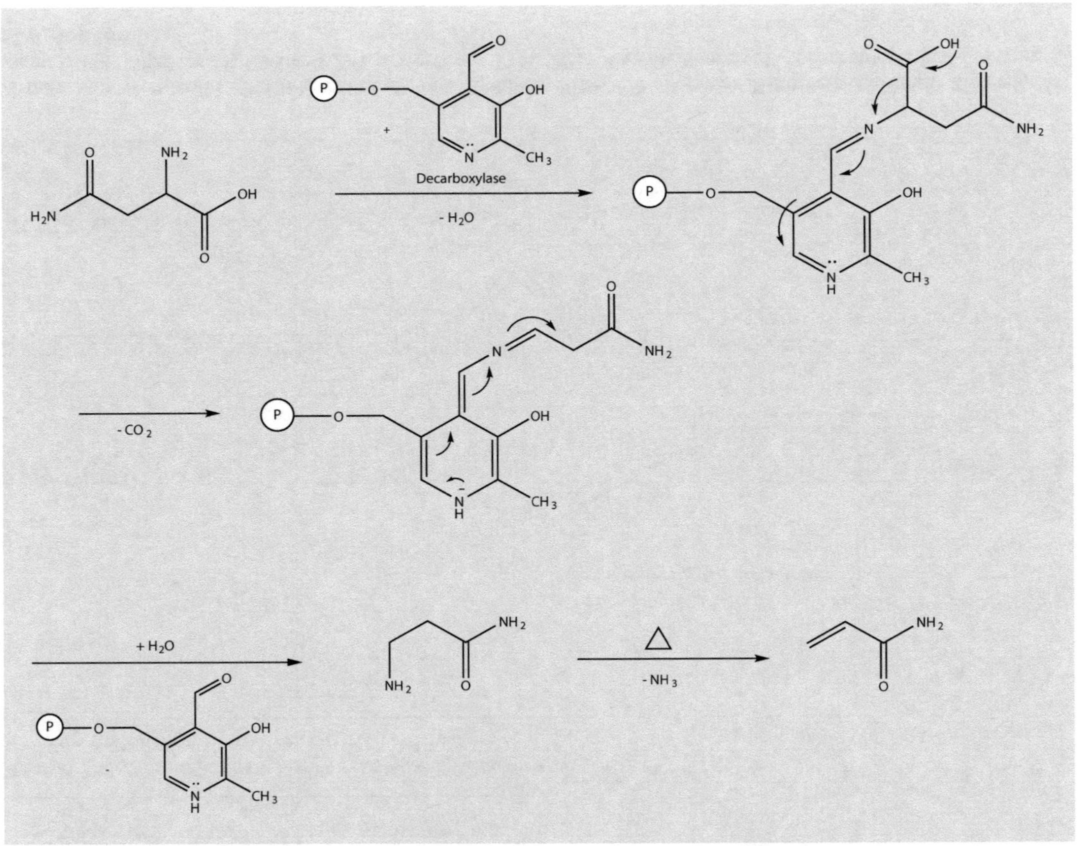

9.3 · Acrylamid

■ **Abb. 9.14** Enzymatischer Bildungsmechanismus von Acrylamid über 3-APA aus Asparagin durch Decarboxylierung (Nach Granvogl et al. 2004)

**9**

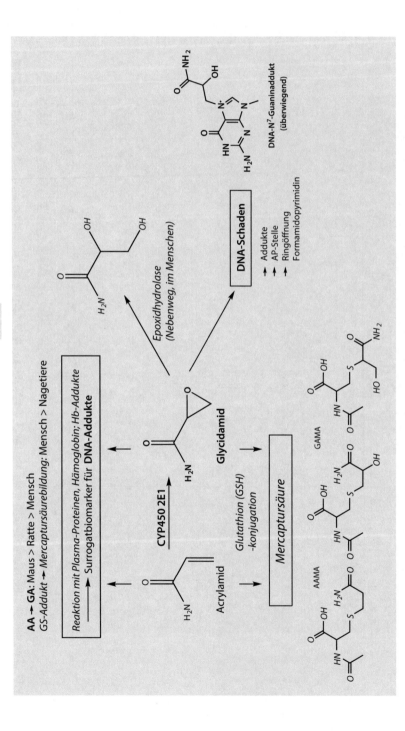

☐ **Abb. 9.15** Metabolismus von Acrylamid (Nach Eisenbrand und Richling 2019). *Erläuterung:* **Fettdruck:** Giftung; *Kursivdruck:* Entgiftung. *Weitere Erläuterung:* **AA** Acrylamid; **GA** Glycidamid; **CYP450 2E1** Cytochrom P450 2E1; **AAMA** N-acetyl-S-(2-carbamoylethyl)-l-cystein; **GAMA** N-acetyl-S-(2-hydroxy-2-carbamoylethyl)-l-cystein

der Entgiftung und tragen dazu bei, dass ein erheblicher Anteil des aufgenommenen Acrylamids der metabolischen Aktivierung zum genotoxischen Glycidamid entzogen wird. Die GSH-Kopplung sorgt ferner dafür, dass im verbraucherrelevanten Expositionsbereich das in der Leber gebildete Glycidamid effektiv entgiftet wird.

- **Epidemiologische Studien** zeigen keine überzeugende Evidenz für eine mögliche Assoziation von erhöhtem Krebsrisiko mit ernährungsbezogener Acrylamid-Exposition des Verbrauchers. Neuere Untersuchungen lassen den Schluss zu, dass, zumindest im niederen und verbraucherrelevanten Expositionsbereich, die Evidenz gegen einen genotoxischen Mechanismus von Acrylamid über die metabolische Bildung von Glycidamid spricht. Ob die Gentoxizität von Glycidamid für die Tumorbildung im Bereich höherer krebserzeugender Dosen wirklich eine Rolle spielt, ist ungewiss (Goempel et al. 2017).
- Ergebnisse aus Tierversuchen gaben darüber hinaus Grund zu der Annahme, dass Acrylamid nicht nur aufgenommen, sondern auch beständig endogen („im Körper selbst") gebildet wird. Kontrollierte Interventionsstudien bestätigen diese Hypothese auch beim Menschen, bei dem die endogene Exposition in einem Bereich liegt, der der durchschnittlichen Verbraucherexposition über Lebensmittel durchaus nahekommen kann.
- Auch für weitere Prozesskontaminanten ist bekannt, dass sie im **Stoffwechsel** gebildet werden können. Diesem unter dem Begriff „endogenes Exposom" zusammengefasstem Phänomen sollte sich künftige toxikologische Forschung intensiv widmen (Eisenbrand und Richling 2019).

## Endogenes Exposom

- Der Begriff **Exposom** umfasst die Gesamtheit aller nichtgenetischen, endogenen sowie exogenen Umwelteinflüsse, denen ein Individuum lebenslang ausgesetzt ist (Wikipedia 2019).
- Der Begriff **endogen** (zu deutsch „im Inneren erzeugt", „im Körper selbst erzeugt") bedeutet im medizinischen Sinne, dass etwas aus inneren Ursachen entsteht oder aus dem Inneren eines Systems heraus nach innen oder außen wirkt.
- **Endogenes Exposom** meint also die Gesamtheit aller im Inneren des Körpers erzeugten, nichtgenetischen Einflüsse, auf das Individuum.

Seit der Entdeckung von Acrylamid sind insbesondere in Deutschland immense Bestrebungen sowohl von Seiten der Lebensmittelindustrie als auch der Behörden und Forschungseinrichtungen unternommen worden, relevante Erkenntnisse zu gewinnen, um die Gehalte auf breiter Linie zu senken. Weltweit laufen diverse Forschungsprojekte zu Acrylamid in verschiedenen Disziplinen mit unterschiedlichen Ansätzen.

Das EU-weit bisher einzigartige in Deutschland praktizierte **dynamische Minimierungskonzept** mit den sog. **Signalwerten** wurde 2002 zwischen dem Bundesamt für Verbraucherschutz und Lebensmittelsicherheit (BVL) und den Ländern, der Wirtschaft und dem damaligen Bundesministerium für Ernährung, Landwirtschaft und Verbraucherschutz (BMELV) abgestimmt und soll eine stufenweise aber stetige Absenkung der Acrylamid-Gehalte bewirken. Die Signalwerte wurden in regelmäßigen Abständen durch Datenaktualisierung überprüft und entsprechend angepasst. Bisher hat es acht Signalwert-Berechnungen in Deutschland gegeben.

In 2011 wurden auf EU-Ebene erstmals sog. **europäische Signalwerte** (genauer engl. Indicative Values) für einige Lebensmittelkategorien veröffentlicht, die die nationalen Signalwerte in vorhandenen Fällen ablösten. Im Jahre 2017 erfolgte in der EU dann zunächst die Einführung von sog. **Benchmark Levels** (zu Deutsch in etwa: Referenzniveau), die die **Indicative Values** ablösten.

Zu guter Letzt wurden im Jahr 2017 dann von der EU Kommission **Richtwerte** und **Minimierungsmaßnahmen** für die Senkung des Acrylamid-Gehaltes in Lebensmitteln festgelegt (Verordnung (EU) 2017/2158). Es handelt sich um folgende **Lebensmittel(-gruppen)**: a) Pommes frites, andere geschnittene (frittierte) Erzeugnisse und Chips aus frischen Kartoffeln/Erdäpfeln; b) Kartoffel-/Erdapfelchips, Snacks, Cracker und andere Kartoffel-/Erdapfelerzeugnisse auf Teigbasis; c) Brot; d) Frühstückscerealien (ausgenommen Porridge); e) Feine Backwaren: Plätzchen, Kekse, Zwieback, Getreideriegel, Scones, Eiswaffeln, Waffeln, Crumpets und Lebkuchen, Cracker, Knäckebrot und Brotersatzprodukte. In dieser Kategorie ist unter einem Cracker ein Hartkeks (eine Backware auf Getreidemehlbasis) zu verstehen; f) Kaffee: d.h. gerösteter Kaffee und Instant-Kaffee (löslicher Kaffee); g) Kaffeemittel; h) Getreidebeikost und andere Beikost für Säuglinge und Kleinkinder im Sinne der Verordnung (EU) Nr. 609/2013. **Acrylamid** wird hier im Erwägungsgrund Nr. (2) definiert als ein **Kontaminant** im Sinne der Verordnung (EWG) Nr. 315/93 des Rates und stellt als solches eine chemische Gefahr in der Lebensmittelkette dar.

Auf europäischer Ebene der Lebensmittelhersteller hat der Europäische Verband der Lebensmittelindustrie (FoodDrinkEurope – FDE) die Bemühungen von Wissenschaft und Industrie koordiniert und ein sog. **Acrylamid-Toolbox-Konzept** (Werkzeugkasten-System) entwickelt. Es beschreibt wissenschaftliche Ansätze, Möglichkeiten und Methoden zur Acrylamid-Reduzierung in Lebensmitteln sowie deren praktische Umsetzung.

**Toolbox**

Der Begriff bedeutet **Werkzeugkasten** und meint im Zusammenhang bei der Minimierung von Prozess-/Kontaminanten bei Lebensmitteln die (systematische) Zusammenstellung von Hinweisen und Maßnahmen bzw. **Tools,** die zur Minimierung, Reduzierung oder Vermeidung des betreffenden Risikofaktors beitragen. Diese können großtechnisch erprobt oder im technischen Pilotmaßstab oder im Labormaßstab erarbeitet worden sein. Durch den wissenschaftlichen und technischen Fortschritt entwickelt sich eine Toolbox stetig weiter.

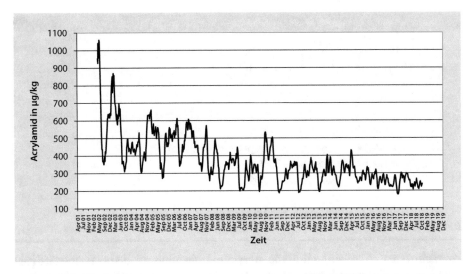

**◘ Abb. 9.16** Minimierung von Acrylamid in Kartoffelchips (LCI 2019). *Erläuterung:* Wochenmittelwerte deutscher Hersteller von 2002–2019; Trendlinie nach Produktionsdatum. Die aktuelle Graphik ist abrufbar unter: ▶ https://www.lci-koeln.de/deutsch/verbraucherinformation-zur-thematik-acrylamid-bei-kartoffelchips

Durch die von Industrie bzw. Behörden kontinuierlich durchgeführten bzw. überarbeiteten **Minimierungsmaßnahmen** konnten die Acrylamid-Gehalte in Lebensmitteln zum Teil sehr wirksam gesenkt werden. ◘ Abb. 9.16 zeigt die Effektivität der von den in Deutschland produzierenden Kartoffelchipsherstellern seit April 2002 durchgeführten Minimierungsmaßnahmen bei der **Kartoffelchipsproduktion**. Die Grafik zeigt die Wochenmittelwerte beginnend im Jahr 2002 und basiert auf Tausenden vom Lebensmittelchemischen Institut (LCI) des Bundesverbandes der Deutschen Süßwarenindustrie e. V. systematisch durchgeführten Acrylamid-Analysen mittels LC–MS/MS. Deutlich erkennbar sind die ab Mai/Juni 2002 durchgeführten technologischen Maßnahmen in einer stark absinkenden Kurve – insbesondere in den ersten Monaten. Überlagert wird dieser Effekt von den saisonalen, erntebedingten Gegebenheiten. Inzwischen weisen Kartoffelchips in Deutschland dank innovativer Technologien und optimierter Rohstoffverarbeitung sehr niedrige Acrylamid-Gehalte von im Wochenmittel unter 300 µg/kg auf – bei einem europäischen *Benchmark Level* von 750 µg/kg.

Die **Acrylamid-Bildung** ist ein typisches Beispiel für die Entstehung gesundheitlich bedenklicher Stoffe bei der Zubereitung von Lebensmitteln, denen die Menschheit aber schon ausgesetzt ist, seit Lebensmittel geröstet, gebacken oder frittiert werden. Untersuchungen, in denen der Einfluss der Temperatur auf die Acrylamid-Bildung gemessen wurde, haben erkennen lassen, dass seine Konzentrationen über 140 °C stark ansteigen. Allerdings ist auch zu konstatieren, dass bei noch höheren Temperaturen, also z. B. beim Rösten von Mandeln, ab Temperaturen über 180 °C andererseits ein starker Abbau von Acrylamid eintritt (Amrein et al. 2007).

---

**Das Vorsorgeprinzip am Beispiel Acrylamid – eine Blaupause für die Zukunft**

Der **Großsachverhalt** um Acrylamid ist in den Lehrbüchern zwischenzeitlich zum Paradebeispiel einer Fallstudie hinsichtlich der erfolgreich gemeisterten Herausforderungen bei der Risiko-/Krisenbewältigung im Lebensmittelbereich geworden. Die Erfahrungen, die weiland in der Zusammenarbeit aller Stakeholder gemacht wurden, gelten als vorbildlich, gemäß dem Leitbild des damals neu formulierten **Vorsorgeprinzips** (engl. Precautionery Principle): *Gemeinschaftsverantwortung – Lebensmittelsicherheit darf kein wettbewerbliches Instrument sein.* (Näheres zum Vorsorgeprinzip in ▶ Abschn. 1.2.4.)

## 9.4 Acrolein

Acrolein (engl. Acrolein) zählt wie Acrylamid ebenfalls zu den **α,ß-ungesättigten aliphatischen Carbonyl-Verbindungen**. Diese sind in Lebensmitteln natürlicherweise als Aromastoffe weit verbreitet (werden aber auch zugesetzt) wie z. B. 2-Hexenal oder 2,4-Nonadienal, entstehen darüber hinaus aber auch bei der thermischen Behandlung von Lebensmitteln in unerwünschter Weise als Prozesskontaminanten. Die einfachste α,β-ungesättigte Carbonyl-Verbindung ist das Acrolein.

**Acrolein** (Propenal, Acrylaldehyd, ◘ Abb. 9.17) ist in Reinform ein flüssiger, sehr giftiger Aldehyd mit stechendem Geruch und schleimhautreizender Wirkung. Acrolein entsteht bei Verbrennungsprozessen, besonders der unvollständigen Verbrennung von Kraftstoffen, Holz oder Kunststoffen. In den Abgasen von Motoren wurden 0,05 bis 2,7 mg/m³ Acrolein nachgewiesen. Tabakrauch kann zur inhalativen Aufnahme beitrage. Gewerbliche Großküchen, in denen Speiseöl beim Braten oder Frittieren auf Temperaturen über 180 °C erhitzt wird, sind eine nennenswerte Quelle für inhalative Acrolein-Exposition am Arbeitsplatz.

Acrolein kann beim Erhitzen von Lebensmitteln aus **Fetten, Aminosäuren** und **Kohlenhydraten** gebildet werden. So kann die thermische Zersetzung von Glyceriden bzw. Glycerol in der Fettphase von Lebensmitteln bzw. von Aminosäuren wie Methionin und Threonin bzw. von kohlenhydrathaltigen Lebensmitteln zur Acrolein-Bildung führen (Stevens und Maier 2008). Die Bildung

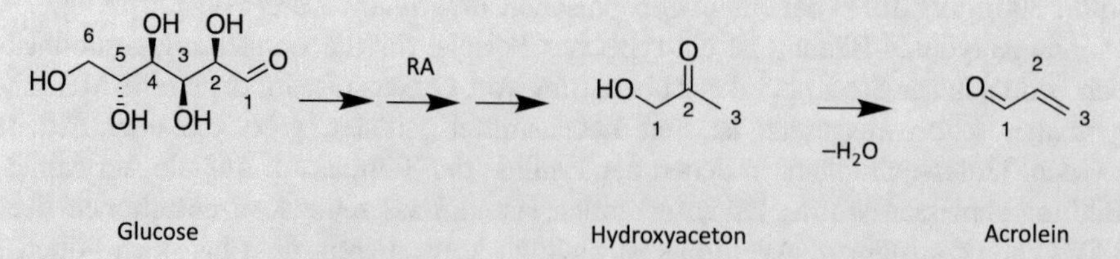

◘ **Abb. 9.17**  Acrolein-Bildung aus Glucose via Hydroxyaceton (Nach Stevens und Maier 2008). Erläuterung: RA Retroaldolreaktion

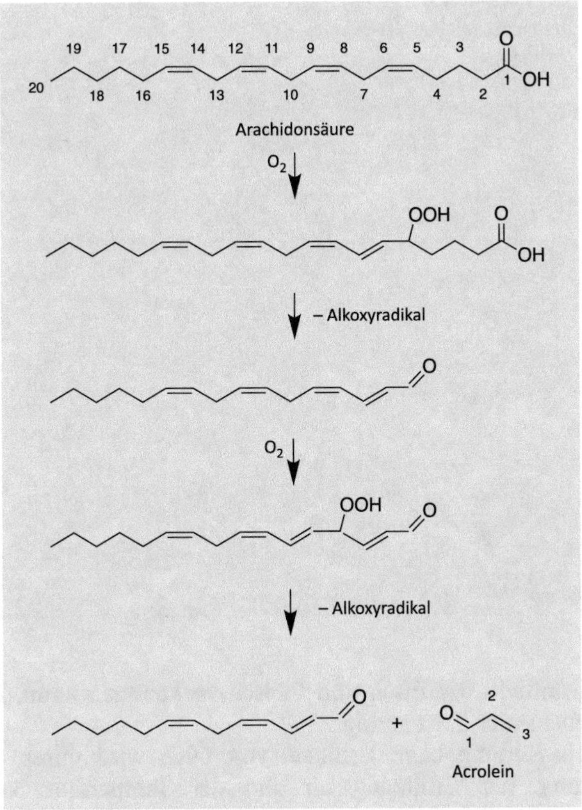

**□ Abb. 9.18** Mögliche Acrolein-Bildung aus Arachidonsäure (Nach Esterbauer et al. 1991)

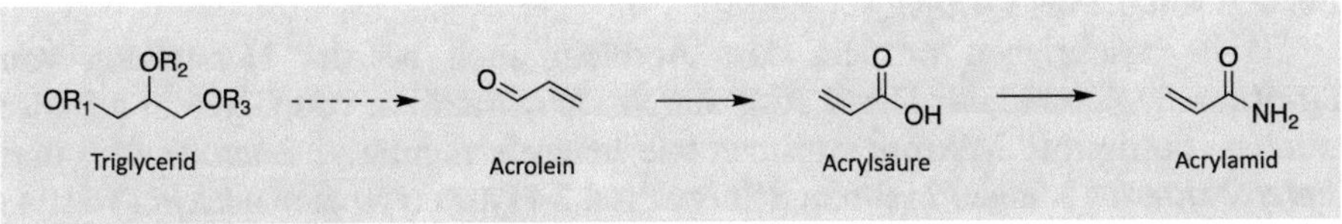

**□ Abb. 9.19** Acrolein-Bildung im Rahmen extremer Hitzeeinwirkung auf Fette und Öle in einer Nebenreaktion (Nach Ehling et al. 2005)

von Acrolein aus Glucose via **Hydroxyaceton** wird in □ Abb. 9.17 dargestellt. Einen möglichen Bildungsmechanismus von Acrolein aus der **Arachidonsäure** zeigt □ Abb. 9.18. Beim Einwirken extremer Hitze (>400 °C; wie sie bei unsachgemäßem Grillen, d. h. beim Tropfen von Fett auf glühende Kohlen, auftritt, kann sich Acrolein als Zersetzungsprodukt von Glycerin in einer Nebenreaktion bilden (□ Abb. 9.19).

Zum Vorkommen von **Acrolein** in Lebensmitteln liegen nur wenige Daten vor. Es gibt Hinweise, dass es in geringen Konzentrationen in frischen Früchten und Gemüse, in Brot, aber auch in mit tierischen Fetten und pflanzlichen Ölen

| ▣ Tab. 9.3    Acrolein-Gehalte in Lebensmitteln | |
|---|---|
| **Lebensmittel** | **µg/kg bzw. µg/L** |
| Früchte | 10–50 |
| Gemüse | 10–590 |
| Pommes Frites | 1–5 |
| Donuts | 100–900 |
| Sonnenblumenöl | 163 |
| Erhitztes Raps- und Sojaöl | 390–440 |
| Erhitztes Pflanzenöl | 62–520 |
| Pflanzliche Öle, nicht erhitzt | 1–20 |
| Frittierfett nach Gebrauch | 200–1400 |
| Käse | 290–1300 |
| Bier/Lagerbier | 1–2 |
| Rotwein | bis zu 3800 |
| Quelle: SKLM (2012) | |

**9**

erhitzen Lebensmitteln wie Fisch und Fleisch vorkommen kann. Die Datenlage bei erhitzen Lebensmitteln ist gering.

Die Acrolein-Bildung beim Erhitzen von Ölen wird durch die Fettsäurezusammensetzung, der Erhitzungszeit und der Temperatur beeinflusst. Für Öle oder Fette, die keine Erhitzungsprozesse nach der Raffination durchlaufen haben, wurden Gehalte im unteren Spurenbereich (1 bis 20 µg/kg) angegeben. Gebrauchte Frittierfette hingegen zeigten stark erhöhte Acrolein-Gehalte im Bereich von 0,2 bis 1,4 mg/kg.

Es ist beschrieben worden, dass Acrolein auch bei der Herstellung von Spirituosen während der Destillation durch Dehydratation von Glycerin gebildet werden. Bestimmte Mikroorganismen wie heterofermentative *Lactobacillen* und *Enterobakterien* können in ihrem Stoffwechsel **3-Hydroxypropionaldehyd** (3-HPA) bilden, aus dem bei der Destillation unter Wasserabspaltung Acrolein entstehen kann (SKLM 2012). Eine Zusammenstellung über in der Literatur berichtete Acrolein-Gehalte in Lebensmitteln zeigt ▣ Tab. 9.3.

## Acrolein – Steckbrief Toxikologie

Die Datenlage zur Mutagenität bzw. Genotoxizität von **Acrolein** ist nicht eindeutig. Es wurde jedoch über Effekte *in vitro* bei noch nicht cytotoxischen Konzentrationen berichtet.

Die Cancerogenität von Acrolein wird wie folgt eingestuft (SKLM 2012):
- **IARC:** Kategorie 3 („not classifiable as to its carcinogenicity to humans, based on inadequate evidence in humans and in experimental animals for the carcinogenicity of acrolein")

- **MAK**-Kommission der DFG: Kategorie 3B (begründeter Verdacht)
- **US EPA:** „Data are inadequate for an assessment of human carcinogenic potential by either the inhalation or oral routes of exposure."

## 9.5 Furan und seine Methyl-Analoga

**Furan** (engl. Furane, franz. Furane, abgeleitet vom lateinischen Wort *furfur* für Kleie) ist in reiner Form eine farblose, leicht flüchtige Flüssigkeit und auch unter den Namen Furfuran, Divinylenoxid, Oxacyclopentadien und Oxol bekannt. Die Verbindung, die zur Gruppe der sauerstoffhaltigen Heteroaromaten zählt, ist sehr flüchtig (Kp. $_{Furan}$ = 32 °C), unlöslich in Wasser, jedoch gut löslich in organischen Lösungsmitteln, wie Alkoholen, Ether und Aceton. Furan wird bei der Verarbeitung von Lebensmitteln aus natürlichen Inhaltsstoffen gebildet und gehört somit auch zur Gruppe der Prozesskontaminanten. Es entsteht nach bisherigen Erkenntnissen beim hitzebedingten Abbau von Kohlenhydraten, z. B. Zuckern in Anwesenheit von Aminosäuren im Rahmen der Maillard-Reaktion, von mehrfach ungesättigten Fettsäuren, Carotinoiden sowie von Ascorbinsäure.

**Furan ↔ Furane**

- Der Begriff **Furan** (engl. Furane) meint die chemisch definierte Verbindung mit der Summenformel $C_4H_4O$ und CAS-Nr. 110–00-9 (◘ Abb. 9.20).
- *Achtung:* Der umgangssprachliche Ausdruck „**Furane**" (engl. Furans) ist ein zusammenfassender Oberbegriff für die **Dibenzofurane** (PCDF ► Abschn. 6.3.1) und hat *nichts* mit dem einfachen Furan zu tun.

Neben Furan selbst wurden in thermisch behandelten Lebensmitteln weitere verschiedene *Alkyl-Analoga* (meist die Methyl-Verbindungen) des Furans nachgewiesen (◘ Abb. 9.21). Sie können während der Lebensmittelzubereitung entstehen oder auch den Lebensmitteln als Aromastoffe zugesetzt werden. In einer EU-Empfehlung werden noch weitere Alkyl-Analoga des Furans beobachtet, wie 2-Ethylfuran, 2-Propylfuran, 2-Butylfuran und 2-Pentylfuran (EU-Kommission 2019).

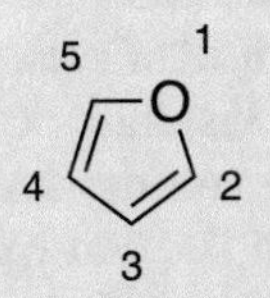

◘ **Abb. 9.20** Furan

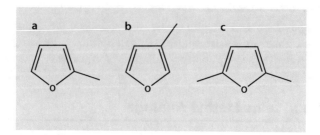

**Abb. 9.21** Strukturformeln relevanter Methyl-Analoga des Furans. **a** 2-Methylfuran, **b** 3-Methylfuran, **c** 2,5-Dimethylfuran

### Analoga

Im Allgemeinen werden Verbindungen als **Analoga** bezeichnet, wenn sie strukturelle oder funktionelle Ähnlichkeiten aufweisen. **Methyl-Analoga** des Furans, wie 2-Methyl-, 3-Methyl- und 2,5-Dimethylfuran, haben demnach die Grundstruktur des Furans mit einer oder mehreren Methyl-Gruppen an unterschiedlichen Positionen (**Abb. 9.21**).

Furan wurde erstmals 1938 in **Kaffee** nachgewiesen. In der Aromaliteratur wurde bereits 1979 umfassend über Furan als solches und Furan als Grundkörper einer Vielzahl geschmackgebender Lebensmittelkomponenten berichtet. Die Substanz konnte hierbei beispielsweise in gekochtem Huhn, Corned Beef, gerösteten Haselnüssen, Brot, Fischpaste, Räucherrauch etc. nachgewiesen werden. Mögliche Bildungswege von Furan in erhitzen Lebensmitteln zeigt (**Abb. 9.22**).

Nach einer von der FDA im Jahre 2004 durchgeführten Studie zu Furan-Gehalten in Lebensmitteln wurden Einzelergebnisse von „nicht nachweisbar" bis 125 μg/kg veröffentlicht. Besonders hoch sind demnach die Furan-Gehalte, wenn Lebensmittel geröstet (z. B. bei Kaffeebohnen) oder in „geschlossenen Systemen" wie bei **Säuglings- und Kleinkindernährung** (in Gläschen) oder **Fertiggerichten** (z. B. in Dosen) erhitzt werden.

Im **Kaffee** wird Furan als Zerfallsprodukt von bei der Röstung entstehender **Furan-2-carbonsäure** (**Abb. 9.23**) gebildet. In der Natur kommt Furan im Harz von Nadelhölzern vor, woraus es durch Destillation gewonnen werden kann. Erwachsene nehmen Schätzungen zufolge 85 % der Furan-Menge über Kaffee auf, bei Kindern erfolgt die Exposition in erhöhtem Maß durch Gläschennahrung sowie durch Aufnahme über Fruchtsäfte. Des Weiteren sind teilweise beachtliche Furan-Gehalte in der Gasphase des Zigarettenrauchs enthalten.

**Furan** selbst wurde schon 1995 von der **IARC** als cancerogen im Tierversuch und als möglicherweise cancerogen für den Menschen (Kategorie 2b) eingestuft. Im Rahmen der Metabolisierung erfolgt eine Epoxidierung und die nachfolgende Ringöffnung sowie die Bildung eines reaktiven 2-En-1,4-dicarbonyl-Intermediats. In einem Bericht der **EFSA** wurde außerdem festgestellt, dass zwischen der **Furan-Exposition** des Menschen und der Dosis, die in Tierexperimenten cancerogene Effekte hervorruft, nur eine kleine Differenz besteht (EFSA 2016a).

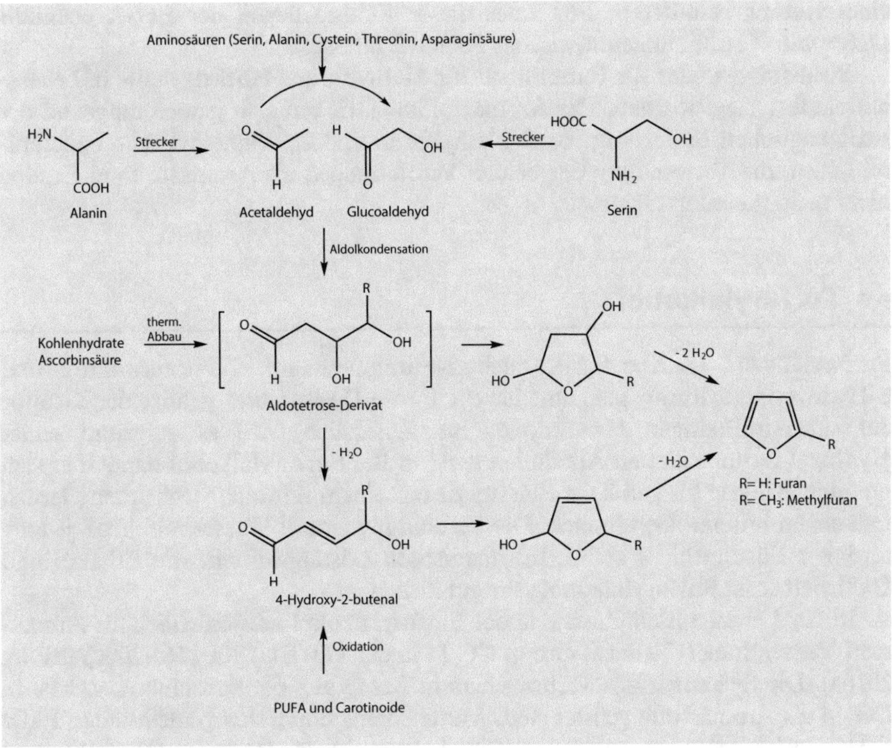

**Aminosäuren (Serin, Alanin, Cystein, Threonin, Asparaginsäure)**

Alanin — Strecker → Acetaldehyd  Glucoaldehyd ← Strecker — Serin

Kohlenhydrate Ascorbinsäure — therm. Abbau → Aldotetrose-Derivat → ... — -2 H₂O →

-H₂O →  4-Hydroxy-2-butenal → ... -H₂O →

R= H: Furan
R= CH₃: Methylfuran

Oxidation ↑

PUFA und Carotinoide

■ **Abb. 9.22**    Mögliche Bildungswege von Furan in erhitzten Lebensmitteln (Nach Perez Locan und Yaylayan 2004). *Erläuterung*: **PUFA** Poly Unsaturated Fatty Acids, dt. mehrfach ungesättigte Fettsäuren; **Strecker** Strecker-Abbau

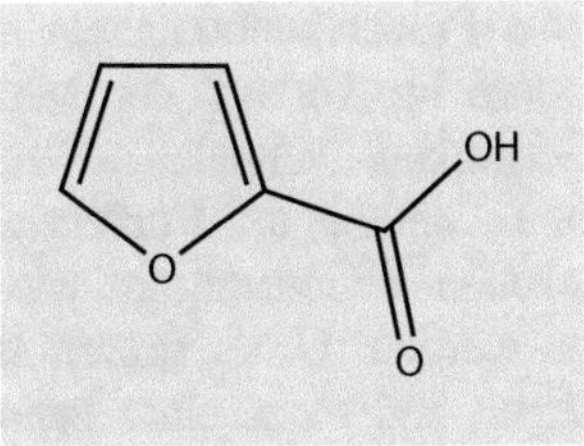

■ **Abb. 9.23**    Furan-2-carbonsäure

Bei den **2-Methylfuran** und **2,5-Dimethylfuran** wurden im Rahmen der toxikologischen Bewertung einer Vielzahl von Furan-Analoga durch die **EFSA** Bedenken aufgrund einer möglichen Genotoxizität vorgetragen. Angesichts der strukturellen Ähnlichkeit und der fehlenden Möglichkeit für andere Metabolisierungwege wie z. B. Hydrolyse oder Konjugation, kann ein Metabolisierungsmechanismus analog zum Furan erfolgen. Zusätzlich kann durch eine Oxidation am C1-Atom der alkylsubstituierten Verbindungen die Formierung eines Ketons resultieren. Für eines dieser Ketone liegen der EFSA ebenfalls Daten vor, die auf ein genotoxisches Potential hindeuten.

Bisher sind weder für Furan noch für Methylfurane **Höchstgehalte in Lebensmitteln** festgelegt worden. Die Aromastoffindustrie hat sich jedoch aufgrund der toxikologischen Bewertung von 2-Methylfuran und 2,5-Dimethylfuran dazu entschlossen, die Verwendung der beiden Verbindungen als Aromastoffe in Europa nicht mehr zu unterstützen.

## 9.6  Furfurylalkohol

**Furfurylalkohol** (⬛ Abb. 9.24), auch 2-Furanmethanol, 2-Furancarbinol und α-Hydroxymethylfuran genannt, ist ein Furan-Derivat und gehört der Gruppe der sauerstoffhaltigen Heterocyclen an. Zusätzlich wird es aufgrund seiner Hydroxyl-Gruppe zu den Alkoholen gezählt. Bei Furfurylalkohol handelt es sich um eine farblose bis gelbliche Flüssigkeit mit einem schwach stechenden Geruch und einem bitteren Geschmack. Die Verbindung ist mit Wasser mischbar, jedoch in dieser Lösung nicht stabil. In organischen Lösungsmitteln wie Ethanol und Diethylether ist Furfurylalkohol sehr gut löslich.

In der Lebensmittelindustrie findet Furfurylalkohol hauptsächlich als Aromastoff Verwendung (Chemical Group CG 14 in der VO (EU) Nr. 1565/2000) (EFSA 2016a). Die Sicherheit des Verbrauchers in Bezug auf die Substanzen, welche in CG 14 als Aromastoffe gelistet sind, wurde bereits durch den gemeinsamen FAO/WHO-Sachverständigenausschuss für Lebensmittelzusatzstoffe (JECFA) und EFSA geprüft. Alle diese Komponenten – somit auch Furfurylalkohol – sind als Aromastoffe quantum satis zugelassen, da nach aktueller Einschätzung die Aufnahmemengen von Furfurylalkohol durch Aromakompositionen nicht als gesundheitlich bedenklich eingestuft werden (Sachse et al. 2016).

Furfurylalkohol entsteht als **Prozesskontaminante** auch während des Erhitzens von Lebensmitteln, insbesondere im Verlauf der Maillard-Reaktion, sowie beim Altern von alkoholischen Getränken. Vergleichbar zum Vorkommen von Furan (▶ Abschn. 9.5) konnten hohe Gehalte an Furfurylalkohol in Kaffee gefunden werden, aber auch in gebackenen Lebensmitteln wie beispielsweise Brot konnte Furfurylalkohol nachgewiesen werden. Unter sauren Bedingungen kann Furfurylalkohol außerdem polymerisieren und so zu einer Braunfärbung des Lebensmittels führen.

⬛ **Abb. 9.24**   Furfurylalkohol

**◘ Tab. 9.4** Furfurylalkohol-Gehalte verschiedener Lebensmittel

| Lebensmittel | Probenanzahl | Mittelwert | Median | Maximum | Einheit |
|---|---|---|---|---|---|
| Gerösteter Kaffee | 30 | 251 | 243 | 408 | mg/kg |
| Brot | 15 | n. n. | – | – | mg/kg |
| Wein | 20 | n. n. | – | – | mg/L |
| Spirituosen | 50 | n. n. | – | – | mg/L |
| Backwaren | – | 110 | – | – | mg/kg |
| Zuckerwaren | – | 59 | – | – | mg/kg |
| Eiscreme | – | 88 | – | – | mg/kg |
| Popcorn | 6 | 0,064 | 0,067 | 0,082 | mg/kg |
| Tortilla-Chips | 1 | 0,54 | – | – | mg/kg |
| Kakaopulver | 1 | 0,02 | – | – | mg/kg |

Quelle: Okaru et al. (2017)
n. n. nicht nachweisbar; LOD ≤3,2 mg/L bzw. mg/kg
– keine Angaben

Zur Generierung von Furfurylalkohol in Lebensmitteln werden mehrere Bildungswege beschrieben. Er kann auch entweder durch enzymatische oder chemische Reduktion von Furfural entstehen. Außerdem werden in der Literatur Chinasäure oder 1,2-Endiole als Precursoren genannt. ◘ Tab. 9.4 gibt die gemessenen Gehalte an Furfurylalkohol in Lebensmitteln wieder.

**Furfurylalkohol** wurde von der IARC in die Kategorie 2B, als ein möglicherweise cancerogener Stoff für den Menschen, eingeordnet (IARC 2019). Im Rahmen der Metabolisierung kann Furfurylalkohol zu Furfural und 2-Furancarbonsäure oxidiert werden, die weiter konjugiert und ausgeschieden werden können. Gemäß EFSA muss davon ausgegangen werden, dass bei der Metabolisierung von Furfurylalkohol toxikologisch relevante Substanzen entstehen können (EFSA 2017). Es existiert ein NOAEL von 54 mg/kg Körpergewicht und Tag für Furfurylalkohol und ein Gruppen-ADI-Wert von 0,5 mg/kg Körpergewicht und Tag für 2-Methylfuroat, Furfural, Furfurylalkohol und Furfurylacetat (EFSA 2011).

## Furfurylalkohol und die kalifornische „Prop 65"

**Furfurylalkohol** wurde im Jahr 2016 vom Office of Environmental Health Hazard Assessment zur sogenannten California **Proposition 65** („Prop 65") hinzugefügt (OEHHA 2016). Hierbei handelt es sich um eine Liste mit Chemikalien, denen cancerogene und/oder reproduktionstoxische Eigenschaften nachgewiesen wurden. Liegt die Exposition eines oder mehrerer Stoffe oberhalb des „No Significant Risk Level" oder oberhalb des „No Observable Effect Level" im Lebensmittel, so muss bei Vermarktung des Lebensmittels in Kalifornien – innerhalb eines Jahres nach Aufnahme des Stoffes in die Prop 65 – ein Warnhinweis über das Vorkommen toxischer Substanzen aufgebracht werden. (Ausführliche Erläuterungen zur Prop 65 in ▶ Abschn. 3.3)

## 9.7  Chlorpropanole, MCPD-Ester, Glycidyl-Ester

Bereits seit etwa dreißig Jahren ist bekannt, dass das zur Gruppe der **Chlorpropanole** (Monochlorpropanole – MCPD) zählende **3-Monochlorpropan-1,2-diol – 3-MCPD**, auch als „freies" **3-MCPD** (◻ Abb. 9.25) bezeichnet, bei der Verarbeitung von Lebensmitteln aus natürlichen Inhaltstoffen (säurekatalysierte Hydrolyse von Pflanzenproteinen) gebildet wird und somit, ähnlich wie Acrylamid, zur Gruppe der **Prozesskontaminanten** gehört. Erst 1978 wurde das Vorkommen von Chlorpropanolen, und so auch 3-MCPD, in Proteinhydrolysaten, wie Sojasoßen, Würzen und Brühen, nachgewiesen. Durch technologische Maßnahmen, wie enzymatischer anstelle von saurer Hydrolyse, konnten die 3-MCPD-Gehalte in Soja und Würzsoßen entscheidend gesenkt werden.

3-MCPD gilt als Leitsubstanz für die sog. Chlorpropanole. Durch verbesserte Analysenmethoden kann zwischenzeitlich auch 2-MCPD (◻ Abb. 9.25) nachgewiesen werden.

In **Brot** kommt 3-MCPD vor allem in der Kruste vor. Die Gehalte korrelieren deutlich mit dem jeweiligen Bräunungsgrad. In Toastbrot ist zwar – genau wie bei Brot – ein Anstieg der 3-MCPD-Gehalte mit zunehmender Bräune festzustellen, jedoch sind die Gehalte bei Toastbrot und insbesondere bei Vollkorntoastbrot insgesamt deutlich höher (Gehalte zwischen <50 µg/kg in leicht gebräuntem Toastbrot und >500 µg/kg in der stark gebräunten Brotkruste).

Während die Problematik der wasserlöslichen Verbindung bereits hinlänglich bekannt war, wurde Ende 2007 erstmalig eine andere, „gebundene Form" von 3-MCPD – nämlich die fettlöslichen (lipophilen) **3-MCPD-Ester** (genauer: **3-MCPD-Fettsäureester**, Kurzform: **3-MCPD-FE**) in einigen raffinierten **Speiseölen/Speisefetten** und damit hergestellten Lebensmitteln nachgewiesen. 3-MCPD-FE entstehen bei der Bearbeitung von Ölen/Fetten unter hohen Temperaturen vornehmlich beim **Raffinationsprozess**. Sie kommen daher in allen bei hohen Temperaturen raffinierten (desodorierten) pflanzlichen Fetten und Ölen vor. In nativen Ölen und auch in tierischen Fetten können sie hingegen im Allgemeinen nicht nachgewiesen werden. Auch Kakaobutter ist frei von 3-MCPD-FE, da diese, wenn überhaupt, sehr schonend desodoriert wird.

**3-MCPD** ist in Reinform von blassgelber, flüssiger Konsistenz, besitzt einen Schmelzpunkt von 213 °C, eine Dichte von 1,321 g/L und löst sich in Wasser und

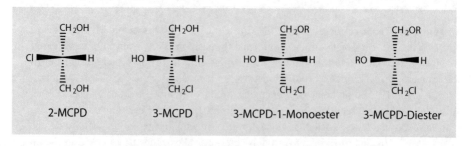

◻ **Abb. 9.25**   2-MCPD, 3-MCPD und seine Fettsäureester

Alkohol. 3-MCPD-FE sind dagegen wasserunlösliche, lipophile Verbindungen. Bei den Mono- und Di-Fettsäuren des 3-Monochlorpropan-1,2-diols handelt es sich um chirale Verbindungen.

---

**Vielzahl von 3-MCPD-Fettsäureestern**

In Abhängigkeit der betrachteten Fettsäurereste ergibt sich eine Vielzahl von stereoisomeren Kongeneren, die sich nach folgender Formel berechnen lassen:

$$x = 6 \cdot n + 4 \cdot \sum_{i=1}^{n}(i - 1)$$

x = Anzahl der Kongenere (Anzahl der verschiedenen 3-MCPD-Ester-Spezies)
n = Anzahl der betrachteten Fettsäurereste

---

**Kongenere**

Unter Kongeneren (engl. Congeners) werden chemische Verbindungen verstanden, die aufgrund ihres Ursprungs oder ihrer Struktur untereinander in Beziehung stehen. Kongenere sind nicht obligatorisch auch Isomere.

---

Über den genauen **Bildungsmechanismus** von 3-MCPD-Estern herrschte lange Zeit Unklarheit. Anhand von Modellversuchen konnte zwischenzeitlich gezeigt werden, dass 3-MCPD-Mono-FE aus Acylglycerinen oder Glycerin nach Reaktion mit natürlich vorkommendem Chlorverbindungsvorstufen oder zugefügten Chlorid-Ionen unter Hitzeeinwirkung (>200 °C) gebildet werden können (s. hierzu den möglichen Bildungsmechanismus in ◘ Abb. 9.26, ◘ Tab. 9.5).

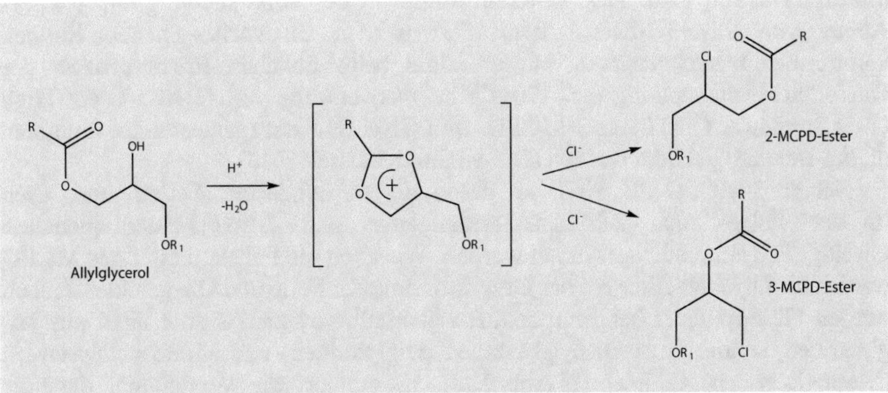

◘ **Abb. 9.26**  Möglicher Bildungsmechanismus von 2- und 3-MCPD-Estern (Nach Hamlet und Sadd 2004)

**◘ Tab. 9.5**    Bildungsfaktoren für MCPD- und Glycidyl-Ester

| Faktoren | MCPD-Ester | Glycidyl-Ester |
|---|---|---|
| Precursoren | Organisches Chlor (Sphingolipid-Organochlor, Diacyl-glycerol-Organochlor, Fettsäure-Organo-chlor) | Diglyceride |
| | Anorganisches Chlor (Chloride) | |
| | Lipide (Mono-, Di-, Triglyceride, Phospholipide) | |
| Prozessbedingungen | Temperaturen >150 °C | Temperaturen >230 °C |
| | Zeit | |
| | pH-Wert | |

Es wird angenommen, dass die Triglyceride mit „HCl" unter Protonierung reagieren und die Elimination des Fettsäureesters zu den Estern erfolgt (◘ Abb. 9.27). Größere Mengen dieser 3-MCPD-FE wurden insbesondere in desodorierten und raffinierten Fetten und Ölen nachgewiesen (bis zu ca. 7000 µg/kg in **Margarine**, in Brat- und Frittierfetten sogar bis ca. 11.000 µg/kg, aber auch in **Getreideerzeugnissen** konnten positive Gehalte an 3-MCPD-FE bestimmt werden (bis ca. 500 µg/kg in **Brotkrusten**).

Eine Korrelation zwischen 3-MCPD-Gehalten in freier und gebundener Form bei **Backwaren** ist bislang nicht belegt. In aktuellen Untersuchungen wird über die Bildung geringer Gehalte an freiem 3-MCPD in Feinen Backwaren mit niedrigem Wasser- und Fettgehalt berichtet (10 µg/kg bei Waffeln bis hin zu 23 µg/kg bei Zwieback; als einzige Ausnahme zeigte ein Zimtstern produziert mit Glycerin als Zusatzstoff einen Gehalt von 265 µg/kg) sowie darüber, dass MCPD-Ester ausschließlich in Produkten mit raffinierten Fetten gefunden werden konnten (Stauff A et al. 2020). Des weiteren konnte in der Untersuchung ein gewisser Abbau von Glycidyl-Estern konstatiert werden. In vorhergehenden Studien konnte bereits nachgewiesen werden, dass beim üblichen Frittierprozess der Kartoffelchipsherstellung (ca. 170 °C) bei Verwendung von **HOSO-Ölen** (High Oleic Sunflower Oils) keine 3-MCPD- und Glycidyl-Ester (gemessen im untersten mg/kg-Bereich) gebildet werden (Dingel und Matissek 2015).

Neben 3-MCPD-FE sind in desodorierten/raffinierten Fetten und Ölen in der Folge auch **2-MCPD-Fettsäureester** und **Glycidyl-Ester** (genauer: Glycidyl-Fettsäureester) gefunden worden. Wie auch die Fettsäureester des MCPD werden die Glycidyl-Ester bei der Desodorierung der Fette und Öle gebildet. Jedoch werden Glycidyl-Ester bei Temperaturen oberhalb von 230 °C aber nicht aus Triglyceriden, sondern aus Diacylglycerolen (Diglyceriden) und Monoacylglycerolen (Monoglyceriden) gebildet (◘ Abb. 9.28). Es existiert die Vorstellung, dass die Bildung über Di- bzw. Monoglyceride bei Temperaturen über 230 °C erfolgt. Die Bildung des Epoxid-Ringes basiert auf einer Protonierung der Carboxyl-Gruppe und anschließender nucleophiler Reaktion der Alkoholat-Gruppe.

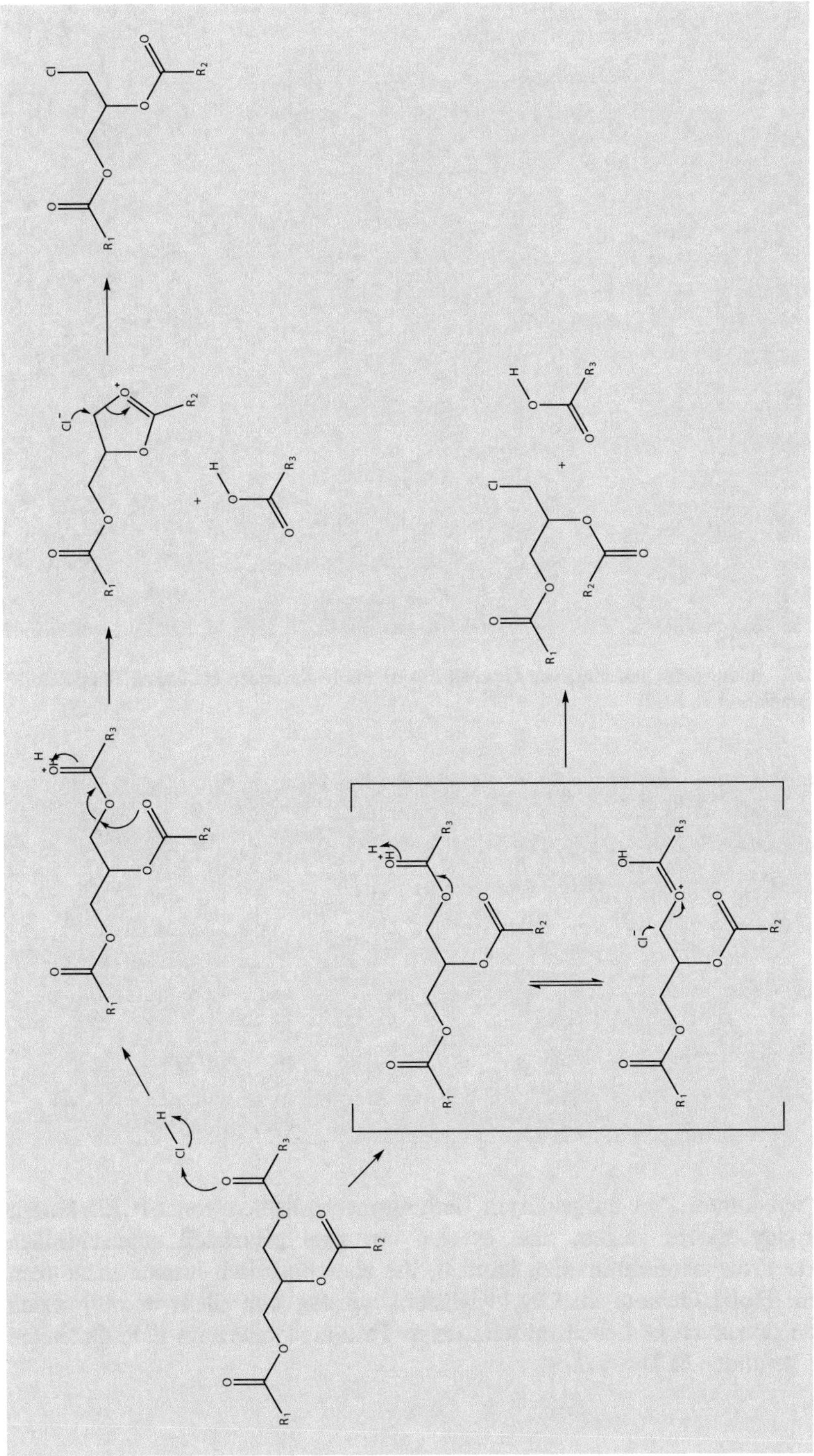

**9.7 · Chlorpropanole, MCPD-Ester, Glycidyl-Ester**

◻ **Abb. 9.27** Bildungsmechanismus von 3-MCPD-Mono- und -Diestern bei Temperaturen über 200 °C aus Triglyceriden bei Anwesenheit von Salzsäure (Nach Destaillats et al. 2012)

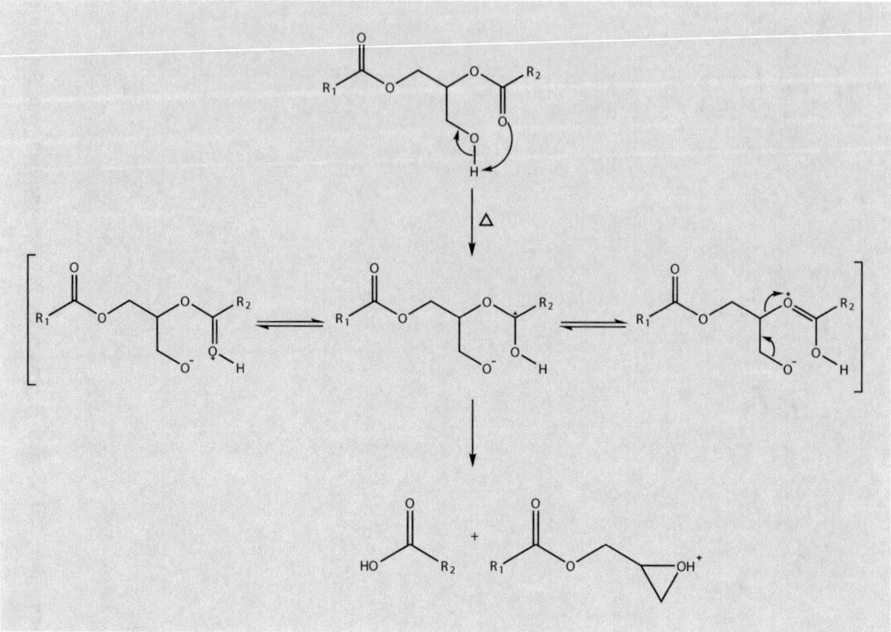

**9**

○ **Abb. 9.28**  Bildungsmechanismus von Glycidyl-Estern aus Diglyceriden bei hohen Temperaturen (Nach Destaillats et al. 2012)

○ **Tab. 9.6**  Zusammenfassung Toxizität und Bildungsmechanismen von MCPD und Glycidol

| Faktoren | 3-MCPD | Glycidol |
|---|---|---|
| Toxizität | Cancerogen, nicht genotoxisch | Cancerogen, genotoxisch |
| Precursoren | Triglyceride, salzsaure Bedingungen | Diglyceride, Erhitzung |
| Bildungsmechanismen | Nucleophile Substitution T>140 °C | Radikalische Reaktion T>230 °C |
| Vermeidungsstrategien | Bleichung | Desodorierung |
| Stabilität | Abbau durch starke Alkalien, nicht flüchtig | Abbau durch starke Säuren, flüchtiger als MCPD |

Die seit kurzer Zeit aufgeklärten Bildungsmechanismen von MCPD-Estern und Glycidyl-Estern zeigen, dass es sich um **zwei prinzipiell unterschiedlich** generierte Prozesskontaminanten handelt, die aber praktisch immer zusammen auftreten. Hohe Gehalte an Glycidyl-Estern wurden vor allem in raffinierten Palmölen und auch in Lebensmitteln, deren Fettanteil relevante Palmölmengen enthielt, gefunden ○ Tab. 9.6.

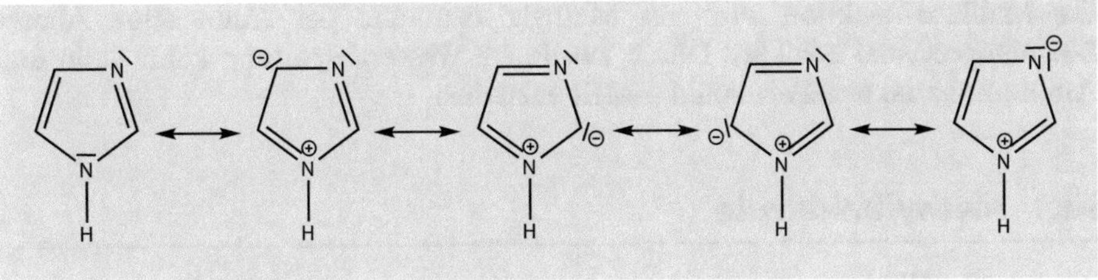

**Abb. 9.29**  Mesomeriestabilisierung des Imidazols

## 9.8 Imidazole

**Imidazole** sind heterocyclische, organische Verbindungen, die aromatische, polare und amphotere Eigenschaften aufweisen und sich von Imidazol ableiten (**Abb. 9.29**).

In der Natur gibt es eine Fülle von Substanzen, die Imidazol-Strukturen aufweisen, wie Purine, Histidin, Histamin, Xanthine etc. Die Imidazole **2-Methylimidazol (2-MEI)**, **4-Methylimidazol (4-MEI)** und **2-Acetyl-tetrahydroxyimidazol (THI)** aber sind Prozesskontaminanten, die bei der Herstellung sowie bei Verarbeitungsprozessen von Lebensmitteln aus deren Inhaltsstoffen im Rahmen der Maillard-Reaktion von reduzierenden Zuckern mit Amino-Verbindungen entstehen können.

In Modellversuchen konnte nachgewiesen werden, dass 4-MEI aus dem Glucoseabbauprodukt **Methylglyoxal** gebildet wird. Methylglyoxal bildet unter Einwirkung von Ammoniak Formamid und Acetaldehyd bzw. Acetamid und Formaldehyd (**Abb. 9.30**). Durch den Streckerabbau im Rahmen

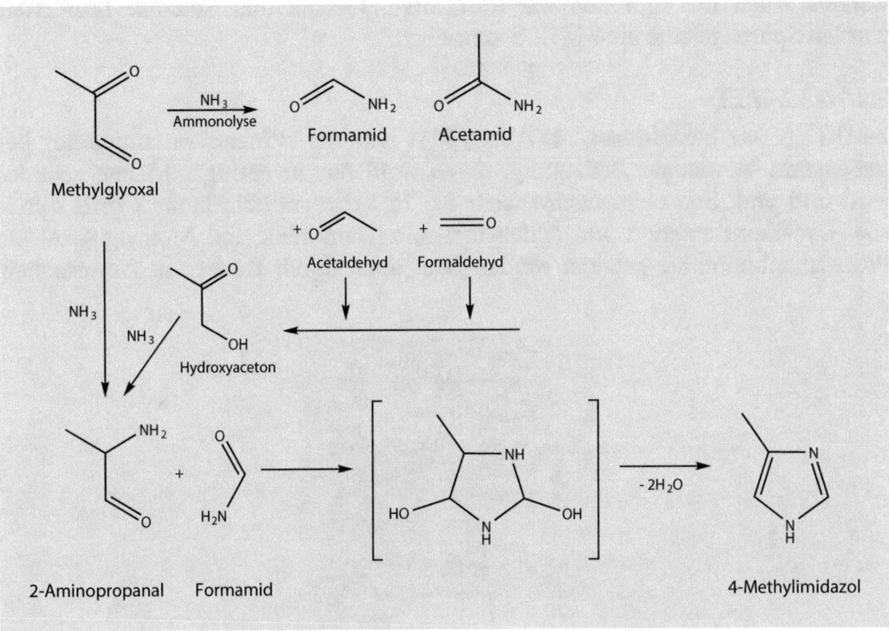

**Abb. 9.30**  Bildungsmechanismus von 4-MEI (Nach Moon und Shibamoto 2012)

der Maillard-Reaktion wird aus Methylglyoxal und der Aminosäure Alanin 2-Aminopropanal gebildet. Durch zweifache Wasserabspaltung kann dann aus Aminopropanal und Formamid 4-MEI entstehen.

## 9.8.1 Methylimidazole

### 9.8.1.1 4-MEI

In Tierversuchen konnte gezeigt werden, dass **4-MEI** (4-Methylimidazol, ■ Abb. 9.30) cancerogene und weitere toxische Eigenschaften besitzt. Die EFSA hat einen NOAEL von 80 mg/kg Körpergewicht und Tag für den Menschen festgelegt (EFSA 2011). Vom der IARC wurde 4-MEI in Gruppe 2B als „möglicherweise krebserregend für den Menschen" eingestuft (IARC 2011). Die kalifornische Behörde für Umwelt, Gesundheit und Risikobewertung (OEHHA) hat 4-MEI als cancerogen eingestuft und einen Gehalt an 4-MEI in Höhe von 29 µg/Person und Tag festgelegt, für den bei einer täglichen Aufnahme kein Risiko besteht (No Significant Risk Level, NSRL) (OEHHA 2011). Der entsprechende **NOAEL-Wert** gibt die höchste Dosis an, die ohne erkennbare schädliche Einflüsse auf den Körper, seine Organe, seine Funktion, sein Wachstum oder seine Lebensdauer aufgenommen werden kann.

Das Vorhandensein von 4-MEI als Maillard-Reaktionsprodukt wird hauptsächlich für **Zuckerkulöre**, aber auch für Lebensmittel, die diese enthalten, beschrieben. In **Ammoniak-Zuckerkulör** werden Gehalte zwischen 7,5 und 212 mg/kg angegeben. In mit Zuckerkulör gefärbten **Erfrischungsgetränken** konnte 4-MEI bis zu Konzentrationen von 0,30 bis 0,36 µg/mL nachgewiesen werden. Auch in Produkten wie **Röstkaffee**, **Lakritz** und **Sojasoße** (kulörfrei) wurden Spurengehalte an 4-MEI beschrieben.

### 9.8.1.2 2-MEI

**2-MEI** (2-Methylimidazol, ■ Abb. 9.31) hat als Prozesskontaminante bei Lebensmitteln weniger Bedeutung, da es wohl nur in geringer Menge gebildet wird und praktisch nicht nachweisbar ist. In Lebensmitteln kann 2-MEI durch eine Cyclokondensation von Aldehyden mit Ammoniak und Methylglyoxal als Prozesskontaminante gebildet werden oder auch durch Kochen in Anwesenheit

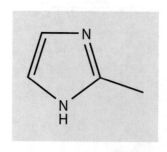

■ **Abb. 9.31**   2-MEI

von Ammoniumhydroxid, Glycin und Mononatriumglutamat. Nach einer zweijährigen Studie bedingt 2-MEI bei Mäusen und Ratten eine erhöhte Rate an Schilddrüsen- und Leberkrebs. 2-MEI wurde von der IARC als „möglicherweise krebserregend für den Menschen" (Gruppe 2B) eingestuft (IARC 2011). Abgesehen von dieser Einstufung, sind jedoch keine weiteren rechtlichen Regelungen oder Grenzwerte für 2-MEI in Lebensmitteln festgelegt worden.

### 9.8.2 Tetrahydroxyimidazol

Die Bildung von **2-Acetyl-tetrahydroxyimidazol (THI)** ist in ◘ Abb. 9.32 dargestellt. In Anwesenheit von ammoniumhaltigen Verbindungen reagieren reduzierende Zucker, wie z. B. Glucose, zu den in der Maillard-Reaktion typischen Amadori-Verbindungen (1-Amino-1-Desoxy-Glucose). Dieses Amadori-Produkt reagiert im Weiteren zu einer Imino-Aminfructose und bildet mit Methylglyoxal (◘ Abb. 8.19) nach Reduktion THI.

In verschiedenen Studien mit Ratten und Mäusen wurde die immunsuppressive Wirkung von THI nachgewiesen. Für diese Effekte wurde von der EFSA ein NOAEL von 120 bis 400 µg/kg KG für den Menschen festgelegt. Cancerogene Effekte sind bei THI nicht bekannt (EFSA 2011).

THI kommt überwiegend in **Zuckerkulören** sowie in mit diesen gefärbten Lebensmitteln vor. In **Ammoniak-Zuckerkulör** wurden Gehalte bis zu 47 mg THI/kg beschrieben, in dunklem **Bier** Werte von 3 bis 13 µg/L und in **Röstkaffee** 0,002 bis 0,07 µg/L. Auch in **Lakritz** wurden Spurengehalte nachgewiesen.

---

**Reinheitsanforderungen an Zuckerkulör**

Für die vorgenannten beiden Zuckerkulöre sind im Rahmen der gesetzlichen **Reinheitsanforderungen** in der VO (EU) Nr. 231/2012 **Höchstgehalte** für 4-MEI bzw. THI festgelegt worden:

— **Ammoniak-Zuckerkulör** (E 150 c): $\leq$200 mg 4-MEI/kg*
— **Ammoniumsulfit-Zuckerkulör** (E 150 d): $\leq$250 mg 4-MEI/kg*

*Erläuterung:* Der Höchstgehalt gilt bezogen auf die Farbintensität 0,1 Absorptionseinheiten. Die Farbintensität ist definiert als die Absorption einer 0,1-%igen Lösung von Zuckerkulörfeststoffen in Wasser in einer 1-cm-Zelle bei 610 nm.

---

**Bewertung von Zuckerkulören**

Die EFSA hat 2011 für **Zuckerkulöre** Gesamt-ADI-Werte veröffentlicht:
— Der **Gesamt-ADI-Wert** für alle vier Zuckerkulöre beträgt 300 mg/kg Körpergewicht und Tag.
— Davon dürfen maximal 100 mg/kg Körpergewicht und Tag von **Ammoniak-Zuckerkulör** (E 150 c) stammen.

9

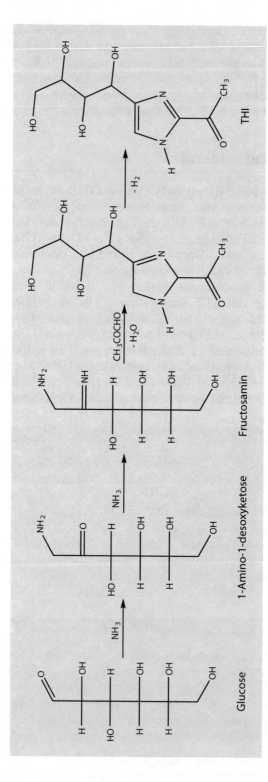

**Abb. 9.32** Bildungsmechanismus von THI (Nach Kröplien et al. 1985)

## 9.9 Hydroxymethylfurfural

HMF (**5-Hydroxymethyl-2-furfural**, ◘ Abb. 9.33) ist eine Aldehyd- und Furan-Verbindung, die in vielen kohlenhydrathaltigen Lebensmitteln während einer thermischer Behandlung – also auch bei der Zubereitung im Haushalt durch Kochen, Braten oder Backen – entsteht. Die Bildung findet entweder über eine Dehydratisierung von Hexosen (Monosaccharide mit sechs Kohlenstoffatomen, z. B. Glucose, Fructose u. a.) im Sauren statt oder kann – genau wie bei der bekannten Prozesskontaminante Acrylamid – im Verlauf der Maillard-Reaktion erfolgen. Neben der Temperatur haben die Parameter pH-Wert und Wasseraktivität dabei einen Einfluss auf die Reaktion. Eine Übersicht über die Hauptbildungswege in Lebensmitteln gibt ◘ Abb. 9.33. Mögliche Abbaurouten für HMF in Lebensmitteln sind in ◘ Abb. 9.34 zusammengestellt.

**HMF** ist in einer Vielzahl von Lebensmitteln wie Honig, Fruchtsäften, Kaffee, Gebäck und Karamell, aber auch in hitzebehandelter Milch und in alkoholischen Getränken nachweisbar (Tab. 8.1). In Brot liegen die gefundenen Gehalte beispielsweise zwischen 3 mg/kg und 220 mg/kg. Ein besonderes Augenmerk liegt auf **Trockenpflaumensäften**, die mit bis zu 2850 mg/L außergewöhnlich hohe HMF-Gehalte aufweisen können.

Nach einer Stellungnahme des BfR bestehen bei der **derzeitigen Aufnahmesituation** von HMF keine oder nur geringe Risiken (BfR 2011). Die akute Toxizität von HMF ist als sehr gering einzustufen. In Studien zur Cancerogenität wurden bei einer Aufnahmemenge von 80 bis 100 mg/kg Körpergewicht und Tag keine Veränderungen festgestellt. Verschiedene Verzehrstudien geben eine geschätzte Aufnahmemenge an HMF von 4 bis 30 mg/Tag an, wobei diese stark von den jeweiligen Ernährungsgewohnheiten abhängt. Demnach liegt bei der gegebenen Exposition noch ein ausreichend großer Sicherheitsabstand vor.

Es ist bekannt, dass nicht HMF selbst, sondern sein **Metabolit SMF** (5-Sulfooxymethylfurfural) ein mutagenes Potenzial besitzt. Ob dieser Metabolit im menschlichen Körper gebildet werden kann, ist bisher nicht belegt. Die Cancerogenität wird daher als nicht erkennbar oder gering eingestuft. Dieses Ergebnis wird jedoch dadurch eingeschränkt, dass die Zahl der Studien bisher limitiert ist, so dass die Daten für die Festlegung eines ADI-Wertes noch zu unsicher sind. Zudem liegen noch keine Untersuchungen zu reproduktionstoxischen Effekten vor.

## 9.10 Chlorhydroxyfurfural

**Chlormethyl-2-furfural (CMF)** ist eine chlorhaltige Verbindung der chemischen Gruppe der Furan-Verbindungen (◘ Abb. 9.35). Wichtige chemische Eigenschaften sind in ◘ Tab. 9.7 aufgeführt.

CMF bildet sich leicht in vitro durch Einwirkung von konzentrierter Salzsäure auf Zucker, wie Glucose oder Saccharose, Cellulose oder cellulosereiche Biomasse (◘ Abb. 9.36). CMF wird als chlorierte Maillard-Verbindung in der

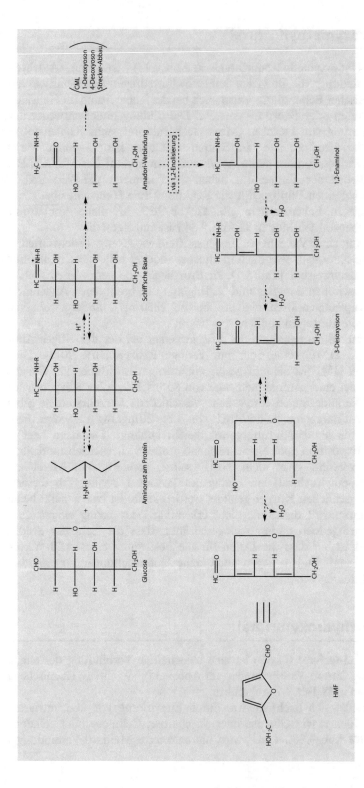

**Abb. 9.33** Hauptbildungswege von HMF bei der Erhitzung von Lebensmitteln (Nach Morales 2009). *Erläuterung:* CML Carboxymethyllysin

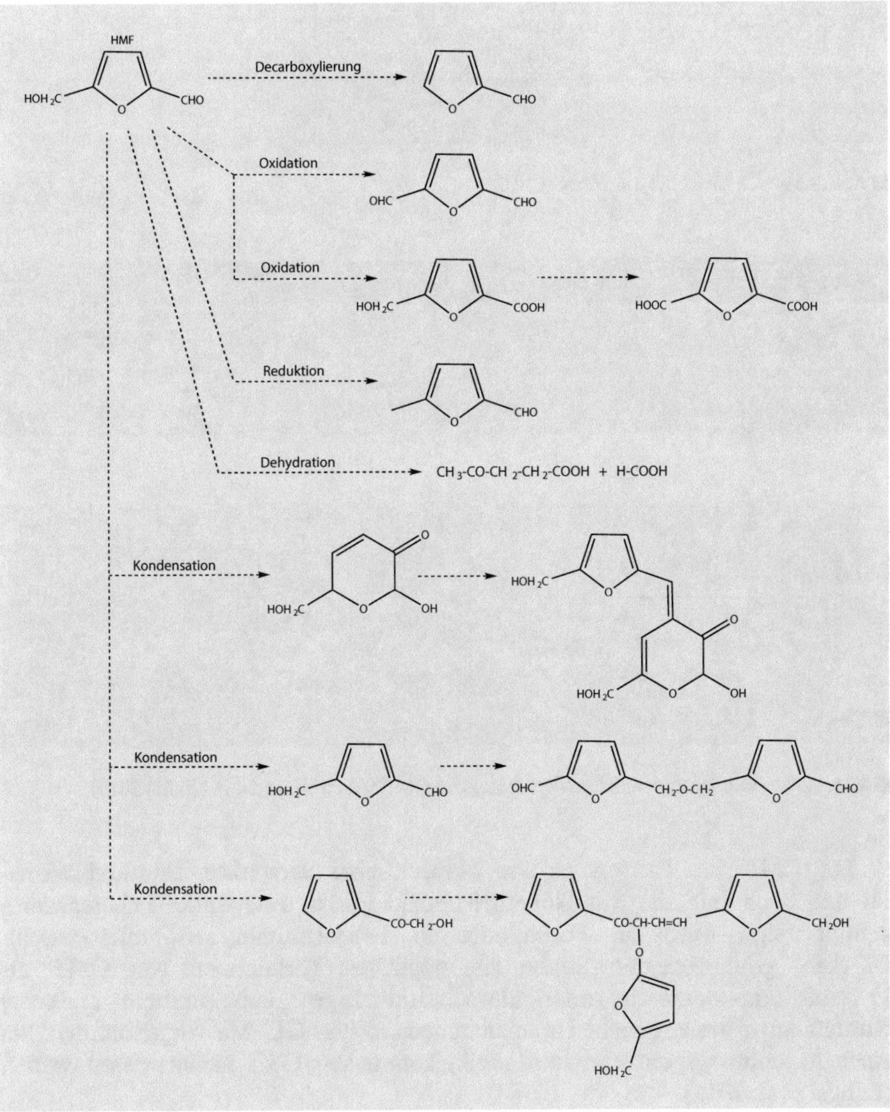

**◘ Abb. 9.34** Abbaurouten von HMF (Nach Morales 2009)

Literatur ohne weitere Angaben und Kommentierung erwähnt; eine Bildung von CMF in Lebensmitteln oder während der Lebensmittelherstellung ist jedoch bisher nicht bekannt. Eine solche ist auch sehr unwahrscheinlich, da CMF sehr leicht zu HMF und 4-Oxopentansäure (◘ Abb. 9.36) hydrolysiert und Lebensmittel im Allgemeinen Wasser enthalten oder im Herstellungsprozess oder bei der Gewinnung mit Wasser in Berührung kommen. In Anwesenheit von Ethanol erfolgt innerhalb von Sekunden die Umsetzung zu 5-(Ethoxymethyl)-2-furfural.

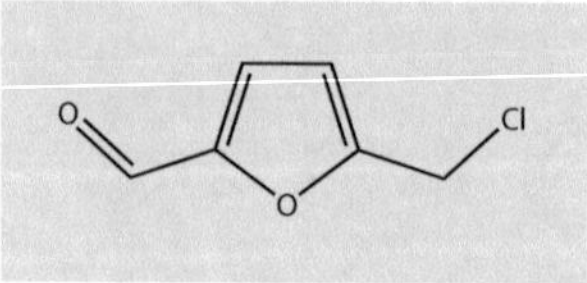

**◘ Abb. 9.35**    Chlormethyl-2-furfural (CMF)

**◘ Tab. 9.7**    Chemische Merkmale von Chlormethyl-2-furfural (CMF)

| **CAS-Nr** | **1628-88-7** |
|---|---|
| Summenformel | $C_6H_5O_2Cl$ |
| Molare Masse | 144,56 g/mol |

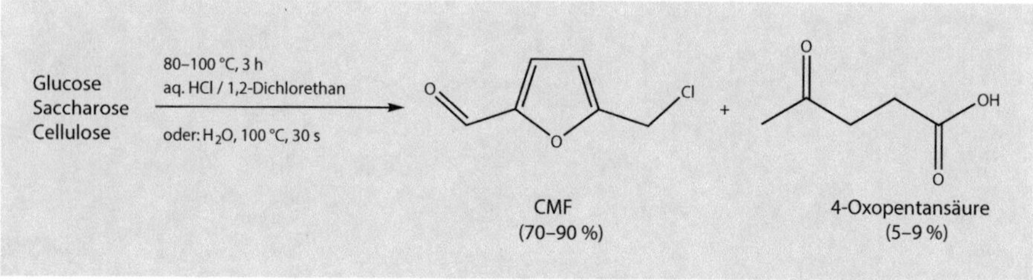

**◘ Abb. 9.36**    Bildungsmechanismus (Synthese) von CMF (Nach Mascal und Nikitin 2010)

Da **CMF** im Tierversuch an Mäusen eine verstärkte Hautkrebsaktivität und nach Injektion (in Dimethylsulfoxid gelöst) eine starke Lebercancerogenität zeigt, wäre ein Vorkommen in Lebensmitteln sehr unerwünscht. In einer großangelegten Studie zu möglichen Vorkommen von CMF als Prozesskontaminante in ammoniumchloridhaltigen Lebensmitteln (**Lakritz**) wurden daher umfangreiche Untersuchungen mittels GC–MS vorgenommen. Bei einer Bestimmungsgrenze von 0,01 mg/kg konnte kein CMF nachgewiesen werden (Dingel et al. 2015).

## 9.11    Polycyclische aromatische Kohlenwasserstoffe

**PAH** (engl. **Polycyclic Aromatic Hydrocarbons,** dt. Polycyclische aromatische Kohlenwasserstoffe – **PAK**) können bei der Hitzebehandlung von Lebensmitteln entstehen, stellen also somit Prozesskontaminanten dar. Sie können aber auch bei der Verbrennung kohlenstoffhaltigen Materials gebildet werden. Diese Verbindungen sind heute praktisch überall in unserer Umwelt vorhanden, also auch im Erdreich. Selbst in Oberflächengewässern kommen sie häufig vor, obwohl sie wasserunlöslich sind. Anhand dieser Zuordnung können PAH einerseits als Umweltkontaminanten angesehen werden (▶ Abschn. 6.3.4). Andererseits können sie aber auch den Prozesskontaminanten zugeordnet werden, weil sie durch Hitzebehandlung in Lebensmitteln selbst entstehen können. Die PAH sind somit ein Lehrbuchbeispiel für **multioriginäres** Vorkommen von Kontaminanten. In diesem Buch werden die PAH ausführlich an dieser Stelle behandelt

Die Strukturformeln der wichtigsten PAH sind in ◨ Abb. 9.37 dargestellt. Untersuchungen an Fetten und Kohlenhydraten ergaben hierfür optimale Temperaturen von 500 bis 700 °C. Allerdings konnte gezeigt werden, dass beim **Grillen** von Fleisch über dem Holzkohlengrill etwa zehnfach höhere Werte entstehen als nach Zubereitung über der Gasflamme. Auch bei der **Räucherrauch**-Entwicklung entstehen polycyclische aromatische Kohlenwasserstoffe, die sich beim Räuchern außen auf dem Räuchergut niederschlagen. Durch Verbrennungsgase (direkte Trocknung) können sie in Lebensmittelrohstoffe gelangen (z. B. Kakao, Malz für Whisky) (Raters und Matissek 2014). Schließlich werden sie auch beim **Rösten** von Lebensmitteln gebildet, so z. B. in Kaffee.

Soweit heute bekannt ist, werden die PAH im Körper enzymatisch hydroxyliert (◨ Abb. 9.38), eine Oxidase bewirkt zunächst die Bildung von Epoxiden. Diese werden durch Hydrolasen aufgespalten, die nunmehr hydroxylierten Verbindungen an Sulfat bzw. Glucuronat gebunden und mit den Faeces ausgeschieden. Das Epoxid gilt dagegen als tumorerzeugend.

---

**Benzo[a]pyren – Viele Namen, doch welcher ist richtig?**

- IUPAC-Name: **Benzo[*pqr*]tetraphen**
- Aufgrund anderer Systematik wird es häufig auch als **3,4-Benzpyren** oder als **1,2-Benzpyren** bezeichnet.
- Die Bezeichnung **Benzo[a]pyren** (BaP) ist in der chemischen Literatur sehr verbreitet und von IUPAC ausdrücklich als Alternative zu gelassen.

---

Bei der rechtlichen und analytischen Beurteilung von Lebensmitteln spielte bislang ausschließlich **Benzo[a]pyren** (BaP) als Leitsubstanz für diese Gruppe eine Rolle. Da nach Auffassung der EFSA Benzo[a]pyren allein kein geeigneter Indikator/Marker für das Vorkommen von PAH in Lebensmitteln ist, wurde vorgeschlagen, besser eine Gruppe von vier PAH, die sog. „PAH4" (engl. „PAH4"), als Marker heranzuziehen: Benzo[a]pyren, Benzo[a]anthracen, Chrysen und Benzo[b]fluoranthen (◨ Abb. 9.37).

Während über die Entstehung von Lungenkrebs als Folge einer Einwirkung solcher, in Tabakrauch enthaltener Verbindungen offenbar Einigkeit besteht, wurde ihre krebserregende Wirkung durch Zufuhr mit der Nahrung bisher nicht sicher bewiesen. Dennoch ist es erstrebenswert, ihre Konzentrationen in Lebensmitteln so niedrig wie möglich zu halten (Höchstmengenregelungen).

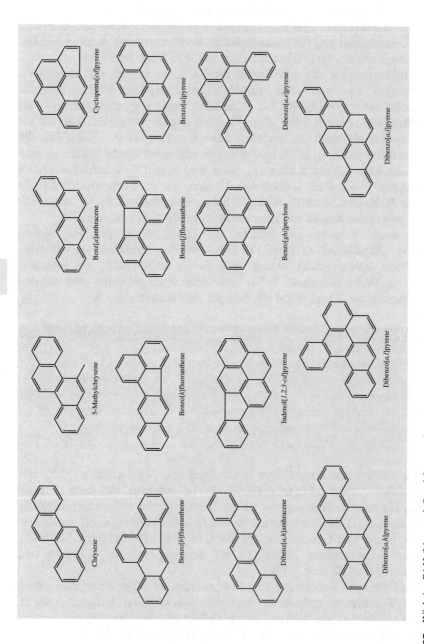

□ **Abb. 9.37**   Wichtige PAH (hier: engl. Bezeichnungen)

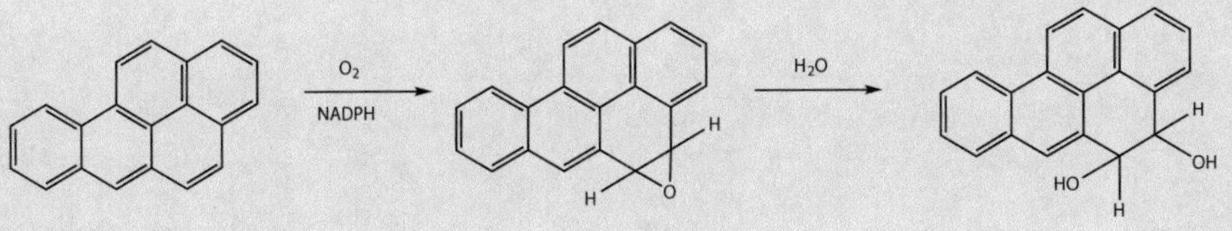

**◘ Abb. 9.38**   Hydroxylierung polycyclischer aromatischer Kohlenwasserstoffe

## 9.12  Nitrosamine

**Nitrosamine** bilden sich vornehmlich aus sekundären Aminen und salpetriger Säure bzw. ihrem Anhydrid. Aber auch aus tertiären Aminen können sie entstehen. Sie sind außerordentlich giftig und können z. T. schon in geringen Dosen Krebs erzeugen. Da unsere Nahrung sowohl sekundäre Amine als auch **Nitrit** enthalten kann, ergibt sich die Gefahr einer exogenen Nitrosamin-Bildung. Wesentlich größer scheint aber die Gefahr ihrer endogenen Bildung im Gastrointestinaltrakt zu sein, denn die Wissenschaft hat im Körper Mechanismen zur Reduktion von Nitrat zu Nitrit gefunden. In ◘ Tab. 9.8 ist die durchschnittliche tägliche Aufnahme von Nitrat dargestellt. Diese Werte zeigen insbesondere die Bedeutung von Gemüse als Nitrat-Quellen.

In der Hauptsache sind es sechs Nitrosamine, die durch bzw. in unserer Nahrung entstehen können. Ihre Strukturformeln sind in ◘ Abb. 9.39 dargestellt. **Dimethylnitrosamin** wurde in **Bier** in Mengen von einigen µg/kg beobachtet. Der Grund für seine Bildung war eine neue Technologie zum Trocknen von Malz, das zur Erzielung einer größeren Wärmeausbeute unmittelbar den NO-haltigen Abgasen der Ölbrenner ausgesetzt wurde. Das Problem konnte gelöst werden, indem die Trocknung auf eine indirekte Wärmeübertragung umgestellt bzw.

**◘ Tab. 9.8**   Durchschnittliche Tagesaufnahme an Nitrat und Nitrit (USA)

| Lebensmittel | Nitrat | | Nitrit | |
|---|---|---|---|---|
| | (mg) | (%) | (mg) | (%) |
| Gemüse | 86,1 | 81,2 | 0,20 | 1,6 |
| Obst, Fruchtsäfte | 1,4 | 1,3 | 0,00 | 0,0 |
| Milch und Milchprodukte | 0,2 | 0,2 | 0,00 | 0,0 |
| Brot | 2,0 | 1,9 | 0,02 | 0,2 |
| Wasser | 0,7 | 0,7 | 0,00 | 0,0 |
| Geräucherte Fleischerzeugnisse | 15,6 | 14,7 | 3,92 | 30,7 |
| Speichel | 30 | – | 8,62 | 67,5 |

Quelle: Wirth (1990)
– nicht in Berechnung einbezogen

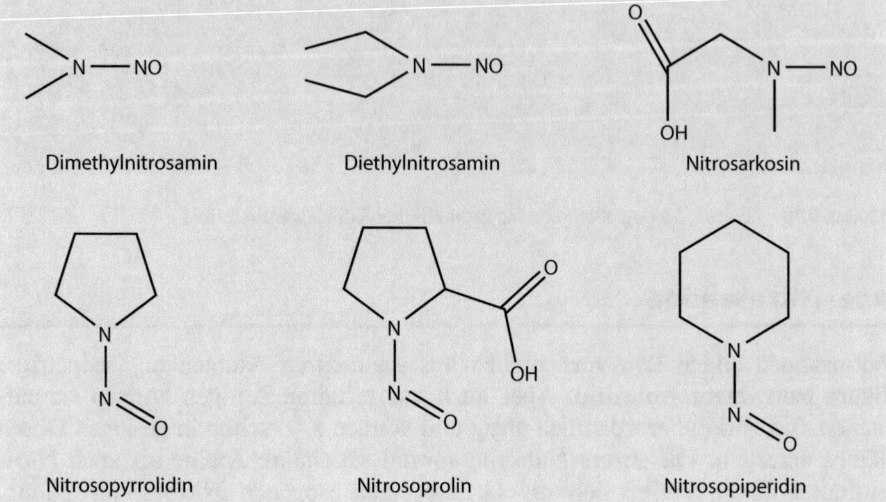

**Abb. 9.39** Nitrosamine und verwandte Verbindungen

**9**

die Temperatur am Ölbrenner reduziert wurde. Interessanterweise wurden verminderte Nitrosamin-Konzentrationen auch durch Behandlung des zu trocknenden Malzes mit $SO_2$ erhalten (durch gleichzeitiges Verbrennen von Schwefel). Auch Ascorbinsäure vermag die Nitrosamin-Bildung zu hemmen, allerdings sind hierzu beachtliche Mengen notwendig.

**Diethylnitrosamin** wurde in **Whisky** nachgewiesen. **Nitrosopyrrolidin** entsteht beim Braten von gepökeltem Fleisch, das zur Farberhaltung bzw. Konservierung mit Nitrit oder Nitrat versetzt worden war. Es dürfte durch Abbau der Aminosäure Prolin entstanden sein. **Nitrosopiperidin** wurde in Pfefferschinken detektiert.

Als Grund für die cancerogene Wirkung der **Nitrosamine** werden Alkylierungsreaktionen an der DNA nach Umlagerung zu Diazoalkanen vermutet (**Abb. 9.40**). Die geschätzten Grenzkonzentrationen, die im Futter bei Ratten keinen cancerogenen Effekt mehr ausüben, liegen in der Größenordnung von 1 bis 5 mg/kg. Da umfangreiche Analysen erkennen lassen, dass die vom Normalverbraucher aufgenommenen Mengen weit unterhalb dieses Wertes liegen, besteht kein Anlass zur Änderung unserer Ernährungsgewohnheiten. Dennoch ist die Erkennung und Abwendung solcher Risiken vordringliche Aufgabe der Lebensmittelerzeuger.

**Diazohydroxid**

Während **Nitrosamide** spontan zum **Diazohydroxid** zerfallen dürften, werden die stabileren **Nitrosamine** durch mischfunktionelle Oxidasen in der o-Stellung

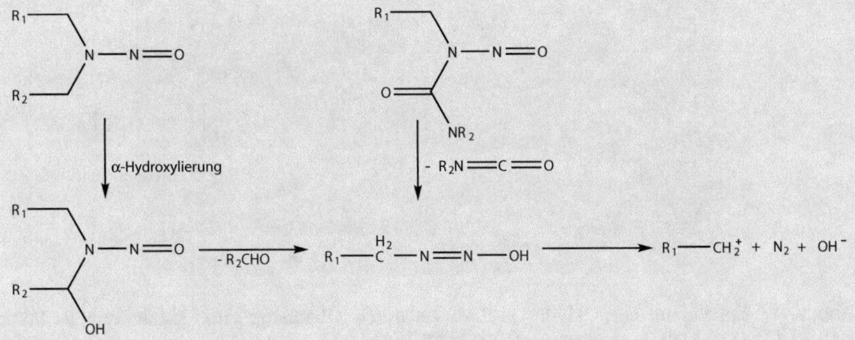

**◘ Abb. 9.40** Möglicher Mechanismus für die Umwandlung von Nitrosaminen und Nitrosoamiden in (instabile) Diazoalkane (Nach Druckrey et al. 1967)

hydroxyliert, bevor der Zerfall in das Diazohydroxid abläuft. Das Diazohydroxid setzt dann das Alkylcarbanium-Ion frei, das u. a. DNA, RNA und Protein angreift.

## 9.13 Benzol

Über die Umwelt oder durch Lösemittel (evtl. über einen Gasphasentransfer) kann eine Kontamination von Lebensmitteln mit **Benzol** erfolgen. Es gibt aber auch Fälle, wo Benzol als Prozesskontaminante betrachtet werden muss. So sind in letzter Zeit mehrfach Befunde von Benzolspuren in Lebensmitteln (insb. alkoholfreien Erfrischungsgetränken) und Aromen bzw. damit aromatisierten Wässern beschrieben worden. Als **Präkursor** wird einerseits der Zusatzstoff Benzoesäure angesehen, andererseits gelten natürliche Karotteninhaltsstoffe als Vorläuferstufen; neuerdings werden aber auch benzaldehydhaltige Aromen (genauer: Benzaldehyd) als Benzol-Lieferanten näher untersucht.

Es wird angenommen, dass eine (Teil-)**Decarboxylierung von Benzoesäure** unter Bedingungen, wie sie durchaus in Lebensmitteln anzutreffen sind, erfolgen kann. So ist in vielen Lebensmitteln Ascorbinsäure natürlicherweise enthalten oder als Vitaminquelle, Stabilisator bzw. Antioxidationsmittel zugesetzt. Übergangsmetalle, z. B. Cu(II) und Fe(II), in den Lebensmitteln sind in der Lage, die Reduktion von $O_2$ und $H_2O_2$ durch Ascorbinsäure zu katalysieren, so dass es zur Bildung von Hydroxyl-Radikalen kommt (◘ Abb. 9.41). Die gebildeten Hydroxyl-Radikale können die in Lebensmitteln enthaltene Benzoesäure angreifen und dabei Benzol freisetzen (Mathews RW, und Sangster DF 1965). Es scheint, dass die Kombination von Ascorbinsäure und einem Übergangsmetall-Ion der wichtigste Faktor für die Benzol-Bildung in (flüssigen) Lebensmitteln ist (Medeiros Vinci et al. 2011).

Auch in **Karottensäften**, vor allem in solchen für Säuglinge und Klein-kinder, konnten Werte für Benzol im unteren µg/kg-Bereich ermittelt werden (in

$$Cu^{2+} + H_2Asc \longrightarrow Cu^+ + HAsc^{\cdot} \qquad (1)$$

$$Cu^+ + O_2 \longrightarrow Cu^{2+} + O_2^{-} \qquad (2)$$

$$2O_2^{-} + 2H^+ \longrightarrow O_2 + H_2O_2 \qquad (3)$$

$$Cu^+ + H_2O_2 \longrightarrow Cu^{2+} + OH^- + OH^{\cdot} \qquad (4)$$

◻ **Abb. 9.41**  Entstehung eines Hydroxyl-Radikals durch Übergangsmetall-katalysierte Reduktion von $O_2$ und $H_2O_2$ mittels Ascorbinsäure (Nach ACS 1993)

Karottensäften für Erwachsene durchschnittlich 0,52 µg/L, in Karottensäften für Säuglinge und Kleinkinder im Durchschnitt 1,86 µg/L). Hierbei ist die Bildung von Benzol allerdings durch thermische Zersetzung von verschiedenen in den Karotten enthaltenen Vorstufen (wie ß-Carotin, Phenylalanin und bestimmten Terpenen wie Limonen) während der Sterilisation anzunehmen. Eine Bestätigung der Mechanismen in der Lebensmittelmatrix muss noch erfolgen. In ◻ Abb. 9.42 ist der theoretische Bildungsmechanismus von Benzol aus den natürlichen Inhaltsstoffen der Karotte, ß-Carotin und 3-Caren, dargestellt.

Der Aromastoff **Benzaldehyd**, der auf europäischer Ebene für alle Lebensmittelkategorien zugelassen wurde, stellt eine wichtige Komponente in Kirsch- und Bittermandelaromen dar. Natürlicherweise kommt Benzaldehyd allerdings nicht nur in Kirschen und Bittermandeln vor, sondern lässt sich vor allem auch in den Samen anderer Steinobstarten wie Aprikosen und Pfirsichen finden. Dort ist Benzaldehyd Bestandteil des cyanogenen Glycosids **Amygdalin**, liegt also in gebundener Form vor. Ob diesbezüglich eine Bildung von Benzol in Lebensmitteln möglich ist, ist zurzeit Gegenstand von Forschungsarbeiten.

## 9.14  Styrol

**Styrol** (Vinylbenzol, Phenylethen, engl. Styrene) (◻ Abb. 9.43) ist ein ungesättigter, aromatischer Kohlenwasserstoff mit leicht süßlichen Aromaeindruck. Da es leicht polymerisierbar ist, dient es als wichtiges Monomer zur Herstellung von Kunststoffen wie Polystyrol, Styrol-Acrylnitril und Acrylnitril-Butadien-Styrol und kann daher als Migrationskontaminante in Lebensmitteln auftreten. Beschrieben wurde beispielsweise eine Kontamination von Wein durch die Verwendung von unsachgemäß verarbeiteten glasfaserverstärkten Kunststofftanks. Der Wein bekommt dann ein Fehlaroma nach Plastik oder Lack.

Styrol kommt aber auch eine gewisse Bedeutung als Prozesskontaminante in Lebensmitteln zu. So stört es bei der **Weizenbier**herstellung, da es dort unerwünschterweise auftritt. Während der Weizenbierherstellung (Weißbierherstellung) entstehen aus den jeweiligen Präkursoren (Phenol-Säuren)

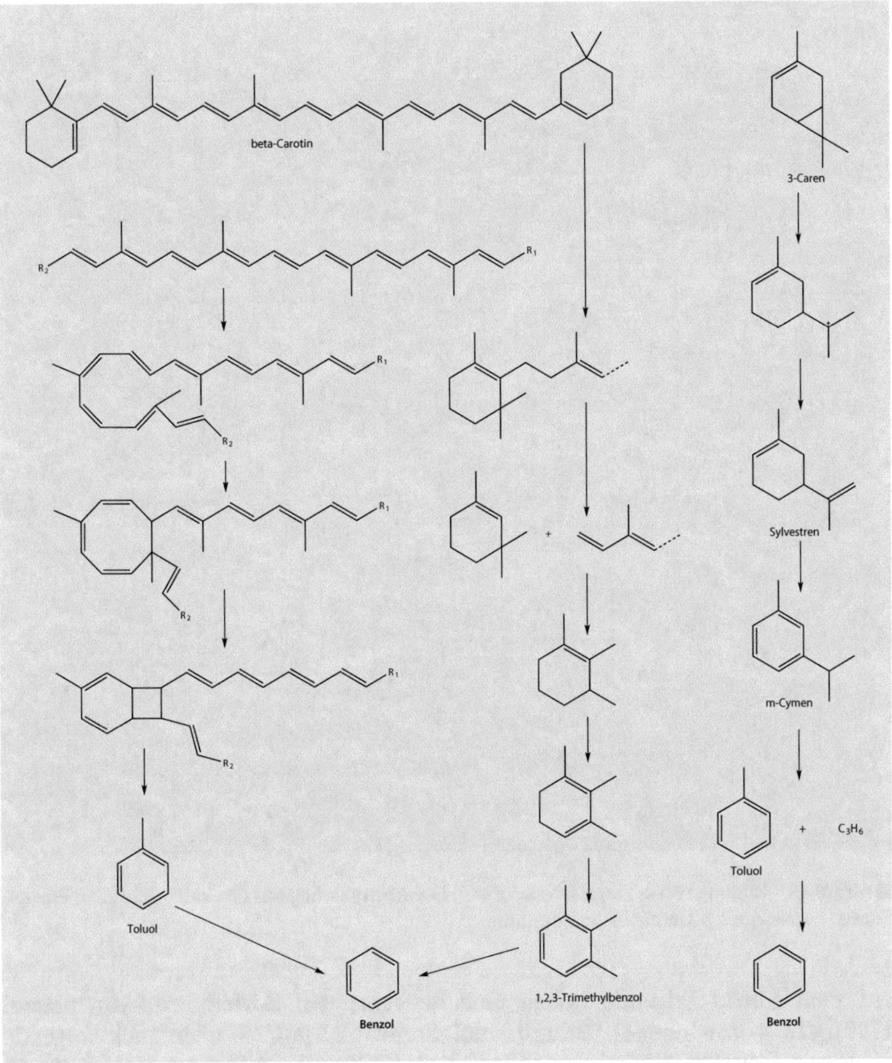

**◨ Abb. 9.42** Theoretische Mechanismen für die Bildung von Benzol aus ß-Carotin und dem Monoterpen 3-Caren im Modellsystem (Nach Mamedaliev und Mamedaliev 1956)

sowohl die erwünschten aromaaktiven Vinylaromaten 2-Methoxy-4-vinylphenol (4-Vinylguaiacol) und 4-Vinylphenol als auch das unerwünschte und toxikologisch relevante Styrol. ◨ Abb. 9.43 gibt eine Übersicht über die Bildung von 4-Vinylderivaten aus den Vorläufe-Phenolsäuren.

Neuere Arbeiten zeigen, dass die Bildung der Vinylaromaten während der **Fermentation** durch enzymatische Prozesse stattfindet und nicht durch thermische Einflüsse während des Brauprozessen bedingt ist. Durch diese Erkenntnis kommt den beteiligten Hefen eine Schlüsselrolle zu. Beispielsweise wurden in **Bieren**

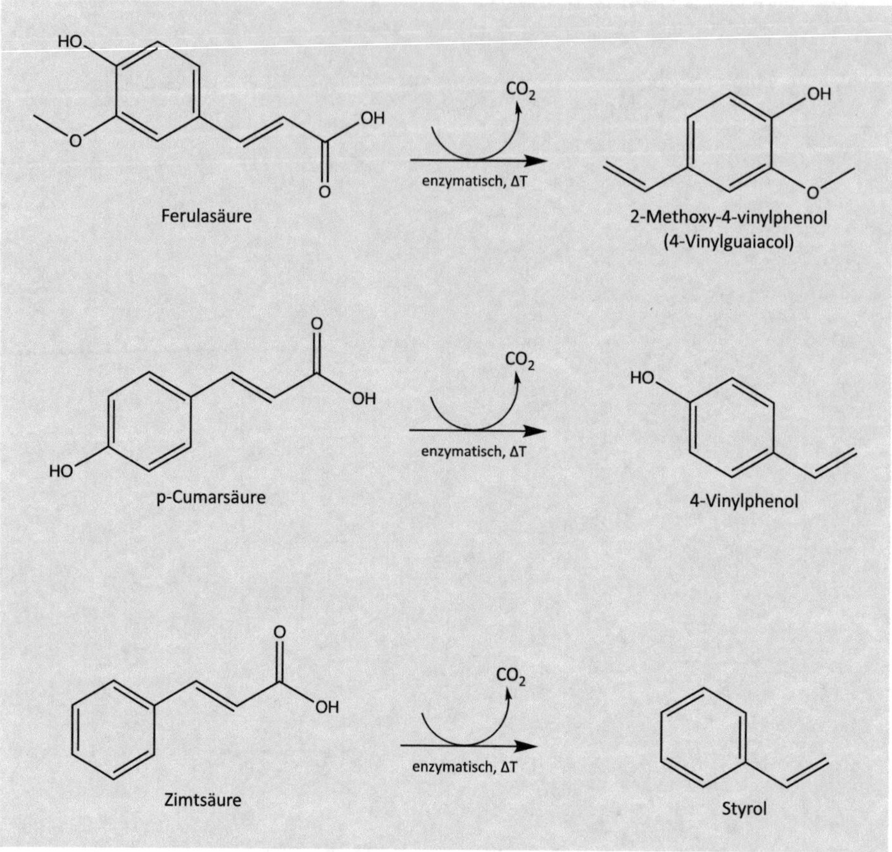

**Abb. 9.43** Bildung von 4-Vinylderivaten durch Decarboxylierung aus den entsprechenden Phenol-säuren: Ferulasäure, p-Cumarsäure, Zimtsäure

auf dem Markt folgende hohen Gehalte gemessen: 2-Methoxy-4-vinylphenol 1790 µg/L; 4-Vinylphenol 936 µg/L und Styrol 28,3 µg/L – aber auch folgende niedrigen Gehalte: 2-Methoxy-4-vinylphenol 158 µg/L; 4-Vinylphenol 46,7 µg/L und Styrol <LOQ (Granvogl et al. 2019).

### Styrol

Das Vorkommen von **Styrol** ist auch in Zimt beschrieben worden. Zimt enthält als aromaaktive Komponente u. a. Zimtaldehyd, aus welchem unter Einfluss von Wärme und Feuchtigkeit Styrol entstehen kann. Ein hoher Styrol-Gehalt kann in solchem Falle eine falsche Lagerung anzeigen (Schwarz et al. 2012).

**Styrol** gilt als gesundheitlich unerwünschter Stoff in Lebensmitteln. Die cancerogene Wirkung ist zwar bislang noch nicht abschließend aufgeklärt, es steht aber fest,

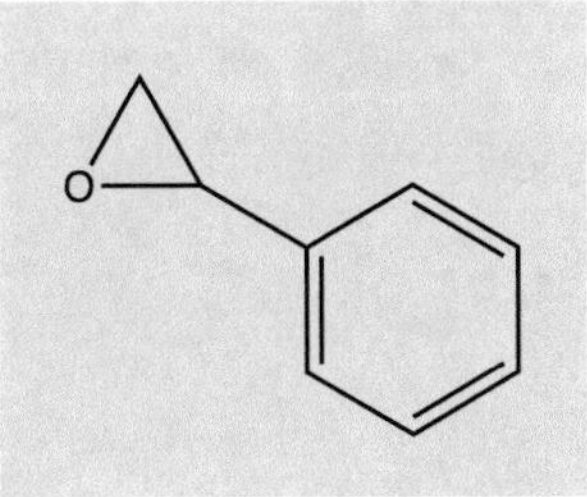

**Abb. 9.44** Styroloxid

dass die zur Metabolisierung zu **Styroloxid** (■ Abb. 9.44) erforderlichen Enzymsysteme auch in der menschlichen Lunge in einer der Maus vergleichbaren Aktivität nachgewiesen wurden (Großmann-Kühnau 2012). Styrol ist von der **IARC** in die Gruppe 2B als „possibly carcinogenic to humans" eingestuft worden.

## 9.15 Methanol

**Methanol** ist in Esterform in Pektinen gebunden und kann durch die Aktivität von Esterasen wieder abgespalten und freigesetzt werden (■ Abb. 9.45). Methanol kann daher als Prozesskontaminante in pektinhaltigen natürlichen Früchten, Gemüsen und Erzeugnissen daraus auftreten. Methanol wird nach neuen Untersuchungen als potenziell reproduktionstoxisch eingestuft. Die Methanol-Gehalte verschiedener handelsüblicher Fruchtsäfte und -nektare sind in ■ Tab. 9.9 zusammengestellt.

### Methanol – Toxikologie

**Methanol** ist giftig, die tödliche Dosis liegt für Erwachsene bei 50 bis 75 g. Vergiftungserscheinungen sind Herz- und Muskelschwäche, Krämpfe, Abnahme des Sehvermögens oder Blindheit und im Extremfall der Tod. Methanol wird nach neuen Untersuchungen zudem als potenziell reproduktionstoxisch eingestuft.

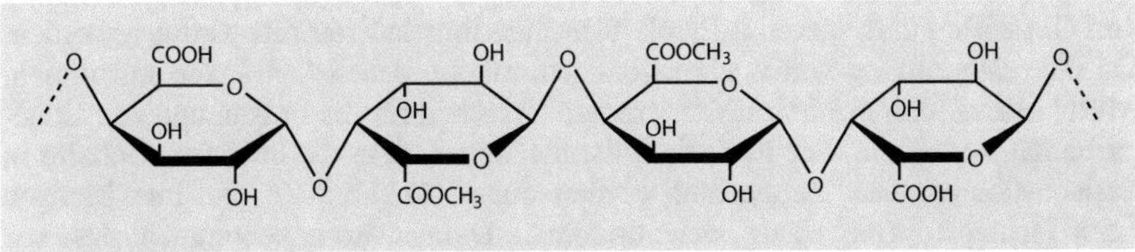

**Abb. 9.45** Ausschnitt eines Pektinmoleküls mit Methylester-Gruppen

**◘ Tab. 9.9** Methanol-Gehalte in Fruchtsäften und Nektaren

| Fruchtsaft | mg/L |
|---|---|
| Naturtrüber Apfelsaft (100 %) | 41,3 |
| Klarer Apfelsaft (100 %) | 46,4 |
| Apfelsaft aus Konzentrat (100 %) | 58,1 |
| Naturtrüber Birnensaft (100 %) | 96,4 |
| Klarer Birnensaft (100 %) | 16,2 |
| Birnennektar mit Fruchtfleisch (30–50 %) | 322,4 |
| Quittennektar (50–85 %) | 18,5 |
| Traubensaft (100 %) | 69,5 |
| Kirschnektar (45–60 %) | 105,9 |
| Schwarzer Johannisbeernektar (25–35 %) | 224,8 |
| Holunderbeersaft (100 %) | 380,0 |
| Orangensaft aus Konzentrat (100 %) | 104,6 |
| Multivitaminsaft (100 %) | 97,9 |
| Quelle: Matissek 2019 | |

**9**

---

**Methanol-Freisetzung im Darm**

Das in Pektinen **gebundene Methanol** kann auch im menschlichen Darmtrakt durch Mikroorganismen freigesetzt werden. Die **natürliche endogene Bildung von Methanol** liegt bei 0,3 bis 0,6 g/d (Lindinger et al. 1997).

Zur Toxikologie von Methanol s. Kasten „Methanol – Toxikologie" bzw. auch ▶ Abschn. 9.21.

## 9.16  Ethylcarbamat

In den letzten Jahren wurde wiederholt über das Vorkommen von **Ethylcarbamat (Ethylurethan)** vor allem in **Spirituosen** berichtet. Diese als krebserregend bekannte Verbindung war schon einige Jahre vorher als Nebenprodukt einer Konservierung von Obstsäften und Wein mit Pyrokohlensäuredimethylester interessant geworden. Da eine Behandlung von hochprozentigen, alkoholischen Getränken mit diesem Mittel keinen Sinn macht, mussten andere Ursachen für die Entstehung von Ethylcarbamat vorliegen. Hier half die Tatsache weiter, dass die höchsten Gehalte in **Steinobstbranntweinen** beobachtet worden waren (◘ Tab. 9.10) und ihre Mengen nach Lichteinwirkung sogar noch zunahmen. Daher wird angenommen, dass vor allem in Steinobstbranntweinen nach Vermahlen der Steine durch Amygdalin-Spaltung ▶ Abschn. 12.4) freigesetzte **Blausäure** zu **Cyansäure** oxidiert wird und sich diese mit Ethanol zu Ethylcarbamat umsetzt (◘ Abb. 9.46).

| ◘ Tab. 9.10 | Ethylcarbamat-Gehalte in alkoholischen Getränken |
|---|---|
| **Getränk** | **mg/L** |
| Kirschwasser | 0,2–5,5 |
| Zwetschgenwasser | 0,1–7,0 |
| Mirabellenwasser | 0,2–2,3 |
| Rum | n.n.–0,06 |
| Likör | n.n.–0,16 |
| Sherry | 0,02–0,07 |
| Weißwein | n. n.–0,02 |
| Rotwein | n. n.–0,05 |

Quelle: Mildau et al. (1987)
n. n. nicht nachweisbar (<0,01 mg/L)

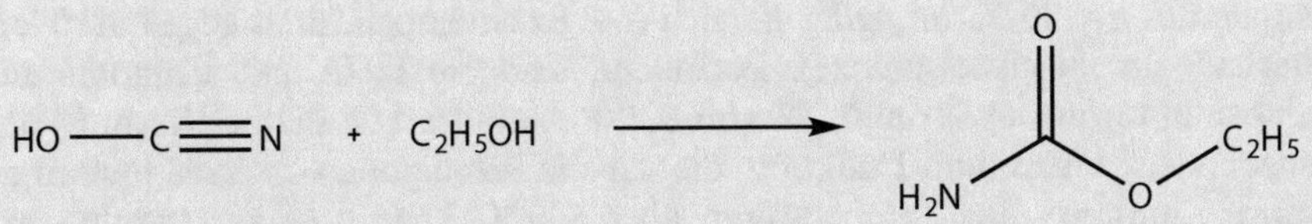

◘ **Abb. 9.46**   Bildungsweg von Ethylcarbamat

Eine andere Möglichkeit zu seiner Bildung ergibt sich aus der in ◘ Abb. 9.47 dargestellten Reaktion von **Carbamoylphosphat** mit Ethanol während der Gärung. Carbamoylphosphat ist das gemischte Anhydrid des Phosphat-Ions und der Carbaminsäure und spielt bei verschiedenen Stoffwechselvorgängen eine große Rolle. Es ist eine Zwischenstufe beim Abbau von Stickstoff-Verbindungen im Harnstoffzyklus. Daneben wurde auch schon vermutet, dass der in einigen Ländern als Gärungsbeschleuniger zugelassene Harnstoff als Ausgangsverbindung in Frage kommt.

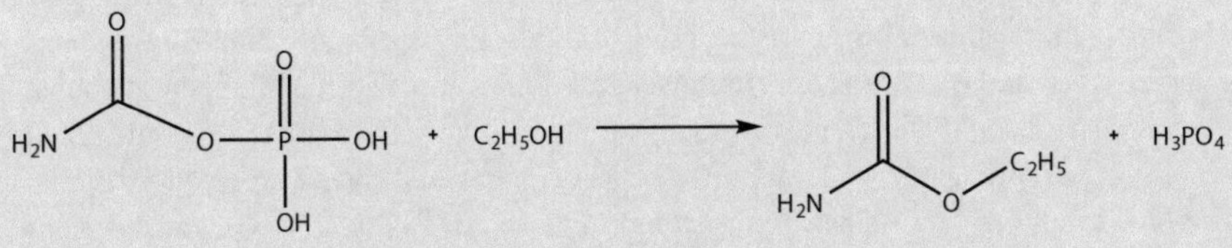

◘ **Abb. 9.47**   Reaktion von Carbamoylphosphat mit Ethanol zu Ethylcarbamat

**◻ Abb. 9.48**   Chinolin- und Chioxalin-Grundstruktur

## 9.17  Heterocyclische aromatische Amine

**Heterocyclische aromatische Amine**  (HAA) entstehen beim scharfen Grillen oder Braten von proteinreichen Lebensmitteln wie Fleisch und Fisch durch Reaktion von Kreatinin mit Aminosäuren und Glykogen vorwiegend bei Temperaturen >130 °C im μg/kg-Bereich (bei Kochtemperaturen liegen die Werte unterhalb der Nachweisgrenze). Bedeutend sind die HHA mit Chinolin- und Chinoxalin-Grundstrukturen (◻ Abb. 9.48). Auffallend ist die in diesem System eingebundene Guanidino-Funktion, die auf die Beteiligung von Kreatinin an der Synthese hinweist. Bei Temperaturen über 300 °C kommt es zur Pyrolyse von Aminosäuren (vor allem Tryptophan), und es entstehen Pyridoindole.

**HHA** sind vor allem an der Oberfläche von stark erhitztem Fleisch und Fisch zu finden. Je länger und heißer erhitzt wird, desto höher ist der HAA-Gehalt. Soßen, die auf der Basis eines dunklen Bratrückstands zubereitet werden, enthalten ebenfalls HAA. In extrem niedrigen Konzentrationen wurden HAA auch in Wein und Bier nachgewiesen. Sie kommen weiterhin ebenso in der Teerfraktion von Zigaretten vor.

Die meisten HHA wirken nach metabolischer Aktivierung im **Ames-Test mutagen** und im Tierversuch cancerogen, vor allem im Colon. Stoffwechselprodukte der HAA im Körper, die sog. Nitrenium-Ionen, können mit der DNA reagieren und auf diese Weise erbgutschädigend sein.

---

**Mutagene**

HHA sind **Mutagene aus tierischem Protein.** Auch Pflanzen entwickeln Mutagene. Hierzu gehört **Quercetin** ein Flavonoid, das als Farbstoff in Pflanzen weit verbreitet ist (z. B. Apfel, Birne, Johannisbeere). Quercetin liegt in Pflanzen zunächst glycosidisch gebunden vor und ist nicht mutagen. Erst nach Freisetzung entwickelt es hingegen mutagene Eigenschaften, die offenbar mit den Hydroxyl-Gruppen an C-3 und C-5 und einer Doppelbindung zwischen C-2 und C-3 zusammenhängen. Die Mutagenitätswerte steigen übrigens stark an, wenn die Verbindungen einer metabolischen Aktivierung durch speziell hergestellte Leberhomogenate

> („S-9-Mix") unterworfen wurden. Zur Feststellung der Mutagenität wird der Ames-Test (▶ Abschn. 5.2.7) eingesetzt.
>
> *Erläuterung:* Die Abkürzung „S-9-Mix" kommt von S für Supernatant (dt. Überstand) und die Zentrifugation bei 9000 g.

Um die hohe Magenkrebsanfälligkeit der Japaner zu erklären, hat das National Cancer Research Institute in Tokio eine Reihe von Versuchen mit gegrilltem Fisch und Fleisch durchgeführt. Aus der verkohlten Oberfläche konnten stark mutagene Extrakte gewonnen werden, so aus 190 g Beefsteak ein Produkt, dessen Mutagenität etwa 850 µg Benzo[a]pyren entsprach.

Gezielte Versuche ließen sehr bald erkennen, dass vor allem proteinhaltige Lebensmittel bei starker Erhitzung zur Bildung genotoxischer Stoffe neigen, während bei Temperaturen bis 100 °C nur niedrige Mutagenitätswerte gemessen wurden. Auch die Pyrolysate bestimmter Aminosäuren waren mutagen. Aus ihnen konnten verschiedene Verbindungen mit teilweise erheblichen Mutagenitäten isoliert werden, so Trp-P-1 und -2 aus dem Pyrolysat von Tryptophan, Glu-P-1 und Glu-P-2 aus dem der Glutaminsäure, Lys-P-1 und Orn-P-1 aus denen des Lysins bzw. Ornithins (◘ Abb. 9.49).

Aus Protein-Pyrolysaten wurden zwei **Amino-α-carboline** erhalten. **Norharman** ist ein α-Carbolin, das im Zigarettenrauch nachgewiesen wurde. Es entsteht unter anderem bei Pyrolyse von Fructose-Tryptophan, das durch Umsetzung von Glucose mit Tryptophan und Amadori-Umlagerung des N-Glycosids gebildet wurde. Die Zahlen unter den Formeln der ◘ Abb. 9.49 geben Anzahl der die Revertanten pro µg Substanz im Ames-Test an und sind damit ein Maß für die Mutagenität der Verbindung. Auch bei der Untersuchung von gegrilltem Fisch, der in Japan häufig und gern gegessen wird, wurden sehr hohe Mutagenitäten festgestellt, die indes nur zu 5 bis 10 % durch die o. a. Verbindungen erklärbar waren. Sie wurden verursacht durch zwei **Imidazolylchinoline** (**IQ** und **MeIQ**), die auch im gegrillten und gebratenen Fleisch sowie in Fleischextrakt nachgewiesen wurden. Diese Verbindungen werden offensichtlich bei der Umsetzung von Kohlenhydraten mit Glycin bzw. Alanin und Kreatinin unter den Bedingungen der Maillard-Reaktion gebildet. Hier wurden zusätzlich ein **Imidazolylchinoxalin** und sein Methyl-Homologes nachgewiesen (◘ Abb. 9.50).

Ihre Konzentrationen wurden in **Fleischextrakt** anhand der spezifischen Mutagenitäten bestimmt, sie betragen jeweils zwischen 3 bis 34 µg/kg, doch wurden auch stark abweichende Daten registriert. Diese Verbindungen sind wohl die zur Zeit stärksten bekannten natürlichen Mutagene. Die genannten Verbindungen sind erst nach Aktivierung mutagen, wobei sich Cytochromoxidase P448 als am wirkungsvollsten erwies. Die **Imidazolylchinoline** besitzen einen planaren Molekülbau; die Amino- und Methylgruppen sind coplanar angeordnet. Da NMR-Daten keine Anisotropie erkennen ließen, wird gefolgert, dass eine eventuell zu diskutierende, spezielle Anordnung der Methyl-Gruppe für die Mutagenität nicht wesentlich ist. Vielmehr lässt sich an den in ◘ Abb. 9.50 dargestellten Verbindungen und ihren spezifischen Mutagenitäten ablesen, dass

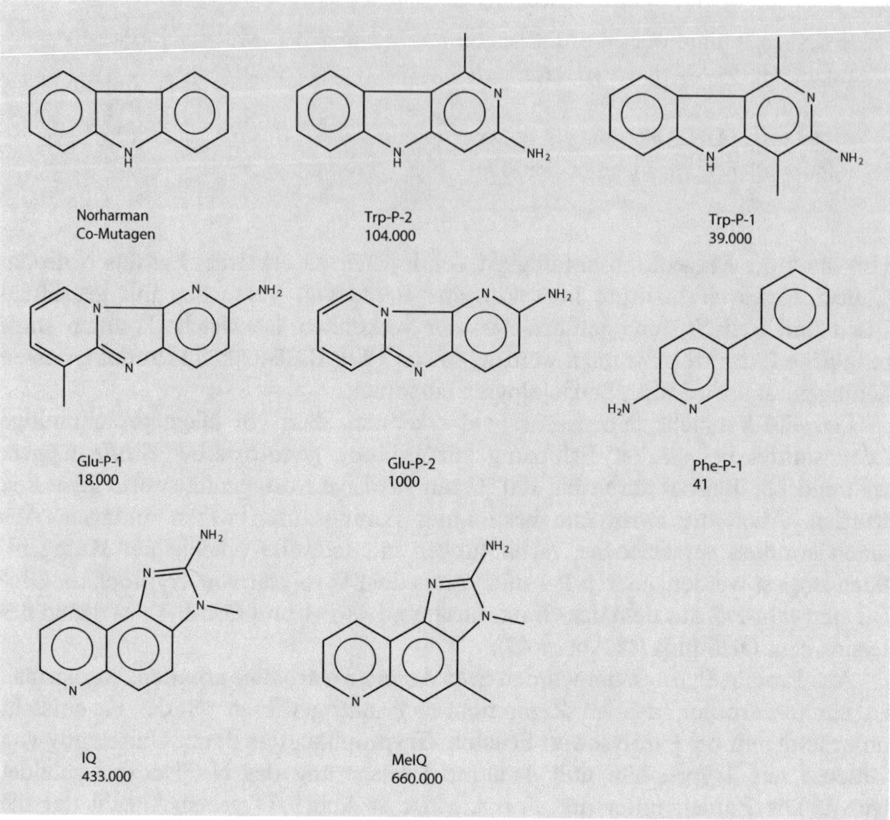

**Norharman**
Co-Mutagen

**Trp-P-2**
104.000

**Trp-P-1**
39.000

**Glu-P-1**
18.000

**Glu-P-2**
1000

**Phe-P-1**
41

**IQ**
433.000

**MelQ**
660.000

◘ **Abb. 9.49** Aus der Pyrolyse von Aminosäuren bzw. ihrer Verbindungen gebildete Mutagene. *Erläuterung:* Die Zahlen geben die Revertantenrate pro µg Substanz im Ames-Test an (▶ Abschn. 5.2.7). *Weitere Erläuterungen:* siehe Text

die Position des Ringstickstoff-Atoms wichtig ist. Zusätzliche Methylierung blockiert die Aktivität nicht, im Gegenteil, sie kann bei richtiger Anordnung die Mutagenitäten noch erhöhen.

Aus **Trp-P-2** wurden nach Inkubieren mit einer Mikrosomenfraktion vier Metabolite isoliert, von denen einer als das an der Aminogruppe oxidierte Produkt erkannt wurde. Heute wird angenommen, dass alle diese aus Proteinpyrolysaten isolierten Mutagene in Form ihrer Hydroxylamine genotoxische Eigenschaften entwickeln, die zu einer kovalenten Bindung zwischen dem Aminostickstoff und der Position 8 von Guanin führen (◘ Abb. 9.51). Intermediär können die Hydroxylamine acyliert oder in die Sulfat-Ester übergeführt werden.

Die mit *Salmonella typhimurium* S-98 gemessenen Mutagenitäten sind nicht in gleicher Reihenfolge auf Messungen mittels des Sister-Chromatid-Exchange-Tests, mit Säugetierzellkulturen oder Chromosomenaberrationen in menschlichen Lymphocyten übertragbar. So ergaben Tests mit IQ sehr viel weniger Chromatidaustausche als Trp-P-2, das andererseits an Lungenzellen des Chinesischen Hamsters

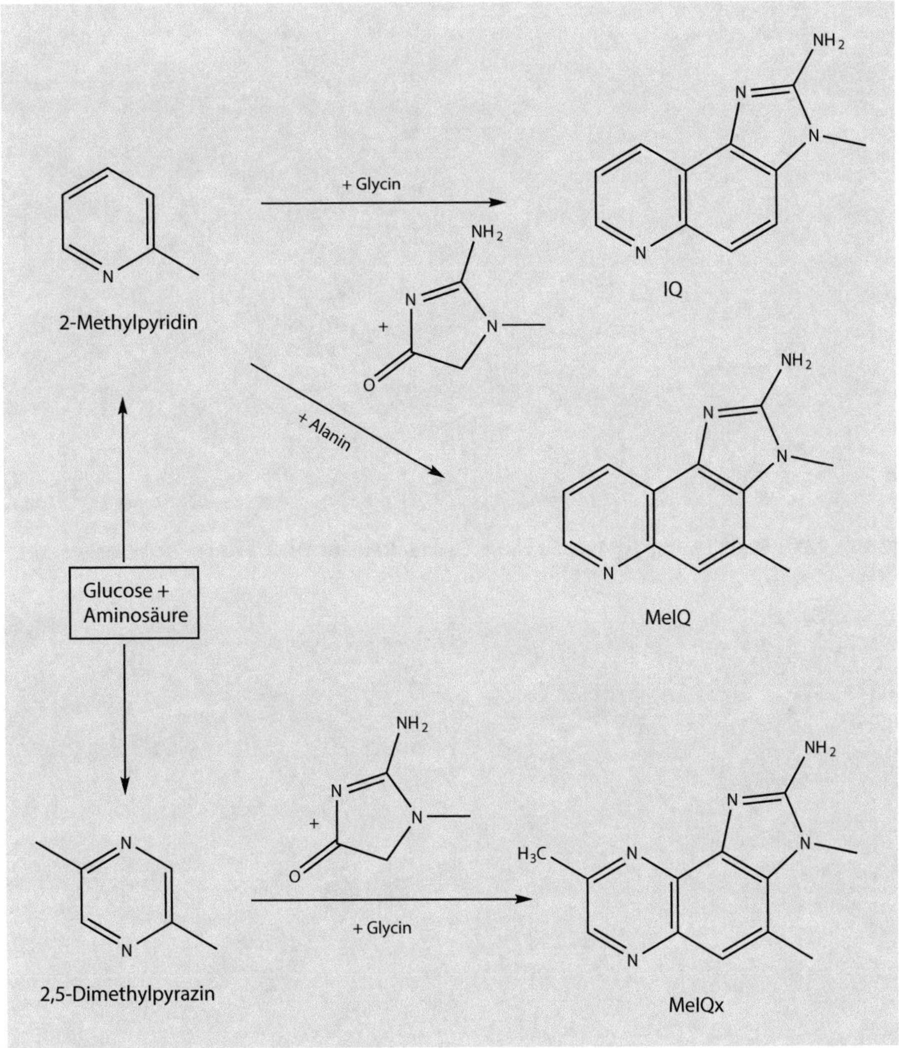

**◻ Abb. 9.50** Mechanismus der Entstehung von Imidazolylchinolinen und -chinoxalinen. *Weitere Erläuterungen:* siehe Text

weniger Chromosomenaberrationen erzeugte als Trp-P-1. Bezüglich möglicher Cancerogenität wurde gezeigt, dass Tryptophan und Glutaminsäure-Pyrolysate anaplastische Fibrosarkome mit preneoplastischen Läsionen in der Rattenleber erzeugen. Die Imidazolylchinoline wurden lange als nicht cancerogen angesehen. In neuerer Zeit konnte im Mäuseversuch eine schwache Lebercancerogenität nachgewiesen werden.

In der Literatur sind mehrere **Syntheserouten** aus Modellversuchen abgeleitet worden. Der in ◻ Abb. 9.52 aufgezeigte Mechanismus gilt als relevant: Kurzkettige Aldehyde wie Formaldehyd oder Acetaldehyd (R–CHO)

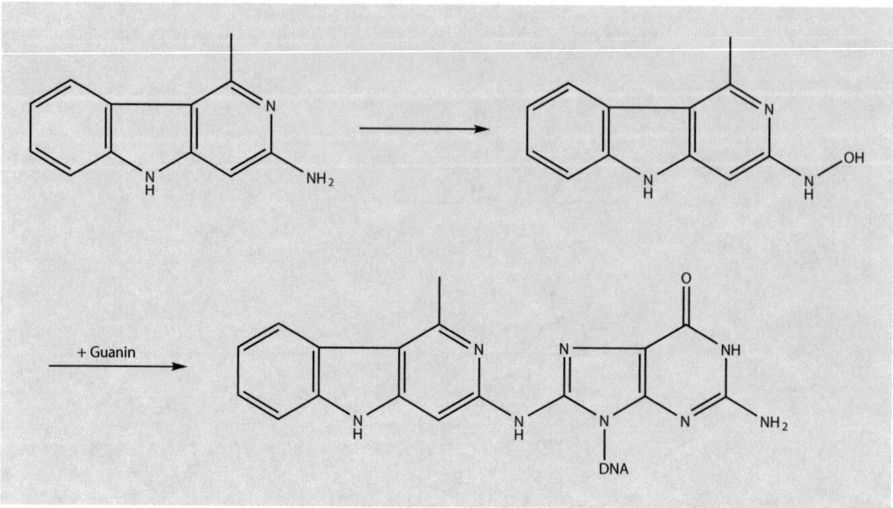

**9**

**◘ Abb. 9.51** Reaktion von Trp-P-2 mit einem Guanin-Rest aus DNA. *Weitere Erläuterungen:* siehe Text

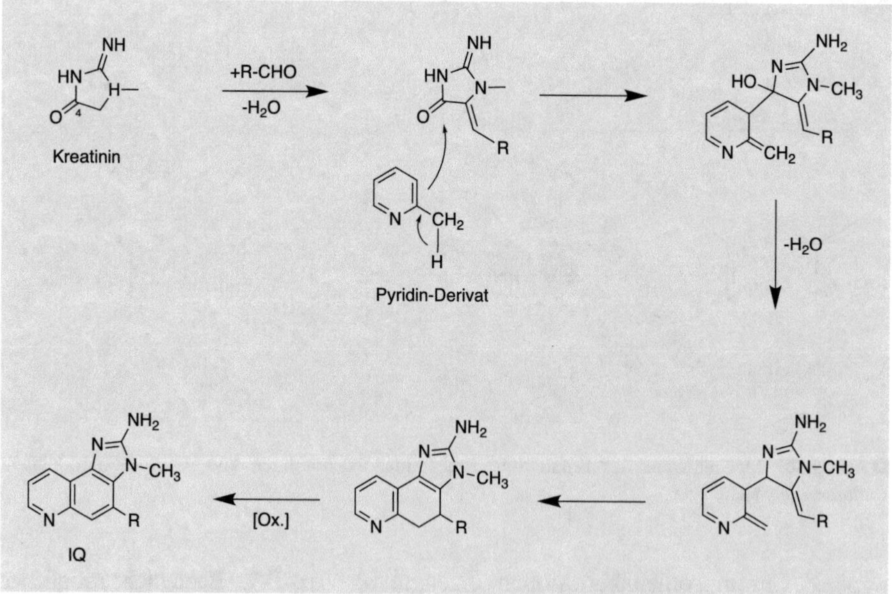

**◘ Abb. 9.52** Mechanismus der Bildung von HHA aus Kreatinin am Beispiel von Imidazolylchinolin (IQ) (Nach Glomb 2015). *Erläuterung:* Ox. Oxidation. *Weitere Erläuterungen:* siehe Text

kondensieren an der C–H-aciden Position (Position 4) von Kreatinin, gefolgt von einer Kondensation elektronenreicher Aromaten aus der Maillard-Reaktion wie Pyridin- oder Pyrazin-Derivate. Nach Wasserabspaltung kommt es durch

**◨ Abb. 9.53**   Struktur von 7-MeIgQx

Diels–Alder-Reaktion zum Ringschluss und anschließende Oxidation führt – wie hin diesem Beispiel dargestellt – zum Imidazoylchinolin (IQ) (Glomb M 2015).

Eine der quantitativ wichtigsten Leitsubstanzen bei den HHA ist das **7-MeIgQx**, dessen Struktur sich vom Kreatinin ableitet und in ◨ Abb. 9.53 dargestellt ist. Beim Braten von Hamburgern oder Steak wurden Konzentrationen von bis zu 25 µg/kg gemessen (Glomb 2015).

## 9.18  Polymere Fettmoleküle

Durch starken und längeren Wärmeeintrag in Fette bzw. Öle (z. B. beim Frittieren) können ebenfalls Veränderungen an den Strukturen stattfinden (Entstehung von Prozesskontaminanten). Dies kann mit, aber auch ohne die Einwirkung von Sauerstoff ablaufen. Durch Hydrolyse entstehen freie Fettsäuren und daraus durch Polymerisation dimere, oligomere sowie **polymere Fettmoleküle**. Es können auch cyclische oder aromatische Verbindungen entstehen (◨ Abb. 9.54).

## 9.19  trans-Fettsäuren

### 9.19.1  Aufbau, Bildung, Bewertung

Trans-Fettsäuren (engl. Trans Fatty Acids – TFA) sind ungesättigte Fettsäuren mit einer oder mehreren Doppelbindungen in trans-Konfiguration ◨ Abb. 9.55. TFA werden auf natürliche Weise gebildet (ruminante TFA), entstehen bei lebensmitteltechnologischen Prozessen oder bei starker thermischer Belastung von Fetten (nichtruminante TFA).

**TFA** entstehen in erheblichen beim Prozess der Fettteilhärtung bzw. Hydrierung (Näheres siehe unten). Der Verzehr von TFA hat nachteilige Wirkungen auf die Blutfette, die mit einem erhöhten Risiko für Herz-Kreislauf-Erkrankungen einhergehen. TFA entstehen auch beim Erhitzen von Fetten bzw. Ölen: In relevanten Mengen aber erst bei mehr als 200 °C. TFA können daher als **Prozesskontaminanten** eingestuft werden, da sie unerwünschte Stoffe darstellen.

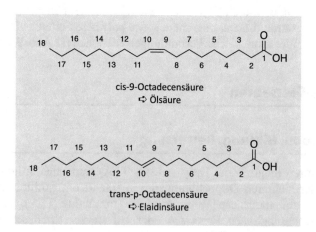

**9**

◘ **Abb. 9.54**   Polymerisation von Fettsäuren

cis-9-Octadecensäure
⇨ Ölsäure

trans-p-Octadecensäure
⇨ Elaidinsäure

◘ **Abb. 9.55**   cis- und trans-Konfiguration von Fettsäuren am Beispiel der 9-Octadecensäure

Unter üblichen Frittierbedingungen (<180 °C) bilden sich nur sehr geringe Mengen (<1 % trans-Fettsäuren). In diesem Temperaturbereich entstehen auch MCPD- und Glycidyl-Ester (► Abschn. 9.7). Tierexperimente zeigen, dass der Verzehr erhitzter Fette bzw. Öle (bis 190 °C) kein gesundheitliches Risiko bedeutet. Erst wenn extrem lange und/oder hoch erhitzt wird, treten Zeichen von gesundheitlichen Schädigungen auf.

---

**EFSA bestätigt Einschätzung zu trans-Fettsäuren**

- Die Daten aus kontrollierten Interventionsstudien zeigen, dass der **Verzehr von TFA** nachteilige Wirkungen auf die Blutfette hat, die mit einem erhöhten Risiko für Herz-Kreislauf-Erkrankungen einhergehen. Werden stattdessen einfach oder mehrfach ungesättigte Fettsäuren verzehrt, so erhöht sich dieses Risiko nicht. Die schädlichen Wirkungen von TFA sind dosisabhängig. Den konsistenten dosisabhängigen linearen Zusammenhang zwischen hoher TFA-Aufnahme und einem erhöhten Risiko für das Auftreten von Herz-Kreislauf-Erkrankungen belegen auch prospektive Kohortenstudien.
- Von wenigen Ausnahmen abgesehen zielen die aktuellen nationalen und internationalen Empfehlungen darauf ab, dass die Aufnahme von TFA über Lebensmittel **so gering wie möglich** sein sollte.

---

Bei der technologischen Bearbeitung der Fette wie der **partiellen Fetthärtung** (also bei der sog. **Teilhärtung**) werden vor allem dann leicht trans-Fettsäuren gebildet, wenn mit „ermüdeten" Katalysatoren, vor allem Nickelkontakten gearbeitet wurde (▶ Abschn. 9.19.2). In industriell gehärtetem Fett können bis zu 60 % trans-Fettsäuren vorliegen. Bei der **vollständigen Hydrierung (Fetthärtung)** entstehen keine trans-Fettsäuren, sondern ausschließlich gesättigte Fettsäuren. Konjuenfettsäuren entstehen dagegen beim Bleichungsschritt während der Fettraffination, die durch Verschiebung des UV-Spektrums ins Längerwellige, die durch die konjugierte Doppelbindung ausgelöst wird, erkannt werden können.

Beide Formen können aber auch in **natürlichen Fetten** vorkommen (Milchfett, Rinder- und Hammelfett), so z. B. trans-Fettsäuren bis zu 8 %. Nach bisherigen Erkenntnissen entstehen sie bei der **enzymatischen Reduktion** durch *Butyrivibrio fibrisolvens* im Pansenmagen von Wiederkäuern, wobei aus Linolsäure (C18:2, c9c12) zunächst Isomere wie die **konjugierten Linolsäuren** (engl. **Conjugated Linoleic Acids – CLA**) gebildet werden. Die dabei am häufigsten auftretende CLA ist das Isomer C18:2, c9t11 (◘ Abb. 9.56), das dann reduktiv zu **trans-Vaccensäure** und **Elaidinsäure** (trans-Ölsäure) umgewandelt wird.

---

**Ruminante trans-Fettsäuren ↔ nichtruminante trans-Fettsäuren**

- In Fetten von Wiederkäuern (lat. Ruminantia) natürlicherweise vorkommende trans-Fettsäuren werden als **ruminante trans-Fettsäuren** – r-TFA bezeichnet.
- Alle anderen trans-Fettsäuren werden dementsprechend als **nichtruminant** bezeichnet – nr-TFA.

---

**Fütterung beeinflusst r-TFA- und CLA-Gehalte in Milch**

Neuere Untersuchungen machen deutlich, dass der Gehalt an **r-TFA** und **CLA** sowie deren Isomerenverteilung in Milch stark fütterungsabhängig ist. So liegt

**9**

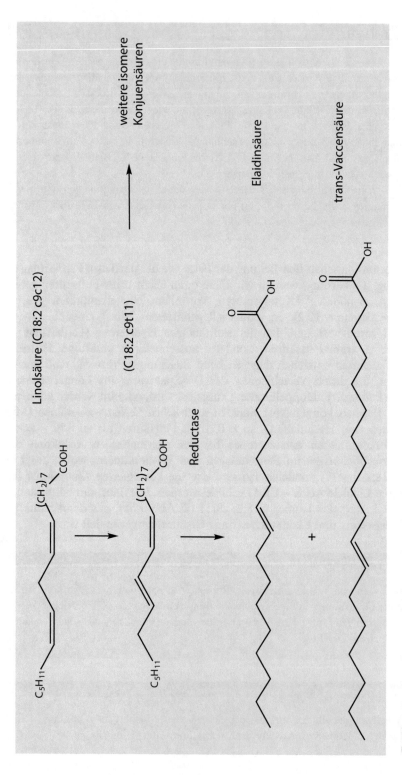

■ **Abb. 9.56**  Entstehung von Konjuen- und trans-Fettsäuren

der in Milch von grasenden Kühen und vor allem aus Bergregionen der Gehalt an r-TFA bedeutend höher im Vergleich zu konventionell gefütterten Tieren (Kraftfutter). Dabei ist vor allem die **Vaccensäure** überproportional erhöht, was sich im Vergleich zu konventioneller Milch in einem sehr niedrigen Verhältnis von Elaidinsäure zu Vaccensäure niederschlägt.

Diese isomere Form der trans-Linolsäure tritt übrigens häufig auf, mitunter auch dann, wenn Linolsäure einem Radikalangriff, wie bei der Fettoxidation, ausgesetzt ist. Aus der C18:2, c9t11-Verbindung leiten sich auch andere **Konjuenfettsäuren** ab, die dann anschließend zu trans-Fettsäuren reduziert werden können (meist Vaccen- und Elaidinsäure). TFA werden mittels Infrarotspektroskopie identifiziert und quantitativ bestimmt.

Analytisch lässt sich der Unterschied zwischen natürlichen und durch technologische Bearbeitung entstandenen trans-Fettsäuren über das charakteristische **Isomerenmuster** erfassen. Die Unterschiede werden anhand des Musters der C18:1 trans-Isomere deutlich (◘ Abb. 9.57), denn im **Wiederkäuerfett** ist die Vaccensäure (C18:1, t11) vorherrschendes Hauptisomer, wohingegen bei teilgehärteten Fetten viele verschiedene Isomere ohne ein deutliches Hauptisomer entstehen. Die Vaccensäure kann von Säugetieren in eine unbedenkliche Fettsäure (CLA) überführt werden.

Nachdem TFA als Artefakte (d. h. Prozesskontaminanten) der „**Fetthärtung**" (genauer „Teilhärtung", ▶ Abschn. 9.19.2) erkannt worden waren, wurde von Seiten der Industrie versucht, ihre Gehalte möglichst niedrig zu halten, ohne dass damals ausreichendes Wissen über ihre physiologischen Wirkungen vorhanden war. In neuerer Zeit hat die Analytik der TFA Fortschritte gemacht, und es liegt ausreichende Evidenz vor, dass höhere Gehalte von TFA im menschlichen Blutserum die Cholesterin- und Lipoprotein a-Anteile ansteigen lassen,

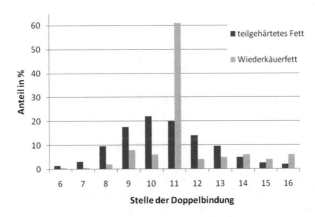

◘ **Abb. 9.57** trans-Fettsäureisomere in einem industriell teilgehärteten und einem natürlichen Fett (Nach Colombani et al. 2007)

die alle als Risikofaktoren für Herz-Kreislauf-Erkrankungen bekannt sind. Durch freiwillige Maßnahmen der Lebensmittelindustrie in Deutschland, wie geänderte Verfahren bei der Teilhärtung von Ölen, dem vermehrten Einsatz von Alternativen für teilgehärtete Fette sowie durch Rezepturanpassungen, wurde der Gehalt an TFA in industriell gefertigten Lebensmitteln in den letz-ten Jahren stark reduziert. Hierzu wurden „Leitlinien zu Minimierung der trans-Fettsäuren in Lebensmitteln" entwickelt (Lebensmittelverband Deutschland 2012). Die amerikanische Gesundheitsbehörde **(FDA)** hat im Juni 2015 bekannt gegeben, dass ab Juni 2018 zugesetzte TFA in Lebensmitteln nicht mehr erlaubt sind.

**Konjuenfettsäuren** (z. B. die Linolsäure-Isomere 9,11-Octadecadiensäure: c9t11 bzw. t9c11) besitzen offenbar eine tumorinhibierende Wirkung; wirken gegen Krebs und Atherosklerose (endotheliale Dysfunktion). Nach heutiger Kenntnis ist die Cytotoxizität solcher Linolsäure-Isomere höher als die von ß-Carotin. Solche Verbindungen kommen nur in Wiederkäuerfett und vor allem Milchfett vor (hier Gehalte von 2 bis 17 mg/g Fett).

## 9.19.2 Fetthärtung, Fettteilhärtung

Wie erwähnt, sind in **Speiseölen** vorwiegend ungesättigte, in **Hartfetten** dagegen in der Überzahl gesättigte Fettsäuren gebunden. Daher ist es verständlich, dass die Umwandlung von ungesättigten in gesättigte Fettsäuren die Schmelzpunkte von Fetten heraufsetzen muss.

Es war W. Normann, der 1902 als Erster das einige Jahre vorher von P. Sabatier erkannte Prinzip der **katalytischen Hydrierung** von Olefinen auf Fette anwandte. Als Katalysator benutzte er feinverteiltes Nickel. Damit war ein Verfahren geschaffen worden, das die Verwendung vieler Fette für die menschliche Ernährung ermöglichte (z. B. Seetieröle).

Das Verfahren der **Fetthärtung** (üblicherweise genauer: Fett*teil*härtung) und ihrer Begleitumstände gehört zu den am meisten bearbeiteten Gebieten lebensmittelchemischer Forschung. Ihr Ziel ist die Selektivitätserhöhung von Hydrierkatalysatoren, um möglichst nur einen Teil der Doppelbindungen umzuwandeln und andererseits ihren Erhalt an speziellen Positionen des Moleküls zu gewährleisten. Heutzutage können Hydrierprozesse an Fetten rechnerisch erfasst und die Bedingungen modelliert werden. Das Prinzip der Hydrierung bei Ölsäure zeigt ◘ Abb. 9.58.

Grundsätzlich gilt, dass Trien-Systeme schneller hydriert werden als Dien-Strukturen, und diese wieder schneller reagieren als Fettsäuren mit nur einer Doppelbindung, wie in ◘ Abb. 9.59 dargestellt. Verhalten sich die Geschwindigkeitskonstanten $k_3$:$k_2$ normalerweise wie 2:1, so bringen neuere Katalysatoren Verhältnisse um 8:1 oder besser.

Das Schema simplifiziert die Bedingungen allerdings sehr. In Wirklichkeit werden nämlich die Verhältnisse durch **Isomerisierungen** erschwert, die offensichtlich an der Katalysatoroberfläche ablaufen. Nebeneinander beobachtet werden dann Stellungsisomerisierungen der Doppelbindungen sowie eine teilweise Umwandlung der natürlich vorkommenden cis-Doppelbindungen in die

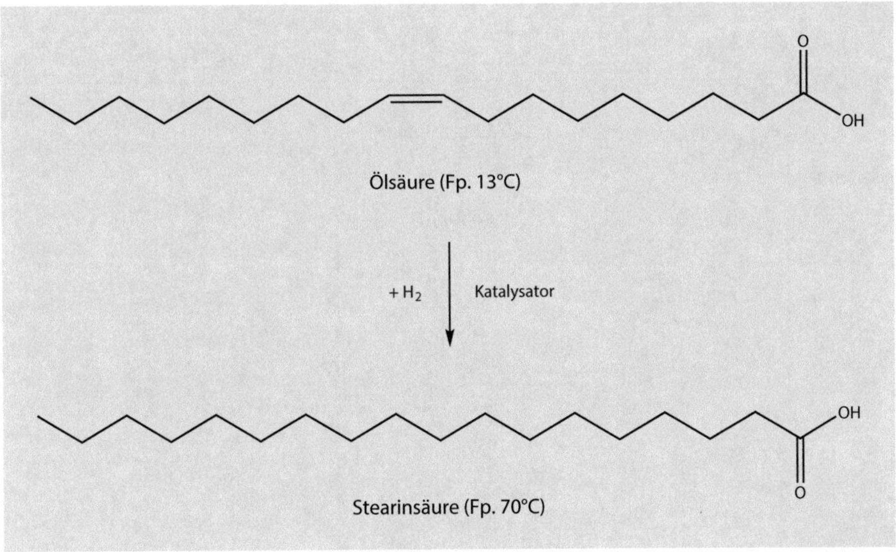

Ölsäure (Fp. 13°C)

+ H₂    Katalysator

Stearinsäure (Fp. 70°C)

**▢ Abb. 9.58** Hydrierung von Ölsäure

$$k_3 \quad > \quad k_2 \quad > \quad k_1$$
Linolensäure → Linolsäure → Ölsäure → Stearinsäure

**▢ Abb. 9.59** Reaktionsgeschwindigkeit bei der Fetthärtung

trans-Formen. Die Stellungsisomerisierung mehrfach ungesättigter Fettsäuren kann unter anderem auch zur Bildung von Konjuensäuren führen. Heute wird die Auffassung vertreten, dass die Hydrierung solcher Verbindungen zunächst an den konjugierten Doppelbindungen angreift. Dies liegt daran, dass in schwach gehärteten Produkten Anteile von Konjuensäuren gefunden wurden, die mittels Ultraviolettspektroskopie leicht nachzuweisen sind.

Die Bildung von stellungsisomeren **iso-Ölsäuren** hat früher den Einsatz der Fetthärtung für linolsäurereiche Produkte (z. B. Sojaöl) unmöglich gemacht, da ihre Umwandlung in unerwünschte Geschmacksstoffe teilweise zur Genuss-untauglichkeit führte. Zum Beispiel wurde die Bildung von **Isolinolsäure** beobachtet, die sehr leicht von Luftsauerstoff oxidiert und dabei unter anderem zu **6-trans-Nonenal** gespalten wird. Dieser Aldehyd ist eine der Ursachen für den „Härtungsgeschmack" (▢ Abb. 9.60).

Die durch **sterische Isomerisierung** bewirkte Umwandlung von cis- in trans-Fettsäuren ist wegen der damit verbundenen Änderungen der physikalischen Eigenschaften interessant. Bekanntlich besitzen trans-Verbindungen höhere Schmelzpunkte als die cis-Isomeren. ▢ Tab. 9.11 gibt eine Übersicht über die Schmelzpunkte stereoisomerer C18-Monoen- und Polyen-Fettsäuren.

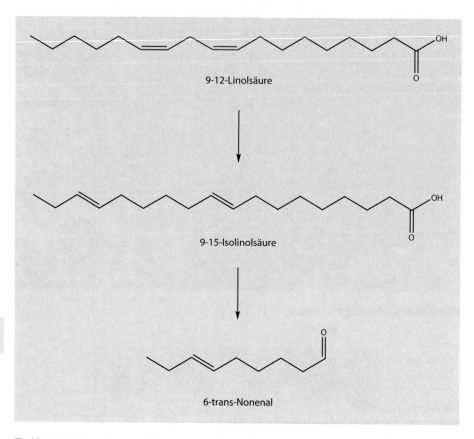

**▫ Abb. 9.60**    Entstehung von 6-trans-Nonenal als Ursache des Härtungsgeschmacks

**▫ Tab. 9.11**    Schmelzpunkte stereoisomerer $C_{18}$-Monoen- und Polyen-Fettsäuren

| Fettsäure | Stellung der Doppelbindung | Konfiguration | Fp. (°C) |
|---|---|---|---|
| Ölsäure | 9 | Cis | 13 |
| Elaidinsäure | 9 | Trans | 44 |
| Linolsäure | 9,12 | All-cis | −5 |
| Linolelaidinsäure | 9,12 | All-trans | 28 |

Durch Behandlung von Fetten an Nickel-Katalysatoren können u. U. erhebliche trans-Fettsäure-Gehalte entstehen, die bei Sojaöl über 40 %, bei Leinöl sogar über 60 % ausmachen können. Mittels neuer Katalysatoren ist es gelungen, den Anteil an stellungs- und stereoisomeren Produkten erheblich zu senken. So kann heute mit kupferhaltigen Kontakten bzw. mit Silber oder Platin behafteten Nickel-Kontakten z. B. in Soja- und Rapsöl **Linolensäure** selektiv ohne größere Verluste an **Linolsäure** hydriert werden. Der Anteil an trans-Fettsäuren soll dabei unter 10 % liegen. Da gleichzeitig im Fett anwesende Carbonyl-Verbindungen reduziert werden, wird gelegentlich auch von einer **Hydroraffination** gesprochen.

Neueste Technologien wie die superkritische Hydrierung oder die kontinuierliche Membranhydrierung (vielleicht auch in Zukunft die enzymatische Hydrierung) liefern Fette mit (sehr) geringen Gehalten an trans-Fettsäuren (sog. Low/Zero Trans Hydrogenation).

Gehärtete Fette werden vorwiegend als Speisefette, und zwar als Back-, Brat- und Frittierfette sowie zur Margarine-Herstellung verwendet. Sie besitzen normalerweise Schmelzpunkte zwischen 30 und 45 °C (z. B. $Fp._{\text{Palmkernfett, gehärtet}} = 42$ °C). Eigenschaften wie Plastizität, Konsistenz usw. sind das Ergebnis ihrer Zusammensetzung aus festen und flüssigen Bestandteilen.

Auch Fettbegleitstoffe werden bei der Härtung mehr oder weniger stark umgewandelt. So büßen Vitamin A und β-Carotin an Vitamin-Wirkung ein, während Tocopherole unverändert erhalten bleiben. Auch in den Sterolen wird die Doppelbindung im Ring angegriffen, was bei Cholesterol zur Bildung von Dihydrocholesterol führt.

## 9.20 Epoxyfettsäuren

**Epoxyfettsäuren** (engl. Epoxy Fatty Acids – **EFA**) tragen eine Epoxy-Gruppe im Molekül. Die in ◘ Abb. 9.61 dargestellte 9-Oxo-12-Octadecensäure ist ein Beispiel für zahlreiche, in Milchfett vorkommende **Oxofettsäuren**, die offenbar durch Fettoxidation entstehen. Eine weitere natürlich in einigen Samenfetten vorkommende EFA ist die **Vernolsäure** (12,13-Epoxy-9-cis-octadecansäure) (vgl. ◘ Abb. 9.61): ungeröstete Kürbiskerne (3,1 g/kg), Kürbiskernöl (3,8 g/kg), Mandeln (2,2 g/kg). Gehalte von cis-9,11-Epoxyoctadecensäure (Epoxid der Ölsäure) sind in Kakaobutter (2,3 g/kg) nachgewiesen worden. Diese Substanzen sind **natürlichen Ursprungs,** werden somit nicht zu den Kontaminanten gezählt.

**Anders aber hier:** Diese vorgenannten EFA sind offenbar *nicht* durch Autoxidation gebildet worden, da hier keine trans-Isomere vergesellschaftet vorliegen. EFA können aber auch durch Autoxidation von Fetten und Ölen durch Einwirkung hoher Temperaturen (ca. 180 °C) gebildet werden (Prozesskontaminanten). Die dabei entstehenden cis- und trans-Isomere der EFA sind weitgehend unabhängig von der Ausgangskonfiguration der Fettsäuren (Bildungsmechanismen s. ◘ Abb. 9.62). Mehrfach epoxidierte Fettsäuren entstehen nur in einem geringen Umfang.

Durch Autoxidation gebildete EFA konnten in entsprechenden Lebensmitteln nachgewiesen werden: gebrauchtes **Frittierfett** <14 g/kg, **Pommes Frites** 3,6 g/kg, **Siedegebäck** 8,9 g/kg. Deutlich geringere Gehalte an EFA wurden in Feinen Backwaren, Mayonnaise, Erdnüssen und Walnüssen gefunden (Gesamtgehalte im mg/kg-Bereich).

### Epoxyfettsäuren – Toxikologie

**EFA** gelten als biologisch aktive Verbindungen, die im Verdauungstrakt absorbiert werden. Gemäß In-vitro-Untersuchungen gelten sie als cytotoxische Protoxine und stehen im Verdacht leukotoxisch zu sein.

**9**

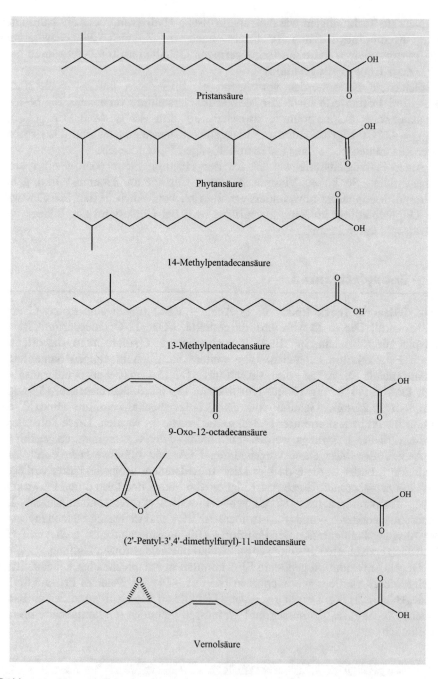

Pristansäure

Phytansäure

14-Methylpentadecansäure

13-Methylpentadecansäure

9-Oxo-12-octadecansäure

(2'-Pentyl-3',4'-dimethylfuryl)-11-undecansäure

Vernolsäure

☐ **Abb. 9.61**   Ungewöhnliche Fettsäurestrukturen inklusive EFA

## 9.21 Nebenprodukte der alkoholischen Gärung

**Hefen** wandeln über ihren Stoffwechsel nicht nur Zucker um, sondern auch andere Inhaltsstoffe der zur Gärung bestimmten Maischen. So stellen die **Fuselöle**, die die wichtigsten unter den **Gärungsnebenprodukten** sind, Überschussprodukte des Aminosäurestoffwechsels dar. Da die Nebenprodukte der alkoholischen Gärung generell als gesundheitlich unerwünscht anzusehen sind, können auch sie als Prozesskontaminanten eingestuft werden. Sie entstehen durch Decarboxylierung der durch Transaminierung entstandenen Ketocarbonsäuren, die nachfolgend durch $NADH/H^+$ in die entsprechenden Alkohole verwandelt werden (◘ Abb. 9.63 und ◘ Tab. 9.12).

**Gärungsamylalkohol** besteht aus **2-** und **3-Methylbutanol-1** und ist auf diesem Wege aus Isoleucin und Leucin gebildet worden. Diese Alkohole können allerdings auch aus Intermediärprodukten des dissimilatorischen Kohlenhydratstoffwechsels, z. B. durch Umsetzung mit aktiver Essigsäure, entstehen. So sind die in den **Weinfuselölen** enthaltenen Fettsäuren und Fettsäureethylester auf dem „Coenzym-A"-Weg gebildet worden.

Fuselöle prägen **Bukett** und **Aroma** von Wein und Bier. In destillierten Spriten (**Spirituosen**) reichern sie sich besonders an und sind hier in größeren Mengen enthalten, wenn sie nicht durch sorgfältige Destillation abgeschieden wurden. Andere Nebenprodukte sind **Methanol**, der durch Abspaltung von Methylester-Gruppen aus Pektinen (▶ Abschn. 9.15) gebildet wird und besonders in **Tresterweinen** und -**branntweinen** auftritt, bzw. verschiedene Terpenalkohole, die durch Umwandlung natürlicher Verbindungen ähnlicher Struktur entstehen.

**Ethanol** ist ein schweres Nervengift. Akute Vergiftungen können zu einer Lähmung des Atemzentrums führen und dadurch den Tod auslösen. Die Fuselöle sind generell noch toxischer. Das hängt möglicherweise damit zusammen, dass ihre Lipidlöslichkeit wegen ihrer größeren Kettenlängen größer ist.

**Primäre Alkohole** sind gute Substrate für Alkoholdehydrogenasen, durch die sie zu Aldehyden dehydriert werden, womit ihre Oxidation zu den entsprechenden Säuren ermöglicht wird. **Sekundäre Alkohole** werden auf diesem Wege zu Ketonen dehydriert und über den Glucuronat-Weg ausgeschieden.

Der in Trester- und Obstweinen (und den entsprechenden Branntweinen wie z. B. Calvados) vorkommende Methanol wird so zu Formaldehyd dehydriert, allerdings viel langsamer als Ethanol. Dadurch verbleiben er und auch seine Metaboliten viel länger im Körper, was die Toxizität mit erklärt. Methanol-Gaben von 10 bis 90 mL führen zur Erblindung, 100 bis 200 mL sind für den Menschen tödlich! ◘ Tab. 9.13 gibt eine Übersicht über die narkotisierende Wirkung verschiedener Alkohole.

---

**Überhöhter Alkoholkonsum**

▬ In diesem Zusammenhang seien Folgen ständigen und überhöhten **Alkoholkonsums** nicht verschwiegen: Bluthochdruck, Schädigungen des Nerven- und Immunsystems, der Leber und Bauchspeicheldrüse, Verdauungsorgane und des Herzmuskels. Die $LD_{50}$ liegt für Ethanol bei etwa 3 bis 4 ‰ für ungeübte Trinker.

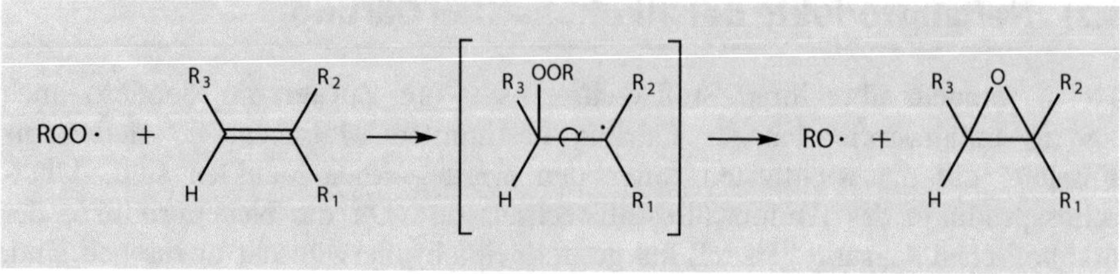

**Abb. 9.62**    Bildungsmechanismen von EFA (Nach Lercker 2003)

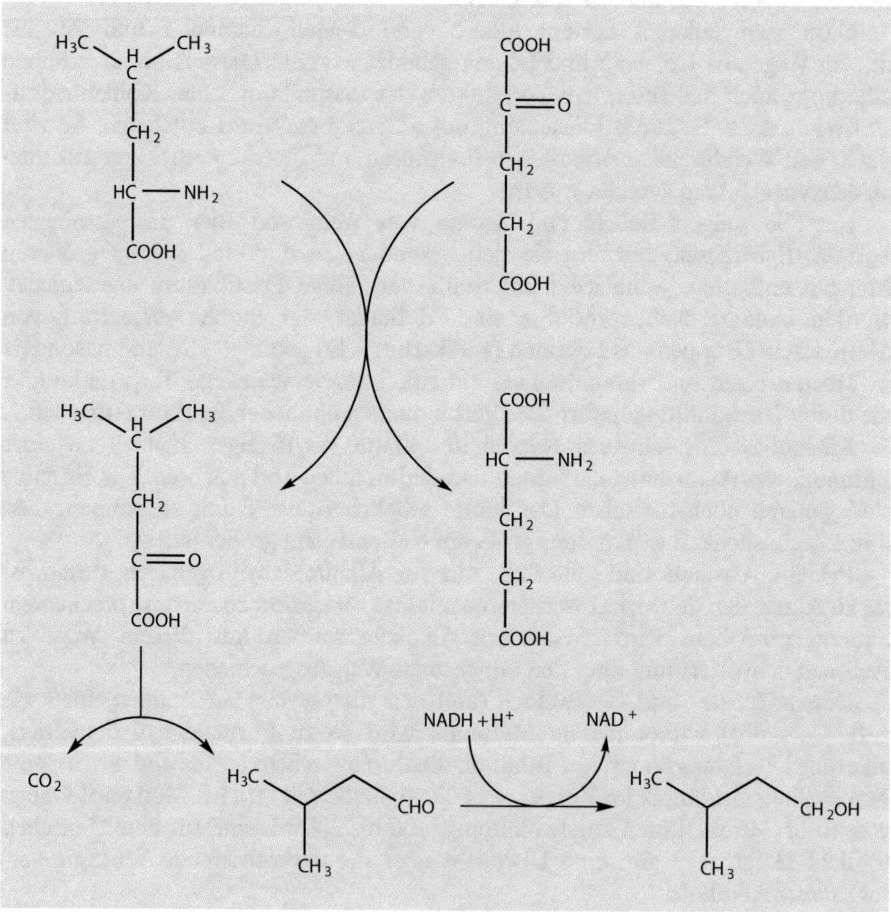

**Abb. 9.63**    Umwandlung von Leucin in 3-Methylbutanol-1

**◘ Tab. 9.12** Einige Fuselalkohole und ihre Vorläufer

| Alkohol | ←Carbonyl-Verb | ←Ketocarbonsäure | ←Aminosäure |
|---|---|---|---|
| n-Propanol | Propionaldehyd | α-Ketobuttersäure | α-Aminobuttersäure |
| Isobutanol | Isobutyraldehyd | α-Ketovaleriansäure | Valin |
| 3-Methylbutanol | Isovaleraldehyd | α-Ketoisocapronsäure | Leucin |
| 2-Methylbutanol | Optisch aktiver Valeraldehyd | α-Keto-ß-methylvaleriansäure | Isoleucin |
| 2-Phenylethanol | Phenylacetataldehyd | Phenylbrenztrauben-säure | Phenylalanin |

←Richtung der Reaktion

**◘ Tab. 9.13** Narkotisierende Wirkung von Alkoholen, bezogen auf Ethanol

| Formel | Name | Relative Wirkung |
|---|---|---|
| $C_2H_5OH$ | Ethanol | 1 |
| $CH_3CH_2CH_2OH$ | n-Propanol | 3,9 |
| $CH_3CH_2CH_2CH_2OH$ | n-Butanol | 14,3 |
| $(CH_3)_2CHCH_2OH$ | Isobutanol | 11,7 |
| $(CH_3)_2CHCH_2CH_2OH$ | Isoamylalkohol | 52 |

- Die **IARC** hat Ethanol in alkoholischen Getränken als cancerogen für den Menschen eingestuft: Gruppe 1 (IARC 2012).
- Der **Pro-Kopf-Verbrauch** an Alkohol betrug in Deutschland im Jahre 2016 immerhin 10,6 L (Deutsche Hauptstelle für Suchtfragen 2019).

## Literatur

Abraham K, Pfister M, Wöhrlin F, Lampen A (2010) Relative bioavailability of coumarin from cinnamon and cinnamon-containing foods compared to isolated coumarin: A four-way crossover study in human volunteers. Mol Nutr Food Res 54:1–10

Abraham K, Buhrke T, Lampen A (2016) Bioavailability of cyanide after consumption of a single meal of foods containing high levels of cyanogenic glycosides: a crossover study in humans. Arch Toxicol 90:559–574

American Chemical Society (1993) Benzene Production from Decarboxylation of Benzoic Acid in the Presence of Ascorbic Acid and a Transition-Metal Catalyst. J Agric Food Chem 41(5) 693–695

Amrein TM, Andres L, Escher F, Amadò R (2007) Occurance of acrylamide in selected food and mitigation options. Food additives and Contaminants, Supplement 1(24):13–25

Andrezejewski D, Roach JAG, Gay ML, Musser SM (2004) Analysis of Coffee for the Presence of Acrylamide by LC-MS/MS. J Agric Food Chem 52:1996

Beens J, Brinkman UAT (2000) The role of gas chromatography in compositional analyses in the petroleum industry. Trends Anal Chem 19(4):260–275

Belitz HD, Grosch W, Schieberle P (2008) Lehrbuch der Lebensmittelchemie, 6. Springer, Aufl.

Bund für Lebensmittelrecht und Lebensmittelkunde (BLL) (2017) Toolbox zur Vermeidung von Einträgen unerwünschter Mineralölkohlenwasserstoffe in Lebensmittel. ► https://www.bll.de/de/infomaterial/toolboxen/pb-toolbox-mosh-moah

BfR (2005) Hinweise auf eine mögliche Bildung von Benzol aus Benzoesäure in Lebensmitteln. Stellungnahme vom 01(12):2005

BfR (2011) 5-HMF-Gehalte in Lebensmitteln sind nach derzeitigem wissenschaftlichen Kenntnisstand gesundheitlich unproblematisch. Stellungnahme Nr. 030/2011 vom 15.5.2011

BfR (2018a) Speisekartoffeln sollten niedrige Gehalte an Glycoalkaloiden (Solanin) enthalten. Stellungnahme vom 23(04):2018

BfR (2018b) Der Eintrag von Perchlorat in die Nahrungskette sollte reduziert werden. Stellungnahme vom 15(02):2018

BfR (2018c) Der Eintrag von Chlorat in die Nahrungskette sollte reduziert werden. Stellungnehme vom 15(02):2018

BVL (2015) Berichte zur Lebensmittelsicherheit 2005. Lebensmittel-Monitoring, Gemeinsamer Bericht des Bundes und der Länder, S 43

Carrillo JC (2011) ► https://www.arbeidshygiene.nl/-uploads/files/insite/2011-03-10-juan-carlos-carlillo.pdf. Zugriff: 9.2.2019

Carrillo JC (2011) ► https://mobil.bfr.bund.de/cm/343/the-toxicology-of-mineral-oil-at-dermal-exposure.pdf. Zugriff: 9.2.2019

Cartus AT, Herrmann K, Weishaupt LW (2012) Toxicol. Sci. 129:21

Casado FJ, Montaño A, Spitzner D, Carle R (2013) Investigations into acrylamide precursors in sterilized table olives: Evidence of a peptic fraction being responsible for acrylamide formation. Food Chem 141:1158–1165

Colombani PC, Albash Shawish K, Richter EK, Scheeder MRL (2007) trans-Fettsäuren in Schweizer Lebensmitteln – Kurzfassung der Trans Swiss Pilot Studie

CVUA Karlsruhe (2009) Aktuelle Untersuchungsergebnisse zu Kontaminanten in Säuglingsnahrung (Benzol und Furan)

Destaillats F, Craft BD, Sandoz L, Nagy K (2012) Formation mechanisms of monochlorpropanediol (MCPD) fatty acid diesters in refined palm (Elaeis guineensis oil and related fractions. Food Additives & Contaminants Part A 29(1):29–37

Deutsche Hauptstelle für Suchtfragen (2019) ► https://www.dhs.de/datenfakten/alkohol.html. (Prüfdatum: 20.12.2019)

Diehl JF, Ehlermann D, Frindlik O, Kalus W, Müller H, Wagner A (1986) Radioaktivität in Lebensmitteln – Tschernobyl und die Folgen. Berichte der Bundesforschungsanstalt für Ernährung, Karlsruhe

Dingel A, Matissek R (2015) Esters of 3-Monochloropropane-1,2-diol and glycidol: no formation by deep frying during large-scale production of pototo crisps. Eur Food Res Technol 241(5):719–723

Dingel A, Elsinghorst P, Matissek R (2015) Stabil-isotope dilution analysis of 5-chloromethylfurfural (CMF) – a transient contaminant absent from liquorice. Lebensmittelchemie 69:10

Distl M (2007) Entwicklung von Nachweisverfahren für toxische Solanum-Glykoalkaloide und ihre Anwendung in Kartoffeln und daraus zubereiteten Produkten. Dissertation Ruprecht-Karls-Universität Heidelberg

Driedger DR (2000) analysis of potato glycoalkaloids by immunoassay coupled to Capillary Electrophoresis or Matrix-Assisted Laser Desorption/Ionization Mass Spectrometry. PhD Thesis University of Alberta, Canada

Druckrey H, Preussmann R, Ivankovic S, Schmähl D (1967) Organotrope carcinogene Wirkung bei 65 verschiedenen N-Nitroso-Verbindungen an BD Ratten. Z Krebsforsch 69:103

Dusemund B, Rietjens I, Cartus A, Schaefer B, Lampen A (2017) Pflanzliche Kontaminanten in Lebensmitteln. Bundesgesundheitsblatt 60:728–736

EFSA (2011) Scientific opinion on flavouring group evaluation 66, Revision 1 (FGE66Rev1). EFSA Journal 9(9):2314

EFSA (2012) EFSA Panel on Contaminants in the Food Chain (CONTAM). Scientific Opinion on Mineral Oil Hydrocarbons in Food. EFSA Journal 10(6):2704

EFSA (2015) Scientific Opinion on acrylamide in food. EFSA Journal 13(6):4104

EFSA (2016) Safety and efficacy of furfuryl and furan derivatives belonging to chemical group 14 when used as flavourings for all animal species and categories. EFSA Journal. 14(2):4389

EFSA (2016b) Occurrence of tropane alkaloids in food. External Scientific Report. EFSA Supporting publication 2016: EN-1140. 30 November 2016

EFSA (2017) EFSA Panel on Contaminants in the Food Chain (CONTAM). Risks for public health related to the presence of furan and methylfurans in food. EFSA Journal 15(10):5005

EFSA (2018a) Risk to human and animal health related to the presence of 4,15-diacetoxyscirpenol in food and feed. EFSA Journal 16(8):5367

EFSA (2018b) Risk to human health related to the presence of perfluorooctane sulfonic acid and perfluorooctanoic acid in food. EFSA Journal 16(12):5194

Frehde W (Hrsg) Handbuch für Lebensmittelchemiker. Springer, Berlin.

Ehling S, Hengel M, Shibamoto T (2005) Formation of acrylamide from lipids. In: Mottram D (Hrsg) Friedman M. Chemistry and safety of acrylamide in foods, Springer, S 223–233

Eisenbrand G, Richling E (2019) Neues zur Prozesskontaminante Acrylamid. Wissenschaftlicher Pressedienst Moderne Ernährung Heute (Matissek R, Hrsg.) 1/2019, S. 1–12

Esselen M (2014) Lebensmittelchemie. Nachrichten aus der. Chemie 62:343–348

Esterbauer H, Schaur RJ, Zollner H, (1991) Chemistry and biochemistry of 4-hydroxynonenal, malonaldehyde and releated aldehydes. Free Radical Biol Med 11:81–128

EU-Kommission VO (EU) 2016/239 der Kommission zur Änderung der Verordnung (EG) Nr. 1881/2006 hinsichtlich der Höchstgehalte an Tropanalkaloiden in bestimmten Getreidebeikost für Säuglinge und Kleinkinder. 19. Februar 2016

EU-Commission (2019) Recommendation on the monitoring of the presence of furan and alkylfurans in food. Sante/10120/2019-rev.1

FDE (2018) Preventing transfer of undesired Mineral Oil Hydrocarbons into food. ► https://www.fooddrinkeurope.eu/publication/preventing-transer-of-undesired-mineral-oil-hydrocarbons-into-food

Glomb M (2015) Kohlenhydrate. In: Fischer M, Glomb M (Hrsg) Moderne Lebensmittelchemie, 1. Aufl. Behr's Verlag, Hamburg, S 165–177

Granvogl M, Jezussek M, Koehler P, Schieberle P (2004) Quantitation of 3-Aminopropionamide in Potatoes – A minor but potent precursor in Acrylamide formation. J Agric Food Chem 52:4751–4757

Granvogl M, Langos D, Schieberle P, Hofmann T, Kalb V (2019) Simultane Bildung von unerwünschten aromaaktiven Vinylaromaten und unerwünschtem toxikologisch relevantem Styrol aus den entsprechenden Prekursor-Säuren während der Weißbierherstellung. Lebensmittelchemie 73:146

Goempel K, Tedsen L, Ruenz M, Bakuradze T, Schipp D, Galan J, Eisenbrand G, Richling E (2017) Biomarker monitoring of controlled dietary acrylamide exposure indicates consistent human endogenous background. Arch Toxikol. ► https://doi.org/10.1007/s00204-017-1990-1

Großmann-Kühnau S (2012) Styrol in Weizenbier – Möglichkeiten zur Reduzierung. Dtsch Lebensm Rundsch 108:397–398

Hamlet CG, Sadd PA (2004) Chloropropanols and their esters in cereal products. Czech J Food Sci 22:259–262

Hanschen FS (2016) Epithionitrile in Brassica-Gemüse – Analyse und bioaktive Wirkungen der aus Glucosinolaten freigesetzten Verbindungen. Deut Lebensm Rundsch 112:6–11

Helling R, Stähle S (2019) Orientierungswerte für Mineralölkohlenwasserstoffe (MOH) in Lebensmitteln. Erste Lebensmittelkategorien (Stand April 2019)

Henrichs K, Elsässer U, Schotola C, Kaul A (1985) Dosisfaktoren für Inhalation oder Ingestion von Radionuklidverbindungen. Bundesgesundheitsamt, ISH-Hefte 7881, Berlin

IARC (2011) Monographs Volume 101–015, 4-Methylimidaziole. ► https://monographs.iarc.fr/wp-content/uploads/2018/06/mono101-015.pdf

IARC (2012) Monographs Volume 96, 100E, Ethanol. ► https://monographs.iarc.fr/list-of-classifications

IARC (2012) Monographs Volume 100 F-19/2012, Mineral Oils, S. 179–196

IARC (2019) Monographs Volume 119, Furfuryl alcohol. ► https://monographs.iarc.fr/ENG/Classification/latest_classif.php

International Council of Beverages Associations (2006) ICBA Leitlinien zur Verringerung des Potentials der Benzolbildung in Getränken

JRC (2019) Guidance on sampling, analysis and dataresorption fort he monitoring of mineral oil hydrocarbons in food and food contact materials. Hrsg. Bratinova S, Hopkstra E. JRC Technical Reports, EU, JRC 115694, EUR29666EN

Kempf M, Schreier P, Reinhard A, Benerle T (2010) Pyrrolizidinalkaloide in Honig und Pollen. J Verbr Lebensm 5(3):393–406. ► https://doi.org/10.1007/s00003-009-0543-9

Köppen R, Rasenko T, Koch M (2015) Überblick über die Acrylamidgehalte von Kakao und Schokolade. Deut Lebensmittel-Rundsch 111:261–267

Kröplien U, Rosdorfer J, van der Greef J, Long RC, Goldstein JH (1985) J Org Chem 252:1131–1133. ► https://doi.org/10.1021/jo00207a047

Kühn T, Kutzke M, Andresen JA (2010) Umweltrelevante Kontaminanten. In: Frede W (Hrsg) Handbuch für Lebensmittelchemiker, 3. Aufl. Springer, Heidelberg, S 427

Lachenmeier DW (2010) Benzene Contamination in Heat-Treated Carrot Products Including Baby Foods. Open Toxicology Journal 4:39–42

Lachenmeier DW, Reusch H, Sproll C, Schoeberl K, Kuballa T (2008) Occurrence of benzene as a heat-induced contaminant of carrot juice for babies in a general survey of beverages. Food Addit Contam Part A 25(10):1216–1224

LCI (2019) ► https://www.lci-koeln.de/deutsch/verbraucherinformation-zur-thematik-acrylamid-bei-kartoffelchips. (Prüfdatum: 1.12.2019)

Lebensmittelverband (2012) Leitlinien zur Minimjirung von trabs-Fettsäuren in Lebensmittel. Gemeinsame Initiative der deutschen Lebensmittelwirtschaft und des Bundesministeriums für Ernährung, Landwirtschaft und Verbraucherschutz. ► https://www.lebensmittelverband.de/de/lebensmittel/inhaltsstoffe/fett/tfa-trans-fettsaeuren. Prüfdstum: 11.8.2020

Lercker G et al (2003) Analysis of oxidation products of cis- and trans-octadecenoate methyl esters by capillary gas chromatography-ion-trap mass spectrometry I. Epoxide and dimeric compounds. J Chromatogr A 985:333–342

Lindinger W, Taucher J, Jordan A, Hansel A, Vogel W (1997) Endogenous Production of Methanol after the Consumption of Fruit. Alcohol Clin Exp Res 21(5):939–943

Maillard LC (1912) Réaction générale des acides aminés sur les sucres. Journal de Physiologie 14:813

Mamedaliev YG, Mamedaliev GM (1956) Alkylation and dealkylation of benzene and its homologs in presence of aluminosilicates. Russ Chem Bull 5:1007–1011

Mascal M, Nikitin EB (2010) High yield conversion of plant biomass into the key value-added feedstocks 5-hydroxymethylfurfural, levulinic acid and levuli Werkzeugkasten-System nic esters via 5-chloromethylfurfural. Green Chem 12:30

Mathews RW, Sangster DF (1965) Measurement by Benzoate Radiolytic Decarboxylation of Relative Rate Constants for Hydroxyl Radical Reactions. J Phys Chem 69(6):1938–1946

Matissek R (2010) Verbraucherinformation zur Thematik Acrylamid bei Kartoffelchips, ► www.lci-koeln.de

Matissek R (2014) Mineral Oil Transfer to Food. eFood Lab International Electronic Magazine 1:16–22

Matissek R, Raters M, Dingel A, Schnapka J (2014) Focus on Mineral Oil Residues-MOSH/MOAH food contamination. Labor and More International Edition 3:12

Matissek R, Fischer M, Steiner G (2018) Lebensmittelanalytik (6. Aufl.). Springer Spektrum, Berlin. ► https://doi.org/10.1007/978-3-662-55722-8

Matissek R (2019) Lebensmittelchemie (9. Aufl.). Springer, Berlin.

Matthäus B, Schwake-Anduschus C (2014) Mykotoxine. In: Matthäus B, Fiebig HJ (Hrsg) Speiseöle und -fette. Sensorik und Analytik, Agrimedia Verlag, Clenze, Recht, S 280

Medeiros Vinci R, de Meulenaer B, Andjelkovic M, Canfyn M, van Overmeire I, van Loco J (2011) Factors Influencing Benzene Formation from the Decarboxylation of Benzoate in Liquid Model Systems. J Agric Food Chem 59(24):12975–12981

Mildau G, Preuß A, Frank W, Heering W (1987) Ethylcarbamat (Urethan) in alkoholischen Getränken: Verbesserte Analyse und lichtabhängige Bildung. Deut Lebensm-Rdsch 83:69

Moon JK, Shibamoto T (2012) Formation of carcinogenic 4(5)methylimidazole in Maillard reaction systems. J Agric Food Chem 59:615–618

Morales FJ (2009) Hydroxymethylfurfural (HMF) and related compounds. In: Stadler RH, Lineback DR (Hrsg) Process-induced Food Toxicants. Wiley, Weinheim, S 135–152

Mühlhauser M (2011) Aktivitäten zur Reduzierung der Migration von Mineralöl aus recycliertem Fasermaterial. Präsentation anlässlich der BfR-Tagung „Mineralöle in Lebensmittelverpackungen – Entwicklungen und Lösungsansätze". Berlin, 22.9.2011.

Nebojša J, Fischer W, Brandsch M, Brandt W, Dräger B (2013) Inhibition of human intestinal α-Glucosidases by calystegines. J Agric Food Chem 61:23

Nesslany et al (2010) Risk assessment of consumption of methylchavicol and tarragon: The genotoxic potential in vivo and in vitro. Mutat Res 696:1–9

OEHHA (2011) 4-Methylimidazole. ► https://oehha.ca.gov/proposition-65/chemicals/4-methylimidazole. (Prüfdatum: 2.1.2020)

OEHHA (2016) Furfuryl Alcohol.► https://oehha.ca.gov/proposition-65/chemicals/furfuryl-alcohol. Prüfdatum: 11.8.2020

Okaru A, Lachenmeier D (2017) The Food and Beverage Occurrence of Furfuryl Alcohol and Myrcene –Two Emerging Potential Human Carcinogens? Toxics 5:9

Perez Locas C, Yaylayan VA (2004) Origin and mechanistic pathways of formation of the parent furan: a food toxicant. J Agric Food Chem 52:6830

Petersson EV, Arif U, Schulzova V, Krtková V, Hajšlová J, Meijer J, Andersson HC, Jonsson L, Sitbon F (2013) Glycoalkaloid and calystegine levels in table potato cultivars subjected to wounding, light and heat treatments. J Agric Food Chem 61:24

Possner D, Zimmer T, Kürbel P, Dietrich H (2014) Methanol contents of fruit juices and smoothies in comparison to fruits and a simple method for the determination thereof. Deut Lebensm Rundsch 110:65–69

Raters M (2019) Prozesskontaminanten, RD-16-06772. In: Böckler F, Dill B, Dingerdissen U, Eisenbrand G, Faupel F, Fugmann B, Gamse T, Matissek R, Pohnert G, Sprenger G (Hrsg) RÖMPP [Online]. Georg Thieme Verlag, Stuttgart [Oktober 2020]. ► https://roempp.thieme.de/lexicon/RD-16-06772

Raters M, Matissek R (2012) The Big Bang. 10 Jahre Acrylamid – Rückblick und Status quo. Deut Lebensm Rundsch 108:184–189

Raters M, Matissek R (2014) Quantitation of Polycyclic Aromatic Hydrocarbons (BAH) in Cocoa and Chocolate Samples by an HPCL-FD Method. J Agri Food Chem. 62:10666

Raters M, Matissek R (2018): Acrylamide in cocoa: a survey of acrylamide levels in cocoa and cocoa products sourced from German market. Eur Food Res Tech. https://doi.org/10.1007/s00217-018-3051-2

Rikilt (2010) Tropane alkaloids in food. Report 2010.011. ► https://www.researchgate.net/publication/254834358. (Prüfdatum: 2.1.2020)

Sachse B, Meinl W, Sommer Y, Glatt H, Seidel A, Monien BH (2016) Bioactivation of food genotoxicants 5-hydroxymethylfurfural and furfuryl alcohol by sulfotransferases from human, mouse and rat: a comparative study. Arch Toxicol 90:137–148

Schiavo G, Shone CC, Rossetto O, Alexander FC, Montecucco C (1993) Botulinum neurotoxin serotype F is a zinc endopeptidase specific for VAMP/synaptobrevin. J Biol Chem 268:11516–11519

Schwarz KJ, Stübner R, Methner FJ (2012) Formation of styrene dependent on fermentation management during wheat beer production. Food Chem 134(4):2121–2125

Sibbesen O, Koch B, Halkier BA, Lindberg-Møller B (1995) Cytochrome P450Tyr is a multifunctional heme-thiolate enzyme catalysing the conversion of L-tyrosine to p-hydroxyphenylacetaldoxime in the biosynthesis of the cyanogenic glucoside dhurrin in Sorghum bicolor (L). J Biol Chem 270:3506

SKLM Senatskommission zur gesundheitlichen Bewertung von Lebensmitteln (2012) Thermisch induzierte prozessbedingte Kontaminanten: Das Beispiel Acrolein und der Vergleich zu Acrylamid. Deutsche Forschungsgemeinschaft DFG. Endfassung vom 19(11):2012

Souci SW, Fachmann W, Kraut H (2008) Die Zusammensetzung der Lebensmittel – Nährwert-Tabellen, 7. Aufl. Medpharm GmbH Scientific Publishers, Stuttgart

Stauff A, Schneider E, Heckel F (2020) 2-MCPD, 3-MCPD and fatty esters of 2-MCPD, 3-MCPD und glycidol in fine bakery wares. Eur Food Res Technol (2020). ► https://doi.org/10.1007/s00217-020-03546-4

Stahl T, Falk S, Brunn H (2015) Verbreitet, aber kaum bewertet – Perfluorierte Alkylsubstanzen. Nachr Chemie 63:557

Steinberg P (2013) Lebensmitteltoxikologische Bedeutung von Mykotoxinen. Ernährungs-Umschau 60:146–151

Steinbrenner N, Löbell-Behrends S, Reusch H, Kuballa T, Lachenmeier DW (2010) Benzol in Lebensmitteln – ein Überblick. J Verbr Lebensm 5(3–4):443–452

Stevens JF, Maier CS (2008) Acrolein: Sources, metabolism, and biomolecular interactions relevant to human health and disease. Mol Nutr Food Res 52:7–25

Tareke E, Rydberg P, Karlsson P, Eriksson S, Törnqvist M (2002) Analysis of Acrylamide, a Carcinogen Formed in Heated Foodstuffs. J Agric Food Chem 50:4998

Taeymans D, Ashby P, Blank I, Gonde P, Van Eijkck P, Lalljie S, Lingert H, Lindbloom M, Matissek R, Mueller D, O'Brien J, Stadler R, Studer A, Silvani D, Tallmadge D, Thompson G, Whitmore T, Wood J (2004) Review of Acrylamide: An Industry Perspective on Research, Analysis, Formation, and Control. Crit Rev Food Sci Nutr 44:323–347

Taeymans D, Anderson A, Ashby P, Blank I, Gonde P, Van Eijkck P, Faivre V, Lalljie S, Lingert H, Lindbloom M, Matissek R, Mueller D, Stadler R, Studer A, Silvani D, Tallmadge D, Thompson G, Whitmore T, Wood J, Zyzak D (2005) Acrylamide: Update on Selected Research Activities Conducted by the European Food and Drink Industries. J AOAC International 88:234–241

Verordnung (EU) 2017/2158 der Kommission vom 20. November 2017 zur Festlegung von Minimierungsmaßnahmen und Richtwerten für die Senkung des Acrylamid-Gehalts in Lebensmitteln

Wikipedia (2019) Exposom. ▶ https://de.wikipedia.org/wiki/Exposom. (Prüfdatum: 12.1.2019)

Wirth F (1990) AID Verbraucherdienst 35:135–142

Zyzak DV, Sanders RA, Stojanovic M, Tallmadge DH, Eberhart DL, Ewald DK, Gruber DC, Morsch TR, Strothers MA, Rizzi GP, Villagran MD (2003) Acrylamide Formation Mechanism in Heated Foods. J Agric Food Chem 51:4782–4787

**9**

# Rückstände in Lebensmitteln

Inhaltsverzeichnis

# Pflanzenschutzmittel

## Inhaltsverzeichnis

R. Matissek, *Lebensmittelsicherheit*,
https://doi.org/10.1007/978-3-662-61899-8_10

## 10.1 Einführung

Unter **Rückständen** werden zurückbleibende Reste von Stoffen verstanden, die während der Produktion zur Optimierung landwirtschaftlicher Erzeugung pflanzlicher oder tierischer Lebensmittel oder während deren Lagerung bewusst und zielgerichtet eingesetzt werden (▶ Abschn. 4.2; Definition s. unten). Hierzu zählen **Pflanzenschutzmittel** und **Schädlingsbekämpfungsmittel**.

Die entsprechenden Wirkstoffe und Mittel müssen vor ihrer Verwendung zugelassen sein. Wenn diese Stoffe oder deren Umwandlungsprodukte bis zur Ernte nicht vollständig abgebaut oder ausgeschieden werden, können sie im Lebensmittel auftreten. Selbst bei korrekter Anwendung von Pflanzenschutzmitteln (Gute landwirtschaftliche Praxis – GLP) können noch so geringe Gehalte an Rückständen in Obst, Gemüse oder Getreide verbleiben.

---

### Gute landwirtschaftliche Praxis (GLP)

Der Begriff **Gute landwirtschaftliche Praxis** (engl. Good Agricultural Practice – GAP) ist ein unbestimmter Rechtsbegriff, der die Einhaltung der sog. *Guten fachlichen Praxis* in der Landwirtschaft (Landnutzung und Tierhaltung) umschreibt. **GLP** ist als der *übliche* Standard der Bewirtschaftung anzusehen, den ein verantwortungsbewusster Landwirt in der jeweiligen Region anwenden würde.

Die *Gute fachliche Praxis* stellt gewissermaßen einen Handlungsrahmen von Maßnahmen dar, wie die Berücksichtigung (Wikipedia 2020)
- gesicherter wissenschaftlicher Erkenntnisse
- geeigneter, angemessener und als notwendig anerkannter praktischer Erfahrungen
- von Kenntnissen sachkundiger Anwender
- von Empfehlungen der amtlichen Beratung.

---

Rückstände aus der landwirtschaftlichen Produktion können entstammen aus der Anwendung von Pestiziden (Insektiziden, Fungiziden bzw. Herbiziden). In der EU ist der Einsatz von rund 1100 Pestizide, die derzeit oder früher in der Landwirtschaft innerhalb und außerhalb der EU eingesetzt wurden bzw. werden, geregelt.

---

### Pflanzenschutzmittel

**Pflanzenschutzmittel** sind **Pestizide,** die vornehmlich eingesetzt werden, um die Gesundheit von Kultur- und Ackerpflanzen zu erhalten und ihrer Vernichtung durch Krankheiten und Schädlingsbefall vorzubeugen. Sie enthalten einen oder mehrere Wirkstoffe. Bei den Wirkstoffen kann es sich um chemische Substanzen oder Mikroorganismen (einschließlich Viren) handeln, die es dem Produkt ermöglichen, seine Funktion zu erfüllen (EFSA 2018). Pflanzenschutzmittel sind häufig Formulierungen von Wirkstoffen sowie Hilfs- und Lösemitteln.

### Rückstände

**Rückstände** sind Stoffe in oder auf Pflanzen, Pflanzenerzeugnissen, essbaren Erzeugnissen tierischer Herkunft oder anderweitig vorhandene Stoffe, deren Vorhandensein von der Anwendung der Pflanzenschutzmittel herrührt, einschließlich ihrer Metabolite, Abbau- oder Reaktionsprodukte (Banasiak 2008).

Bei der toxikologischen Beurteilung von Verbindungen, die als Hilfsstoffe bei der landwirtschaftlichen Produktion eingesetzt werden, ergeben sich gewisse Überschneidungen mit den Zusatzstoffen. Bei beiden Gruppen werden Toxizitätsuntersuchungen an mindestens zwei Tierarten gefordert, wobei neben Kurzzeittests auch solche über die gesamte Lebenszeit eines Tieres bzw. sogar über mehrere Generationen gefordert werden (Langzeittests). Im Rahmen des Chemikaliengesetzes werden ähnliche Forderungen für jede neue Chemikalie erhoben, von der mehr als 1 t/Jahr produziert wird.

Zur Entgiftung von Fremdsubstanzen besitzt der Körper spezielle **Entgiftungsmechanismen.** Dabei werden die Komponenten vornehmlich an D-Glucuronsäure, an Sulfat bzw. Glutathion gebunden, soweit sie über reaktive Gruppen für eine derartige Bindung verfügen. Andernfalls werden sie durch köpereigene Enzyme oxidiert, reduziert bzw. hydrolysiert, so dass dadurch entsprechende Bindungsstellen entstehen. Zur Bewertung von Pflanzenschutzmittelwirkstoffen, die eine hohe akute Toxizität aufweisen und schon bei einmaliger oder kurzzeitiger Aufnahme gesundheitsschädliche Wirkungen auslösen können, eignet sich der ADI-Wert nur eingeschränkt. Da er aus längerfristigen Studien abgeleitet wird, charakterisiert er eine akute Gefährdung durch Rückstände in der Nahrung möglicherweise unzureichend. Deshalb wurde neben dem ADI-Wert ein weiterer Expositionsgrenzwert – nämlich der ARfD-Wert – eingeführt (▶ Abschn. 5.2.5).

### Akute Referenzdosis

Die WHO hat den **ARfD-Wert** (engl. Acute Reference Dose) als diejenige Substanzmenge definiert, die über die Nahrung innerhalb eines Tages oder mit einer Mahlzeit aufgenommen werden kann, ohne dass daraus ein erkennbares Gesundheitsrisiko für den Verbraucher resultiert.

Anders als der ADI- wird der ARfD-Wert nicht für jedes Pflanzenschutzmittel festgelegt, sondern nur für solche Wirkstoffe, die in ausreichender Menge geeignet sind, die Gesundheit schon bei einmaliger Exposition schädigen zu können.

In diesem Kapitel geht es um – mehr oder weniger unvermeidliche bzw. geduldete – **Rückstände** von gezielt und bewusst eingesetzten Stoffen bei der Produktion/Gewinnung von pflanzlichen und tierischen Lebensmitteln. Rückstände müssen somit differenziert werden von Stoffen, die ungewollt und unbewusst unsere Lebensmittel verunreinigen bzw. in ihnen auftreten, wie

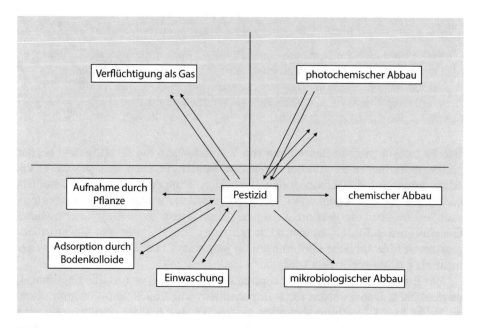

**�‍ Abb. 10.1** „Schicksal" von ausgebrachten Pestiziden in der Umwelt (schematisch)

**10**

Kontaminanten. Da Rückstände immer das Resultat einer bewusst-gezielten Anwendung sind, ist ihr Vorkommen auch immer *absichtlicher* Natur; definitionsgemäß kann es folgerichtig keine *unabsichtlichen* Rückstände geben. Eine Übersicht hierzu befindet sich in ◘ Abb. 4.2.

## 10.2 Schicksal von ausgebrachten Pesticiden

Über das „Schicksal" (engl. Fate) von einmal ausgebrachten Pestiziden in der Umwelt gibt ◘ Abb. 10.1 eine schematische Übersicht.

## 10.3 Persistenz

**Persistente Verbindungen** bleiben aufgrund ihrer Stabilität bzw. Inertheit unverändert durch physikalische, chemische oder biologische Prozesse über lange Zeiträume in der Umwelt. Einerseits ist die Persistenz als Stabilitäts- oder Haltbarkeitskriterium erwünscht, andererseits ökologisch unerwünscht. Die Persistenz mancher Stoffe führt bei weiterem Eintrag in die Umwelt zu Anreicherungen in Organismen (z. B. Pflanzen), wodurch es insbesondere bei lipophilen Verbindungen zu Anreicherungen in der gesamten Nahrungskette kommen kann.

**▣ Abb. 10.2**   Abbau von DDT. *Erläuterung*: siehe Text

---

**Persistenz**

Unter **Persistenz** wird die (extreme) Beständigkeit von chemischen Stoffen gegenüber ihrem Abbau in der Umwelt verstanden.

---

Die Anwendung einer sehr breiten Palette von Behandlungsmitteln hat die Risikomanager und den Gesetzgeber vor ernste Probleme gestellt. Zwar wird seit vielen Jahren angestrebt, nur noch solche Verbindungen einzusetzen, die bis zur Ernte vollständig abgebaut sind und somit im Lebensmittel nicht mehr vorkommen („**Nulltoleranz**", ▶ Abschn. 4.3.3). Es hat sich aber leider gezeigt, dass vor allem in den ersten Jahren ihrer Anwendung auch Mittel eingesetzt wurden, die gar nicht oder nur sehr unvollkommen metabolisiert wurden, also persistent sind. Ein Beispiel ist das **DDT** (Dichlordiphenyltrichlorethan), das zu DDE (Dichlordiphenylethen) abgebaut und nicht mehr weiter metabolisiert wird oder über das DDD (Dichlorphenyldichlorethan) eine Umwandlung in die Carbonsäure DDA (Dichlordiphenylessigsäure) erfährt (▣ Abb. 10.2).

Wie **DDT** besitzen auch andere **chlorierte Verbindungen** die Eigenschaft einer außerordentlich großen Beständigkeit (Persistenz), so dass einige von ihnen sich im Laufe der Jahre praktisch über die ganze Welt verteilen konnten. Selbst in Muttermilch konnten sie in beachtlichen Konzentrationen nachgewiesen werden. Inzwischen ist ihre Anwendung gesetzlich stark eingeschränkt bzw. überhaupt verboten worden; mit Hilfe empfindlicher analytischer Methoden ist es möglich nachzuweisen, dass Restmengen von ihnen auch in den Tierkörper gelangen und somit auch Lebensmittel tierischer Herkunft (Eier, Milch, Fleisch) solche Stoffe enthalten können. Bei DDT wurde auch eine endokrine Wirksamkeit nachgewiesen.

## 10.4 Pestizide

### Pestizide ↔ Pflanzenschutzmittel

Der Begriff **Pestizide** wird vielfach als Synonym für **Pflanzenschutzmittel** verwendet. Pestizide als Oberbegriff umfasst aber auch Stoffe wie **Biozide**, die nicht zur direkten Anwendung an Pflanzen, sondern zur Bekämpfung von Schädlingen und Krankheitsüberträgern wie Insekten, Ratten und Mäusen bestimmt sind (EFSA 2018).

Das Wort Pestizide wird gebildet von lat. *pestis* = dt. Seuche und *caedere* = dt. töten (engl. pest = dt. Schädling).

### Systemisch

— **Systemisch** bedeutet, den gesamten Organismus betreffend.
— **Systemische Insektizide** sind Pflanzenschutzmittel, die von Pflanzen über Blätter oder Wurzeln aufgenommen werden und einen wirksamen Schutz gegen Insekten (und Viren) leisten, ohne die Pflanze selbst zu schädigen.

### 10.4.1 Einteilung der Pestizide

Nach ihrem Anwendungszweck werden Pestizide in folgende Untergruppen unterteilt:
— **Insektizide** gegen Insekten
— **Fungizide** gegen Schimmel
— **Herbizide** gegen Wildkräuter („Unkräuter") (▶ Abschn. 10.4.2)
— **Akarizide** gegen Spinnmilben
— **Rodentizide** gegen Kleintiere (Ratten, Mäuse)
— **Nematizide** gegen Fadenwürmer, Würmer
— **Molluskizide** gegen Schnecken
— **Wachstumsregulatoren**
— **Begasungsmittel**
— **Holzschutzmittel** (für Holzkisten, in denen z. B. Tee transportiert wird)
— **Repellentien** sind sog. Abwehr- bzw. Vergärungsmittel.

## 10.4.2 Herbizide

Der Begriff der Pestizide wird auch auf **Herbizide** angewandt, worunter sog. „Unkrautvertilgungsmittel" verstanden werden. „Unkräuter" – besserer Ausdruck: **Wildkräuter** – besitzen häufig einen sehr viel stärkeren Wuchs als Kulturpflanzen, so dass diese dann durch Nährstoff- bzw. Lichtentzug geschädigt werden. Bei den Herbiziden wird unterschieden zwischen Totalherbiziden, die jedes Pflanzenwachstum zerstören, und selektiv wirkenden Verbindungen, die z. B. wie die Wuchsstoffherbizide den Hormonhaushalt einer bestimmten Pflanzenart soweit verändern können, dass diese sich buchstäblich „zu Tode wächst". Hierzu gehören bestimmte **Phenoxycarbonsäuren,** die zweikeimblättrigen Pflanzen vernichten, während einkeimblättrige Gewächse nicht geschädigt werden. Natürlich ist die Wirkung stets eine Funktion der angewandten Konzentration. Ähnliche chemische Strukturen besitzen auch Entlaubungsmittel, die während des Vietnam-Krieges (1965–1975) Anwendung fanden.

Herbizide können auf unterschiedliche Weise in Pflanzen wirksam sein. So wirken gewisse **Triazine** und **Harnstoffderivate** in erster Linie auf die Chloroplasten und beeinflussen damit die Photosynthese der Pflanze. Verbindungen bestimmter **Carbamat-** und **Thiocarbamat-Strukturen** vermögen durch Veränderung an den Chromosomen als Mitosehemmer zu wirken. Bezüglich der Aufnahme solcher Verbindungen in der Pflanze wird grundsätzlich zwischen **Kontaktherbiziden** und solchen, die über die Wurzeln in die Leitungsbahnen gelangen **(systemische Herbizde),** unterschieden. Sowohl Insektizide als auch Herbizide werden in wässriger Suspension oder an geeignete Pulver gebunden ausgebracht.

■ **Dichlorphenoxyessigsäure**

Unter den selektiv wirkenden Herbiziden sind die **Chlorphenoxyalkansäuren,** wie die **2,4-Dichlorphenoxyessigsäure (2,4-D)** die bekanntesten. Sie wirken als Wachstumshormone und werden zum Schutz einkeimblättriger Pflanzen (Monocotyledonae, hier vorwiegend Getreide) gegen Dikotylen (z. B. Hederich, Ackerwinde) eingesetzt. Ihre Toxizität gegen Warmblüter ist gering. Im Vietnam-Krieg wurde 2,4-D neben **Trichlorphenoxyessigsäure (2,4,5-T; Formel I** in ■ Abb. 10.3) in hohen Dosen als Totalherbizid zur Entlaubung undurchdringlicher Waldgebiete eingesetzt.

Eines ihrer Nebenprodukte, das **2,3,7,8-Tetrachlordibenzo-p-dioxin (TCDD,** Formel II in ■ Abb. 10.3, weitere Ausführungen vgl. ▶ Abschn. 6.3.1), zeichnet sich durch stark teratogene Wirkung aus. Abgesehen von einigen Bakterientoxinen ist es die giftigste bekannte Substanz (■ Tab. 10.1). TCDD ist jene Substanz, die aus einer chemischen Fabrik im oberitalienischen **Seveso** 1976 bei der Herstellung von **Trichlorphenol** neben anderen Isomeren freigesetzt wurde und als Inbegriff des Risikos unkontrollierter chemischer Havarien in der Öffentlichkeit viele Diskussionen ausgelöst hat.

In Spuren kommt TCDD auch in den Abgasen städtischer Müllverbrennungsanlagen und eigentlich überall dort vor, wo organisches Material

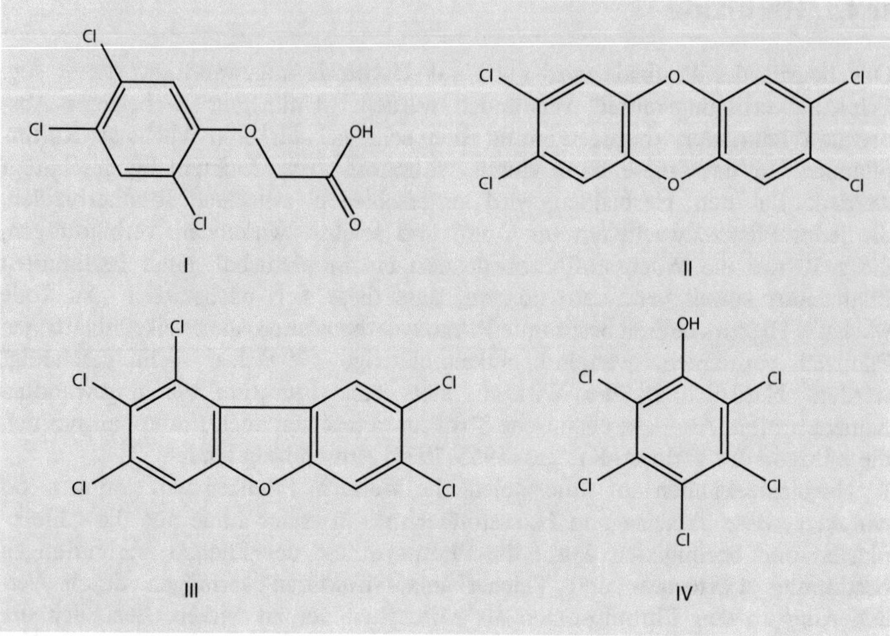

■ **Abb. 10.3** **I** 2,4,5-Trichlorphenoxyessigsäure (2,4,5-T); **II** 2,3,7,8-Tetrachlordobenzo-p-dioxin (TCDD); **III** 2,3,7,8,9-Pentachlordibenzofuran (PCDD); **IV** Pentachlorphenol (PCP)

■ **Tab. 10.1** Vergleichende Toxizitäten einiger ausgewählter Substanzen

| Substanz | Geringste letale Dosis (µg/kg KG) |
|---|---|
| Botulinum-Toxin A | 0,00003 |
| Tetanustoxin | 0,0001 |
| Diphtherietoxin | 0,3 |
| TCDD | 1 |
| Saxitoxin | 9 |
| Tetrodotoxin | 8–20 |
| Bufotoxin (Krötengift) | 390 |
| Curare (Pfeilgift) | 500 |
| Strychnin | 500 |
| Muscarin | 1100 |
| Diisopropylfluorphosphat (Kampfstoff, Cholinesterase-hemmer) | 3100 |
| Natriumcyanid | 10.000 |
| Quelle: Reggiani (1978) | |

in Gegenwart chlorhaltiger Verbindungen verbrannt wird (es ist somit ein typischer Vertreter einer Umweltkontaminante). Es entsteht neben anderen **Polychlordibenzo-p-dioxinen** (PCDD, Formel **III** in ◘ Abb. 10.3) und **Polychlordibenzofuranen** (PCDF). Beide bilden je nach Chlorierungsgrad und Stellung der Chloratome zahlreiche Homologe und Isomere, die als **Kongenere** (ausführliche Beschreibung in ▶ Abschn. 6.3.1 bzw. 9.7) bezeichnet werden. So gibt es insgesamt 75 PCDD und 135 PCDF, wobei der PCDF-Gehalt in Flugaschen von Müllverbrennungsanlagen doppelt so hoch ist wie der der PCDD.

## 10.4.3 Fungizide

Neben anorganischen Fungiziden (elementarer **Schwefel, Phosphon-Verbindungen** sowie verschiedene **Kupfersalze**) werden heute eine Reihe organischer Produkte mit stark fungizider Wirkung eingesetzt. Unter ihnen befinden sich mehrere Abkömmlinge der N,N-Dimethyldithiocarbamidsäure, so ihr Eisensalz (**Ferbam,** ◘ Abb. 10.4), Zinksalz (**Ziram**) und das Dimere (**Thiram,** ◘ Abb. 10.4).

Ähnliche Struktur besitzt **Maneb** (◘ Abb. 10.4), das indes ein Mangansalz einer substituierten Dithiocarbaminsäure darstellt. **Zineb** enthält stattdessen Zink, Mancoceb Zink (2,5 %) und Mangan (20 %). Diese Fungizide werden u. a. im Weinanbau eingesetzt. Diese Produkte wirken durch eine Blockierung von komplex an Enzymen gebundenen Metallen bzw. auch durch Beeinflussungen der Dehydrogenase. Diese Verbindungen sind gegenüber Säugetieren kaum giftig. **Captan** (◘ Abb. 10.4) gehört zu den Phthalimid-Fungiziden. Es wirkt gegen verschiedene Schimmelpilzarten und Mehltau. Darüber hinaus zeigten mit Captan behandelte Pflanzen besonders hübsch ausgebildete Früchte und verzögerten Laubfall.

## 10.5 Rückstände aus der landwirtschaftlichen Produktion

Eine erschöpfende Darstellung all dieser Verbindungen ist an dieser Stelle nicht möglich. Hier sollen in nur die wichtigsten Pestizide abgehandelt werden (◘ Abb. 10.4).

## 10.5.1 DDT

1948 wurde der Schweizer Chemiker Paul Hermann Müller mit dem Nobelpreis für Medizin ausgezeichnet, nachdem er etwa zehn Jahre vorher die insektizide Wirkung des **DDT (Dichlordiphenyltrichlorethan)** (Formel ◘ Abb. 10.2) erkannt hatte. Dieses Mittel dringt durch den Chitinpanzer in die Nerven von Insekten ein und schädigt Nervenenden und Zentralnervensystem so stark, dass recht bald der Tod durch Lähmung eintritt. Für den Menschen ist DDT in kleineren Mengen

**10**

**a**

**Lindan, Gammexan:**
(γ-Hexachlorcyclohexan)
(verboten)

Saatgutbehandlungsmittel

**Chlortenvinphos:**

Insektizid im Obst- und Gemüse

**Parathion-Ethyl (E 605):**

gegen beißende und saugende Insekten
im Obst- und Gemüseanbau

**Malathion:**

gegen beißende und saugende Insekten
im Obst- und Gemüseanbau

**Ethion:**

gegen beißende und saugende Insekten
im Obst- und Gemüseanbau

**Dichlorvos:**

Getreideanbau

**Dicofol:**

Akarizid im Obstanbau

◻ **Abb. 10.4**   Aufbau und Verwendung einiger wichtiger Insektizide, Fungizide und Herbizide

**b**

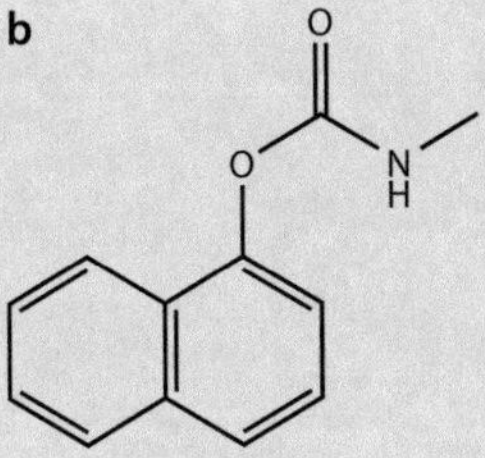

**Carbaryl:**

gegen Kirschfruchtfliege, Sägewespen und andere beißende Insekten

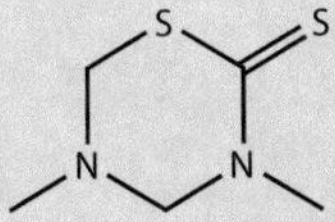

**Dazomet:**

Nematizid im Obst- und Gemüseanbau

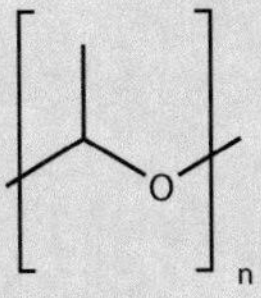

**Metaldehyd:**

Molluskizid im Gemüse- und Erdbeeranbau
n = 4-6

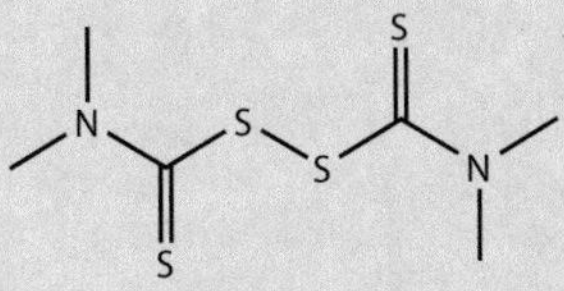

**Thiram:**

gegen Schorf und *Botrytis cinerea* bei Kernobst, Wein und anderen

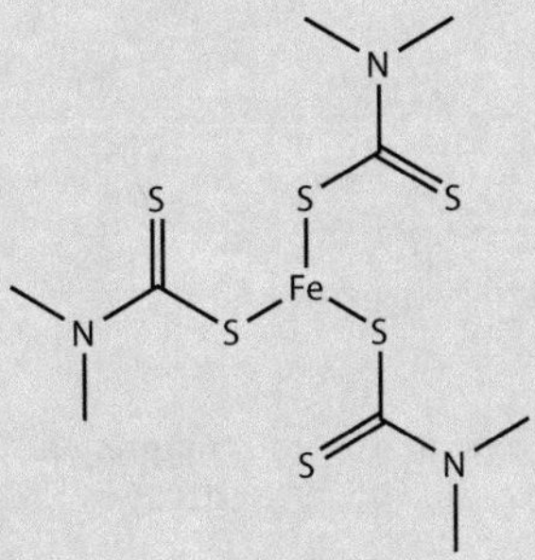

**Ferbam:**

gegen Schorf im Kernobstbau

◻ **Abb. 10.4** (Fortsetzung)

**c**

**Quintozen:**

eingeschränkte Anwendung bei Roggen, Weizen und Kartoffelsaatgut

**Captan:**

gegen Schorf, Bitterfäule usw. bei Obst

**Folpet:**

Fungizid

**10**

**Maneb:**

Fungizid

**Hexachlorbenzol (HCB):**
(verboten)

als Fungizid und Saatgut-Beizmittel
Nebenprodukt des Quintozens

**Amitrol:**

gegen Quecke und andere Wildkräuter im Ackerbau und Obstanbau

☐ **Abb. 10.4**   (Fortsetzung)

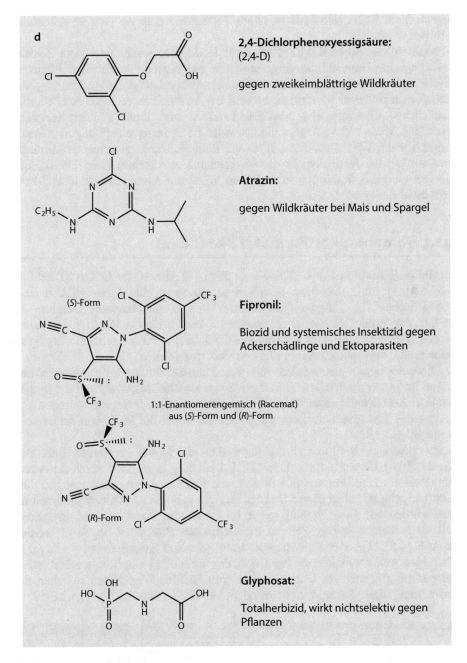

**d**

**2,4-Dichlorphenoxyessigsäure:**
**(2,4-D)**

gegen zweikeimblättrige Wildkräuter

**Atrazin:**

gegen Wildkräuter bei Mais und Spargel

(S)-Form

**Fipronil:**

Biozid und systemisches Insektizid gegen
Ackerschädlinge und Ektoparasiten

1:1-Enantiomerengemisch (Racemat)
aus (S)-Form und (R)-Form

(R)-Form

**Glyphosat:**

Totalherbizid, wirkt nichtselektiv gegen
Pflanzen

**❏ Abb. 10.4** (Fortsetzung)

ungefährlich, lagert sich aber in seiner Fettsubstanz ab, so dass es schließlich verboten wurde.

Nicht zuletzt durch die Entdeckung P. H. Müllers wurde nach dem Zweiten Weltkrieg eine Entwicklung eingeleitet, die zur Synthese zahlreicher Pflanzenschutzmittel führte. Heute ist ein rationeller Feldanbau ohne Anwendung von Pestiziden nicht mehr vorstellbar, obwohl wir wissen, dass dadurch das bisherige „natürliche" Gleichgewicht zwischen Insekten und ihren Feinden erheblich geschädigt, wenn nicht gar vernichtet, worden ist. Andererseits beträgt der Ernteverlust auf der Welt allein durch Insekten, Pflanzenkrankheiten und Wildkräuter etwa ein Drittel. Außerdem ist der vollmechanisierte Anbau vieler Feldfrüchte, wie von Getreide, Kartoffeln und Rüben, ohne die Anwendung solcher Mittel nicht mehr denkbar.

### 10.5.2 **Thiophosphorsäureester (Parathion)**

**Parathion** (Parathion-Ethyl, Thiophos, E605, ◙ Abb. 10.4), **Ethion** (Diethion, ◙ Abb. 10.4) und **Malathion** (Carbophos, Aphisan, Maldison, ◙ Abb. 10.4) sind Beispiele für **Thiophosphorsäureester** bzw. **Dithiophosphorsäureester**, die im Gemüse- und Obstbau gegen saugende und beißende Insekten eingesetzt werden. Weitere wichtige Insektizide aus der Klasse der Phosphorsäureester sind Dimethoat, Mevinphos, Bromophos und Chlorfenvinphos.

Diese Verbindungen werden von den Pflanzenblättern aufgenommen und wirken im Insekt an den Synapsen der Nerven als Cholinesterasehemmer, so dass sich dort **Acetylcholin** ansammelt. Als Folge treten schwere Nervenstörungen auf, so dass der Tod innerhalb kurzer Zeit eintritt. Auch für Menschen sind solche Stoffe giftig.

Zu trauriger Berühmtheit gelangte das als **E 605** bekannte **Parathion** (◙ Abb. 10.4), dessen tödliche Dosis bei 0,1 bis 0,2 g liegt. Auch durch die Atemluft sowie die Haut kann E 605 in den menschlichen Körper gelangen, so dass beim Umgang mit allen diesen Stoffen Vorsicht geboten ist. Thiophosphorsäureester werden vor allem deshalb gerne im Obst- und Gemüseanbau verwendet, weil sie innerhalb kurzer Zeit zu nichttoxischen Produkten abgebaut werden (◙ Abb. 10.5). Da die Thioester-Bindung schneller gespalten wird, ist z. B. Malathion weniger toxisch als Parathion, das von allen Thiophosphorsäureestern weitaus am giftigsten ist. Dennoch sind grundsätzlich Wartezeiten zwischen der Anwendung dieser Verbindungen und dem Verkauf des Produktes einzuhalten.

---

**E-Nummer**

— In *E 605* steht das *E* für den veralteten Begriff *Entwicklungsnummer* von Chemikalien.

— Das für Lebensmittelzusatzstoffe von der EU eingeführte Nummerierungssystem gebraucht ebenfalls E-Nummern. Das E steht hier allerdings für EU,

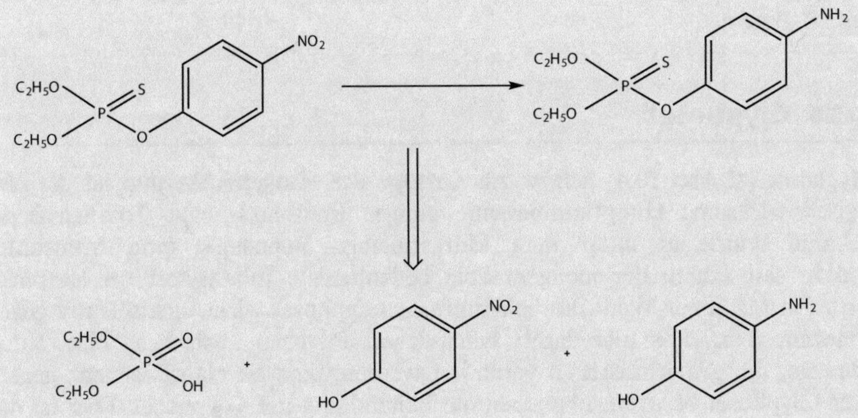

■ **Abb. 10.5** Abbau von Parathion

Europa oder sogar „**Edible**" (dt. essbar) und hat mit der vorherig erwähnten *Entwicklungsnummer* nichts zu tun.

— *Übrigens:* Einen in der EU zugelassenen Zusatzstoff mit der Nummer *E 605* gibt es nicht.

### 10.5.3 Carbamate

**Carbaryl** (■ Abb. 10.4) ist ein Insektizid aus der Gruppe der **Carbamate**. Es wirkt ebenfalls auf die Cholinesterase; allerdings stellt sich seine Wirkung bei Warmblütern schwächer und langsamer dar.

### 10.5.4 Lindan

**Lindan** (**γ-Hexachlorcyclohexan,** ■ Abb. 10.4) war ohne Zweifel eines der wichtigsten Insektizide, das als Atmungs-, Kontakt- und Fraßgift für die meisten Insekten tödlich wirkt. Es entsteht neben einer Reihe von Isomeren bei der Photochlorierung von Benzol. Insektizide Wirkungen entfaltet nur das γ-Isomer. Daher war auch nur diese Form in der Landwirtschaft zugelassen.

### 10.5.5 Fipronil

**Fipronil** (■ Abb. 10.4) ist ein in vielen Ländern als Biozid und systemisches Insektizid verwendeter Wirkstoff aus der Gruppe der Phenylpyrazole. Es wirkt als Kontaktgift schnell und langanhaltend gegen Ackerschädlinge und

Ektoparasiten. Fipronil ist ein Enantiomerengemisch (Racemat) aus der *(S)*- und der *(R)*-Form.

## 10.5.6  Glyphosat

**Glyphosat** (◘ Abb. 10.4) gehört zur Gruppe der Phosphonate und ist die biologisch wirksame Hauptkomponente einiger Breitband- bzw. Totalherbizide. Bekannt wurde es unter dem Markennamen **Roundup®** (von Monsanto) und ist seit Jahren der mengenmäßig bedeutendste Inhaltsstoff on Herbizidformulierungen zur Wildkrautbekämpfung. Glyphosat wirkt nichtselektiv gegen Pflanzen, d. h. dass alle damit behandelten Pflanzen absterben. Nur Nutzpflanzen, die gentechnisch so verändert werden, dass sie eine Resistenz gegenüber Glyphosat besitzen, überleben die Behandlung mit Glyphosat. Dies ist das zugrundeliegende Wirkkonzept der Totalherbizide.

Im Vergleich zu anderen Herbiziden weist Glyphosat eine geringere Mobilität, eine kürzere Lebensdauer und eine niedrigere Toxizität bei Tieren auf. Der ADI-Wert wird mit 0,5 mg/kg angegeben. Über die möglichen Gesundheitsgefahren von Glyphosat hat sich in den letzten Jahren in der EU eine intensive öffentliche und wissenschaftliche Diskussion entwickelt.

## 10.5.7  Quintozen

**Quintozen** (◘ Abb. 10.4) ist eine der wenigen Chlorverbindungen, die heute international noch im Pflanzenschutz angewandt werden. Es wird vornehmlich bei Bananen, im Unterglasanbau von Salat, Chicorée und Gurken eingesetzt, aber auch als Saatbehandlungsmittel und Fungizid.

Mit Quintozen vergesellschaftet, kann das in Deutschland verbotene **Hexachlorbenzol** (HCB, ◘ Abb. 10.4) in geringen Mengen als Nebenprodukt gefunden werden. Diese Verbindung wurde früher viel als Saatgutbeizmittel angewandt, bis eine epidemische Erkrankung mit zahlreichen Todesfällen in der Türkei (wegen eintretender dunkler Pigmentierung der Haut als „Monkey Disease" bezeichnet) die Toxizität für den Menschen ergab. HCB taucht wegen seiner Persistenz auch heute noch in der Fettfraktion mancher tierischer Lebensmittel auf.

Mit **Dazomet** (◘ Abb. 10.4) und **Metaldehyd** (◘ Abb. 10.4) werden zwei Verbindungen beispielhaft genannt, die neben anderen gegen Würmer, Schnecken und Wühlmäuse eingesetzt werden.

## 10.5.8  Pyrethrum

Unter dem Namen **Pyrethrum** verbirgt sich ein natürliches Wirkstoffgemisch, das aus Pyrethrum-Arten (unserer Margerite ähnliche Korbblütler) gewonnen wird, die u. a. in Kenia, Tansania und den Balkanländern angebaut werden. Aus einer Tonne Blüten werden etwa 500 kg eines Extraktes gewonnen, der die

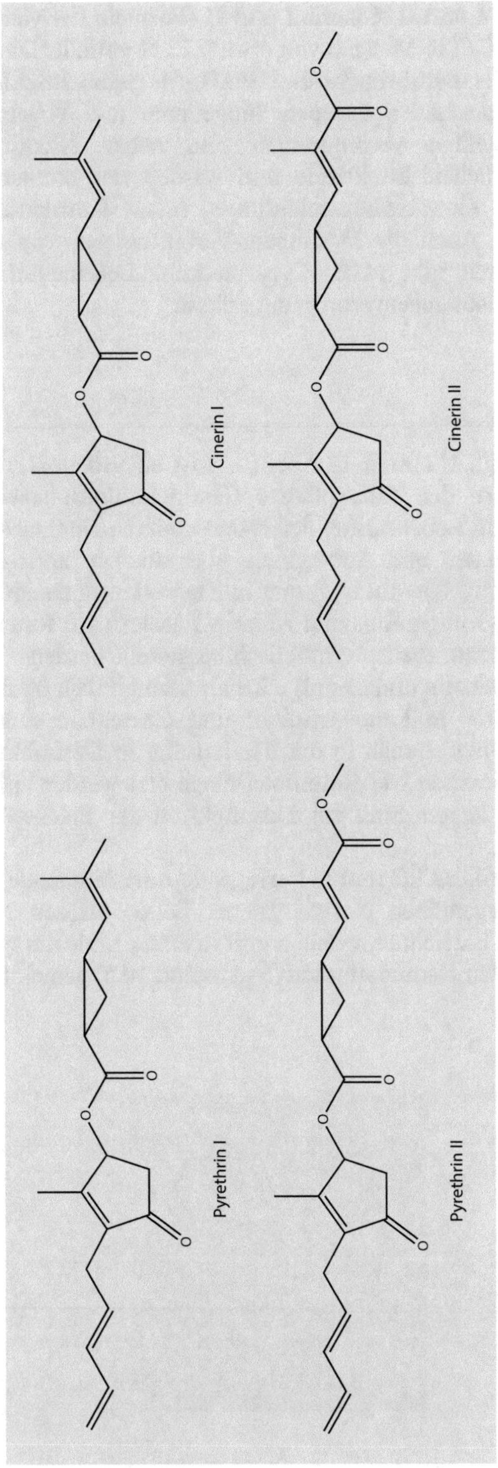

□ **Abb. 10.6** In Pyrethrum-Arten vorkommende Fraßgifte für Insekten

Wirkstoffe **Pyrethrin I** und **II, Cinerin I** und **II** (Formeln der vier genannten Verbindungen ◘ Abb. 10.6) in Mengen von etwa 0,53 % enthält. Die genannten Verbindungen wirken als Berührungs- und Fraßgifte gegen Insekten und niedere, wechselwarme Tiere, schaden dagegen Säugetieren und Vögeln kaum. Die in ◘ Abb. 10.6 dargestellten Verbindungen sind neben Nicotin (◘ Abb. 10.7) die stärksten pflanzlichen Insektizide und werden seit hunderten von Jahren gegen Haus- und Gewächshausschädlinge (u. a. Kornkäfer und gewisse Würmer) eingesetzt. Auch die Pyrethrum-Verbindungen, von denen es einige synthetische Varianten gibt (z. B. **Cypermethrin, Deltamethrin**), sind in der Pflanzenschutz-Höchstmengenverordnung erfasst.

### 10.5.9  Nicotin

**Nicotin** (Nikotin, engl. Nicotine, ◘ Abb. 10.7) ist ein **Alkaloid,** dass natürlicherweise in den Blättern der Tabakpflanze (Hauptalkaloid) sowie in geringerer Konzentration auch in Lebensmittel liefernden anderen Nachtschattengewächsen wie Kartoffeln, Tomaten und Auberginen, aber auch in anderen Pflanzen wie Blumenkohl vorkommt. Nicotin ist ferner in Zigarettenrauch enthalten und wird arzneilich in Nicotin-Kaugummis und Nicotin-Pflastern zur Raucherentwöhnung angewandt. Nicotin kann ebenso synthetisch hergestellt werden.

Sogenanntes **Rohnicotin** (Tabaksud) wird als vermeintlich ökologisches Schädlingsbekämpfungsmittel in Landwirtschaft und Gartenbau eingesetzt. In Ausnahmefällen kann Nicotin auch in der Tierhaltung in Desinfektionsmitteln zur Bekämpfung von Parasiten wie Rotmilben eingesetzt werden. Eine Anwendung darf jedoch nur bei leerem Stall zur Desinfektion der Flächen unter Auflagen erfolgen (BfR 2006).

**Nicotin** ist ein starkes Gift und hat erregende oder lähmende Wirkungen auf die Ganglien des vegetativen Nervensystems. Selten werden Nicotin-Derivate auch als Nicotinoide bezeichnet, wobei damit in erster Linie die synthetischen, als Insektizide eingesetzten Neonicotinoide (► Abschn. 10.5) gemeint sind.

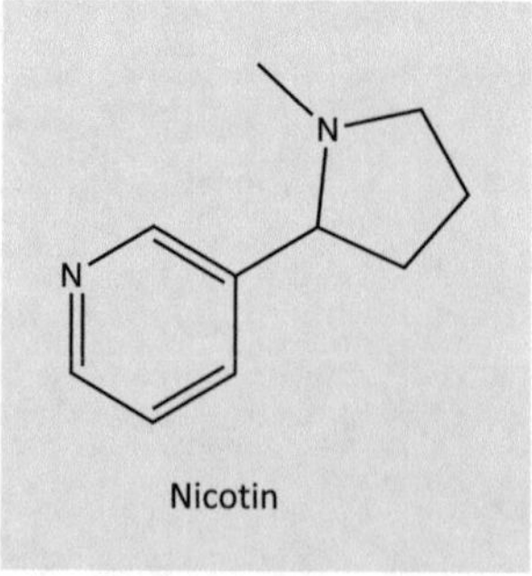

Nicotin

◘ **Abb. 10.7**   Nicotin

10

Eine **Kontamination** von Lebensmitteln mit Nicotin kann deshalb als multioriginär angesehen werden: als Pestizid, als Tierbehandlungsmittel, als natürlicher Inhaltsstoff in Pflanzen (Pflanzentoxin) oder als Eintrag durch Tabakstäuben oder Raucherhände. Versuche des CVUA Stuttgart zeigen, welches Ausmaß Kontaminationen haben können (CVUAS 2019).

Für unverarbeitetes Obst und Gemüse gilt, mit Ausnahme von frischen Kräutern, ein von der EU in der Verordnung (EG) Nr. 396/2005 gesetzlich festgelegter **Rückstandshöchstgehalt** für das Insektizid Nicotin von $0,01\,mg/kg$. Insgesamt 259 Proben unverarbeitetes Obst und Gemüse (ohne frische Kräuter) wurden von der amtlichen Überwachung auf Nicotin untersucht und insgesamt 19 auffällige Befunde über dem gesetzlich festgelegten Rückstandshöchstgehalt festgestellt. Unter Berücksichtigung der analytischen Schwankungsbreite von $50\,\%$ überschritten immerhin noch 6 der 19 auffälligen Proben die Höchstmenge und wurden beanstandet (CVUAS 2019).

**Nicotin** wurde auch in Lebensmittelproben von getrockneten Steinpilzen nachgewiesen. Es ist unklar, wieso sich Nicotin in getrockneten Steinpilzen befindet, denn als natürlicher Bestandteil von Pilzen ist Nicotin bislang nicht nachgewiesen worden. Ob es sich um Rückstände einer Anwendung von Nicotin als Pflanzenschutzmittel handelt, ist derzeit nicht geklärt (BfR 2009).

### 10.5.10 Neonitocinoide

**Neonicotinoide** sind hochwirksame Insektizide, die synthetisch hergestellt werden. Und die ihre Wirkung so entfalten, dass sie an den nicotinischen Acetylcholin-Rezeptoren (nAChR) von Insektennervenzellen binden und dadurch die Weiterleitung von Nervenreizen stören. Neonicotinoide gehören zu den effektivsten Insektiziden zur Kontrolle von bohrenden und saugenden Schädlingen. ◻ Abb. 10.8 zeigt die Struktur wichtiger Vertreter (Imidacloprid, Thiamethoxam, Chlothianidin, Thiacloprid, Acetamiprid) dieser Gruppe.

### 10.5.11 Weitere Pestizide

In ◻ Abb. 10.9 sind einige häufig verwendete Pflanzenschutz- und Schädlingsbekämpfungsmittel aus den vorgenannten Verbindungsklassen aufgeführt, wie Iprodion, Metalaxyl, Procymidon, Vinclozolin, Propyzamid, Oxadixyl, Endosulfan, Tolcofosmethyl, Carbendazim, Primicarb, Dichlofluanid, Dimethoat, Cypermethrin, Deltamethrin, Omethoat, Propamocarb, Chlorpyriphos, Methamidophos.

Eine ähnliche Verbindung ist **Pentachlorphenol** (Formel **IV** in ◻ Abb. 10.3), das wegen seiner bakteriziden und Fungiziden Wirkung früher oft in Holz-, Textil- und Lederschutzmitteln eingesetzt wurde. Durch Übertragung wurden Spuren davon auch in Lebensmitteln gefunden, so 0,4 bis $300\,\mu g/kg$ in Pilzen und Schweinefleisch. Akut ist es weniger toxisch als PCDDs und PCDFs, die es

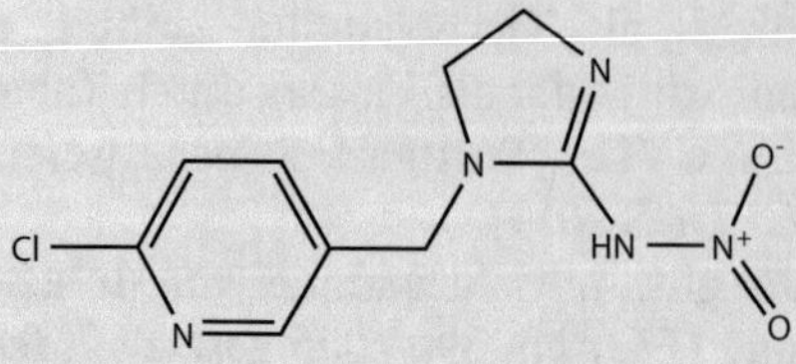

**Imidacloprid:**

Insektizid zur Saatgutbehandlung
bei Zuckerrüben, Getreide, Kartoffeln,
Mais, Zwiebeln etc.

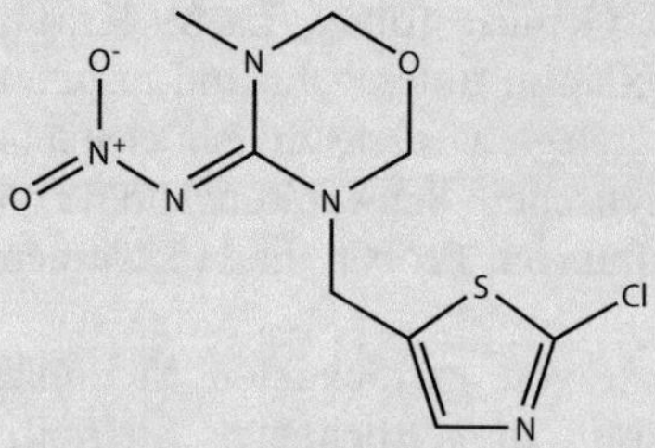

**Thiamethoxam:**

Insektizid zur Saatgutbehandlung
bei Zuckerrüben, Mais, Raps,
Kartoffeln etc.; Holzschutzmittel
gegen Termiten

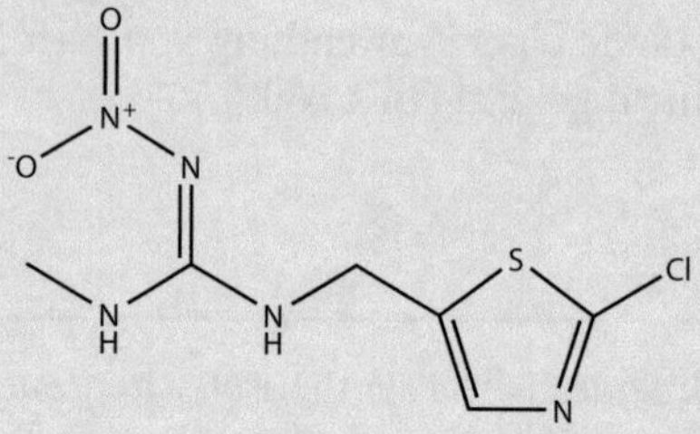

**Clothianidin:**

Insektizid zur Saatgutbehandlung;
wird in Zusammenhang gebracht
mit dem Bienensterben

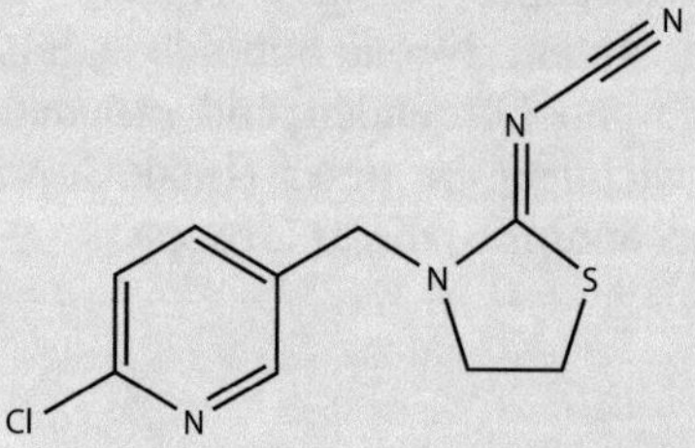

**Thiacloprid:**

Insektizid (auch wirksam gegen den
Buchsbaumzünsler); gilt als
bienengefährlich

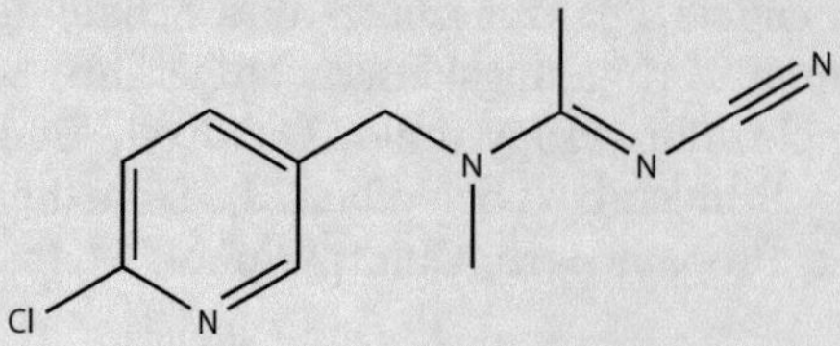

**Acetamiprid:**

Insektizid im Gemüse- und
Obstanbau

**◘ Abb. 10.8**   Aufbau und Verwendung wichtiger Neonicotinoide

**Iprodion:**

Fungizid gegen *Botrytis cinerea* und andere Schädlinge im Wein- und Obstanbau

**Metalaxyl:**

Fungizid gegen durch Oomyceten verursachte Pflanzenkrankheiten

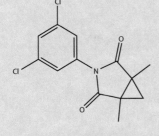

**Procymidon:**

Fungizid gegen Botrytis, Sclerotinia, Monilinia im Getreide-, Obst- und Gemüseanbau

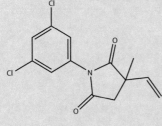

**Vinclozolin:**

Kontakt-Fungizid zur Bekämpfung von *Botrytis cinerea* sowie gegen Monilia und Sclerotinia im Wein-, Erdbeer- und Gemüseanbau

**Propyzamid:**

Herbizid gegen Wildgräser und Wildkräuter

**□ Abb. 10.9** Weitere Beispiele für Pflanzenbehandlungs- und Schädlingsbekämpfungsmittel

**b**

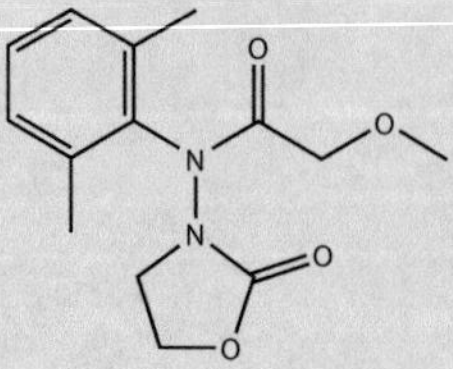

**Oxadixyl:**

Fungizid gegen Oomyceten im Obst- und Gemüseanbau, bei Tabak, Hopfen und Sonnenblumen

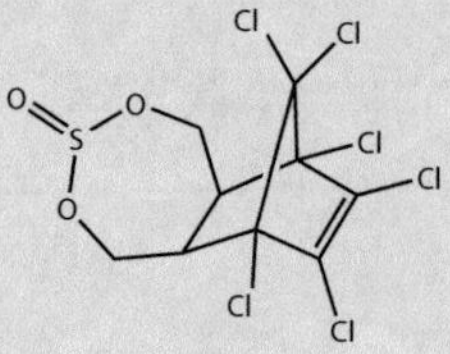

**Endosulfan:**

Kontaktinsektizid und Akarizid mit Fraßgiftwirkung

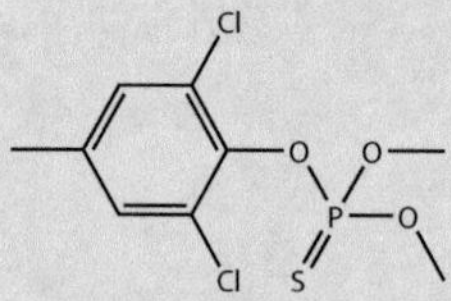

**Tolcofosmethyl:**

Fungizid zur Saatgut- und Bodenbehandlung im Gemüse-, Kartoffel-, Baumwoll- und Erdnussanbau

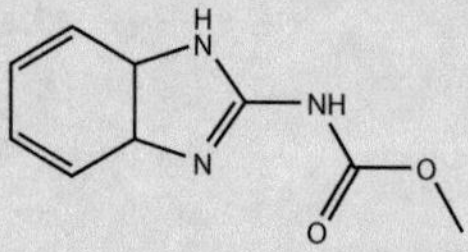

**10**

**Carbendazim:**

Fungizid zur Saatgutbehandlung im Getreide-, Obst- und Gemüseanbau

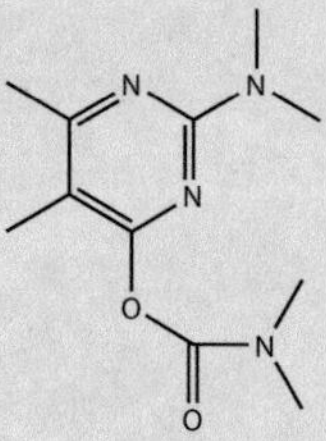

**Primicarb:**

Kontaktinsektizid gegen Blattläuse, auch gegen Phosphorsäureester-resistente Arten

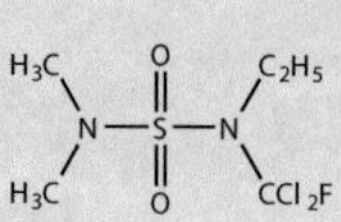

**Dichlofluanid:**

Fungizid gegen falschen Mehltau u.a. pilzliche Krankheitserreger im Obst- und Gemüseanbau

◘ **Abb. 10.9**   (Fortsetzung)

**c**

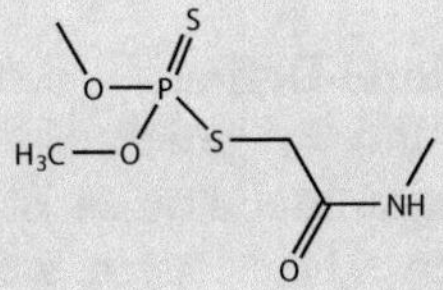

**Dimethoat:**

Kontaktinsektizid und Akarizid

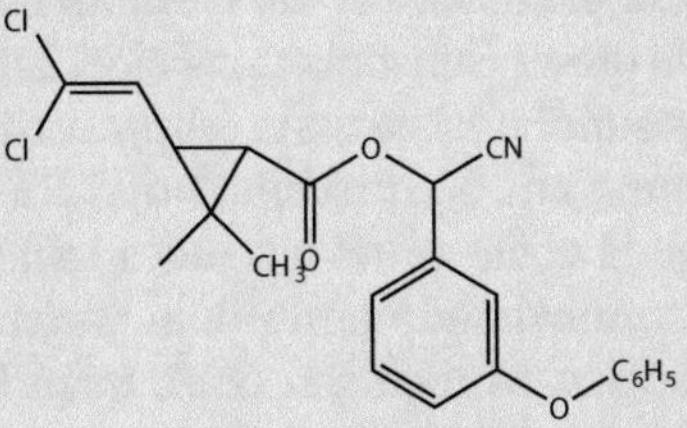

**Cypermethrin:**

Synth. Pyrethroid mit Fraß- und Kontaktgiftwirkung gegen zahlreiche Insekten

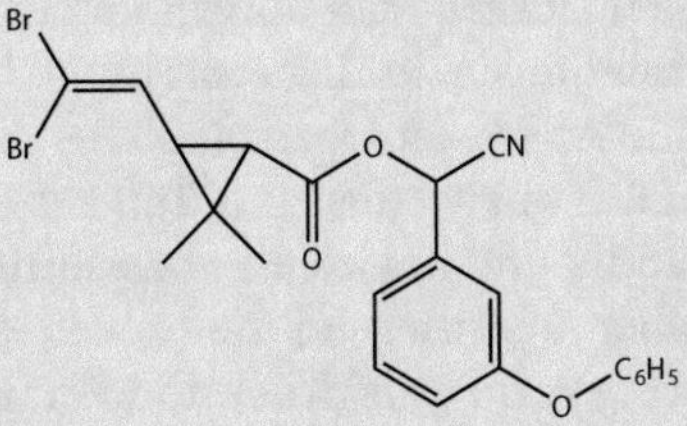

**Deltamethrin:**

Synth. Pyrethroid gegen zahlreiche Insekten

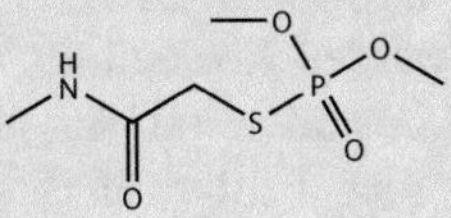

**Omethoat:**

Insektizid und Akarizid

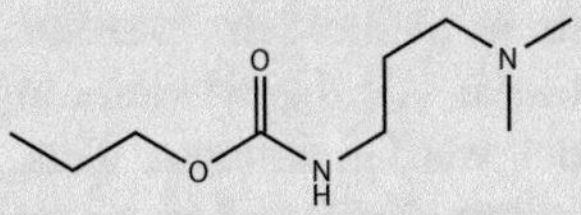

**Propamocarb:**

Fungizid gegen Phycomyceten im Erdbeer- und Gemüseanbau

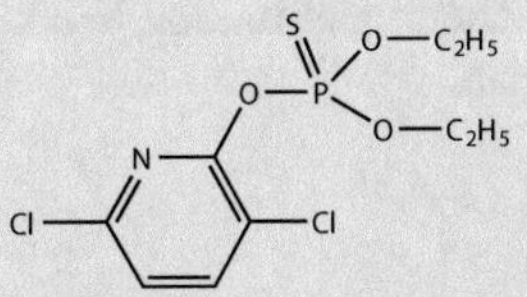

**Chlorpyriphos:**

Insektizid gegen Blatt- und Bodeninsekten

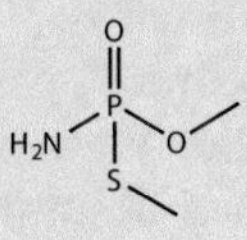

**Methamidophos:**

Insektizid und Akarizid

**◘ Abb. 10.9** (Fortsetzung)

in Spuren enthalten kann. Es wird indes als cancerogen beschrieben und ist in Deutschland seit 1985 außer Gebrauch.

**Amitrol**  (◐ Abb. 10.4) ist ein **Triazol-Derivat,** das auf die Chlorophyll-Synthese von Pflanzen einwirkt und so gezielt als Herbizid eingesetzt werden kann. Das Wildkrautvernichtungsmittel **Atrazin** ist in der letzten Zeit häufiger im Trinkwasser gefunden worden. Die Mengen waren allerdings noch so gering, dass das dadurch abschätzbare Risiko für die Gesundheit des Verbrauchers noch unter der durch Aufnahme dieser Substanz mit Feldfrüchten lag.

Es ist durchaus verständlich, wenn gesundheitsbewusste Verbraucher solche Lebensmittel bevorzugen, deren Aufmachung auf Naturreinheit und Rückstandsfreiheit hindeuten. Die Kontrolle derartiger Lebensmittel hat indes immer wieder gezeigt, dass auch sie nicht frei von Pflanzenbehandlungsmitteln waren, da entweder doch mit derartigen Präparaten gespritzt worden war (z. B. beim Nachweis von Parathion) oder die Wirkstoffe aus dem Ackerboden aufgenommen wurden. Die intensive Kontrolle auf solche Verbindungen in Lebensmitteln hat einen ständigen Rückgang der Beanstandungsquoten wegen Überschreitens der gesetzlich zugelassenen Konzentrationen bewirkt. Zwar werden mit äußerst sensitiven Analysenmethoden Pestizidrückstände ständig und in vielen Lebensmitteln nachgewiesen, ihre Konzentrationen liegen aber überwiegend unter den erlaubten Höchstmengen. So ergab das EU-Monitoring von Pestizidrückständen in Lebensmittelproben des Jahres 2008, dass bei den mehr als 70.000 untersuchten Proben 96,5 % den rechtlichen Regeln entsprechen (EFSA Journal 2010).

Auch in Lebensmitteln tierischer Herkunft werden Rückstände von Pestiziden und Pflanzenbehandlungsmitteln gefunden. Meistens sind sie nicht unmittelbar in diese Lebensmittel gelangt, sondern über Futtermittel hineingetragen worden (**„Carry over"**). Dadurch wird dieses Problem weniger gut steuerbar, zumal Futtermittel häufig importiert werden. Außerdem werden persistente Verbindungen wie DDT und seine Metaboliten ständig wieder aufgenommen, so dass hier gewisse Höchstmengen geduldet werden müssen. Das gleiche gilt für einige tropische Produkte wie Tee, Gewürze, Kaffee, Kakao und Ölsaaten. Während DDT nämlich in Deutschland nicht mehr hergestellt wird, findet es in einigen Teilen der Welt wegen seiner vorzüglichen insektiziden Wirkung nach wie vor Anwendung, z. B. im Kampf gegen Malaria.

## 10.6  Keimhemmungsmittel

**Keimhemmungsmittel** ist ein Oberbegriff für Substanzen, die entweder die Keimung von Samen oder das Austreiben (sog. „Keimen", genauer: die Bildung von Sprossteilen) von Knollen unterdrücken. Die Verwendung von Keimhemmungsmittel unterdrückt somit den natürlichen Keimtrieb der Kartoffel und reduziert den Massenverlust durch Absenkung der Atmungsaktivität der Knollen. Mittel zur Keimhemmung für die Knollenbehandlung bei der Einlagerung bzw. im Lager enthielten den Wirkstoff Chlorpropham in unterschiedlichen Formulierungen. **Chlorpropham** (◐ Abb. 10.10) ist eine Verbindung aus der

❏ **Abb. 10.10** Chlorpropham

Gruppe der Carbamate und wirkt als Herbizid und Wachstumsregulator (Keimhemmer).

Die EU-Kommission hat entschieden, die Genehmigung für Chlorpropham als Wirkstoff in Pflanzenschutzmitteln nicht zu erneuern, d. h. Zulassungen von Pflanzenschutzmitteln mit Chlorpropham sind in Deutschland zum 31. Juli 2019 ausgelaufen. Kartoffelläger müssen nach der letzten Anwendung von Pflanzenschutzmitteln mit Chlorpropham gereinigt werden (BVL 2019).

## 10.7 Rückstandshöchstgehalte

Der Verbraucherschutz auf diesem so wichtigen Gebiet wurde vom Gesetzgeber durch den Erlass von **Höchstgehaltvorschriften** geregelt. Danach dürfen nur solche Lebensmittel gewerbsmäßig in den Handel gebracht werde, deren Restmengen an Pestiziden gesetzlich festgelegte Toleranzgrenzen nicht überschreiten. Diese **Rückstandshöchstgehalte (RHG)** sind im Einzelnen festgelegt. Ab 2008 sind in der EU rund 1100 Pestizide, die derzeit oder früher in der Landwirtschaft innerhalb und außerhalb der EU eingesetzt wurden bzw. werden, in Bezug auf 315 landwirtschaftliche Erzeugnisse neu geregelt worden. Der Vollständigkeit halber sei erwähnt, dass im Rahmen der Rückstandsanalytik auch auf die Abwesenheit bzw. die Einhaltung der sog. **Default-Limits** (voreingestellte Höchstmenge, allgemeine Bestimmungsgrenze $0,01\,mg/kg = 10\,\mu g/kg$) von nicht erlaubten bzw. verbotenen Stoffen zu prüfen ist.

### Default-Limit

Für **Rückstände** von nicht erlaubten bzw. verbotenen Stoffen wird das Prinzip des **Default-Limits** angewandt. Es basiert auf Anwendung der allgemein akzeptierten, praktischerweise erreichbaren, niedrigsten Bestimmungsgrenze (LOD) für solche Stoffe, da eine echte *Abwesenheit* naturwissenschaftlich nicht nachweisbar ist (▶ Abschn. 4.3.3). Default-Limit bedeutet in etwa voreingestellter Rückstandshöchstgehalt oder **Standard-Limit**.

---

### Rückstandshöchstgehalte

Der **Rückstandhöchstgehalt (RHG)** (engl. **Maximum Residue Levels**, MRL) ist die höchste zulässige Menge eines Pestizidrückstandes in oder auf Lebensmitteln, der für jede Kombination von Erzeugnis und Wirkstoff einzeln in einem EU-Gemeinschaftsverfahren festgelegt wird. Bei der Festsetzung der RHG werden sowohl Daten zur Toxikologie und zur Verzehrmenge (Exposition) als auch Daten zur *Guten landwirtschaftlichen Praxis* berücksichtigt.

---

Der RHG ist die Menge an Pestizid-/Pflanzenschutzmittelrückständen, die bei ordnungsgemäßer Anwendung und unter Einhaltung der *Guten landwirtschaftlichen Praxis* für die jeweilige Kultur nicht überschritten werden darf. RHG sind in der Regel keine toxikologisch abgeleiteten, gesundheitlich relevanten Höchstwerte, sondern dienen zur Regelung der Verkehrsfähigkeit eines Lebensmittels. Erzeugnisse, deren Rückstandsgehalte über dem gesetzlichen RHG liegen, sind nicht verkehrsfähig und dürfen infolgedessen nicht in den Verkehr gebracht werden. Eine eventuelle Überschreitung des RHG ist in den meisten Fällen nicht automatisch mit einer Gefährdung der Gesundheit gleichzusetzen, da die RHG in der Regel deutlich niedriger angesetzt werden als die gesundheitlich relevanten Grenzwerte (Rexroth 2017).

## Literatur

Banasiak U (2008) Pflanzenschutzmittelrückstände in Proben aus amtlicher Überwachung: Bewertung des akuten Risikos. Vortrag am 4.4.2008. ▶ https://www.bfr.bund.de/cm/343/pflanzen schutzmittelrueckstaende_in_proben_aus_amtlicher_ueberwachung.pdf. Prüfdatum: 2. Dez. 2019

BfR (2006) Keine Gesundheitsgefahr durch Nikotinspuren im Hühnerei. Aktualisierte Gesundheitliche Bewertung Nr. 006/2008 des BfR vom 7. April 2006. ▶ https://www.bfr.bund.de/cm/343/ keine_gesundheitsgefahr_durch_nikotinspuren_im_huehnerei.pdf. Prüfdatum: 27. Dez. 2019

BfR (2009) Nikotin in getrockneten Speisepilzen: Ursache der Belastung muss geklärt werden. Stellungnahme 009/2009 des BfR vom 28. Februar 2009. ▶ https://www.bfr.bund.de/cm/343/ nikotin_in_getrockneten_steinpilzen_ursache_der_belastung_muss_geklaert_werden.pdf. Prüfdatum: 27. Dez. 2019

BVL (2019) EU-Genehmigung des Pflanzenschutzmittel-Wirkstoffs Chlorpropham nicht erneuert. ▶ https://www.bvl.bund.de/SharedDocs/Fachmeldungen/04_pflanzenschutzmittel/2019/2019_06_21_ Fa_Nichtgenehmigung_Chlorpropham.html. Prüfdatum 9. Dez. 2019

CVUAS (2019) (Chemisches und Veterinäruntersuchungsamt Stuttgart) (Hrsg) Nikotin in Lebensmitteln – Was hat das mit Rauchen zu tun? Vom 29.1.2019. ▶ https://www.ua-bw.de/pub/beitrag. asp?subid=1&Thema_ID=5&ID=2888&Pdf=No&lang=DE. Prüfdatum: 27. Dez. 2019

EFSA (2010) Scientific Report of EFSA (2008) Annual Report on Pesticid Residues 8(6): 1646

EFSA (2018) ▶ https://www.efsa.europa.eu/de/topics/pesticides. Prüfdatum: 24. Okt. 2018

Reggiani G (1978) Medical problems raised by the TCDD contamination. Arch Toxikol 40:161–188

Wikipedia (2020) Gute fachliche Praxis. ▶ https://de.wikipedia.org/wiki/Gute_fachliche_Praxis. Prüfdatum: 27. Jan. 2020

Rexroth A (2017) Rückstände in Pflanzenölen. Ernährung im Fokus 03(04):78–83

# Tierbehandlungsmittel

## Inhaltsverzeichnis

© Der/die Herausgeber bzw. der/die Autor(en), exklusiv lizenziert durch Springer-Verlag GmbH, DE, ein Teil von Springer Nature 2020
R. Matissek, *Lebensmittelsicherheit*,
https://doi.org/10.1007/978-3-662-61899-8_11

## 11.1 Einführung

Zu den **Tierbehandlungsmitteln** zählen sowohl **Tierarzneimittel** als auch **Futtermittelzusatzstoffe.** Während Tierarzneimittel nach Arzneimittelrecht zugelassen sind, wird die Verwendung von Futtermittelzusatzstoffen durch das Futtermittelrecht geregelt.

Tierbehandlungsmittel sind *Stoffe mit pharmakologischer Wirkung.* Sie werden in der Tierhaltung zu unterschiedlichen Zwecken eingesetzt. Die wichtigsten Wirkstoffgruppen sind:

- Antibiotika und Chemotherapeutika
- Thyreostatika
- Beruhigungsmittel (Neuroleptika und ß-Blocker)
- Anabolika
- ß-Agonisten
- Antiparasitika (wie Anthelmintika, Coccidiostatika, Malachitgrün).

## 11.2 Antibiotika, Chemotherapeutika

Antibiotika und Chemotherapeutika werden in der Tiermedizin zur Behandlung von Krankheiten eingesetzt, die durch Bakterien, Protozoen, Pilze oder sonstige Parasiten verursacht werden.

**11**

### Antibiotika ↔ Chemotherapeutika

Der Begriff **Chemotherapeutika** wurde ursprünglich zur Abgrenzung von in der Natur vorkommenden **Antibiotika** für chemische Syntheseprodukte, die gegen bakterielle Infektionen wirken, verwendet. Grundlegende Unterschiede bestehen aber nicht. Da inzwischen auch viele Antibiotika synthetisch hergestellt werden, können die beiden Begriffe inzwischen als Synonym verwendet werden.

Die Tiermast wird heutzutage unter gleichen ökonomischen Aspekten betrieben wie die industrielle Produktion. Daher werden heute in Mastbetrieben sehr viel mehr Tiere vorgefunden, als es früher der Fall war. Hieraus ergibt sich zweifellos eine erhöhte Infektionsgefahr, der u. a. früher durch Zugabe von **Antibiotika** zum Futter vorgebeugt werden sollte. Etwa die Hälfte der Antibiotikaproduktion auf der Welt soll in der Landwirtschaft eingesetzt werden. Da sich gleichzeitig gewisse Vorteile durch schnellere Gewichtszunahmen (durch Bakterienhemmung im Darm) ergeben, die die Einsparung von Futter ermöglichten, werden seit etwa 40 Jahren Antibiotika, ursprünglich in der Hauptsache **Tetracycline**, **Penicillin** und **Bacitracin** in der Tiermast verwendet. Solche Antibiotika werden normalerweise im Tierkörper innerhalb von 5 Tagen abgebaut. Dennoch gelangten sie häufiger ins Fleisch (vor allem die Tetracycline), besonders dann, wenn bei Erkrankungen höhere Dosen gespritzt und die vorgeschriebenen Wartezeiten nicht eingehalten wurden. Auch nach Penicillinbehandlung von Kühen gegen Mastitis wurde festgestellt, dass eine dreitägige Wartezeit offenbar nicht ausgereicht hatte, da Antibiotikarückstände in die Milch gelangt waren. Die Anwesenheit solcher Rückstände kann für die Käserei erhebliche Bedeutung haben.

## Einteilung der Antibiotika

Von der FAO/WHO wurden die **Antibiotika** bezüglich ihrer resistenzfördernden Eigenschaften ansteigend folgendermaßen eingeordnet:
- Bacitracin, Flavomycin, Virginiamycin
- Polymyxine, Tylosin u. a. Makrolide
- Penicilline und Tetracycline
- Ampicillin und Cephalosporin
- Aminoglycosid-Antibiotika (Streptomycin, Neomycin)
- Chloramphenicol

Aus einer Verschleppung von Antibiotikarückständen in das Lebensmittel können sich beim Menschen Resistenzprobleme ergeben. So werden Resistenzen gegen **Chlortetracyclin** auf seine Anwendung bei der Schweinemast zurückgeführt. Dabei können erworbene Resistenzen offenbar auch durch Genaustausch unter den Keimen selbst weitergegeben werden. Es ist in diesem Zusammenhang die Forderung erhoben worden, Antibiotika der letzten drei Gruppen im Lebensmittelbereich überhaupt nicht einzusetzen.

## Antibiotikaresistenz

- Unter **Antibiotikaresistenz** wird die Widerstandsfähigkeit von Bakterien gegen Antibiotika verstanden. Bei auf diese Weise resistent gewordenen Bakterien führt die Behandlung mit einem Antibiotikum oder mehreren Antibiotika nicht mehr zur Abtötung bzw. Hemmung des Wachstums.
- Die Resistenzen können zwischen Menschen, zwischen Tieren sowie zwischen Menschen, Tieren und der Umwelt übertragen werden. Die Übertragung und Ausbreitung von Bakterien oder deren Gene, die die Resistenzinformationen tragen, kann in der Nahrungskette, in der Bevölkerung oder in Krankenhäusern erfolgen.

**Antibiotika** werden verschiedentlich auch zur **Lebensmittelkonservierung** eingesetzt. So kann z. B. etwa 10 mg/kg **Chlor-** bzw. **Oxytetracyclin** dem für die Kühlung von Frischfisch verwendeten Eis zugemischt werden, um die Haltbarkeit zu verlängern. In Ostasien wird **Tylosin** zum Konservieren von Fischzubereitungen verwendet. In Deutschland sind solche Anwendungen grundsätzlich verboten.

In Futtermitteln, z. B. für die Kälber- und Schweinemast, sind nur noch solche Verbindungen zugelassen, die in der Humanmedizin nicht angewandt werden, um so einer Entwicklung von Krankheitserregern vorzubeugen, die gegen solche Antibiotika resistent sind. Außerdem sind in jedem Fall die Wartezeiten zwischen Verabreichung des Medikaments und der Schlachtung einzuhalten. Insbesondere ist es verboten, Fleisch durch Antibiotikagaben zu konservieren. Antibiotika können in Lebensmitteln u. a. durch den **Hemmstofftest** (Behinderung des Wachstums von ausgesuchten Mikroorganismen durch die Probe; Erläuterungen s. ▸ Kasten „Hemmstofftest") nachgewiesen werden. In Eiern und Eiprodukten wurde früher mitunter **Chloramphenicol** (◘ Abb. 11.1) nachgewiesen, das den Hühnern zur Vorbeugung gegen Erkrankungen mit dem Futter verabreicht worden war. Die Anwendung von Chloramphenicol bei Lebensmittel liefernden Tieren ist innerhalb der EU seit 1994 verboten. Es kann mit modernen analytischen Methoden sehr empfindlich nachgewiesen werden.

**Sulfonamide** zählen zu den antimikrobiellen Stoffen und werden unter anderem zur Therapie von Infektionen angewendet. Sie sind wirksam durch kompetitive Hemmung der Folsäuresynthese (anstelle der sehr ähnlich aufgebauten p-Aminobenzoesäure). Da Sulfonamide z. B. auch in die Milch gelangen können und dann in der Käserei schwere Schäden verursachen, wird dafür vorgesehene Milch speziell untersucht. Eine Beispielstruktur für ein Sulfonamid findet sich in ◘ Abb. 11.2.

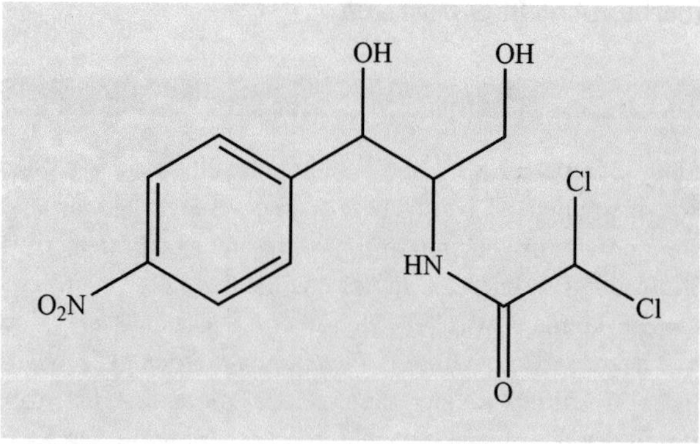

**11**

◘ **Abb. 11.1**   Chloramphenicol

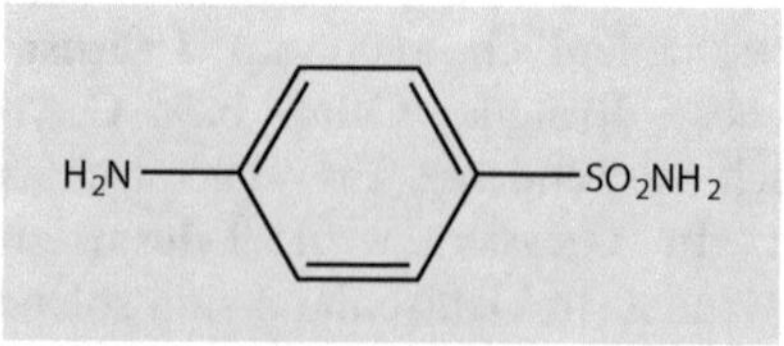

◘ **Abb. 11.2**   Beispiel für ein Sulfonamid: Sulfanilamid (Prontalbin®)

## Hemmstofftest

Der **Hemmstofftest** ist ein mikrobiologisches Untersuchungsverfahren. Die Probe wird darauf untersucht, ob es Hemmstoffe, d. h. vor allem *Antibiotika,* enthält. Zur Durchführung des Hemmstofftests wird das flüssige Probenmaterial auf ein Antibiotikatestblättchen aufgetragen und auf einen *Nährboden* aufgelegt, der mit einem gegenüber Antibiotika hochsensiblen Bakterium (üblicherweise *Bacillus subtilis*) beimpft wurde. Sind Antibiotika in der Probe vorhanden, zeigt sich nach der Inkubation durch die stattfindende Diffusion um das Testblättchen ein sog. Hemmhof. In einem solchen Fall ist der Hemmstofftest *positiv.*

## 11.3 Thyreostatika

### Thyreostatika

- **Thyreostatika** hemmen den Einbau von Iod bei der Synthese von Schilddrüsenhormonen (Thyroxin). Dadurch wird die Tätigkeit der Schilddrüse gehemmt und der Grundumsatz (also der Energieumsatz der ruhenden Tiere) gesenkt.
- Wichtige Thyreostatika zählen zu den **Thioharnstoff-Derivaten,** wie Thiouracil, Methylthiouracil, Propylthiouracil oder zu den **Mercaptoimidazol-Analogen,** wie das Tapazol (Lippold 2010).

Die Massentierhaltung setzt die Tiere zusätzlichen Stresssituationen aus. Das umso mehr, als die Forderung des Verbrauchers nach magerem Fleisch die Züchtung außerordentlich stressanfälliger Schweinerassen begünstigt hat. Daher gab es Interesse an einer Ruhigstellung solcher Tiere, zumal Stressbelastungen zu Qualitätseinbußen beim Fleisch (z. B. zur Bildung von PSE-Fleisch; ▶ Kasten „PSE-Fleisch") führen. Das wird u. a. durch Zugabe von **Thyreostatika** mit dem Futter bewirkt, die die Schilddrüsenfunktion der Tiere herabsetzen. Bekannte Thyreostatika sind Methyl- und Propylthiouracil (❏ Abb. 11.3). Gleichzeitige schnellere Gewichtszunahmen bei Rindern stellten sich im Nachhinein indes als Täuschung heraus, da nur die Innereien schwerer waren. Die Anwendung solcher Thyreostatika ist in Deutschland verboten.

### PSE-Fleisch

Die Bezeichnung **PSE-Fleisch** kommt von engl. **pale** (= dt. blass), **soft** (= dt. weich*)* und **exudative** (= dt. wässrig) und beschreibt einen Qualitätsmangel von Schweinefleisch. Der Grund ist in der genetischen und physiologischen Stressempfindlichkeit der Tiere zu finden und hängt von der Behandlung der Tiere kurz vor dem Schlachten ab.

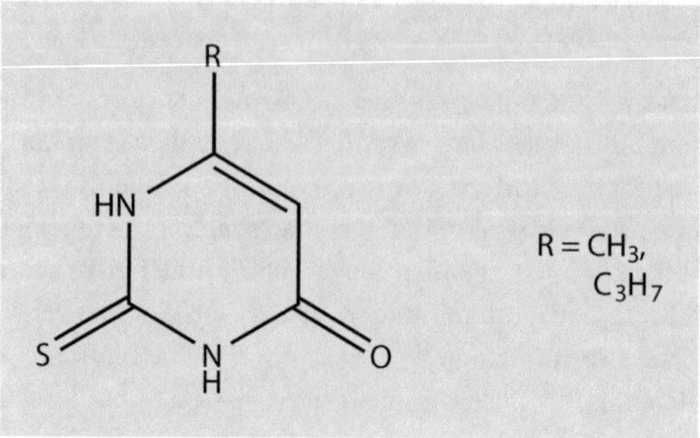

**Abb. 11.3** Wichtige Thiouracile

## 11.4 Beruhigungsmittel

**Neuroleptika, Tranquilizer, ß-Blocker**

**Neuroleptika** (Butyronphenon- und Phenothiazin-Derivate) wirken zentral dämpfend auf psychisch und motorische Funktionen. **Tranquilizer** (Benzodiazepine) wirken ähnlich. Sogenannte **ß-Blocker** (ß-Rezeptorenblocker, z. B. Carazolol) setzen die Herzaktivität herab. Allen diesen Stoffen ist gemein, dass sie zur Beruhigung von Tieren einsetzbar sind (Lippold 2010).

**ß-Rezeptorenblocker – Wirkungsweise**

- Unterschieden werden in der Medizin α- und ß-**Rezeptoren**, die in den einzelnen Geweben und Organen unterschiedlich häufig zu finden sind. Die Reizung der α-Rezeptoren führt zu einer Verengung der Blutgefäße, während die ß-Rezeptoren vornehmlich für eine Zunahme der Herzfrequenz und eine Erweiterung der Bronchien verantwortlich sind.
- Die **ß-Blocker** oder **ß-Rezeptorenblocker** treten mit den **ß-Rezeptoren** in Kontakt, ohne eine Aktivität des betreffenden Organs auszulösen. Dadurch werden die Rezeptoren so blockiert, dass sie durch die körpereigenen Wirkstoffe nicht mehr aktiviert werden können.
- *Allegorie:* Der **Rezeptor** kann als ein Schloss angesehen werden, in das sowohl der körpereigene Wirkstoff als auch der Blocker passt. Der Blocker schließt das Schloss aber nicht auf. Der Wirkstoff könnte dies zwar, wird aber durch den im Schloss steckenden Blocker daran gehindert (Lecturio 2020).

Als Antistress- und Beruhigungsmittel werden sog. **ß-Rezeptorenblocker** und **Tranquilizer** eingesetzt. Typische Verbindungen dieser Art sind Stresnil, Rompun und Promazin, die ebenfalls bis zur Schlachtung wieder ausgeschieden sein müssen. Hier ergeben sich Probleme, da diese „Antistressoren" den Tieren auch vor dem Transport zum Schlachthof verabreicht werden, wo sie durch ihre neuen Umgebungen besonderen Stresssituationen ausgesetzt sind.

ß-Rezeptorenblocker wie das Carazolol (◘ Abb. 11.4) können schon in niedrigen Konzentrationen wirken. Bei Carazolol beträgt die Wartezeit bis zum Schlachten drei Tage, in einigen EU-Mitgliedsstaaten wird auf eine Wartezeit verzichtet.

Zur Vermeidung von Stresssituationen vor der Schlachtung wird in zeitgemäß arbeitenden Schlachtbetrieben auf Beruhigungsmittel verzichtet, indem den Tieren durch geeignete Umgebungsfaktoren eine „angenehme" Atmosphäre geschaffen wird (bei Schweinen: feine Berieselung mit Wasserdunst, Fußbodenheizung u. ä.).

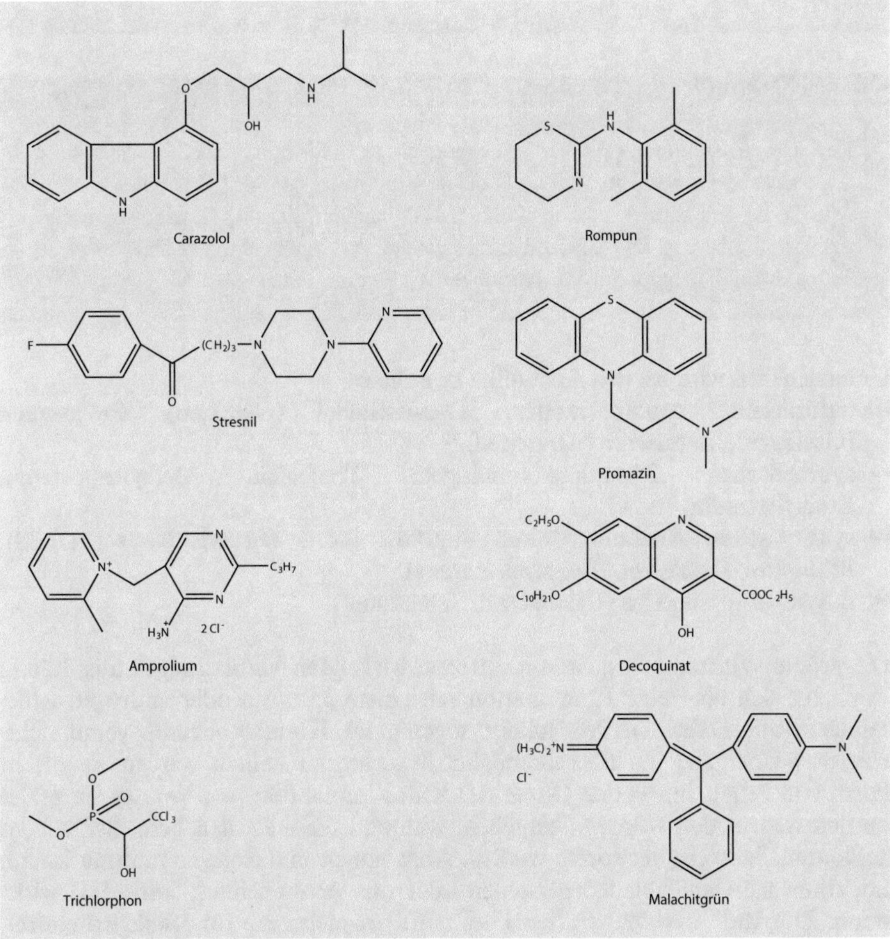

◘ **Abb. 11.4** Beispiele für Tranquilizer, ß-Rezeptorenblocker, Coccidiostatika und Antiparasitika

## 11.5 Anabolika

Anabolika sind Stoffe, die durch Eingriff in den Hormonhaushalt des Körpers eine höhere Stickstoff-Retention und damit eine erhöhte Proteinbildung bewirken (endokrine Disruptoren). Als Masthilfsmittel bei Kälbern eingesetzt gewährleisten sie damit bessere Futterausnutzung und um 5 bis 15 % höhere Gewichtszunahmen. Die bekannten Anabolika wirken alle als Sexualhormone und sind damit Stoffe mit pharmakologischer Wirkung, die in Lebensmitteln nicht vorhanden sein dürfen.

---

**Anabolika**

**Anabolika** fördern bei Masttieren die Eiweißsynthese, wodurch der Muskelaufbau unterstützt wird. Eingesetzt werden hierzu Stoffe mit Sexualhormoncharakter, also Stoffe mit estrogener, androgener oder gestagener Wirkung.

---

**Endokrine Disruptoren**

**Endokrine Disruptoren** sind Verbindungen, die wie Hormone wirken und dadurch das **endokrine System** von Mensch und Tier stören können. Hierbei kann es sich um natürliche oder synthetisch hergestellte Stoffe handeln. Beispiele sind im Umwelt-/Lebensmittelbereich DDT, PCB, DES, Bisphenol A, Nonylphenol, Phthalsäureester, Tributylzinn, Nitromoschus-Verbindungen, Cadmium, Fenoxycarb.

---

**11**

Unterschieden wird bei den Anabolika zwischen:
- natürlichen Sexualhormonen: **17-ß-Estradiol** (Östrogen), **Progesteron** (Gestagen), **Testosteron** (Androgen)
- synthetischen Steroidabkömmlingen: **Trenbolon, Methyltestosteron, Ethinylestradiol**
- synthetischen Anabolika ohne Steroidstruktur: **Diethylstilbestrol** (DES), **Stilbestrol, Dienestrol, Hexestrol, Zeranol**
- ß-Sympathomimetica **(Clenbuterol, Salbutamol)**

Die größte Wirksamkeit geht von estrogen wirkenden Verbindungen aus; häufig empfiehlt sich aber eine Kombination mit einem gestagen oder androgen wirksamen Stoff. Dabei werden häufig sogenannte **Hormoncocktails** verabreicht. Um den Übergang ins Fleisch möglichst gering zu halten, werden sie oft in Form von Pellets hinter den Ohren des Kalbs implantiert, von wo aus sie gelöst werden und in den Körper übergehen, während diese Partien beim Schlachten herkömmlicherweise verworfen werden. Abzulehnen sind dagegen intramuskuläre Injektionen an anderen Körperstellen oder die Verabreichung stark oral wirksamer Präparate mit dem Futter. Dies trifft beispielsweise für **Diethylstilbestrol, Hexestrol** und **Ethinylestradiol** zu, während die orale Wirksamkeit von 17-ß-Estradiol nur 10 % und von Zeranol nur 1 % davon beträgt.

**Zeranol** entsteht durch katalytische Hydrierung aus dem ähnlich wirkenden Mykotoxin Zearalenon, das bekannt wurde, als Sauen nach Verfütterung von verschimmeltem Mais (Schimmelpilz *Gibberella zeae*) estrogenbedingte Symptome zeigten. Auch Zeranol wirkt als Estrogen.

**Ethinylestradiol** ist eine Komponente der in der „Pille" verwendeten Kontrazeptiva. Das oral stark wirksame **Diethylstilbestrol** (DES) wurde früher über längere Zeit offenbar auch von Futtermittelhändlern dem Tierfutter zugesetzt, nachdem diese die Verbindung über einen „grauen Markt" erhalten hatten. DES wird vom Tier bei weitem nicht so schnell ausgeschieden wie andere Anabolika, da es aus der Leber über den Gallenweg in den Darm gelangt, wo eine erneute Rückresorption stattfindet. DES wurde früher im Humanbereich als Arzneimittel angewandt, wurde dann aber abgesetzt, als erkannt wurde, dass es offenbar cancerogen wirkt. Der über lange Zeit unbemerkt gebliebene, bedenkenlose Einsatz von DES als Masthilfsmittel hat zu Maßnahmen geführt, die den Handel mit Tierarzneimitteln stark einschränken und unter stärkere Kontrolle stellen.

Vor mehreren Jahren wurde die Verwendung oral wirksamer **ß-Sympathomimetica** (z. B. Clenbuterol, Salbutamol) publik. Hierbei handelt es sich um Pharmaka, die als Broncholytika wirken und über ß-Rezeptoren Herzkranz- und -muskelgefäße erweitern und so den Kreislauf anregen. Während Clenbuterol auch beim Tier als Heilmittel angewandt wurde, war Salbutamol nur für die Behandlung des Menschen vorgesehen. Über Trinkwasser oder Futter an Schweine verabreicht bewirken sie eine Verminderung des Fettanteils zugunsten von Muskeln, so z. B. eine Verminderung der Rückenspeckdicke. Derartige Medikamente wurden offenbar auch an Rinder, Schafe und Geflügel verfüttert.

**Anabolika** (Formeln einiger Anabolika s. ◘ Abb. 11.5) entfalten ihre Wirksamkeit vor allem bei jungen Tieren, bei denen die Bildung von Sexualhormonen noch nicht voll begonnen hat. Optimale Wirkungen werden daher bei Kälberbullen im Alter von 10 bis 11 Wochen erhalten. Dabei ist eine estrogene Wirkung keineswegs erwünscht, sondern es wird vielmehr eine vorgezogene Geschlechtsreife angestrebt. Bei bestimmungsgemäßer Anwendung soll die Hormonkonzentration im Muskel der Tiere niedriger sein als bei geschlechtsreifen Rindern.

Nachweis und Bestimmung von Anabolika im Fleisch erfordern spezielle Methoden, da ihre Menge nur selten $1\,\mu g/kg$ überschreitet. Gut durchführbar ist dagegen die Untersuchung von Urin und Kot der Tiere, wo die Anabolika oft in 100- bis 1000-fach höheren Konzentrationen vorliegen.

## 11.6 ß-Agonisten

**ß-Agonisten** erregen die ß-Rezeptoren am Herzen und an der glatten Muskulatur. In höheren Dosen verbessern sie daher bei Masttieren das Fleisch-/Fettverhältnis. Bekannte Stoffe sind **Clenbutarol** und **Salbutamol**. Die Anwendung von ß-Agonisten bei Tieren, die zur Lebensmittelgewinnung dienen, ist nicht erlaubt.

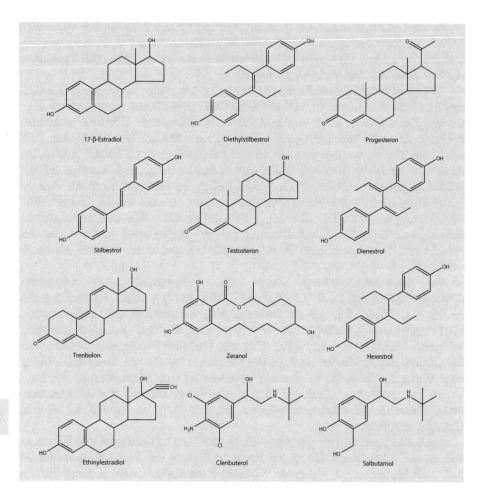

**☐ Abb. 11.5**    Mögliche Anabolika in der Tiermast

## 11.7 **Antiparasitika**

**Antiparasitika**

— **Antiparasitika** sind Stoffe, die Parasiten bekämpfen. Parasiten sind Lebensformen, die sich bei einem Wirtstier bedienen, ohne dass das Wirtstier einen Nutzen davon hat.
Parasiten können untereilt werden in:
– **Ektoparasiten,** wie beispielweise Milben, Zecken und Flöhe
– **Endoparasiten** wie verschiedene Würmer und Toxoplasmen.
— Zu den Parasiten gehören die **Coccidien**. Dies sind Protozoen, die in der Darmwand ihrer Wirte leben und sich dort vermehren und somit den Wirt durch mangelnde Nahrungsausnutzung schädigen (Lippold 2010).

Zu den Antiparasitika zählen **Anthelmintika, Coccidiostatika** und **Malachitgrün.** In der Anwendung sind zahlreiche Präparate, die hier nicht alle erwähnt werden können. Ihre Anwendung durfte früher nur unter der Voraussetzung erfolgen, dass sie im Lebensmittel nicht mehr nachweisbar waren. Hier galt gesetzlich allerdings immer noch eine „**Nulltoleranz**", die angesichts der immer empfindlicher werdenden Analytik nicht einzuhalten war. Inzwischen ist auch für Tierarzneimittel eine Höchstmengenverordnung erlassen worden.

**Antiparasitika** werden gegen Leberegel und Würmer in der Hühnerhaltung eingesetzt, indem sie dem Futter zugemischt werden. Auch von ihnen können nicht metabolisierte oder nicht ausgeschiedene Rückstände im Lebensmittel (z. B. in Eiern) auftauchen. Ein Beispiel ist das **Trichlorphon.**

**Coccidiostatika** werden vorwiegend in der Geflügelhaltung gegen Coccidiose eingesetzt. Bekannte Mittel sind hier **Amprolium** und **Decoquinat** sowie gewisse **Nitrofurane,** die auch gegen Harnwegsinfektionen zur Anwendung kommen.

In ◘ Abb. 11.4 sind die Formeln der im Text genannten Verbindungen gezeigt. Es muss an dieser Stelle aber darauf hingewiesen werden, dass es sich hier nur um einige wenige Beispiele handelt. Nach Schätzung der Pharmaindustrie sollen etwa 2000 verschiedene Präparate mit etwa 250 Wirkstoffen für die Therapie von Tieren zur Verfügung stehen. Eine besondere Art vorbeugender Medikation ist die Behandlung von Forellengewässern mit **Malachitgrün,** um die Fische vor Ektoparasiten zu schützen. Rückstände davon sind dann im Fischmuskel nachweisbar.

## Literatur

EFSA (2018) ► https://www.efsa.europa.eu/de/topics/pesticides. Prüfdatum: 24. Okt. 2018

EFSA, Journal (2010) Scientific Report of EFSA 2008. Ann Rep Pestic Residues 8(6):1646

Lecturio (2020) Betablocker. ► https://www.lecturio.de/lexikon/betablocker. Prüfdatum: 3. Jan. 2020

Lippold R (2010) Tierbehandlungsmittel. W Frehde (Hrsg) Handbuch für Lebensmittelchemiker, 3 Aufl. Springer, Berlin, S 383–403

Matissek R (2020) Lebensmittelchemie. Springer, Berlin (Im Druck)

Matissek R, Fischer M, Steiner G (2018) Lebensmittelanalytik, 6. Aufl. Springer Spektrum, Berlin. ► https://doi.org/10.1007/978-3-662-55722-8

Reggiani G (1978) Medical problems raised by the TCDD contamination. Arch Toxikol 40:161–188. ► https://doi.org/10.1007/978-3-662-55722-8

# Biotoxine in Lebensmitteln

## Inhaltsverzeichnis

# Phytotoxine

## Inhaltsverzeichnis

## 12.1 Einführung

Neben den Kontaminanten (▶ Kap. 6–9) und den Rückständen (▶ Kap. 10–11) können pflanzliche oder tierische Lebensmittel auch toxikologisch relevante Inhaltsstoffe bzw. Stoffe – sog. **Biotoxine** (engl. Biotoxins) oder **Naturtoxine** (engl. Natural Toxins) – beherbergen. Diese Stoffe sind biogenen bzw. genuinen Ursprungs und aus konsequent angewandter wissenschaftlicher Sicht folglich nicht den Kontaminanten zuzuordnen (◘ Abb. 4.2), obwohl dies in Lebensmittelrechtskreisen oftmals so gesehen wird.

Eine Teilmenge unter den Biotoxinen bilden die sog. toxikologisch relevanten Pflanzeninhaltsstoffe, die **Phytotoxine** (Pflanzentoxine). Diese werden unter dem modernen Schlagwort „Phytochemicals" zusammengefasst; welches sich auch in deutschsprachigen Fachkreisen im Sprachgebrauch gut durchgesetzt hat. Phytochemicals kommen *in* pflanzlichen Lebensmitteln vor, weil der pflanzliche Metabolismus dazu führt; sie sind also immer endogenen Ursprungs.

## 12.2 Alkaloide

Unter dem Begriff Alkaloide werden über 10.000 verschiedene von Pflanzen, Tieren oder Mikroorganismen produzierte Stoffe subsumiert, die chemisch sehr heterogen aufgebaut sind, aber als übergreifendes Merkmal stickstoffhaltig, organisch und meist basisch (alkalisch) sind. Alkaloide haben in der Regel eine pharmakologische Wirkung. Der Begriff **Alkaloid** ist sehr ziemlich bestimmt, so dass keine allgemeingültige Definition existiert. Historisch wurde der Begriff aber bei Pflanzenstoffen angewendet die „alkali-ähnliche" Eigenschaften aufwiesen. Alkaloide können in verschiedenen Lebensmitteln und Futtermitteln vor. Alkaloide sind in Kulturpflanzen oftmals glycosidisch gebunden.

---

**Alkaloide – Einteilung**

Eingeteilt werden Alkaloide am häufigsten nach ihren chemischen Grundstrukturen. Namengebend ist üblicherweise der Teil der Verbindung, der ein Stickstoff-Atom enthält:

- **Glycoalkaloide** (GA)
- **Pyrrolizidinalkaloide** (PA)
- **Tropanalkaloide** (TA)
- **Opiumalkaloide**
- **Ergotalkaloide** (sind Gegenstand der Behandlung bei den Mykotoxinen in ▶ Abschn. 14.9.4, da nicht endogenen Ursprungs)
- **Purinalkaloide** (hier nicht Gegenstand der Behandlung, da pharmakologische, aber keine Toxinwirkung)
- und andere

## 12.2.1 Glycoalkaloide

**Glycoalkaloide (GA)**, auch als **Solanumalkaloide** bezeichnet, stellen eine Unter-gruppe der **Steroidalkaloide** dar. Alle Solanum-Steroidalkaloide leiten sich vom C27-Kohlenstoff-Gerüst des Cholestans ab und besitzen N-haltige Ringsysteme (Ausnahme: Jurubidin und Isojurubidin). Die Steroidalkaloide zählen nicht zu den *echten Alkaloiden* im engeren Sinne, sondern es handelt sich biogenetisch betrachtet um sog. *Pseudoalkaloide* oder „alcaloida imperfecta", also um einfache Stickstoff-haltige Derivate weit verbreiteter Stickstoff-freier Inhaltsstoffe (Römpp 2019a, b).

Charakteristisch für die Bildung von GA ist u. a. die Pflanzenfamilie der Nachtschattengewächse *(Solanaceae)*, zu der – neben vielen Gift- und Heilpflanzen – auch einige Nutzpflanzen wie z. B. die Kartoffel *(Solanum tuberosum)*, die Aubergine *(Solanum melongena)* und die Tomate *(Solanum lycopersicum)* gehören. Sekundäre Pflanzeninhaltsstoffe sind für Pflanzen-wachstum und -entwicklung nicht erforderlich, sondern erfüllen ihre Funktion als Kommunikations-, Abwehr- oder Schutzsubstanzen. Damit sind sie wichtige Komponenten des Überlebens- und Reproduktionssystems der Pflanzen.

---

### Glycoalkaloide ⇔ Aglycon ⇔ Glyco

**Glycoalkaloide** (GA) haben ihre Bezeichnung daher, dass sie aus einem **Aglycon** (Aglykon) (Beispiele s. ◘ Abb. 12.1), also dem zuckerfreien Baustein der Ver-bindung, bestehen und aus einem Zuckerbaustein, dem **Glyco**-Anteil (Beispiele s. ◘ Abb. 12.2).

---

**12**

Eines der bedeutendsten GA ist das **Solanin** (genauer: α-**Solanin**, s. Formel ◘ Abb. 12.1), ein in Früchten, Sprossen und Knollen der Kartoffelpflanze enthaltenes Steroidalkaloid, das glycosidisch an ein Trisaccharid gebunden ist. Chemisch korrekt wird α-Solanin als Solanid-5-en-3-ß-yl-O-α-L-rhamnopyranosyl-$(1 \rightarrow 2)$-O-ß-D-glucopyranosyl-$(1 \rightarrow 3)$-ß-D-galactopyranosid bezeichnet und besitzt eine molare Masse von 868,04 g/mol. In reiner Form bildet es ferner farblose Kristalle, die sich in heißem Ethanol, Benzol und Chloroform lösen und bei 285 °C unter Zersetzung schmelzen. GA ähneln von ihrem strukturellen Aufbau her den Saponinen. Das Aglycon, ein Alkamin mit einem C27-Cholestangerüst, ist über eine ß-glycosidische Verbindung mit einem Zuckerrest verknüpft. GA weisen im Gegensatz zu den Saponinen statt des Stickstoffs ein Sauerstoff-Atom im Heterocyclus auf. Bei den Alkaminen wird zwischen fünf Typen unterschieden: den Solanidanen, den Spiro-solanen, den α-Epiminocyclohemiketalen, den 3-Aminospirostanen und den 22,26-Epiminocholestanen. Es wurden mehr als 90 strukturell unterschiedliche Steroidalkaloide in 350 verschiedenen Solanumarten isoliert (Distl 2007).

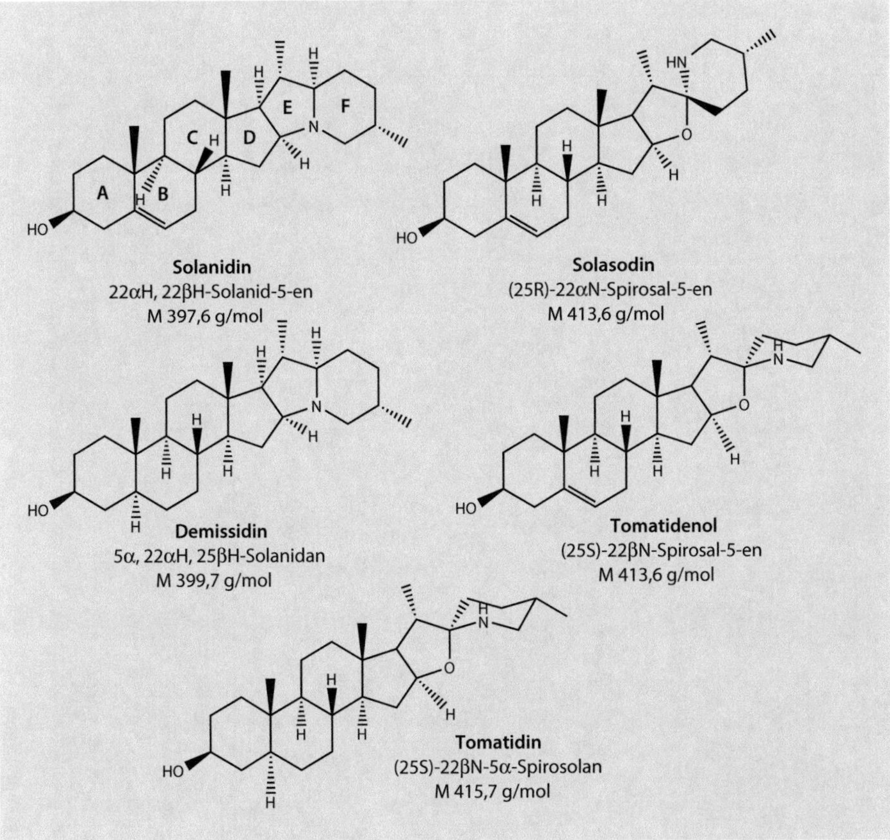

**◘ Abb. 12.1**  Struktur der häufigsten in Solanum-Arten vorkommenden Aglyca

Die in Kartoffeln am häufigsten vorkommenden Typen gehören den Spiro-solanen und Solanidanen an, wobei diese sich in der Bindung des Stickstoffs unterscheiden. In den Spirosolanen liegt er sekundär, im Solanidantyp tertiär gebunden vor. Die **Spirosolane** weisen das Aza-oxaspiransystem (◘ Abb. 12.1) auf.

In den **Solanidanen** liegt dagegen ein Indolizidin-System vor, d. h. das Stick-stoff-Atom gehört zwei Ringen an. GA vom Solanidan-Typ sind α-**Solanin**, α-**Chaconin**, Demissin, Commersonin sowie die Leptine und Leptidine. Der Spirosolan-Typ wird von den Verbindungen Solasonin, Solamargin, α-**Tomatin** und den Solamarinen repräsentiert. Als Zuckerkomponenten treten Tri- oder Tetrasaccharide auf. Die häufigsten Monomere sind D-Glucose, D-Galactose, D-Xylose und L-Rhamnose. Bei den Trisacchariden dominieren zwei Aus-prägungen. Die in α-Solanin auftretende Solatrioseform besteht aus je einem Baustein D-Glucose, D-Galactose und D-Rhamnose. In α-Chaconin wird die Chacotriose, die aus zwei Anteilen D-Rhamnose und einer D-Glucose aufgebaut ist gefunden (◘ Abb. 12.2).

12

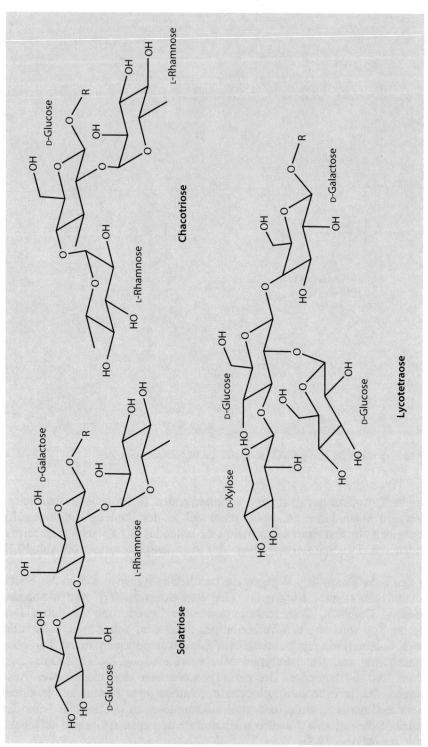

**Solatriose**

**Chacotriose**

**Lycotetraose**

**Abb. 12.2**    Struktur der in Solanum-Arten vorkommenden Zuckerkomponenten

◘ **Tab. 12.1**   Aglycone und Zuckerkomponenten der in Kulturkartoffeln häufigsten Glycoalkaloide

| Glycoalkaloid | Summen formel | M [u] | Aglycon | $M_{Aglycon}$ [u] | Zuckerkom ponente |
|---|---|---|---|---|---|
| α-Chaconin | $C_{45}H_{73}NO_{14}$ | 852,1 | Solanidin | 397,6 | Chacotriose |
| α-Solanin | $C_{45}H_{73}NO_{15}$ | 868,1 | Solanidin | 397,6 | Solatriose |
| α-Solamargin | $C_{45}H_{73}NO_{15}$ | 868,1 | Solasodin | 413,6 | Chacotriose |
| α-Solasonin | $C_{45}H_{73}NO_{16}$ | 884,1 | Solasodin | 413,6 | Solatriose |

M Molare Masse

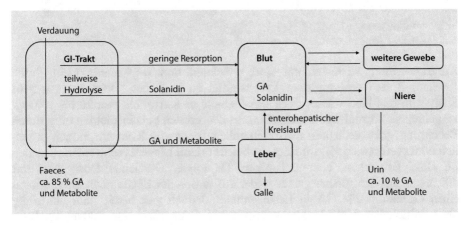

◘ **Abb. 12.3**   Postulierter Metabolismus der Glycoalkaloide (Nach Driedger 2000). *Erläuterung:* GI Gastrointestinaltrakt; Formel von Solanidin s. ◘ Abb. 12.1

Die Aglycone und Zuckerkomponenten der in Kulturkartoffeln am häufigsten vorkommenden GA sind in ◘ Tab. 12.1 zusammengestellt (nach Distl 2007). Über den postulierten Metabolismus der Glycoalkaloide informiert ◘ Abb. 12.3.

Die in der Kartoffel enthaltenen GA **α-Solanin** und **α-Chaconin** bestehen jeweils aus demselben Aglycon mit verschiedenen Trisaccharid-Seitenketten. Unter dem Solanin-Gehalt der Kartoffel ist grundsätzlich die Summe an α-Chaconin- und α-Solanin-Konzentration zu verstehen. Die Kartoffelpflanze bildet GA bevorzugt unter Stressbedingungen, da diese zu den wichtigsten Abwehrstoffen der Pflanze gegen Bakterien, Pilze, Insekten und Säuger gehören. Bei Kartoffeln reichern sich die GA in den Keimen, den Augen und den unreifen, grünen Stellen an; die Konzentrationen nehmen vom äußeren Schalenbereich zur Markschicht hin deutlich ab.

Üblicherweise liegen die Gehalte an GA in Nahrungspflanzen zwischen 0,2 mg/kg und 1 mg/kg, einzelne Sorten bzw. Pflanzenteile erreichen jedoch auch deutlich höhere Gehalte. So können unreife, grüne Tomaten 90 bis 320 mg, reife Tomaten dagegen nur maximal 7 mg Solanin pro kg enthalten. Geschälte Kartoffeln enthalten bis zu 100 mg Solanin/kg.

## Glycoalkaloide bei Kartoffeln

**Faktoren,** die die Gehalte an GA bei Kartoffeln teilweise erheblich beeinflussen können, sind:
- neben der Kartoffelsorte auch die Wachstumsbedingungen
  (Hagel und Frost begünstigen die Alkaloid-Bildung)
- mechanische Verletzungen
  (verletzte Knollen enthalten deutlich mehr Alkaloide)
- Lichteinfluss
  (bewirkt neben dem Ergrünen einen deutlichen Anstieg des GA-Gehaltes)
- Lagerung
- Temperatur
  (zu hohe/tiefe Lagertemperaturen; optimale Lagertemperatur: 10 °C und eine zu lange Lagerdauer begünstigen die Alkaloid-Bildung)

Aufgrund ihrer Hitzestabilität sind **α-Solanin** und **α-Chaconin** nicht durch Kochen, Braten etc. aus dem Lebensmittel zu entfernen. Beim Kochen geht Solanin in das Kochwasser über. GA-Gehalte in Kartoffeln von 20 bis 100 mg/kg gelten als normal und unschädlich. In den grünen Scheinfrüchten oder durch Belichtung grün gefärbter Kartoffelknollen liegen die Konzentrationen erheblich höher (etwa 0,05 %). Ihre Zufuhr bewirkt dann Magenbeschwerden, Brennen im Hals, Erbrechen, Nierenreizungen, Hämolyse. Die letale Dosis wird mit 400 mg angegeben. Bisher gab es weder auf nationaler Ebene noch international einen Grenzwert für GA in Lebensmitteln. Jedoch galt bereits jahrzehntelang als traditioneller Unbedenklichkeitswert ein GA-Gehalt von 200 mg/kg Rohkartoffeln. Von der **JECFA** wird ein Wert von 100 mg/kg als machbar angesehen.

**12**

## Solanin und Chaconin – Toxikologie

- Vom **BfR** wurde im Jahr 2018 aufgrund neuerer Erkenntnisse ein **NOEL** von 0,5 mg Glycoalkaloid ($\Sigma$ = Solanin + Chaconin)/kg Körpergewicht und Tag abgeleitet.
- Um diese Dosis nicht zu überschreiten, sollte der Glycoalkaloid-Gehalt inSpeisekartoffeln bei unter 100 mg/kg Frischgewicht liegen (BfR 2018a). Basierend auf vorliegenden Humandaten gibt die **WHO** Dosen von 3 bis 6 mg Glycoalkaloide/kg Körpergewicht für den Menschen an (BfR 2018a).

Ähnlich aufgebaut ist das **Tomatidin**, das glycosidisch gebunden in Tomaten vorkommt. **Spartein** (Lupinidin) und das verwandte, bittere **Lupanin** kommen in Lupinensamen vor. Spartein regt in kleinen Dosen die glatte Muskulatur an, in hohen Dosen bewirkt es Lähmungen. Die Formeln einiger pflanzlicher Alkaloide zeigt ◻ Abb. 12.4.

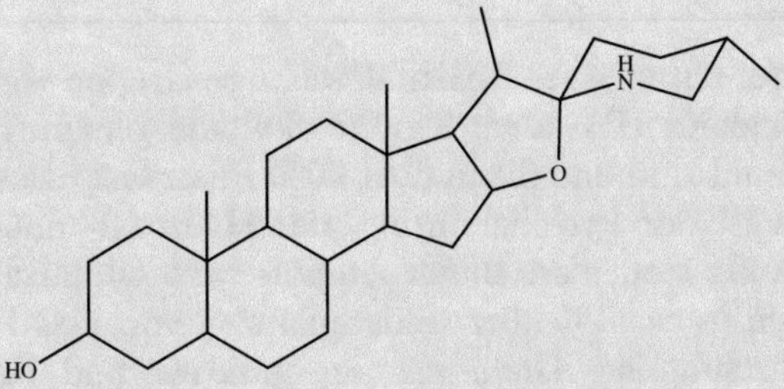


I

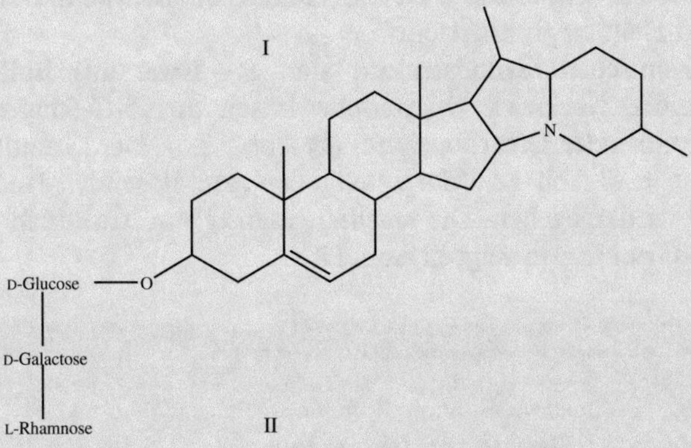


II

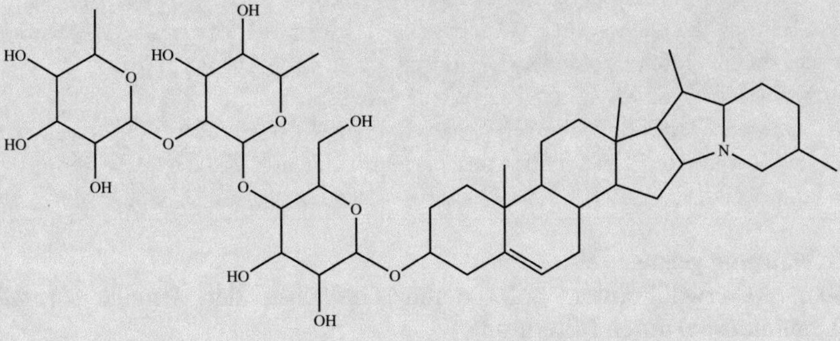


III

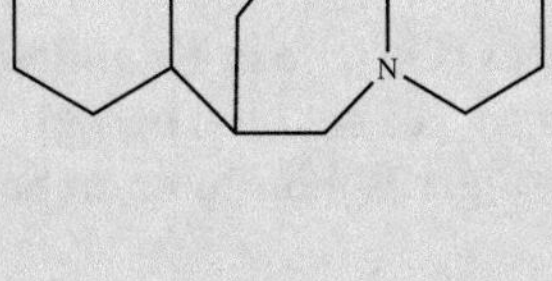


IV

**◘ Abb. 12.4** Formeln einiger pflanzlicher Alkaloide. *Erläuterung:* Das Aglycon Tomatidin (**I**) ist in Tomatin ähnlich wie α-Solanin (**II**) glycosidisch an zwei Reste Glucose, ein Mol Galactose und ein

## 12.2.2 Pyrrolizidinalkaloide

Eine bezüglich ihrer chronischen Toxizität wichtige Gruppe von Alkaloiden sind die **Pyrrolizidinalkaloide (PA,** auch Senecioalkaloide genannt), von denen derzeit etwa 600 bekannt sind und die in über 6000 Pflanzenspezies gebildet werden. Ihnen gemeinsam ist der Pyrrolizidinring, der Hydroxyl- und Hydroxymethylgruppen trägt; häufig sind diese durch Adipin- bzw. Glutarsäure-Derivate verestert. PA kommen in ca. 3 % aller Blütenpflanzen vor. Das Hauptvorkommen liegt in der Pflanzenfamilie *Asteraceae, Boraginaceae* und *Fabaceae.* Beispiele sind: Senecio-Arten, Eupatorium-Arten, Huflattich, Beinwell, Borretsch sowie Crotolaria- und Heliotropium-Arten.

In ihrer chemischen Grundstruktur sind PA **Ester** aus Building Blocks, nämlich aus einer **Necinbase** (bicyclische Basen aus 5-C-Ringen) *und* einer **Necinsäure** (Mono- oder Dicarbonsäure) (◨ Abb. 12.5). Der Grundkörper Necin (Heliotridin) ist in ◨ Abb. 12.6 dargestellt. Die grundlegenden Necinbasen sind in ◨ Abb. 12.7 wiedergegeben. Die resultierenden Grundstrukturen der fünf verschiedenen PA-Grundtypen zeigt ◨ Abb. 12.8.

---

### Pyrrolizidinalkaloide – Building Blocks

— Generell sind PA aus zwei Building Blocks aufgebaut (◨ Abb. 12.5):

   1) einem basischen Grundkörper (Necinbase),

   2) der mit ein bis zwei Necinsäuren verestert ist

— **Necinbasen** sind bicyclische Basen aus 5-C-Ringen mit einem N-Atom. Chemisch betrachtet sind Necinbasen 1-Hydroxymethylpyrrolizidin-Derivate, die am C-7-Atom eine weitere OH-Gruppe tragen (◨ Abb. 12.7)

— **Necinsäuren** sind Mono- oder Dicarbonsäuren

— Die meisten bekannten PA lassen sich in **fünf verschiedene Grundtypen** mit jeweils charakteristischen Strukturmerkmalen einteilen (◨ Abb. 12.8).

---

**12**

In die Nahrung gelangen PA:

— über Ackerwildkräuter, z. B. durch Gewächse der Familie *Crotalaria* (Leguminosae) durch Miterntung

— mittels Übertragung durch Bienen in den Honig (z. B. aus *Senecio jacobaea,* einer Komposite: Gehalte bis 3900 µg/kg)

— durch Milch von Kühen (Gehalte bis 689 µg/L) und Ziegen (Gehalte bis 800 µg/L) bzw. Eiern von Hühnern (Gehalt bis 10 µg/Ei), die solche Pflanzen gefressen haben

— durch Silagefütterung

— durch Tees oder Kräutertees (Gehalte in Kamillentee bis 3400 µg/kg, Kräutertee bis 1470 µg/kg, schwarzer Tee bis 1100 µg/kg)

— durch Fremdsamen PA-haltiger Wildkräuter im Saatgut

12.2 · Alkaloide

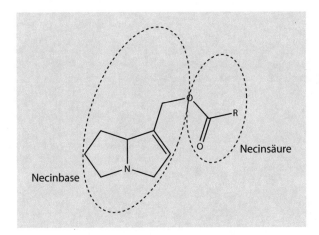

**▣ Abb. 12.5** Chemische Strukturelemente (Building Blocks) der PA

**▣ Abb. 12.6** Grundkörper der Necine am Beispiel des Heliotridins

**▣ Abb. 12.7** Grundlegende Necinbasen

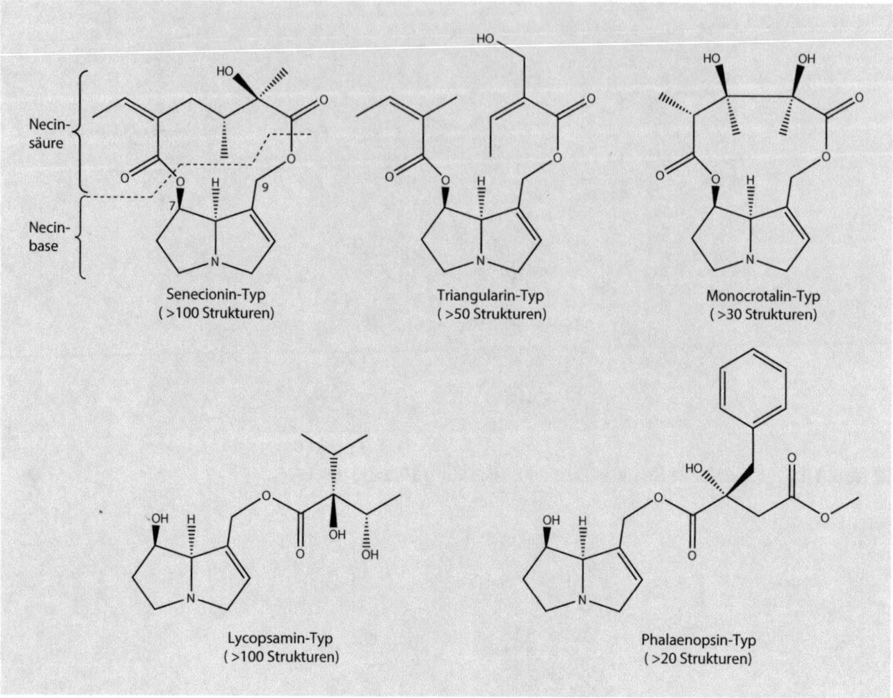

Senecionin-Typ
( >100 Strukturen)

Triangularin-Typ
( >50 Strukturen)

Monocrotalin-Typ
( >30 Strukturen)

Lycopsamin-Typ
( >100 Strukturen)

Phalaenopsin-Typ
( >20 Strukturen)

**◘ Abb. 12.8**    Strukturen der fünf verschiedenen PA-Grundtypen (Nach Kempf et al. 2010)

- über „Buschtees": Mischungen aus Pflanzenteilen von *Senecio-*, *Crotalaria-* und *Heliotrop-*Gewächsen. Diese Tees werden vor allem in Jamaika, aber auch in den USA wegen verschiedener pharmakologischer Wirkungen getrunken und sind deshalb formell keine Lebensmittel.

Auch der heimische **Borretsch** *(Boraginaceae)* enthält PA, wie **Lycopsamin**. Toxische Wirkungen treten nur bei regelmäßiger Zufuhr dieser Stoffe auf, so dass die Ursache häufig nicht erkannt wird. Sie äußern sich in Form von Ascites, Lebernekrosen und fibrotischen Venenverschlüssen in der Leber mit nachfolgender Leberzirrhose. In Tierexperimenten wurde außerdem in der Leber die Bildung von Megalocyten beobachtet. Weitere Wirkungen wurden in der Lunge registriert.

Es genügten Spuren des Samens von *Crotalaria spectabilis* (ein Ackerwildkraut) im Futter von Hühnern, um bei diesen pulmonalen Hochdruck zu erzeugen. Bei Ratten verdreifachte sich der Pulmonaldruck, die Folge war Stauungsherzinsuffizienz infolge Dilatation des rechten Ventrikels (Herzkammer). Eine andere *Crotalaria-*Art (*Cr. aridicola*) erzeugt bei Pferden Speiseröhrentumore; eine ähnliche Erkrankung bei Bantus in der Transkei (Südafrika) könnte möglicherweise ebenso mit dieser Pflanze in Zusammenhang stehen, die Ursache ist aber nicht gesichert.

Pflanzen der Familien *Senecio (Compositae)*, *Crotalaria (Leguminose)*, *Heliotropum* und *Boraginaceae* werden für eine Reihe von Erkrankungen von

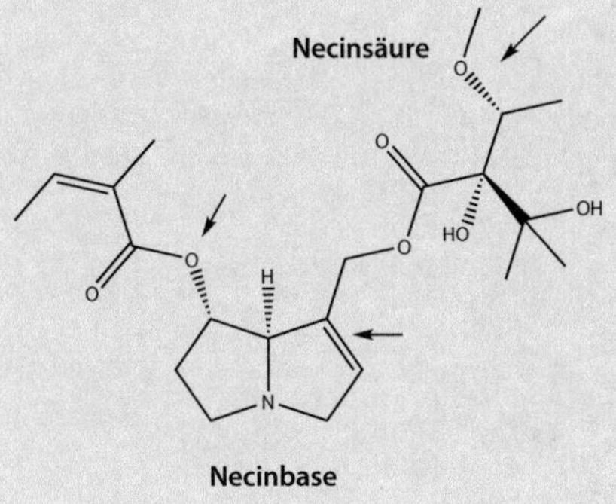

**Abb. 12.9** Strukturelle Voraussetzungen für die Toxizität von PA. *Erläuterung*: Die Pfeile weisen auf die Aktionsstellen hin

Weidevieh in Asien, den USA, Afrika, Australien und Neuseeland verantwortlich gemacht.

---

**Pyrrolizidinalkaloide – Toxizität**

PA sind **Esteralkaloide.** Sie können mutagene, teratogene, cancerogene oder retrotoxische Wirksamkeit aufweisen. Die Wirkung ist irreversibel. Für die toxikologischen Effekte relevant sind die **1,2-Dihydropyrrolozidinalkaloide.** Die strukturellen Voraussetzungen für die Toxizität sind in **Abb. 12.9** anschaulich zusammengestellt.

Obwohl die Toxizität selbst als auch der Schweregrad der Toxizität von der jeweiligen Struktur abhängig ist, lassen sich folgende Verallgemeinerungen ableiten:
- Monoester: moderat toxisch
- Offenkettige Diester: toxisch
- Makrocyclische Diester: sehr toxisch
- Je verzweigter die Struktur des Säureanteils, desto toxischer
- Kleinkinder und Föten zeigen die höchste Anfälligkeit
- Männer reagieren anfälliger als Frauen (liegt wahrscheinlich an der unterschiedlichen Cytochrom P450-Ausstattung und -Aktivität)

In **Abb. 12.10** ist die metabolische Toxifizierung der PA schematisch dargestellt.

## 12.2.3 Tropanalkaloide

**Tropanalkaloide (TA)** sind eine Gruppe innerhalb der Alkaloide und gehören zu den sekundären Pflanzenstoffen. Sie werden auf natürliche Weise von bestimmten

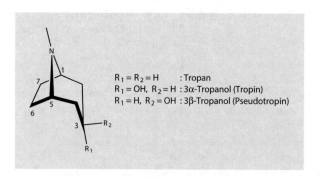

**☐ Abb. 12.10**    Metabolische Toxifizierung der PA (Nach Lampen 2014). *Erläuterung:* GIT Gastrointestinaltrakt

**12**

$R_1 = R_2 = H$ : Tropan
$R_1 = OH$, $R_2 = H$ : 3α-Tropanol (Tropin)
$R_1 = H$, $R_2 = OH$ : 3β-Tropanol (Pseudotropin)

**☐ Abb. 12.11**    Tropan und seine Derivate

Pflanzen gebildet. Der Name „Tropan" leitet sich vom *Atropin* (ein Racemat aus *(R)*- und *(S)*-Hyoscyamin, ☐ Abb. 12.12) ab, dem Wirkstoff der **Tollkirsche** *(Atropa belladonna)*, in dessen Molekül es als Strukturelement enthalten ist.

Die Gruppe der TA umfasst mehr als 200 Verbindungen, die in verschiedene Untergruppen eingeteilt werden können. Sie sind aufgebaut aus einer Azabicyclo[3,2,1]octan-Ringstruktur, wobei das Tropanskelett am häufigsten vorkommt und der Stickstoff methyliert ist. Ein berühmter Vertreter der TA ist das **Cocain,** ein Derivat des Ecgonins aus dem Cocastrauch *(Erythroxylum coca)*.

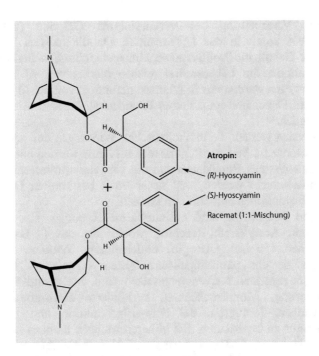

**○ Abb. 12.12**  Atropin – ein Racemat aus (*R*)- und (*S*)-Hyoscyamin

Strukturformeln von Tropan, seinen Derivaten und Atropin sind ○ Abb. 12.11 und ○ Abb. 12.12 zu entnehmen.

**TA** werden in Pflanzen der Familien *Brassicaceae, Moraceae, Erythroxylaceae* (Cocastrauch) u. a. gebildet. Vor allem in der *Solanaceae*-Familie (z. B. Alraune, schwarzes Bilsenkraut, Tollkirsche, gemeiner Stechapfel) ist das Auftreten vielfältig, wobei es sich meist um veresterte Tropanol-Verbindungen handelt. In der Pflanze werden die TA aus Ornithin und Arginin biosynthetisiert. Die TA sind meist in allen Pflanzenteilen in unterschiedlichen Konzentrationen enthalten. **(-)-Hyoscyamin und (-)-Scopolamin** (insbesondere in *Brugmansia,* Engelstrompeten) sind die am häufigsten vorkommenden und am besten untersuchtesten Verbindungen.

TA sind in Lebensmitteln sowie Futtermitteln unerwünscht und treten als Verunreinigung der Ernte durch Unkraut bzw. Wildkraut auf. Durch herkömmliche Aufbereitungsschritte von z. B. Getreide kann die Belastung durch die ganze Pflanze, Pflanzenteile oder deren Samen meist nicht vollständig entfernt werden. Die derzeitige Verunreinigung von Getreide in der EU ist meist auf *Datura stramonium* (gemeiner Stechapfel) und *Convolvulus arvensis* (Ackerwinde) zurückzuführen. Außerhalb der EU wurden Verunreinigung in Erbsen, Sojabohnen und Brechbohnen durch Solanum-Species *S. nigrum* (schwarzer Nachtschatten), *S. viarum* und *S. torvum* (Pokastrauch) beobachtet. Mais, Hirse und Weizen können durch das invasive und weit verbreitete *Solanum elaeagnifolium* kontaminiert werden.

Nach der Verarbeitung der verunreinigten Getreide (z. B. Mahlen) gelangen die TA somit in das Lebensmittel. Da die meisten TA hitzestabil sind, kann der Gehalt im Produkt nach Hitzebehandlung weiterhin hoch sein. Die Konzentrationen im Lebensmittel reichen hierbei von <1 bis 100 µg/kg. Calystegine hingegen werden nur in Pflanzen gefunden, von denen sie auch selbst gebildet werden. Dabei sind im essbaren Pflanzenteil Konzentrationen von 1 bis 100 mg/kg möglich.

Am intensivsten werden die toxikologischen Wirkungen der TA Atropin und Scopolamin untersucht. Seit der Renaissance bis heute wurden bzw. werden Auszüge der **Tollkirsche** zur Pupillenerweiterung verwendet. Weiterhin können TA als Drogen missbraucht werden, weil sie ab einer bestimmten Dosierung oder Mischung Halluzinationen herbeiführen können.

**Atropin** und **Scopolamin** sind antimuscarine Agentien, also Antagonisten zum muscarinen Acetylcholin-Rezeptor, wobei nur das **(-)-Hyoscyamin** aus dem racemischen Gemisch (Atropin) **anticholinerge Wirkung** aufweist. Das bedeutet, dass sie das parasympatische System (vegetatives Nervensystem) hemmen und im zentralen Nervensystem aktiv sind. Meist sind Wirkungen wie Pupillenerweiterung, Mundtrockenheit, verhinderte Harnproduktion, Herzrhythmusstörungen, Reduktion der Schweißproduktion und Erhöhung der Körpertemperatur zu beobachten. Bei höheren Mengen kann es zum Tod durch Herzstillstand kommen. (-)-Hyoscyamine und (-)-Scopolamin werden bereits im Gastrointestinaltrakt absorbiert, schnell im Körper verteilt und anschließend über den Urin ausgeschieden.

Besonders glutenfreie Produkte auf **Buchweizenbasis** können bei einer Verunreinigung mit *Datura ssp.* (Gemeiner Stechapfel) nach Aufnahme ernsthafte gesundheitliche Probleme bereiten. Hohe Gehalte an verschiedenen TA werden auch in Teeblättern beobachtet. Somit kann die Aufnahme von TA durch normalen Teeaufguss hoch sein.

Eine aktuelle Datenerfassung durch die EFSA umfasst 1709 Proben aus neun Kontinenten. Dabei wurde der höchste Gehalt an Gesamt-TA in trockenem **Kräutertee** ermittelt (4357 µg/kg). Die höchste mittlere Konzentration wurde bei getreidebasierter Kindernahrung (131 µg/kg) festgestellt. Die am häufigsten vorkommenden TA sind (-)-Hyoscyamin und (-)-Scopolamin, wobei der Höchstwert der Summe beider Verbindungen in trockenem Kräutertee (429 µg/kg) ermittelt wurde (EFSA 2016a).

---

**Tropanalkaloide – Höchstwerte und ARfD-Wert**

- Laut Verordnung (EU) Nr. 2016/239 wurde ein **Höchstgehalt** von 1,0 µg/kg für die am gründlichsten erforschten TA **(-)-Hyoscyamin** *und* **(-)-Scopolamin** in Lebensmitteln festgesetzt. Dieser gilt für Getreidebeikost und andere Beikost für Säuglinge und Kleinkinder, die Hirse, Sorghum, Buchweizen oder daraus gewonnene Erzeugnisse enthält.
- Die akute Referenzdosis **(ARfD)** für die **Summe dieser beiden Verbindungen** liegt bei 0,016 g/kg Körpergewicht. Dieser Wert wurde durch das CONTAM-Gremium der EFSA ermittelt. Außerdem ist zu beachten, dass ange-

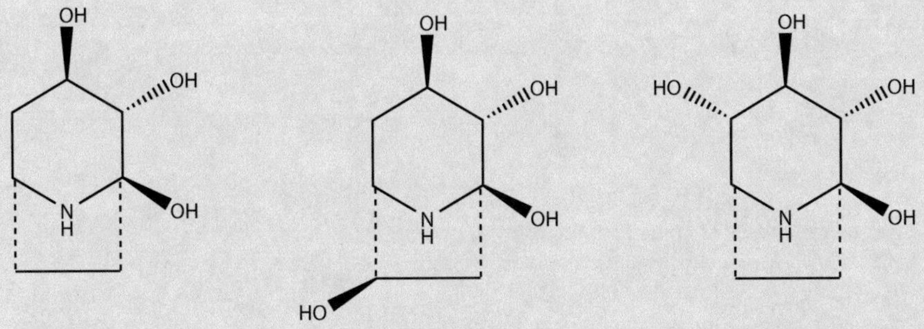

Calystegin $A_3$ Calystegin $B_1$ (relative Konfiguration) Calystegin $B_2$

**Abb. 12.13** Die Nortropanalkaloide: Calystegin $A_3$, Calystegin $B_1$ und Calystegin $B_2$

sichts der begrenzten verfügbaren Informationen die Exposition von Kleinkindern über die Nahrung die Gruppen-ARfD *(Gesamt TA-Gehalt)* deutlich überschreiten könnte.

- Für die TA-Untergruppe der **Calystegine** sind bislang noch keine Höchstgehalte festgesetzt worden.

## 12.2.4 Nortropanalkaloide

Die erst in den 1980er Jahren entdeckten **Calystegine** gehören zu der Gruppe der **Nortropanalkaloide** mit geringem Molekulargewicht und sind aufgrund der mindestens drei Hydroxylgruppen sehr polar (s. Abb. 12.13). Derzeit sind rund 14 Calystegine bekannt.

**Calystegine** kommen ebenfalls in der Familie der *Solanaceaen* vor. Besonders in essbaren Pflanzen wie *Solanum tuberosum* (Kartoffel), *Capsicum annuum* (Paprika, Pfeffer), *Solanum melongenes* (Aubergine) und *Convolvulaceae* (u. a. Batate) sind sie natürlich vertreten, wobei das Auftretungsmuster und Konzentration der Calystegine für den jeweiligen Pflanzenteil charakteristisch ist. Zum Beispiel sind in Kartoffeln nur Calystegin $A_3$, $B_2$, $B_4$ zu finden und in Auberginen, Pfeffer und Süßkartoffel hauptsächlich das Calystegin $B_2$.

Aufgrund ihrer zuckerähnlichen Struktur sind **Calystegine** α-Glucosidase-Inhibitoren und agieren im Intestinaltrakt, wobei sie zu einer verminderten Resorption von Kohlenhydraten führen. Die Glucose-Konzentration im Blut (Blutzucker) steigt dementsprechend unter α-Glucosidase-Hemmern nach einer Mahlzeit weniger stark an, weswegen die Calystegine für eine Behandlung von *Diabetes mellitus* Typ 2 in Frage kommen könnten. Intoxikationen mit Calysteginen wurden beim Menschen bislang nicht beobachtet. Die Toxikologie

| ◻ **Tab. 12.2** Durchschnittliche Zusammensetzung von Mohnsamen | |
|---|---|
| **Bestandteil** | **g/100 g** |
| Wasser | 6,1 |
| Protein | 20,2 |
| Fett<br>– davon gesättigte Fettsäuren<br>– davon einfach ungesättigte Fettsäuren<br>– davon mehrfach ungesättigte Fettsäuren | 42,2<br>4,5<br>11,7<br>26,1 |
| Kohlenhydrate | 4,2 |
| Mineralstoffe | 3,5 |
| Cholesterin | – |

– unbedeutend
Quelle: Lebensmittel-Warenkunde 2020

anderer TA ist weitgehend unerforscht, so dass alle TA von der EFSA zunächst als toxikologisch relevant eingestuft werden.

Eine Datenerfassung durch die EFSA umfasst 1709 Proben aus neun Kontinenten: Festgestellt wurde eine mittlere Konzentration von 162 mg/kg im Frischgewicht an Calysteginen in Kartoffeln, mit einem Höchstwert von 507 mg/kg. In Auberginen war die Durchschnittskonzentration 21 mg/kg des Frischgewichtes, mit einem Höchstwert von 182 mg/kg. Bei Paprikaschoten wurden lediglich Spuren von Calysteginen detektiert ($\leq$0,5 mg/kg) (EFSA 2016a).

**12**

> **Nortropanalkaloide – Höchstwerte?**
>
> Während für die am gründlichsten erforschten TA **(-)-Hyoscyamin** und **(-)-Scopolamin** Höchstgehalte in Lebensmitteln festgesetzt wurden (Kasten „Tropanalkaloide – Höchstwerte und ARfD-Wert" in ▶ Abschn. 12.2.3) existieren für die TA-Untergruppe der **Calystegine** bislang noch keine Höchstgehalte.

## 12.2.5 Opiumalkaloide

**Mohn** als Lebensmittel ist bereits seit der Antike bekannt. Die reifen Samen des Schlafmohns *(Papaver somniferum)* – auch als Mohnsamen bezeichnet – sind reich an Calcium, Proteinen und Öl, das Mohnöl ist sehr reich an ungesättigten Fettsäuren (◻ Tab. 12.2). Mohnsamen selbst enthalten nur sehr geringe Mengen an Opiumalkaloiden, jedoch kann es beim maschinellen Ernten vorkommen, dass sie mit dem alkaloidhaltigen Milchsaft (Latex) in Berührung kommen und auf diesem Wege kontaminiert werden.

Die mengenmäßig wichtigsten Alkaloide sind Morphin und Codein. Die in Lebensmitteln verwendbaren Mohnsorten sind der **Blauschwarze** (Deutschland), der **Graue** (Österreich) und der **Weiße Mohn** (Indien). Der am Straßenrand rot leuchtende Klatschmohn ist nicht essbar; auch bei den für den Verzehr geeigneten Mohnsorten bezieht sich die Eignung nur auf die Mohnsamen, die Pflanze an sich ist giftig. Der Anbau von Mohn unterliegt staatlichen Kontrollen, da unverarbeiteter Mohn Opiumalkaloide in variabler Höhe enthalten kann. Die Art der Mohnpflanze, der Erntezeitpunkt und die geografische Herkunft beeinflussen u. a. die Gehalte. Bei Mohnsamen, die hohe Gehalte an Opiumalkaloide aufweisen, können Menschen aller Altersgruppen die gesundheitlichen Richtwerte (von EFSA und BfR) überschreiten.

**Mohnsamen** werden zwar überwiegend in süßen Gerichten verwendet, aber es gibt auch deftige Speisen zu denen sie passen. In Deutschland wird Mohn vorwiegend in Bäckereien (Mohnbrötchen, Mohnkuchen) eingesetzt, in Österreich dagegen ist die Palette an Mohngerichten größer. Mohnsamen können gemahlen oder im Ganzen verwendet werden. Aus kaltgepressten Mohnsamen entsteht Mohnöl. Es ist eines der trocknenden ("härtenden") Pflanzenöle wie Leinöl, daher fand es auch in der Ölmalerei Verwendung. Heutzutage wird es wegen seines nussigen Geschmacks geschätzt und in Salaten oder Kaltspeisen verwendet. Es verträgt es keine hohen Temperaturen (Lebensmittel-Warenkunde 2020).

---

**Mohn**

**Schlafmohn** *(Papaver somniferum)* dient der Samen- und Ölgewinnung für die Verwendung in Lebensmitteln (sowie der Alkaloid- und Opiumherstellung).

---

**Opium**

**Opium** ist der durch Einschnitte der unreifen Kapseln ausgeflossene und auf der Kapseloberfläche eingetrocknete Milchsaft (Latex). Dieser enthält ca. 20 bis 25 % Alkaloide, von denen bisher etwa 50 in reiner Form isoliert wurden. Besonders wichtig und toxikologisch relevant sind hier die Verbindungen mit Phenanthren-Struktur (wie Morphin, Codein, Thebain) oder Benzylisochinolin-Struktur (wie Papaverin, Noscapin) (alle Strukturformeln der vorgenannten Verbindungen ◘ Abb. 12.14). Hauptalkaloid des Opiums ist das **Morphin** (Gehalt je nach Herkunft 7 bis 20 %).

---

Als **Ursache** für die teilweise hohen Opiatgehalte von Mohnsamen werden insbesondere weniger geeignete Erntemethoden angesehen, da die Mohnsamen mit alkaloidhaltigen Kapselbruchstücken und Latex in Berührung kommen können. Es wird davon ausgegangen, dass die Opiumalkaloide nur als äußere Kontamination an den Mohnsamen anhaften. Ein Waschen der Samen kann deren Morphingehalt drastisch reduzieren. Es ist bekannt, dass Verfahren der

Lebensmittelverarbeitung wie Waschen, Einweichen, Mahlen, Rösten und Kochen, den Alkaloidgehalt der Mohnsamen verringern können.

**12**

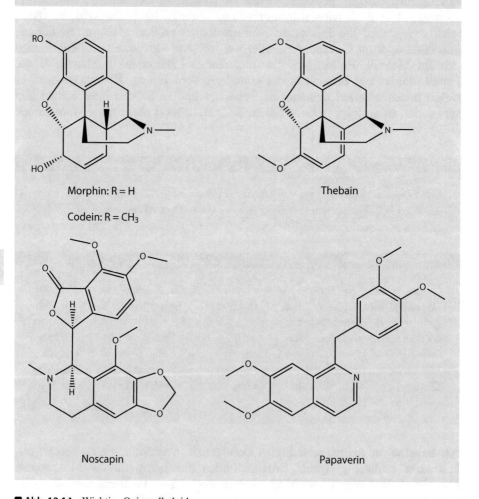

Morphin: R = H

Codein: R = CH₃

Thebain

Noscapin

Papaverin

◻ **Abb. 12.14**   Wichtige Opiumalkaloide

Die diversen **Morphin-Wirkungen** auf das zentrale und periphere Nervensystem werden hauptsächlich durch μ-Opiatrezeptoren vermittelt. Zu unerwünschten Wirkungen gehören bei moderater Dosierung u. a. Übelkeit, Erbrechen, Benommenheit, Veränderungen in kognitiven und sensorischen Fähigkeiten, Euphorie, Dysphonie, Halluzinationen, Mundtrockenheit, Miosis und Herz-Kreislauf-Effekte (Dusemund et al. 2017).

## 12.3 Active Principles

**Active Principles**

Bei **Active Principles** handelt sich um natürliche Inhaltsstoffe (Untergruppe der Phytochemicals) von bestimmten pflanzlichen Lebensmitteln, die zum typischen Aroma eines Lebensmittels zum Teil erheblich beitragen können, jedoch zugleich auch toxikologisch nicht unbedenklich sind. Diese Stoffgruppe trägt verschiedentlich auch die Bezeichnung **Biological Active Principles** (BAP).

**Ätherische Öle** zeichnen sich durch intensive aromatische Eigenschaften aus, weshalb sie zu Geschmackskorrekturen in Lebensmitteln angewendet werden. Auch das geschmackliche und geruchliche Prinzip von Gewürzen geht generell auf solche Verbindungen zurück. Sie setzen sich vor allem aus Kohlenwasserstoffen, Terpenen, Carbonyl-Verbindungen und Estern zusammen. Einige Stoffe von ihnen können in größeren Mengen toxisch wirken und werden als eine besondere Gruppe definiert: **Active Principles**. Eine Auswahl wichtige Inhaltsstoffe ätherischer Öle zeigt ◻ Abb. 12.15.

Gemäß der Definition des sog. „Blaubuchs" des Europarats handelt es sich bei dem Begriff **Active Principles** um bestimmte Inhaltsstoffe von Gewürzen und Kräutern, die aufgrund ihres Mitwirkens am aromatischen Gesamteindruck eines Lebensmittels unvermischt oder als Ausgangsstoff eines Aromas zwar durchaus von Interesse sind, die aber aus toxikologischer Sicht von gewisser Relevanz sind. Daher darf heute kein Stoff, der in die Liste der aktiven Grundbestandteile aufgenommen ist, als eigenständiger Aromastoff einem Lebensmittel zugesetzt werden. Nur die aus den natürlichen Gehalten jener Pflanzen resultierenden Mengen sind erlaubt bzw. in der EU-Aromenverordnung teilweise durch Höchstmengen im verzehrfertigen Lebensmittel limitiert.

### 12.3.1 Myristicin, Elemicin

Zwei dieser Verbindungen kommen in der Muskatnuss vor: **Myristicin** und **Elemicin** (◻ Abb. 12.15), deren Struktur der des halluzinogenen **Mescalins**

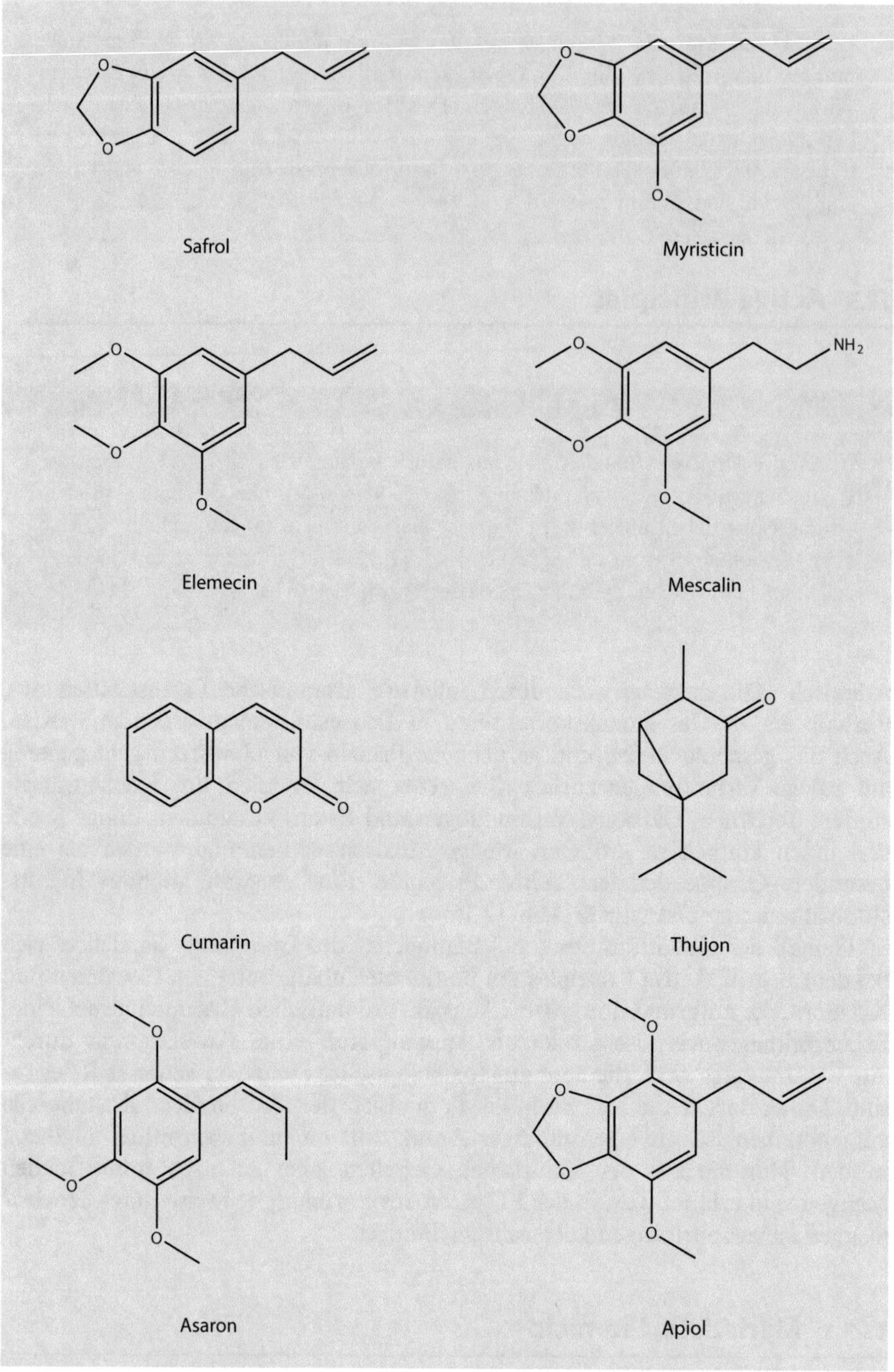

12

Safrol

Myristicin

Elemecin

Mescalin

Cumarin

Thujon

Asaron

Apiol

☐ **Abb. 12.15** Einige wichtige Inhaltsstoffe ätherischer Öle: Active Principles

sehr ähnlich ist. Wie an Rattenleberhomogenat nachgewiesen wurde, können beide unter physiologischen Bedingungen in die entsprechenden Amphetamine umgewandelt werden. Myristicin wirkt als Monooxidasehemmer, so dass seine Wirkung auch mit einer Noradrenalin- und Serotonin-Anreicherung im Zentralnervensystem erklärt wird. Die Symptome nach übermäßigem Muskatverzehr sind Halluzinationen, Tachykardie (Kasten „Tachykardie"), Blutdruckschwankungen. Es wird vom Tod eines 8-jährigen Jungen nach Einnahme von zwei Muskatnüssen berichtet.

---

**Tachykardie**

Unter **Tachykardie** wird ein anhaltend beschleunigter Puls von über 100 Schlägen pro Minute beim erwachsenen Menschen verstanden. Umgangssprachlich wird dies auch als Herzrasen bezeichnet.

---

### 12.3.2 Apiol

Eine dem Myristicin ähnlich aufgebaute Substanz ist das **Apiol** (◘ Abb. 12.15) der Petersilienfrüchte (Kasten „Petersilienfrüchte"), deren Extrakte giftig sein können. In Petersilienblättern ist seine Konzentration gering.

---

**Petersilienfrüchte**

**Petersilienfrüchte** sind die kleinen Früchte (*Fructus Petroselini;* breit-eiförmig: Höhe ca. 2,5 bis 3 mm, Breite ca. 1,5 bis 2 mm) von *Petroselinum crispum* (Mill.). Therapeutisch relevante Wirkungen sind auf das ätherische Öl zurückzuführen. So wird eine Steigerung der Harnausscheidung beschrieben. Reines Apiol wirkt in höheren Dosen abortiv.

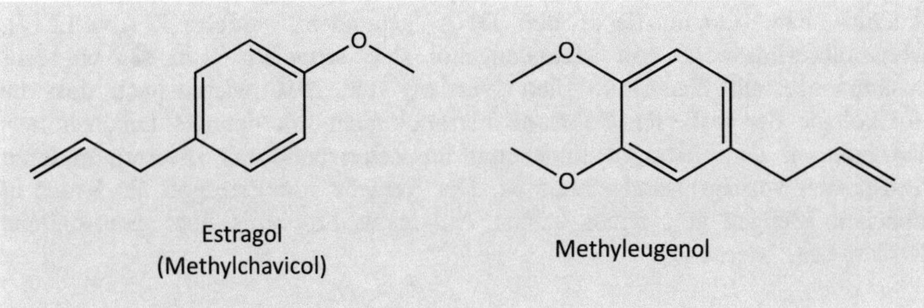

---

Estragol
(Methylchavicol)

Methyleugenol

◘ **Abb. 12.16** Estragol und Methyleugenol

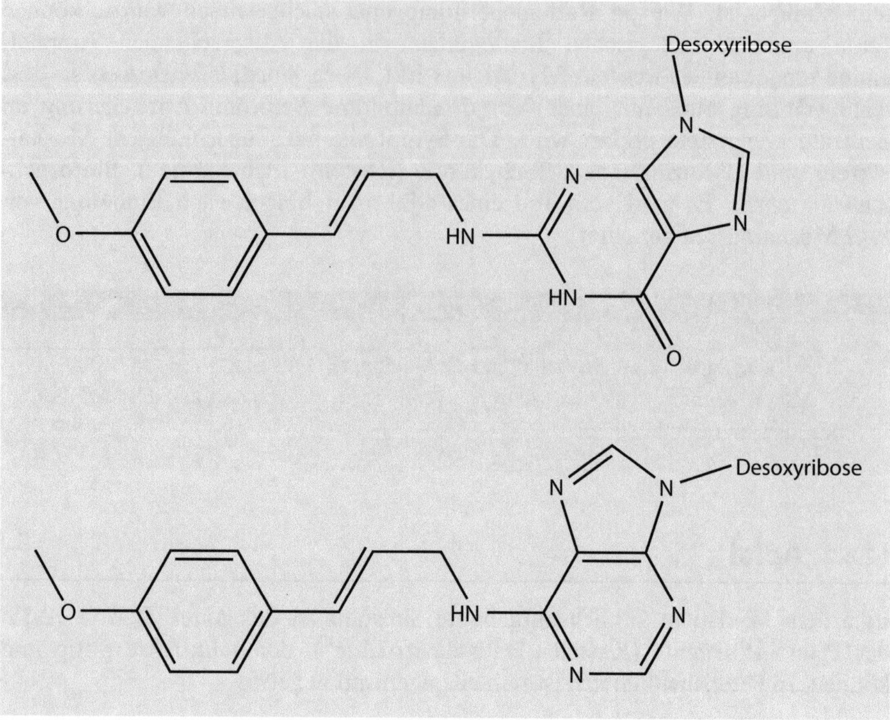

**◘ Abb. 12.17**    Aus 1'-Hydroxyestragol in Mäuseleber gebildete Addukte an DNA *(in vivo)*

### 12.3.3  Estragol, Methyleugenol

**Estragol** (international auch als Methylchavicol bezeichnet, ◘ Abb. 12.16) kommt vornehmlich in Estragon vor; **Methyleugenol** (◘ Abb. 12.16) dagegen in Fenchel, Basilikum, Anis, Piment, Lorbeer u. dgl.

Myristicin, Elemicin, Estragol, Methyleugenol und Safrol zählen chemisch gesehen zu Phenylpropanoiden und erwiesen sich als isolierte Substanzen im Mäusefütterungsversuch als cancerogen. Offenbar können sie über ihre Allylgruppe nach Oxidation in 1-Stellung (z. B. 1'-Hydroxyestragol) kovalent an Adenin- bzw. Guanin-Reste der DNA gebunden werden (◘ Abb. 12.17). Metabolisierungswege von Methyleugenol sind schematisch in ◘ Abb. 12.18 zusammengestellt. Neueste Studien (Nesslany et al. 2010) wiesen nach, dass die Toxikologie der isolierten Substanz Estragol nicht mit der des Lebensmittels **Estragon** (in dem Estragol eingebettet im Zellverband mit diversen anderen Substanzen vorliegt) vergleichbar ist. Der Verzehr von Estragon als Kraut in üblichen Mengen gibt daher keinen Anlass zu Besorgnis über genotoxische Risiken beim Menschen.

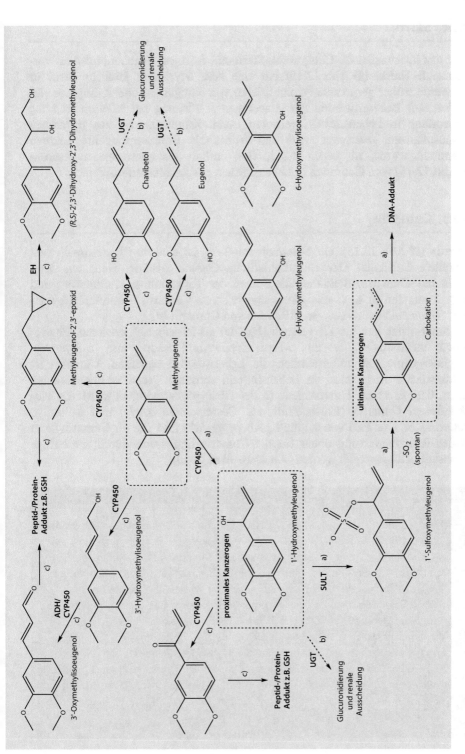

■ **Abb. 12.18** Metabolisierungswege von Methyleugenol (Nach Esselen 2014; Cartus et al. 2012). *Erläuterung:* **a)** Bioaktivierung zum bekannten ultimalen Kanzerogen; **b)** Detoxifizierungswege über gut wasserlösliche Produkte; **c)** andere Metabolite, ihr Beitrag zur toxischen Wirkung ist unklar. ADH Alkoholdehydrogenase; CYP450 Cytochrom P450; GSH Glutathion; SULT Sulfotransferase; UGT Glucuronosyltransferase

### 12.3.4 Safrol

Auch das in Sassafrasöl, Campheröl, Sternanis, Lorbeer, Fenchel und Anis vorkommende **Safrol** (◘ Abb. 12.15) hat eine dem Myristicin ähnliche Struktur und wurde früher gerne zum Aromatisieren von Kaugummi und Zahnpasta verwendet. Seit Bekanntwerden der cancerogenen Wirkung bei Mäusen ist seine Verwendung in Lebensmitteln verboten. Auch Kalmusöl, das aus tropischen Kalmuspflanzen gewonnen wird und früher als Bitterkomponente Likören zugemischt wurde, ist wegen des in ihm enthaltenen cancerogenen **Asarons** (◘ Abb. 12.15) vom Gebrauch in Lebensmitteln ausgeschlossen worden.

### 12.3.5 Cumarin

**Cumarin** (◘ Abb. 12.15), ein 1-Benzopyran-2-on, ist eine im Pflanzenreich weit verbreitete Substanz. Der charakteristische Geruch frischen Heus aus Klee beruht auf Cumarin. Steinklee, die Samen der Tonkabohne, Waldmeister und einige Zimtarten (u. a. Cassia-Zimt) sind reich an Cumarin – während Ceylon-Zimt *(Cinnamomum verum)* praktisch frei von Cumarin ist.

Cumarin hat sich im Tierversuch (Hunde) als **lebertoxisch** erwiesen. Physiologisch metabolisiert es zu o-Hydroxyphenylmilchsäure und o-Hydroxyphenylessigsäure, die offensichtlich die Lebertoxizität bewirken. Cumarin ist als künstlicher Aromastoff in Lebensmitteln verboten. Neuere Humanstudien zeigen, dass es kaum Unterschiede in der Absorption zwischen in Matrix eingebundenem Cumarin (Cassia-Zimt, lat. *Cinnamomum cassia*) und isoliertem Cumarin gibt. Der TDI von 0,1 mg/kg Körpergewicht und Tag für Cumarin kann bei der Risikobewertung daher für die Cumarin-Exposition durch zimthaltige Lebensmittel angewendet werden (Abraham et al. 2010).

**12**

**Das Rindengewürz Zimt**

— **Zimt** gilt als eines der ältesten Gewürze überhaupt und wurde angeblich schon 3000 v. Chr. in China verwendet. Der Portugiese Vasco da Gama brachte 1502, nach seiner Landung im Jahre 1498 auf der südindischen Insel Ceylon, dem heutigen Sri Lanka, dieses Gewürz schließlich nach Europa. Ähnlich wie bei Pfeffer, Muskat und Gewürznelken gab es im Mittelalter um den monopolartigen Besitz des Zimts heftige Auseinandersetzungen. Die arabischen Händler hatten die Herkunft des Zimtbaums lange geheim gehalten. Um 1536 eroberten die Portugiesen mit der Besetzung Ceylons das „Zimtmonopol". 130 Jahre später verloren sie ihr Monopol an die Holländer. Diese wurden 1796 von den Briten verdrängt, die das Zimtmonopol bis 1833 besaßen. Erst durch die Kultivierung des Zimtbaums auf Java durch die Holländer wurde das Monopol gebrochen. Im Europa des 16. bis 18. Jahrhunderts galt Zimt als eines der besonders teuren und kostbaren Gewürze.

> ━ Der **Zimtbaum** ist ein immergrüner (d. h., er wirft nie alle seine Blätter zur gleichen Zeit ab), etwa 6 bis 12 m hoher Baum mit rötlicher Rinde. Er zeichnet sich dadurch aus, dass seine großen, rechteckigen nach Zimtöl duftenden Blätter im jungen Stadium leuchtend rot sind und später dunkelgrün werden und sich durch weiße Blattadern auszeichnen.

### Zimtarten

> ━ Zwei Arten werden wirtschaftlich genutzt: der **Ceylon-Zimtbaum** (*Cinnamomum ceylanicum, Cinnamomum verum,* auch als Echter Zimtbaum oder **Kaneel** bezeichnet) und der **Chinesische** oder **Cassia-Zimtbaum** (*Cinnamomum aromaticum, Cinnamomum cassia*). Beide gehören zu der Familie der Lorbeergewächse (*Lauraceae*).
> ━ **Ceylon-Zimt** ist in Europa wegen seines feinen Aromas bekannt, während **Cassia-Zimt** wegen seiner höheren Gehalte an ätherischen Ölen sowie des höheren Cumarin-Gehaltes ein deutlich intensiveres Aroma hat. Cassia-Zimt enthält im Mittel ca. 3000 mg Cumarin/kg (bis zu 8800 mg/kg), Ceylon-Zimt enthält nur Spuren bis ca. 10 mg Cumarin/kg.

## 12.3.6 Thujon

**Thujon**, ein bicyclisches Monoterpen-Keton (❑ Abb. 12.15), ist ein Inhaltsstoff von Salbei und Wermutkraut, dessen Extrakt zum Aromatisieren von Absinth und Wermutwein verwendet wird. Thujon führt bei chronischem Abusus (Missbrauch, übermäßiger Gebrauch) zu schweren Nervenschäden und epileptischen Anfällen. Thujon ist leicht alkohollöslich, dagegen nur wenig löslich in Wasser, weshalb es in entsprechenden Tees (Wermut- und Salbeitee) kaum enthalten sein dürfte.

## 12.4 Blausäure

Es gibt ca. 1500 **cyanogene Pflanzen**, die in ihrem Stoffwechsel **Blausäure** (Cyanwasserstoff, HCN) bilden und diese als glycosidisch gebundene Cyanhydrine, cyanogene Lipide oder Nitriloside speichern. Besonders hohe Blausäure-Gehalte kommen in der Spitze der unreifen **Bambussprosse** (bis 8 g/kg), in **bitteren Mandeln** (2,5 g/kg), in der **Mondbohne** (*Phaseolus lunatus,* bis 3 g/kg) sowie in der Rinde der **Maniokwurzel** (2,5 g/kg) vor. Aber auch Zuckerhirse, das Ausgangsprodukt für den Sorghumzucker, Zuckerrohr, Leinsamen, Fruchtkerne und -steine vorwiegend aus Citrusfrüchten und Steinobst (z. B. von Pfirsich, Aprikose, Kirsche, Äpfeln und Pflaumen) und unsere heimische Gartenbohne (*Phaseolus vulgaris*) enthalten verhältnismäßig hohe Gehalte an cyanogenen Glycosiden. Im

**12**

◨ **Abb. 12.19**   Abspaltung von HCN aus Naturstoffen

Vergleich dazu sind die Anteile cyanogener Glycoside in der Gemüsebohne und Gartenerbse sowie in einheimischen Getreidearten eher gering.

Die wichtigsten Verbindungen sind **Amygdalin** (Bittermandelöl, Citruskerne), **Phaseolunatin** (Bohnen) und **Dhurrin** (Sorghum). Wie Untersuchungen am Dhurrin ergaben, bildet die Pflanze solche Cyanide aus Aminosäuren. Sie dienen der Pflanze u. a. als Stickstoffspeicher; wichtig ist auch ihre protektive Wirkung, d. h. ihre Wirkung als Fraßschutz (Sibbesen et al. 1995). Ihre Zusammensetzung und Spaltung gehen aus ◘ Abb. 12.19 hervor. Demnach wird eine Spaltung durch die in der Frucht getrennt gespeicherten ß-Glucosidasen erreicht, wenn ihre Zellwände durch Zerquetschen der Frucht zerstört werden und das Enzym an das Substrat gelangt. Anschließendes Kochen dient der Spaltung der Cyanhydrine, dem Vertreiben der daraus freigesetzten Blausäure und einer Zerstörung der ß-Glucosidasen. Dennoch kommt es immer wieder zu Vergiftungen, wenn ungenügend vorbereitete oder gar ungekochte Speisen aus diesen Früchten angeboten werden (z. B. in Ostasien beim Genuss von ungekochten Bambussprossen).

In unseren Breiten sind vor allem **Bittermandeln** oder das aus ihnen hergestellte **Bittermandelöl** mit Vorsicht zu genießen. Schon 5 bis 10 Bittermandeln oder 10 Tropfen des Öls sollen bei Kindern tödlich wirken können. In letzter Zeit werden über das Internet rohe Aprikosenkerne als angebliches Allheilmittel gegen Krebs vertrieben. Da es bereits zu Vergiftungsfällen kam, plant die EU einen Grenzwert für Blausäure in rohen Aprikosenkernen zu erlassen.

### Aprikosenkerne – ARfD-Wert

Die **EFSA** hat für **rohe Aprikosenkerne** einen ARfD-Wert von 20 µg/kg Körpergewicht abgeleitet (EFSA 2016a).

### Zur Analytik von Blausäure

- Da Blausäure in Pflanzen und Lebensmitteln pflanzlicher Herkunft größtenteils als **Nitrilosid** gebunden vorkommt, muss zunächst der Cyanwasserstoff freigesetzt werden. Dies erfolgt meist durch enzymatische Hydrolyse mit Emulsin (ein Enzymgemisch, das sich vor allem aus ß-Glucosidasen und Hydroxynitrilase zusammensetzt), jedoch ist auch die Hydrolyse mit Säuren oder eine Kombination beider Verfahren möglich.
- Die **freigesetzte Blausäure** wird durch einen Luft- oder Wasserdampfstrom in eine alkalisch reagierende Vorlage übertrieben und titrimetrisch bestimmt (Gesamt-HCN). Des Weiteren sind neben spektralphotometrischen Methoden, bei denen ein gebildeter Farbstoff gemessen wird, auch gaschromatografische oder elektrochemische (mit Cyanid-sensitiven Elektroden) Methoden möglich.

**Blausäure** ist eines der stärksten Gifte überhaupt. Bereits 1 mg/kg Körpergewicht können beim Menschen zum Tode führen. Ihre Wirkung erklärt sich mit einer Blockierung der Eisen(III)-cytochromoxidasen und des Hämoglobins.

Der endogene Sauerstofftransport wird unterbunden, was ein augenblickliches Absterben besonders der Gehirnzellen zur Folge hat.

Der Toleranzbereich ist beim Menschen relativ groß (1 bis 60 mg/kg Körpergewicht, MAK 11 mg/m$^3$). Gefährlich kann Blausäure besonders auch für solche Personen sein, die das nach Bittermandeln riechende Gas geruchlich nicht wahrnehmen. Chronische Zufuhr kleiner Blausäuremengen mit der Nahrung (z. B. in tropischen Ländern über nitrilosidhaltiges Maniokmehl) führt zu schweren Erkrankungen wie Ataxie, spastische Muskelschwäche. Der Säugetierkörper verfügt über mehrere Entgiftungsmechanismen. So überträgt das Enzym Rhodanase (Sulfurtransferase) Schwefel von Thiosulfat bzw. von Mercaptobrenztraubensäure auf Cyanid unter Bildung von Thiocyanat, das auf dem Harnweg ausgeschieden wird. Auch Vitamin B$_{12}$ (Cyanocobalamin) wird als HCN-Akzeptor diskutiert.

Bei der Hydrolyse von **Amygdalin**, das zu 2 bis 3 % in **bitteren Mandeln** und **Aprikosenkernen** enthalten ist, tritt unter Einwirkung von **Emulsin** eine Aufspaltung in Glucose, Benzaldehyd und Blausäure ein. Ein Teil des Benzaldehyds und der größte Teil der Blausäure entweichen beim technologischen Prozess der Marzipan- bzw. Persipanherstellung. Die im Endprodukt verbleibenden Restanteile an Benzaldehyd und Blausäure werden für den arttypischen Geschmack dieser Produkte als bedeutend angesehen.

> **Blausäure – eine sehr spezielle Toxikologie**
>
> **Höchstmengen** von Blausäuregehalten in bestimmten Lebensmitteln und Getränken sind innerhalb der EU in der Verordnung (EG) Nr. 1334/2008 geregelt.
>
> Hinzu kommt die abgesicherte Erkenntnis, dass nicht allein der Gehalt an Blausäure, sondern auch die Aktivität der ß-Glucosidase das Risiko der Toxizität bestimmt. Letztere wird durch den Herstellungsprozess z. B. bei Marzipan inaktiviert und mildert das gesundheitliche Risiko beim Verzehr derartiger Produkte dadurch deutlich ab (Abraham et al. 2016).

## 12.5 Nitrat

Häufig werden erhöhte Nitrat-Gehalte umweltrelevanten Ereignissen zugeschrieben. Hier muss differenziert werden: Auf der einen Seite sind überhöhte Nitratgehalte bei Überdüngung mit **Kunstdüngern** zu finden (Ammonsalpeter, Kalksalpeter oder Natronsalpeter). Teilweise ist dadurch schon Nitrat in das Grundwasser gelangt, so dass hier Proben mit Nitratgehalten weit über 100 mg/L gefunden wurden. Andererseits gelangt Nitrat auch durch **organische Düngung** (Knöllchenbakterien nach Lupinenanbau, Ausbringen von Stallmist bzw. Gülle) ins Erdreich. Vor allem ist zu bemerken, dass praktisch jede Pflanze Stickstoff in Form von Nitrat durch die Wurzel aufnimmt. Dieses wird dann in der Pflanze durch eine lichtinduzierte Reaktion während des Tages in andere stickstoffhaltige Substanzen umgewandelt. So wurde in Spinatblättern morgens

❏ **Tab. 12.3**  Nitratgehalte einiger Gemüse

| Gemüse | mg/kg | Gemüse | mg/kg |
|---|---|---|---|
| Kohlrabi | 360–4380 | Kopfsalat | 230–6610 |
| Radieschen | 80–4530 | Fenchel | 300–4200 |
| Rettich | 300–4960 | Porree | 40–4480 |
| Rote Bete | 180–5360 | Spinat | 20–6700 |
| Feldsalat | 180–4330 | | |

Quelle: Souci et al. (2008)

über 1600 mg Nitrat/kg Frischmasse gefunden, während sich diese Menge bis spätnachmittags auf 830 mg/kg reduziert hatte.

Vor allem ist es wichtig zu wissen, dass es einige Pflanzen gibt, die **Nitrat speichern.** Hierzu gehören Rote Bete, Spinat, Mangold, Rucola, Rettich, Radieschen und Salat. Dies ist besonders bei der Bereitung von Babykost zu beachten, auch wenn etwa 80 % des Nitrats in das Kochwasser wandern. Der Nitratgehalt in pflanzlichen Lebensmitteln ist europaweit mit Höchstmengen u. a. in der Verordnung (EG) Nr. 1881/2006 geregelt. Eine kleine Übersicht über Nitratgehalte in einigen Gemüsen gibt ❏ Tab. 12.3.

**Nitrat** ist für den Erwachsenen kaum toxisch, umso mehr aber für den Säugling. Die Gründe sind folgende:

- Hämoglobin von Fötenblut wird durch Oxidationsmittel doppelt so rasch in Methämoglobin verwandelt wie das von Erwachsenenblut.
- Die Aktivität des für die Reduktion gebildeten Methämoglobins verantwortlichen, NADH abhängigen Enzyms Diaphorase ist im Erythrocyten des Säuglings niedriger.

Wenn mehr als 10 % des Blutfarbstoffs als Methämoglobin vorliegen, äußert sich dies durch Cyanose, Tachycardie und Kurzatmigkeit oder Cephalgien mit möglicher Todesfolge.

Besonders toxisch ist das durch Reduktion von Nitrat entstehende **Nitrit**, das in Mengen von etwa 500 mg auch beim Erwachsenen **Methämoglobinämie** verursachen kann. Diese Reduktion wird meist bakteriell hervorgerufen, wenn z. B. nitrathaltige Speisen aufbewahrt werden und die Keimzahl auf über $10^7$/g Nahrung ansteigt. Diese Reduktion ist aber auch durch Entzündungen im Darm- oder Harntrakt möglich. Insofern sind sog. **dyspeptische Säuglinge** besonders gefährdet.

**Dyspeptische Beschwerden**

**Dyspeptische Beschwerden** sind Verdauungsbeschwerden, die mit Aufstoßen, Blähungen, Völlegefühl, Appetitlosigkeit oder Brechreiz einhergehen können.

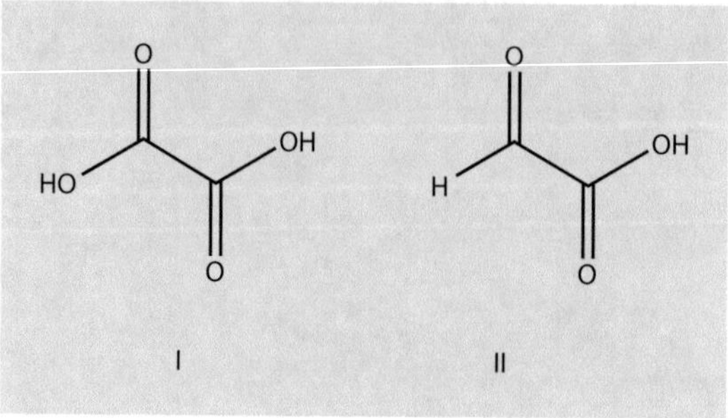

**Abb. 12.20**   Strukturformeln von Oxalsäure (**I**) und Glyoxalsäure (**II**)

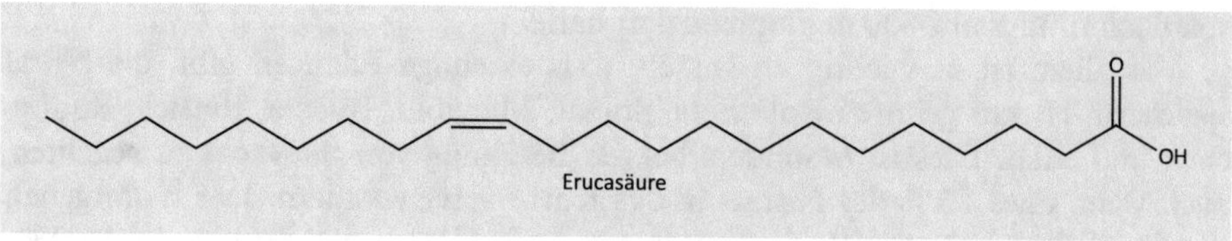

**Abb. 12.21**   Erucasäure

Nitrat kann in kleinen Mengen auch im Speichel zu Nitrit reduziert werden. So wurden im Speichel eines Probanden nach Genuss von 470 mg Nitrat in 250 mL Rote-Bete-Saft 150 mg/kg Nitrit gemessen. Dieses kann mit sekundären Aminen im Magen-Darm-Trakt in Nitrosamine umgewandelt werden.

## 12.6  Oxalsäure, Glyoxylsäure

**Oxalsäure** (Ethandisäure, engl. Oxalic Acid) ist die einfachste Dicarbonsäure. Spinat, Sellerie, rote Rüben und Rhabarber enthalten meist nicht unerhebliche Mengen Oxalat. Ein Genuss dieser Lebensmittel kann sich besonders bei solchen Personen schädlich auswirken, die zur Ablagerung von Nierensteinen auf der Basis von Calciumoxalat neigen. Oxalsäure und Oxalate entstehen als Stoffwechselprodukt beim Abbau von Aminosäuren und Ascorbinsäure wobei die Ausscheidung über den Urin erfolgt. Oxalsäure kommt ferner in Lebensmitteln wie Tee (insbesondere schwarzer Tee und Pfefferminztee), Kakao und in Wurzeln und Rinden zahlreicher Pflanzen als unlösliches Calciumoxalat vor.

**Glyoxylsäure** (Ethanalsäure, Glyoxalsäure, Oxoessigsäure, engl. Glyoxylic Acid) trägt eine Aldehyd- und eine Carboxyl-Gruppe im Molekül. Sie kommt in jungen grünen Blättern und unreifen Früchten – vor allem in Rhabarber, Johannis- und Stachelbeeren – vor und hat die in **Abb. 12.20** dargestellte Strukturformel. Glyoxylsäure wird im Körper zu Oxalsäure metabolisiert.

## 12.7 Erucasäure

**Erucasäure** (Erukasäure, cis-13-Docosensäure, engl. Erucic Acid, ◙ Abb. 12.21) ist eine langkettige, einfach ungesättigte ω-9-Fettsäure, die in den ölreichen Samen von Pflanzen der Familie *Brassicaceae,* vor allem in **Raps** und **Senf,** enthalten ist. Aufgrund ihrer toxikologischen Eigenschaften ist sie ein unerwünschter Stoff in Lebensmitteln. In der Natur kommt Erucasäure gebunden als Glycerol-Ester vor. Sie gelangt hauptsächlich durch die Verwendung von **Rapsöl** (Rüböl, Rübsenöl) bei der industriellen Lebensmittelverarbeitung sowie der häuslichen Speisenzubereitung in einigen Ländern in die Lebensmittelkette. Sie findet sich in Gebäck und Kuchen, Säuglingsanfangs- und Folgenahrung sowie in einigen Tierfuttermitteln (z. B. Rapsschrot).

Während Raps und Senf in ihrer natürlichen Form hohe Konzentrationen an Erucasäure aufweisen (mehr als 40 % der Gesamtfettsäuren), liegt der Gehalt bei Raps, der für Lebensmittelzwecke angebaut wird, in der Regel unter 0,5 %. Hervorstechendes Beispiel ist die Umstellung des Rapsanbaus in den Hauptanbauländern Kanada, Deutschland, Schweden und Polen auf Sorten, deren Öl 0,1 bis 1,5 % **Erucasäure** enthalten. Anlass war die Beobachtung, dass Rübsenöl mit hohem Gehalt an Erucasäure bei Ratten zu Herzverfettung (myokardiale Lipidase, diese ist temporär und reversibel) und Nekrosen führt. Obwohl diese Erscheinung bei Mensch und Schwein nicht beobachtet wurde, wurden dennoch Sorten mit hohen Erucasäuregehalten ausgemerzt. Neuzüchtungen („**Null-Raps**") enthalten statt Erucasäure erhöhte Gehalte an Ölsäure (bis 50 %) und Linolsäure (bis 20 %). Andere Züchtungen („**Doppel-Null-Raps**") haben zusätzlich niedrigere Gehalte an **Thioglucosinolaten** (Abb. 12.8), die bei der Aufbereitung dieser Fette Schwierigkeiten bereiten können. In anderen Rapszüchtungen wurden zusätzlich die Anteile an Linolensäure zugunsten von Linolsäure gesenkt bzw. die Schalenanteile erniedrigt.

Die **EFSA** hat die gesundheitlichen Risiken durch den Verzehr von Erucasäure-haltigen Lebensmitteln neu bewertet (EFSA 2016a). Die durchschnittliche Verbraucherexposition liegt danach für alle Altersgruppen im Bereich zwischen 0,3 und 4,4 mg/kg KG und Tag. Unter Verbrauchern mit höherer Exposition könnten jedoch Säuglinge und ältere Kinder bis zu 7,4 mg/kg KG und Tag ausgesetzt sein. Für die Mehrzahl der Verbraucher, vor allem für Kleinkinder (1 bis 2 Jahre) und ältere Kinder (3 bis 10 Jahre), ist die ernährungsbedingte Erucasäureexposition hauptsächlich auf Gebäck, Kuchen und Kekse zurückzuführen. Für Säuglinge (0 bis 12 Monate) ist Säuglingsanfangsnahrung die Hauptquelle der Exposition (EFSA 2016b).

### Erucasäure – Höchstgehalte

Die **EU-Kommission** schlägt folgende **Erucasäurehöchstgehalte** für Lebensmittel vor (BfR 2018b):
- Pflanzliche Öle und Fette: 20 g/kg (Erucasäure-Anteil an den Gesamtfettsäuren)

- Säuglingsanfangs- und Säuglingsfolgenahrung: 4 g/kg (Erucasäureanteil an den Gesamtfettsäuren)
- Senf (engl. Mustard): 30 g/kg Gesamtgewicht

## Erucasäure

- **Erucasäure** ist eine einfach ungesättigte ω-9-Fettsäure, die in den ölreichen Samen von Pflanzen der Familie *Brassicaceae,* vor allem in **Raps** und **Senf,** enthalten ist. Sie gelangt vornehmlich durch die Verwendung von Rapsöl in die Lebensmittelkette.
- Die EFSA hat 2016 einen **TDI-Wert** von 7 mg/kg Körpergewicht und Tag festgelegt. Für die Mehrzahl der Verbraucher ist die Erucasäureaufnahme unbedenklich, da die durchschnittliche Exposition weniger als die Hälfte des als sicher geltenden Werts beträgt. Sie kann jedoch ein langfristiges Gesundheitsrisiko für Kinder bis zu 10 Jahren darstellen, die große Mengen an Lebensmitteln mit Erucasäure verzehren. Die EFSA stellte ferner fest, dass von Erucasäurekonzentrationen in der Tiernahrung möglicherweise ein Gesundheitsrisiko für Hühner ausgeht (EFSA 2016b).
- **Erucasäure** wird im menschlichen Organismus deutlich langsamer abgebaut als andere Fettsäuren. Sie blockiert wahrscheinlich – wie andere langkettige Fettsäuren auch – einige der am Abbau von Fettsäuren beteiligten Enzyme. Da die Erucasäure dadurch ernährungstechnisch problematisch ist (pathologische Veränderung des Herzmuskels, Herzverfettungen), wurde Raps früher nicht zur Herstellung von Speiseöl verwendet.

**12**

## Raps – „0" und „00"

**Rapsöl** bzw. **Rüb-** oder auch **Rübsenöl** ist in hydrierter Form ein Hartfett für die Margarineproduktion. Es wird aus Brassica-Arten gewonnen und liefert ein bräunliches Öl von stechendem Geruch, der durch seinen Gehalt an Allylsenföl und anderen Senfölen gebildet wird. Dieses Öl enthielt früher bis zu 50 % **Erucasäure**. Durch züchterische Maßnahmen konnte ihr Anteil auf unter 1,5 % gesenkt werden. Diese Rapssorten werden als **„Null"-** bzw. **„Doppel-Null-Raps"** bezeichnet oder auch mit dem Akronym **LEAR** versehen (Low Erucic Acid Rapeseed).

## Senföl

Im **Senföl**, das in Indien bis heute zum Frittieren üblich ist, ist die Erucasäure ebenfalls enthalten. Der Gesundheitsgefahr wird dort dadurch begegnet, dass das Senföl beim Kochen grundsätzlich kurz bis zum Rauchpunkt erhitzt wird und nicht roh verwendet wird. Die Erucasäure wird durch die Hitze weitgehend zerstört. Allerdings gibt es auch hier mittlerweile Erucasäure-arme Senfsorten (Chemie.de 2019).

## 12.8  Goitrogene Stoffe

**Goitrogene** oder **strumigene Substanzen** sind Stoffe, die die Kropfbildung, d. h. die Vergrößerung der Schilddrüse, fördern (Synonym für Kropf: **Struma**). Bezüglich des Wirkmechanismus lassen sie sich in zwei Gruppen unterteilen:
- Stoffe, die die Iod-Aufnahme in die Schilddrüse hemmen (**Iodination**), wie Glucosinolate (Senfölglycoside), die im Körper teilweise zu Isothiocyanaten umgebaut (◘ Abb. 12.22).
- Stoffe, die die Bildung organischer Iod-Verbindungen hemmen (**Iodisation**), wie Thiooxazolidone (Goitrin), die aus Isothiocyanaten von Glucosinolaten mit 2-Hydroxy-Seitengruppen, wie dem Progoitrin als Zwischenstufe entstehen ◘ Abb. 12.22)

Zu ihnen gehören die in einigen einheimischen Kohl- und Rübensorten sowie in Rettich, Radieschen, Zwiebeln und Senf enthaltenen **Thioglucosinolate**. Sie werden enzymatisch, z. B. bei mechanischer Zerstörung der Zellen, u. a. zu **Isothiocyanaten** gespalten, die anschließend eine Cyclisierung durchlaufen können, wie es am Beispiel des **Goitrins** gezeigt wird (◘ Abb. 12.23).

In ◘ Tab. 12.4 sind einige Thioglucosinolate und ihre wichtigsten Vorkommen zusammengefasst. Kohlrabi und Wirsing enthalten 27 bis 31 mg Isothiocyanat/100 g Frischgemüse, bei anderen *Brassica*-Sorten wurden 1/10 bis 1/3 dieser Menge gefunden. Das in ◘ Abb. 12.23 dargestellte Glucosinolat wird auch als **Progoitrin** bezeichnet, da die Freisetzung des Senföls seine Cyclisierung zum **Goitrin** (Vinylthiooxazolidon) nach sich zieht. Diese Verbindung wirkt ähnlich wie Propylthiouracil antithyreod, indem sie ebenfalls die Thyroxinsynthese hemmt. Diese Hemmung ist auch durch verstärkte Iodgaben nicht zu kompensieren.

Goitrin wurde auch in der Milch solcher Kühe gefunden, die mit Rapsmehl gefüttert worden waren, wodurch ein Carry-over-Effekt dieser Verbindungen bewiesen wurde. Auch **Isothiocyanate** (Senföle) und die dazu isomeren Thiocyanate behindern die **Thyroxin**produktion der Schilddrüse. Hier handelt es sich offenbar um eine kompetitive Hemmung der Iodaufnahme, die durch größere Iodgaben kompensiert werden kann. Aus Glucosinolaten werden nicht nur Isothiocyanate (R-NCS) und **Thiocyanate** (Rhodanide, R-SCN) gebildet, sondern auch **Nitrile** (R-CN), die teilweise recht toxisch sein können. So wird die akute Toxizität von 2-Hydroxy-3-butennitril als 10-mal größer als die des Goitrins beschrieben. Nitrile gelten besonders als hepato- und nephrotoxisch.

**Senföle** (Isothiocyanate) besitzen auch antimykotische Wirkung. Bisher sind in Brassica-Gewächsen über 70 Thioglucosinolate nachgewiesen worden. Einige Pflanzen enthalten jedoch zusätzliche Proteine, die den Spontanzerfall

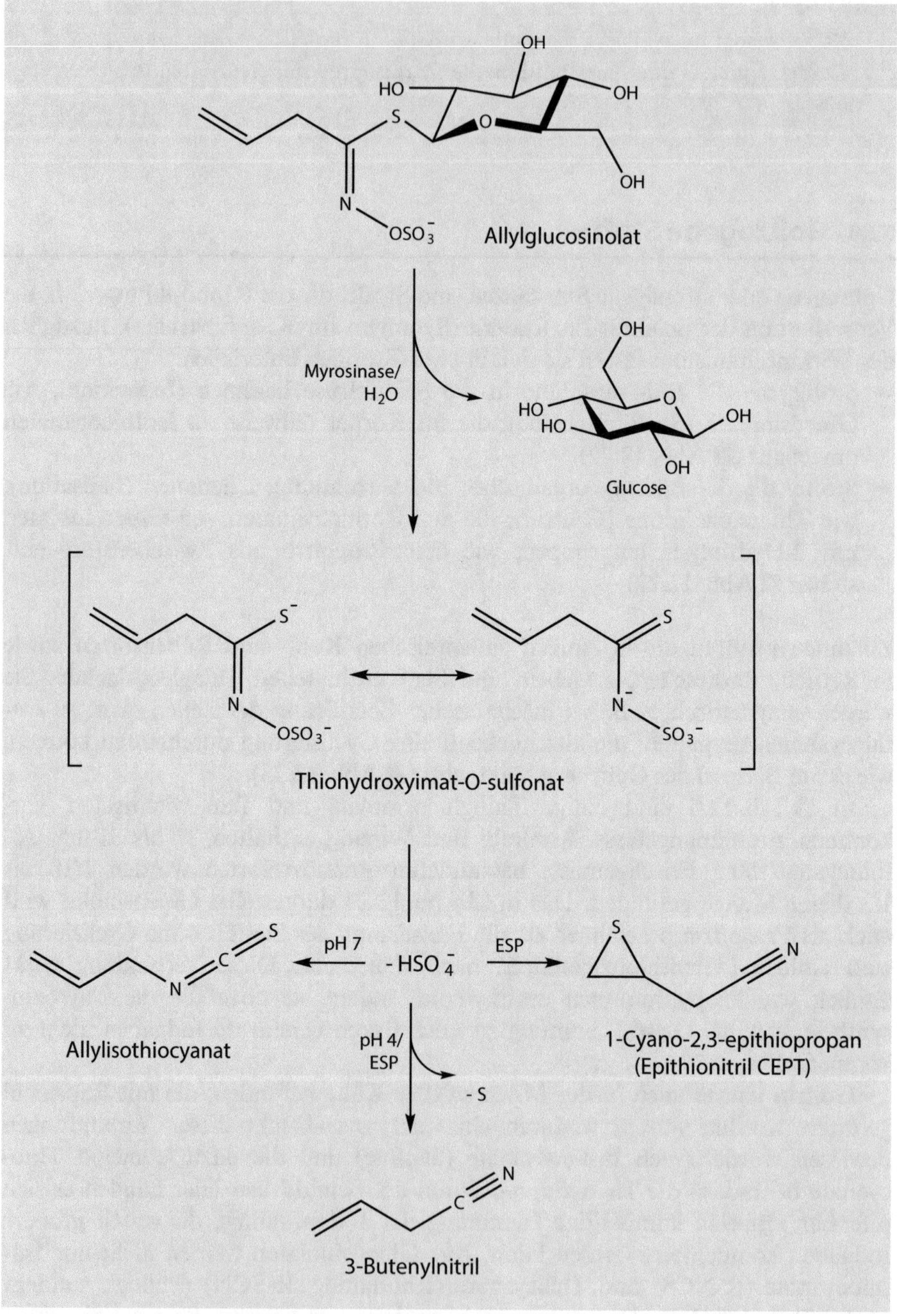

■ **Abb. 12.22**    Enzymatischer Abbau von Allylglucosinolate (Nach Hanschen 2016). *Erläuterung: ESP Epithiospecifier Protein; CEPT 1-Cyano-2,3-epithiopropane*

**◻ Abb. 12.23** Bildung von Goitrin

**◻ Tab. 12.4** Vorkommen wichtiger Thioglucosinolate

| Thioglucosinolat | Vorkommen |
|---|---|
| Allyl- | Rettich, Raps, Senf, Kohlrabi, Wirsing |
| Benzyl- | Gartenkresse, Maniok |
| p-Hydroxybenzyl- | Weißer Senf |
| ß-Phenylethyl- | Meerrettich, Rübe |
| 3-Butenyl- | Kohlrabi, Wirsing |
| 2-Hydroxy-3-butenyl- | Rübensamen, Wirsing, Kohlrabi |
| 4-Methylthio-3-butenyl- | Rettich |
| 2-Hydroxy-4-pentenyl- | Rübenknollen |
| 2-Indolylmethyl- | Raps, Kohlrabi, Wirsing, Rettich |
| N-Methoxy-3-indolylmethyl- | Raps, Kohlrabi, Wirsing |

**◻ Tab. 12.5** Prozentuale Anteile von Isothiocyanaten, Nitrilen und Epithionitrilen an den Abbauprodukten von Glucosinolaten in Brassica-Gemüsen

| Brassica | Nitrile (%) | Isothiocyanate (%) | Epithionitrile (%) |
|---|---|---|---|
| Brokkoli | 57 | 43 | 0,3 |
| Blumenkohl | 48 | 13 | 39 |
| Weißkohl | 25 | 41 | 34 |
| Rotkohl | 14 | 69 | 17 |
| Wirsingkohl | 21 | 48 | 31 |
| Rosenkohl | 28 | 2 | 70 |
| Pak Choi | 15 | 1 | 84 |

Quelle: Hanschen (2016)

der Intermediate modifizieren können. So fördert das „*Epithiospecifier Protein*" (ESP) die Freisetzung von Nitrilen anstelle von Isothiocyanaten. Aus dem Intermediat von endständig ungesättigten aliphatischen Glucosinolaten wie den Allylglucosinolaten (Sinigrin, ◘ Abb. 12.22) kann das ESP zudem Epithionitrile bilden. Hierüber liegen nur wenige Daten vor. Auch die Frage, ob sie für die menschliche Ernährung möglicherweise von Bedarf sein könnten, ist unklar. Neuere Studien zeigen jedoch, dass oft Epithionitrile und nicht Isothiocyanate die Hauptkomponente des Abbaus von Glucosinolaten bei Brassica-Gemüse (◘ Tab. 12.5) sein können (Hanschen 2016).

**Thyroxin**

**Thyroxin** ist ein Hormon, das in der Schilddrüse bei Säugetieren gebildet wird und die in ◘ Abb. 12.24 gezeigte Strukturformel besitzt. Thyroxin ist eine nichtproteinogene α-Aminosäure und chiral aufgebaut.

**Antithyreoid**

Ein **antithyreoid wirkender Stoff** ist ein Hormonantagonist gegen Thyroid-Hormone, wie Thyroxin.

Auch übermäßiger Genuss von Zwiebeln kann Kropfbildung erzeugen, ebenso zu hoher Konsum von Soja und Walnüssen. Während die goitrogene Wirkung von Zwiebeln auf die in ihnen reichlich gebildeten Sulfide (z. B. Propylallyldisulfid) zurückgeführt wird, werden in Soja und Walnüssen Verbindungen vermutet, die eine Rückresorption von in den Darmkanal ausgeschiedenem Thyroxin verhindern.

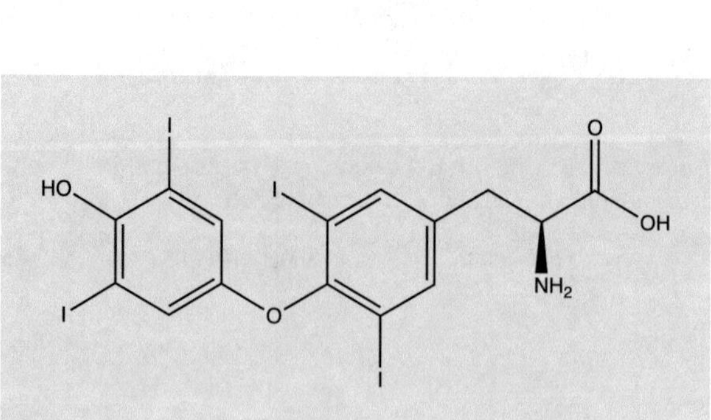

◘ **Abb. 12.24**   Thyroxin

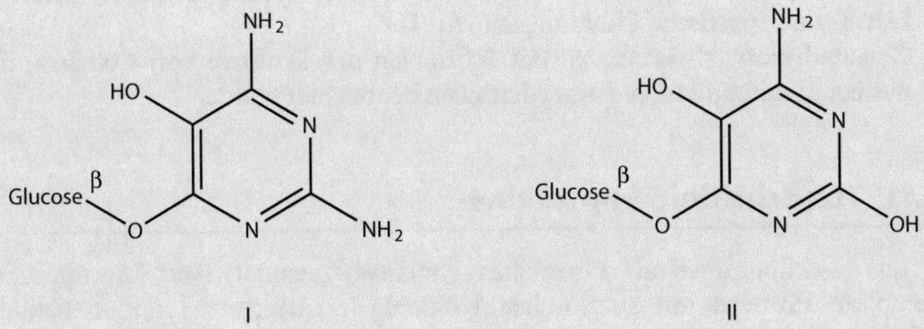

**Abb. 12.25** Vicin (**I**) und Convicin (**II**), die vermutlichen Auslöser des Favismus

## 12.9 Favismus

In der **Ackerbohne** (Saubohne, Dicke Bohne, Feldbohne, *Vicia faba*) kommen Verbindungen vor, die offenbar die Eigenschaft besitzen, reduziertes Glutathion zu oxidieren, was ein Absinken der Konzentration an Glucose-6-phosphat-dehydrogenase im Körper zur Folge hat. Hieraus kann eine hämolytische Anämie resultieren, die sich nach Genuss dieser Bohne vor allem bei solchen Personen einstellt, die aufgrund eines Enzymdefektes ohnehin niedrigere Konzentrationen dieses Enzyms besitzen, der sog. **Favismus** (von lat. *Faba,* Bohne). Dies trifft auf etwa 100 Mio. Menschen in den Mittelmeerländern, Asien und Afrika zu, wo diese Erkrankung auch besonders häufig auftritt.

Favismus ist eine Enzymkrankheit, bedingt durch ein verändertes G6PD-Gen. Glucose-6-phosphatdehydrogenase katalysiert die Bildung von NADPH, das seinerseits oxidiertes Glutathion in die reduzierte Form überführt. Liegt nun ein Mangel an dem erstgenannten Enzym vor, so müssen sich Substanzen, die Glutathion oxidieren, besonders schädlich auswirken. Bei den in der Saubohne enthaltenen Verbindungen mit dieser Wirkung handelt es sich offensichtlich um **Vicin** und **Convicin**, die glycosidisch gebundene Pyrimidin-Derivate darstellen (**Abb. 12.25**).

## 12.10 Lathyrismus

Der Begriff **Lathyrismus** (von griech. *Lathyros,* Erbse) bezeichnet Vergiftungs-erscheinungen, die sich vor allem durch Krämpfe und Lähmungen (Polymyelitis, Polyneuritis) nach Genuss von Kichererbsen (*Cicer arietinum* L.) oder Saatplatt-erbsen (*Lathyrus spec.*) äußern. Lathyrismus ist vorwiegend in Süd- und Südost-europa bekannt, wo diese Erbsen als Viehfutter verwendet werden. Auslöser sind in den Samen vorkommende antinutritive Substanzen, die sog. **Lathyrogene** (von denen **α-Aminooxalylaminopropionsäure** am bedeutendsten ist). Zwei Typen der Erkrankung sind bekannt:

- **Neurolathyrismus,** gekennzeichnet durch Paresthesien, Paralyse, Blasen-, Darm- und spastische Lähmungen (evtl. Tod)
- **Osteolathyrismus,** verbunden mit Störungen der Synthese von Kollagen, der nur bei Tieren und nicht beim Menschen beobachtet wurde.

## 12.11 Toxische Bohnenproteine

**Lectine** (Lektine, auch als **Phytohämagglutinine**bezeichnet) sind Glycoproteine (komplexe Proteine mit spezifischen Kohlenhydratstrukturen) und haben die Eigenschaft, das Blut des Menschen und verschiedener Tiere zu agglutinieren. Bei einigen dieser Verbindungen werden sogar Blutgruppenspezifitäten beobachtet, andere wirken außerdem auf die Mitose menschlicher Leucozyten ein. Solche Verbindungen kommen vor allem in Bohnen vor, auch in der heimischen Gartenbohne *(Phaseolus vulgaris)*. Es handelt sich bei ihnen um Proteine mit molaren Massen von etwa 100 kDa. Dieser Aufbau macht klar, dass sie beim Erhitzen ihre Wirksamkeit durch Denaturierung verlieren. Der Genuss roher Bohnen hat dagegen schon Todesfälle gefordert, wobei als Krankheitssymptome hämorrhagische Gastroenteriden und tonische Krämpfe beschrieben wurden. Lectine können an sog. **pseudoallergischen Reaktionen** beteiligt sein ▶ Abschn. 4.3.1).

**Trypsin-** und **Chymotrypsin-Inhibitoren** kommen ebenfalls hauptsächlich in Bohnen vor und haben die Eigenschaft, die genannten Proteasen zu inhibieren. Auch sie werden als Proteine beschrieben, die beim Erhitzen ihre Wirksamkeit verlieren. Der **Kunitz-Trypsininhibitor** ist ein Protein und besteht aus 181 Aminosäuren. Der Mechanismus seiner Wirkung wird als Anlagerung von Trypsin an das aus Arginin und Isoleucin (Aminosäuren Nr. 63/64 im Molekül) bestehende aktive Zentrum angesehen. Der dabei gebildete Substrat-Enzym-Komplex dissoziiert nicht mehr, so dass es zu einer Änderung im hormonellen Steuerungsmechanismus kommt, als dessen Folge eine Pankreashypertrophie auftritt.

Ähnlich wirkt der **Bowman-Birk-Inhibitor,** der aus 71 Aminosäuren aufgebaut ist und sieben Disulfidbrücken enthält. Er ist relativ hitzebeständig und besitzt zwei aktive Zentren, an die in gleicher Weise Trypsin und Chymotrypsin gebunden werden können, und zwar Trypsin an Lys16–Ser17 und Chymotrypsin an Leu43–Ser44. Diese Proteaseinhibitoren bewirken beim Verzehr roher Sojaprodukte ein vermindertes Wachstum als Folge der Ausscheidung von Proteinen sowie von Trypsin und Chymotrypsin mit dem Kot.

## 12.12 Toxische Karotteninhaltsstoffe

Aceton-Extrakte von Karotten sind toxisch. Ihre $LD_{50}$ beträgt bei Mäusen etwa 100 mg/kg. Eine eingehende Analyse solcher Extrakte ergab als Inhaltsstoffe neben **Myristicin** (▶ Abschn. 12.3.1) **Falcarinol** und einige seiner Derivate, über deren Toxikologie nur sehr wenig bekannt ist. Zum Aufbau der Falcarinole und einer seiner Derivate s. ◘ Abb. 12.26. Die Konzentrationen liegen für Falcarinol bei 25 mg und für Falcarindiol bei 65 mg/kg Karotten.

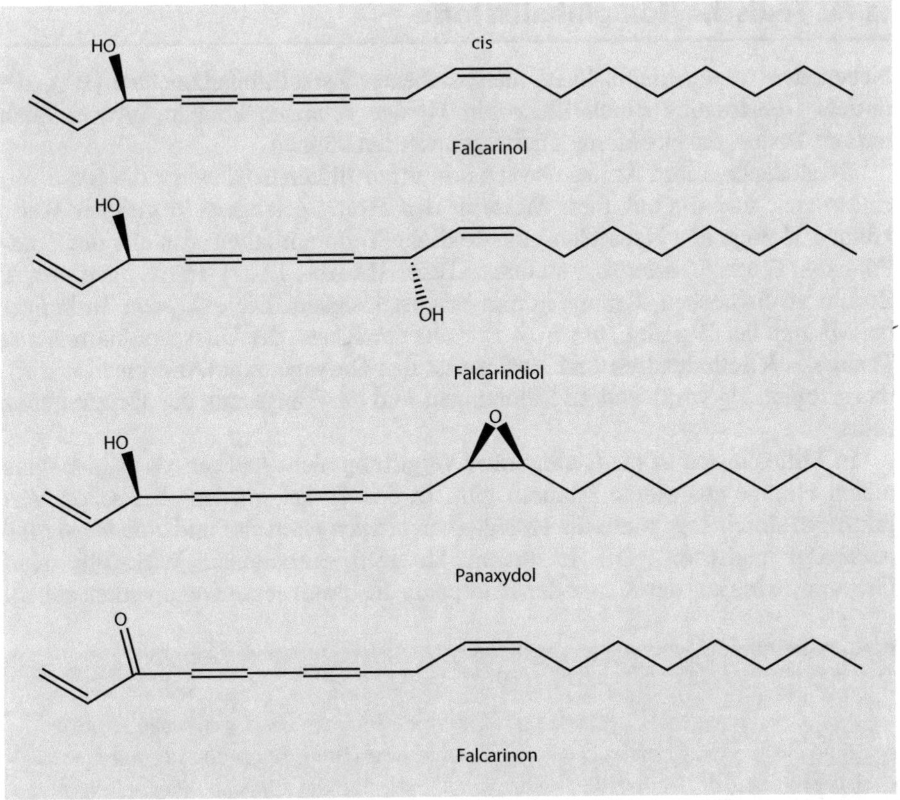

■ **Abb. 12.26** Aufbau des Falcarinols und dessen Abkömmlinge

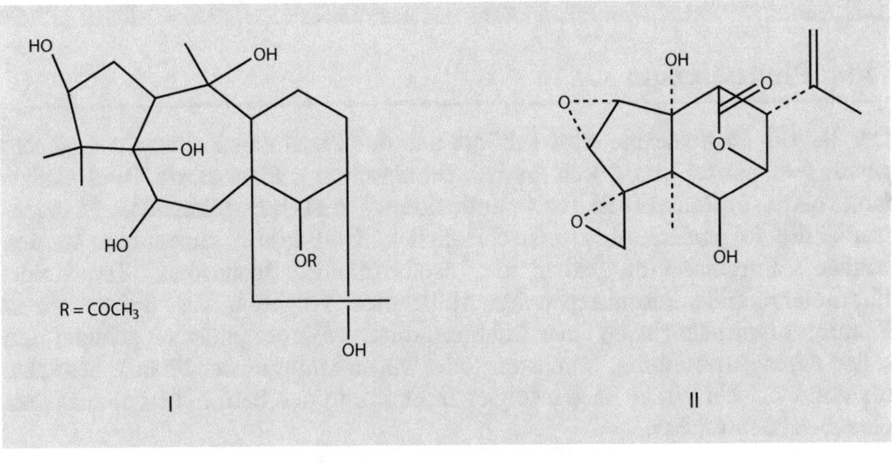

■ **Abb. 12.27** Grayanotoxin (**I**) und Tutin (**II**), zwei toxische Honiginhaltsstoffe

## 12.13 Toxische Honiginhaltsstoffe

Neben den in ▶ Abschn. 12.2.2 beschriebenen **Pyrrolizidinalkaloiden** (PA), die mittels Übertragung durch Bienen in **Honige** gelangen können, gibt es noch weitere Toxine, die auf Honig übertragen werden können.

**Rhododendren** und **Azaleen** besitzen in ihren Blüten Toxine, die die Biene mit einsammelt und die auf diese Weise in den Honig gelangen. In gleicher Weise können Honige aus Neuseeland das toxische **Tutin** enthalten, das aus der Tuta-Pflanze *(Coriaria arborea)* stammt. Tutin (◘ Abb. 12.27) führt nach oraler Zufuhr zu Erbrechen, Krämpfen und Bewusstlosigkeit. Die $LD_{50}$ von Tutin liegt bei Mäusen bei 10 µg/kg *(in vitro)*. Das aus der Klasse der Diterpene stammende Toxin aus Rhododendren und Azaleen ist das **Grayanotoxin** (Andromedotoxin), das atropinartig wirkt und zu Lähmungen und der Steigerung der Herzfrequenz führt.

In Mitteleuropa ist die Gefahr einer Vergiftung nicht gegeben, da es hier keine reinen Honige aus diesen Pflanzen gibt. In der Türkei wurden aber schon Vergiftungen durch sog. **pontische Honige** (von *Azalea ponticum* und *Rhododendrum ponticum*) registriert. Die in diesen Honigen enthaltenen Wirkstoffe sind Grayanotoxine aus der Klasse der Diterpene, die blutdrucksenkend wirken sollen.

---

**Pontischer Honig**

Aus der Geschichte ist bekannt, dass die Soldaten des römischen Konsuls Pompejus 67 v. Chr. nach Genuss von **pontischem Honig** kampfunfähig waren und besiegt wurden. Schon 401 v. Chr. war die Armee des Griechen Xenophon am Schwarzen Meer nach Aufnahme von pontischem Honig berauscht und unfähig zum Weitermarschieren. „Pontisch" bedeutet „zum Schwarzen Meer gehörig" und leitet sich von lat. *pontus euximus,* das Schwarze Meer, ab.

Pontische Honige werden auch als **Toll-Honige** bezeichnet.

---

## 12.14 Phytoalexine

Der Begriff **Phytoalexine** wird gebildet aus der Zusammenziehung von griech. *phytos* (= Pflanze) und griech. *alekein* (= abwehren). Phytoalexine sind niedermolekulare, antimikrobiell (bzw. antioxidativ) wirkende sekundäre Pflanzenstoffe, die folgenden sehr unterschiedlichen Stoffklassen zugeordnet werden können: Furocumarine, Alkaloide, Isoflavonoide, Isoflavone, Terpenoide, Furanoterpenoide, Sesquiterpenoide, Stilbenoide, Polyine u. dgl. Sie werden in Pflanzen unmittelbar nach einer Infektion durch Mikroorganismen gebildet und sollen deren Ausbreitung, Wachstum oder Vermehrung in der Pflanze hemmen. Sie sind ca. 1 bis 3 Tage nach erfolgter Infektion in den betroffenen pflanzlichen Geweben nachweisbar.

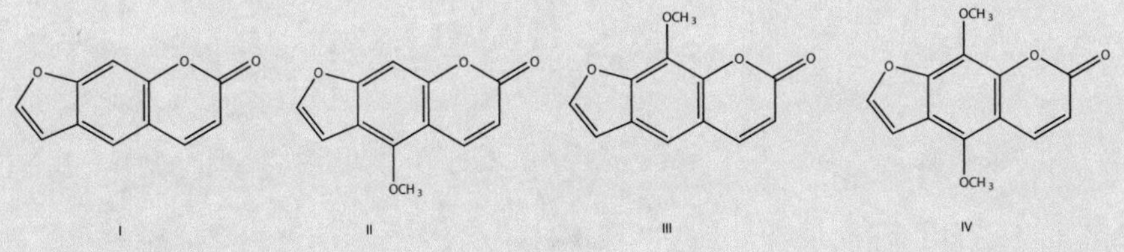

**◘ Abb. 12.28** Die wichtigsten Furanocumarine aus Sellerie: **I** Psoralen, **II** Bergapten, **III** Xanthotoxin, **IV** Isopimpinellin

---

**Phytoalexine**

Phytoalexine werden von der Pflanze nur bei Bedarf und in einem eng begrenzten Bereich um die Infektionsstelle herum gebildet. Phytoalexine sind wirtsspezifisch und werden auf einen äußeren Reiz hin gebildet, wirken aber ziemlich unspezifisch. Dies ist grundsätzlich anders als bei den **konstitutiven Pflanzenabwehrstoffen,** welche die Pflanze stets zur Verteidigung vorrätig hält und die beispielsweise in Drüsen, Sekretgängen, Vakuolen etc. akkumuliert werden. Zu den Letzteren gehören z. B. die **Senfölglycoside** (▶ Abschn. 12.8).

---

■ **Furanocumarine**

Sellerie, Petersilie und Pastinake enthalten **Furanocumarine**, die bei Erntearbeitern und Gemüsehändlern zu lichtinduzierten Dermatiten („Selleriekrätze") geführt haben. Die Kenntnisse über diese Substanzklasse, die auch unter der Bezeichnung **Psoralene** zusammengefasst werden, sind noch unvollständig. Nachgewiesen sind fungitoxische und insektizide Wirkungen; Psoralen, **Bergapten** und **Isopimpinellin** werden in Gegenwart von UV-Strahlung auch als bakterizid beschrieben. Ferner sind sie mutagen. Wegen ihrer photoaktiven Wirkungen werden sie medikamentös gegen Schuppenflechte und als Depigmentierungsmittel eingesetzt.

Psoralene wurden auch in **Bergamotteöl** (ätherisches Öl aus den Schalen der Bergamotte, *Citrus x limon*) nachgewiesen. Am besten untersucht ist ihr Vorkommen in Sellerie (◘ Abb. 12.28). In gesunden Pflanzen sind sie jeweils in Konzentrationen von 0,01 bis 0,6 mg/kg (Summe aller Psoralene = 0,04 − 16 mg/ kg) enthalten. Ihre Konzentrationen werden bei Einwirkung verschiedener Behandlungsmittel ($CuSO_4$, Natriumhypochlorit), bei Lagerung in der Kälte oder unter UV-Strahlung um ein Mehrfaches erhöht. Kranke Pflanzen entwickeln ebenfalls erhöhte Psoralenkonzentrationen, sie wirken somit offenbar als **Phytoalexine**. Solche niedermolekularen antimikrobiellen Verbindungen werden nach Mikroorganismenbefall von den Pflanzen selbst synthetisiert und akkumuliert.

Isoflavon    Coumestan    Stilben

◻ **Abb. 12.29**    Unterschiedliche phenolische Grundstrukturen

Equol    Enterodiol

Resveratrol    Enterolacton

Genistein    Daidzein

◻ **Abb. 12.30**    Wichtige Phytoestrogene

## 12.15 **Phytoestrogene**

**Phytoestrogene** (alte Bezeichnung: Phytoöstrogene) sind sekundäre Pflanzenstoffe ohne Steroidgerüst, die an Estrogenrezeptoren binden und deshalb so bezeichnet werden. Phytoestrogene wirken als endokrine Disruptoren und weisen unterschiedliche phenolische Strukturen auf (◻ Abb. 12.29) und kommen nur in bestimmten Pflanzenfamilien vor:

- **Isoflavone** und **Cumestane** in *Fabaceen* (z. B. Bohnen, Erbsen, Linsen). In der Darmbiota entsteht aus den Isoflavonen Equol als stärker wirksame Form. Isoflavone sind Bestandteil der menschlichen Ernährung, besonders

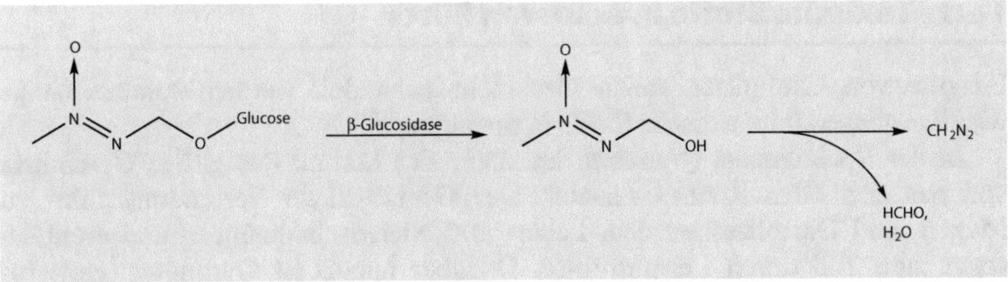

■ **Abb. 12.31** Cycasin und seine Spaltprodukte

in Sojaprodukten. Für hohe Gehalte Isoflavone Daidzein und Genistein sind Sojabohnen und deren Produkte bekannt (*Glycine max* L.)

— **Prenylierte Flavonoide**, wie 8-Prenylnaringenin (in Hopfen, Bier)

— **Lignane** (in Roggen, Leinsamen, Sesam, Beeren). Sie werden in der Darmbiota zu Enterolignanen (Enterodiol, Enterolacton) umgebaut, die die stärker estrogen wirkenden Formen darstellen

— **Stilbenderivate**, wie Resveratrol (in Wein und Erdnüssen).

Die gesundheitliche Bedeutung von Phytoestrogenen wird kontrovers diskutiert. So werden ihnen zum einen positive Effekte auf die Gesundheit und Lebenserwartung nach, daneben existieren aber auch Hinweise auf negative Eigenschaften bei zu hohen Mengen in der Ernährung (Wikipedia 2019a). Die Strukturen einer Auswahl an wichtigen Phytoestrogenen sind in ■ Abb. 12.30 dargestellt.

## 12.16 Cycasin

Auf den Philippinen sowie in Indonesien, Japan und Neuguinea werden Nüsse, Mark und Blätter von **Cycaspalmen** (Familie der Cycadaceae) gegessen. Da diese toxische Substanzen enthalten, müssen die daraus hergestellten Lebensmittel mindestens 7 Tage lang eingeweicht werden. Ungenügende Entfernung der Toxine führte zu amyotrophischer Lateralsklerose (degenerative Erkrankung des motorischen Nervensystems). Im Tierversuch wurden Lähmungen der Hinterbeine registriert.

Inhaltsstoffe von Cycaspalmen sind unter anderen **ß-Methylaminopropionsäure** und **Cycasin,** ein Glucosid des Methylazoxymethanols. Das Aglycon wird unter Formaldehydabspaltung leicht in Diazomethan umgewandelt, das Guanin in 7-Stellung methyliert (■ Abb. 12.31). Dieses Verhalten, das weitgehend analog dem des Gyromitrins verläuft, macht die cancerogene Wirkung dieser Verbindung deutlich. Nach zweitägiger oraler Zufuhr von 0,4 % mit der Nahrung wurden Tumorbildungen in Leber, Niere und Colon von Ratten beobachtet.

## 12.17 Toxische Stoffe in essbaren Pilzen

Pilzgifte von Großpilzen sollen hier nicht behandelt werden, sonders einige wichtige ausgewählte toxische Stoffe in Speisepilzen.

In der **Speiselorchel** (*Gyromita esculenta* Fr.) kommt das giftige **Gyromitrin** vor, das sich beim Kochen zersetzt. Der Genuss dieser Verbindung führt zu Magen- und Darmbeschwerden, Leber- und Nierenschädigungen und eventuell sogar zum Tod durch Leberatrophie. Darüber hinaus ist Gyromitrin cancerogen. Bei Spaltung des Hydrazons entsteht nämlich neben Acetaldehyd und Ameisensäure das **N-Methylhydrazin**, dessen methylierende Wirkung auf Guanin (7-Methylguanin) in der DNA bekannt ist. Es wird angenommen, dass Methylhydrazin enzymatisch zum instabilen Methyldiazoniumion oxidiert wird, das letztendlich für die cancerogene Wirkung des Gyromitrins und seiner Metaboliten verantwortlich ist.

Auch **Agaritin** besitzt die Struktur eines Hydrazin-Derivates (γ-Glutamyl-p-hydroxymethylphenylhydrazid). Es kommt in frischen Champignons in Mengen bis 400 mg/kg vor. Beim Erhitzen (Kochen, Braten) wird Agaritin zersetzt. Dabei wird es durch Hydrolyse zu **p-Hydroxymethylphenylhydrazin** gespalten, das enzymatisch dann in das entsprechende Benzoldiazoniumsalz überführt werden kann (◘ Abb. 12.32). Agaritin und seine Metaboliten erwiesen sich im Mäuseversuch ebenfalls als cancerogen.

Der **Edelreizker** *(Lactarius deliciosus)* kann nach Verspeisen ebenfalls zu Magen- und Darmbeschwerden führen. Auch hier wird das Toxin beim Kochen in das Kochwasser abgegeben.

**Tintlinge** (Gattung *Oprimus*) enthalten ein Toxin, das nur gemeinsam mit Alkohol wirksam wird. Ihr Genuss führt bei gleichzeitiger Alkoholeinnahme zu Sensibilitätsstörungen in den Extremitäten, zu Tachycardie und Erbrechen.

**12**

## 12.18 Cannabinoide

Die **Hanfpflanze** *(Cannabis sativa* L.) gehört zur Familie der *Cannabinaceae* (Hanfgewächse) und ist ein einjähriges Gewächs. Als **Hanf** werden etwas ungenau die einzelnen Bestandteile der Pflanze (Fasern, Samen, Blätter, Blüten) bezeichnet. Im Lebensmittelhandel ist eine größere Auswahl hanfhaltiger Produkte zu finden.

Neben Hanfsamen und dem daraus gewonnenen Hanfsamenöl sind verschiedene hanfhaltige Lebensmittel (wie Backwaren, Bier oder teeähnliche Erzeugnisse) erhältlich. Letztere bestehen teilweise oder ausschließlich aus Hanfblättern und ggf. Hanfblüten. Der bei der Lebensmittelherstellung vornehmlich eingesetzte Faserhanf darf bis zu 0,2 % Δ9-Tetrahydrocannabinol (Δ9-THC, s. ◘ Abb. 12.33) enthalten. Die Hanfsamen sind protein- und fettreich und werden zur Gewinnung von Hanföl (genauer: Hanfsamenöl) eingesetzt.

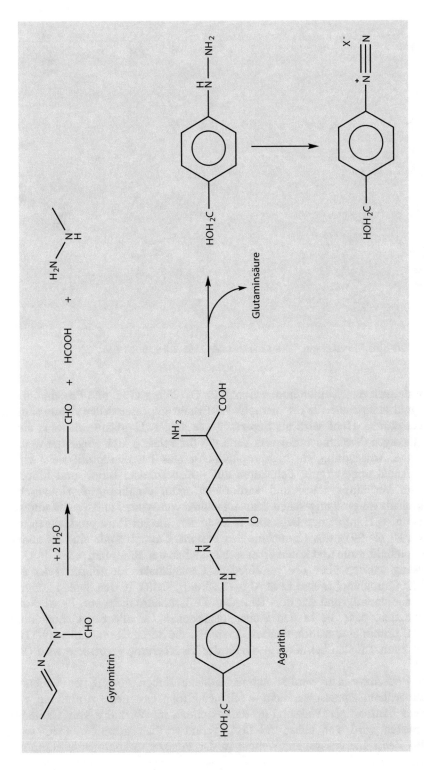

**Abb. 12.32**  Toxische Hydrazinderivate in essbaren Pilzen und deren Spaltprodukte

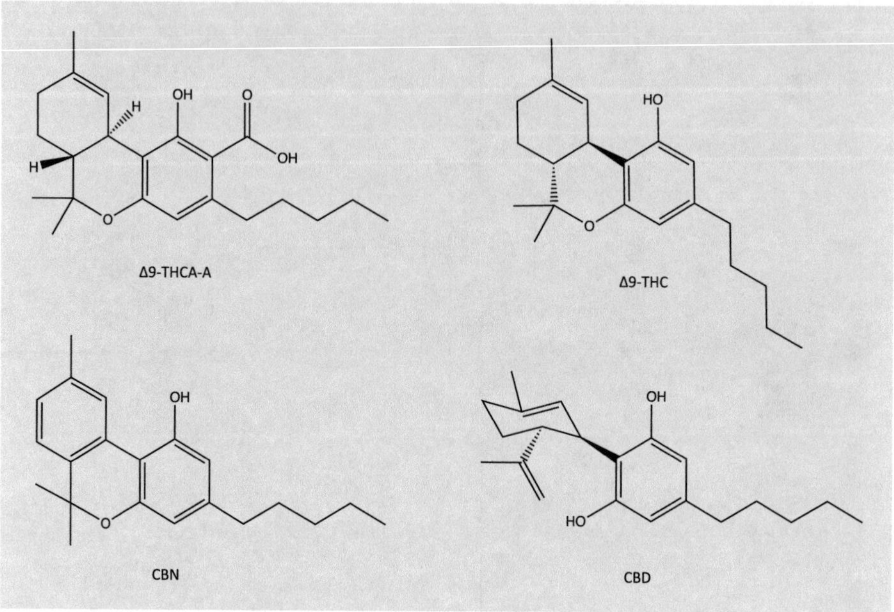

**□ Abb. 12.33**  Strukturen ausgewählter Cannabinoide. *Erläuterung:* Siehe Text

**Hanfsamen** zeigen einen hohen Gehalt an Öl (25 bis 35 %) und Protein (20 bis 25 %) und liefern alle für die menschliche Ernährung essenziellen Aminosäuren und Fettsäuren. Hanf wird als **Superfood** bezeichnet. Hanfsamenöl weist einen leicht nussigen Geschmack auf und kann gut für Salate u. dgl. eingesetzt werden (nur kalte Anwendung, da hitzeempfindlich). Das Fettsäureprofil weist einen hohen Anteil ungesättigter Fettsäuren auf – insbesondere Linol- und Linolensäure im Verhältnis 3:1 – und wird daher unter ernährungsphysiologischen Aspekten als wertvoll angesehen. Mit Ausnahme von Wurzel und Samen sind auf der gesamten Hanfpflanze **Drüsenhaare** zu finden, die ein Harz produzieren, das zu etwa 80 bis 90 % aus Cannabinoiden besteht. Cannabinoide sind sekundäre Pflanzeninhaltsstoffe und kommen ausschließlich in der Hanfpflanze vor.

Bislang wurden über 120 verschiedene **Cannabinoide** identifiziert (vier ausgewählte Cannabinoide sind in □ Abb. 12.33 dargestellt). In den Samen kommen Cannabinoide aufgrund der dort fehlenden Drüsenhaare nicht vor. Es wird aber angenommen, dass die in den Samen gemessenen Gehalte des Cannabinoids Δ9-THC primär eine Kontamination darstellen, die durch Kontakt mit Δ9-THC-reichen Pflanzenteilen bei der Ernte oder der Verarbeitung verursacht wird (BfR 2018c).

Zu Rauschzwecken werden unterschiedliche Zubereitungen der Varietäten von **Drogenhanf** zumeist geraucht – seltener erfolgt eine orale Aufnahme, z. B. in Form hanfhaltiger Kekse. Für die psychoaktive Wirkung von Cannabiserzeugnissen wird vor allem Δ9-THC verantwortlich gemacht. THC wirkt auf das Zentralnervensystem. Weitere in der Pflanze vorkommende Hauptvertreter der Cannabinoide sind **Cannabinol** (CBN, ◘ Abb. 12.33) und **Cannabidiol** (CBD, ◘ Abb. 12.33). Unterschieden werden Varietäten von Faserhanf ($\Delta$9-THC-Gehalt <0,25 %) und Drogenhanf ($\Delta$9-THC-Gehalt >1 %). $\Delta$9-THC wird im Metabolismus der Hanfpflanze aus $\Delta$9-THC-Carbonsäuren gebildet, vornehmlich aus 2-Carboxy-$\Delta$9-THC ($\Delta$9-THCA-A, ◘ Abb. 12.33). Neben $\Delta$9-THC sind auch für eine Vielzahl weiterer Cannabinoide pharmakologische Wirkungen beschrieben worden. Für die Abschätzung möglicher gesundheitlicher Risiken nach oraler Aufnahme von $\Delta$9-THC beim Menschen wurden als sensitivster Endpunkt Wirkungen auf das zentrale Nervensystem identifiziert (BfR 2018c).

In der EU existieren für Lebensmittel gegenwärtig **keine einheitlichen Höchstgehalte** für $\Delta$9-THC. In Deutschland hat die Vorläuferinstitution des BfR bereits im Jahr 2000 **Richtwerte** für maximale $\Delta$9-THC-Gehalte in verschiedenen Lebensmittelgruppen veröffentlicht. Diese liegen bei 0,005 mg/kg für nichtalkoholische und alkoholische Getränke, 5 mg/kg für Speiseöle sowie 0,150 mg/kg für alle anderen Lebensmittel und beziehen sich auf verzehrfertige Lebensmittel (BfR 2018c).

## Hanfsamenöl, Cannabidiol (CBD-Öl)

- Während **Hanfsamenöl** aus den **Samen** (auch Hanfnüsschen genannt) der Hanfpflanze gewonnen und meist kalt gepresst wird, wird **Cannabidiol** (sog. CBD-Extrakt oder -konzentrat) in aufwändigen Verfahren per Extraktion aus den **Blüten** der Nutzhanfpflanzen gewonnen.
- Sogenanntes **CDB-Öl** enthält Cannabidiol in verschiedenen Konzentrationen meist gelöst in Sonnenblumenöl. Cannabidiol wirkt antioxidativ und ihm werden verschiedene Heilwirkungen zu geschrieben; es wird als Nahrungsergänzungsmittel angeboten. CBD ist nicht psychoaktiv und bindet nur sehr schwach an den Cannabinoid-1-Rezeptor.
- In der EU gibt es 42 zugelassene **Nutzhanfsorten**. Zu den bekanntesten zählen *Futura 75, Fedora 17* oder *Finola*. Der CBD-Gehalt liegt bei Ihnen häufig zwischen zwischen 1 bis 4 %, wobei die THC-Konzentration bei <0,2 % liegen muss.
- Um **Nutzhanf** anzubauen, bedarf es einer staatlich genehmigten Anbaulizenz.
- Primär werden für die **CDB-Ölgewinnung** die Hanfblüten und Blätter aus potenziertem, weiblichem Nutzhanf genutzt, um so die Ausbeute zu erhöhen. Der Anteil des psychoaktiven, berauschenden THC wird dabei sehr geringgehalten.
- Der Inhaltsstoff CBD wird bei industrieller Herstellung mit Hilfe des schonenden und effizienten Extraktionsverfahren mit überkritischem $CO_2$ gewonnen. Anschließend wird das so gewonnene Öl noch *decarboxyliert,* was bedeutet, dass es über einen bestimmten Zeitraum (meist 30 bis 45 min) auf eine Temperatur von ca. 135 °C erhitzt wird. Dieser Schritt dient unter anderem der Umwandlung von CBDA (Cannabidiol Acid) zu CBD – der aktiven und potenziell wirkungsvolleren Form des Cannabinoids. Im CBD-Öl finden sich auch Terpene und Flavonoide (Wikipedia 2019b).

## 12.19 Nicotin

**Nicotin** ist ein starkes Gift und hat erregende oder lähmende Wirkungen auf die Ganglien des vegetativen Nervensystems. Nicotin (◘ Abb. 10.9) ist ein **Alkaloid**, dass natürlicherweise in den Blättern der Tabakpflanze (Hauptalkaloid) sowie in geringerer Konzentration auch in Lebensmittel liefernden anderen Nachtschattengewächsen wie Kartoffeln, Tomaten und Auberginen, aber auch in anderen Pflanzen wie Blumenkohl vorkommt. Sogenanntes **Rohnicotin** (Tabaksud) wird als vermeintlich ökologisches Schädlingsbekämpfungsmittel in Landwirtschaft und Gartenbau eingesetzt. In Ausnahmefällen kann Nicotin auch in der Tierhaltung in Desinfektionsmitteln zur Bekämpfung von Parasiten wie Rotmilben eingesetzt werden.

Das Vorkommen von Nicotin in Lebensmitteln kann deshalb als multioriginär angesehen werden: als natürlicher Inhaltsstoff in Pflanzen (Pflanzentoxin), Pestizid, Tierbehandlungsmittel oder als Eintrag durch Tabakstäuben oder Raucherhände. Ausführlicher wird Nicotin in ▶ Abschn. 10.5 behandelt.

## 12.20 Myosmin

**Myosmin** (engl. Myosmine; ◘ Abb. 12.34) ist neben Nicotin (▶ Abschn. 12.19) ein weiterer Stoff aus der Gruppe der Tabak-Alkaloide und kommt ebenfalls in Tabakpflanzen vor. Es ist im Bereich von 0,2 bis 2 µg/kg in Nüssen und auch im Mais nachgewiesen worden. Das Vorkommen ist ebenfalls in Speisepilzen (Steinpilzen, Champignons) und Schokolade (Kakao) beschrieben worden (Müller et al. 2014; Wikipedia 2019c). Auch hier ist die Ursache für das Vorkommen – ob natürlich oder anthropogen – nicht abschließend geklärt.

**12**

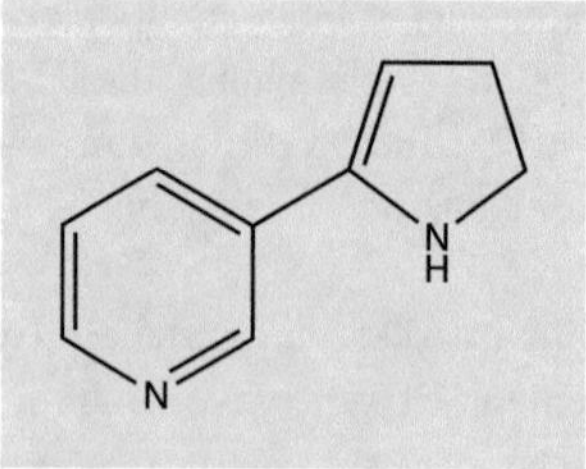

◘ **Abb. 12.34**  Myosmin

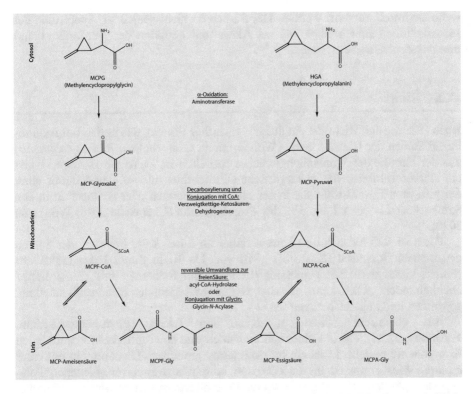

○ **Abb. 12.35** Angenommener Metabolismus von HGA und MCPG (Nach Isenberg et al. 2015). *Erläuterung:* **HGA** Hypoglycin; **MCPA** Methylencyclopropylacetyl-; **MCP** Methylencyclopropyl-; **MCPF** Methylencyclopropylformyl-; **Gly** Glycin; **CoA** Coenzym A

## 12.21 Hypoglycin, Methylencyclopropylglycin

**Akees** (Aki, Akipflaumen, *Blighia sapida*) kommen ursprünglich aus Westafrika, werden aber inzwischen weltweit in (sub-)tropischen Gebieten angebaut. Die Pflanzenart gehört zur Familie der Seifenbaumgewächse (*Sapindaceae*). Die Früchte sind nicht im Ganzen genießbar, sondern nur die fleischig-glasigen Samenmäntel (die Arilli) mit ihrem nussigen Geschmack. Der Rest der Frucht und auch die Samen sind giftig. Symptome der Intoxikationen betreffen den Verdauungstrakt (heftiges Erbrechen, Vomitus) und das Zentralnervensystem.

Für die Intoxikationen werden in erster Linie die nichtproteinogenen Aminosäuren **Hypoglycin** (Hypoglycin A – HGA, 2-Methylcyclopropylalanin) und **Methylencyclopropylglycin** (MCPG) verantwortlich gemacht. Den angenommenen Metabolismus zeigt ○ Abb. 12.35. Hypoglycin hat hypoglykämische und teratogene Wirkung.

**Litschis** (Litschipflaumen, Lychee, *Litchi chinensis*) gehören ebenso wie die Akees zur Familie der *Sapindaceae*. Von den Früchten werden ebenfalls nur die Arilli (als Obst) verwendet. Sie können roh gegessen werden. Vorsicht ist geboten, wenn sie unreif verzehrt werden. Der Samen ist nicht genießbar. Symptome der Intoxikationen sind ähnlich wie bei Akees und betreffen den Verdauungstrakt und das Zentralnervensystem.

## 12.22   Ricin

**Ricin** (Rizin, engl. Ricin) ist ein äußerst toxisches Protein, das in den bohnenähnlichen Samen der Ricinusstaude (Wunderbaum, Castorbohne, *Ricinus communis*) aus der Familie der Wolfsmilchgewächse enthalten ist – also ein *Biotoxin*. Es ist ein starker Inhibitor der eukaryotischen Proteinbiosynthese – und damit einer der giftigsten Eiweißstoffe, die in der Natur vorkommen. Der Ricingehalt in den Samen liegt bei etwa 1 bis 5 % des Proteingehalts (Chemie.de 2020; Wikipedia 2020).

Ricin ist fettunlöslich und kommt daher im durch kalte Pressung der Samen gewonnenen **Ricinusöl** (Kastoröl) nicht vor. Da Ricin durch Hitze inaktiviert werden kann, wird kalt gepresstes Ricinusöl zur Sicherheit mit Wasserdampf nachbehandelt. Ricin kann aus den Nebenprodukten der Ricinusölherstellung gewonnen und angereichert werden.

Aus chemischer Sicht ist Ricin ein **Lectin** (Phytohämagglutinin, ▶ Abschn. 12.11), das aus einer zellbindenden und einer giftigkeitsvermittelnden Komponente besteht. Es ist ein heterodimeres, globuläres Glycoprotein mit einer molaren Masse von 60 bis 65 kDa und besteht aus zwei verschiedenen Polypeptiden (A- und B-Kette), die durch Disulfidbrücken miteinander verbunden sind.

Für Menschen sind 1 bis 20 mg Ricin pro kg Körpergewicht tödlich. Das entspricht etwa 8 Samen, deren Größe und Ricingehalt aber stark schwanken. Symptome der Vergiftung sind bei oraler Zufuhr Entzündungen und Blutungen des Darms (Gastroenteritis), Wasser- und Kalium-Verlust, Schock durch Blutvolumenmangel, Platzen von roten Blutkörperchen (Hämolyse). Intensivmedizinische Behandlung ist notwendig. Eine überstandene Vergiftung mit Ricin hinterlässt keine bleibenden Schäden (Römpp 2020).

Ricin wird meistens versehentlich durch den Verzehr von Ricinussamen aufgenommen. Daher werden vor allem die Zellen des Gastrointestinaltrakts in Mitleidenschaft gezogen. Es ist aber auch möglich, das Gift durch Inhalation (als Aerosol) oder durch Injektion aufzunehmen bzw. verabreicht zu bekommen. Die Symptome ändern sich dementsprechend in Richtung Lungenödem und Atemstillstand bzw. schwere Lähmungen.

Nach den vorherigen Ausführungen ist es evident, dass Ricin ein typisches **Biotoxin** darstellt (▶ Abschn. 8.9). Nach dem Ricin es aber als potente **Biowaffe** für Mord- und Terroranschläge zu trauriger Berühmtheit gebracht hat, ist es in derartig gelagerten Fällen gemäß den Definitionen in ▶ Abschn. 4.2.1 zudem als **Manipulationskontaminanten** einzustufen. Die Manipulation dient unter diesen Umständen Anschlägen auf Leib und Seele von Personen. Je nach Verabreichung

**12**

des Agens kann dies evtl. ein typischer Fall für Food Defense (▶ Abschn. 2.3.4) sein.

Übrigens ist Ricin in der Kriegswaffenliste des Kriegswaffenkontrollgesetzes aufgeführt. Ricin wurde 1962 als Atemgiftkampfstoff patentiert (Römpp 2020).

## Literatur

Abraham K, Pfister M, Wöhrlin F, Lampen A (2010) Relative bioavailability of coumarin from cinnamon and cinnamon-containing foods compared to isolated coumarin: a four-way crossover study in human volunteers. Mol Nutr Food Res 54:1–10

Abraham K, Buhrke T, Lampen A (2016) Bioavailability of cyanide after consumption of a single meal of foods containing high levels of cyanogenic glycosides: a crossover study in humans. Arch Toxicol 90:559–574

BfR (2018a) Speisekartoffeln sollten niedrige Gehalte an Glykoalkaloiden (Solanin) enthalten. Stellungnahme Nr. 010/2018 des BfR vom 23. April 2018. ▶ https://doi.org/10.17590/20180423-085250

BfR (2018b) Erucasäure. BfR befürwortet vorgeschlagene Höchstgehalte – jedoch sollten auch Lebensmittel mit zugesetzten Fetten begrenzt werden. Stellungnahme Nr. 044/2018 des BfR vom 20. Dezember 2018. ▶ https://doi.org/10.17590/20181220-100747-0

BfR (2018c) Tetrahydrocannabinolgehalte sind in vielen hanfhaltigen Lebensmitteln zu hoch – gesundheitliche Beeinträchtigungen sind möglich. Stellungnahme Nr. 034/2018 des BfR vom 8. November 2018. ▶ https://doi.org/10.17590/20181108-075209-0

Cartus AT, Herrmann K, Weishaupt LW (2012) Metabolism of methyleugenol in liver microsomes and primary hepatocytes: pattern of metabolites, cytotoxicity, and DNA-adduct formation. Toxicol Sci 129:21

Chemie.de (2019) ▶ https://www.chemie.de/lexikon/Erucas%C3%A4ure.html. Prüfdatum: 23. Dez. 2019

Chemie.de (2020) Rizin. ▶ https://www.chemie.de/lexikon/Rizin.html. Prüfdatum: 24. Jan. 2020

Distl M (2007) Entwicklung von Nachweisverfahren für toxische Solanum-Glykoalkaloide und ihre Anwendung in Kartoffeln und daraus zubereiteten Produkten. Dissertation Ruprecht-Karls-Universität Heidelberg

Driedger DR (2000) Analysis of potato glycoalkaloids by immunoassay coupled to capillary electrophoresis or matrix-assisted laser desorption/ionization mass spectrometry. PhD Thesis University of Alberta, Canada

Dusemund B, Rietjens I, Cartus A, Schaefer B, Lampen A (2017) Pflanzliche Kontaminanten in Lebensmitteln. Bundesgesundheitsblatt 60:728–736

EFSA (2016) Panel on contaminants in the food chain (CONTAM). Erucic acid in feed and food. EFSA Journal 14(11):4593

EFSA (7. Dezember 2016b) Erucasäure mögliches Gesundheitsrisiko für stark exponierte Kinder. Press News. ▶ https://www.efsa.europa.eu/de/press/news/161109

EFSA (2018) Opiumalkaloide in Mohnsamen: Bewertung aktualisiert. 16. Mai 2018. ▶ https://www.efsa.europa.eu/de/press/news/180516. Prüfdatum: 3. Jan. 2020)

Esselen M (2014) Lebensmittelchemie. Nachrichten aus der. Chemie 62:343–348

Frehde W (Hrsg) (2010) Handbuch für Lebensmittelchemiker, 3. Aufl. Springer, Berlin

Hanschen FS (2016) Epithionitrile in Brassica-Gemüse – Analyse und bioaktive Wirkungen der aus Glucosinolaten freigesetzten Verbindungen. Deut Lebensm Rundsch 112:6–11

Isenberg SL, Carter MD, Graham LA, Matthews TP, Johnson D, Pirkle JL, Johnson RC (2015) Quantification of metabolites for assessing human exposure to soapberry toxins hypoglycin A and methylenecyclopropylglycine. Chem Res Technol 28(9):1753–1759

Kempf M, Schreier P, Reinhard A, Benerle T (2010) Pyrrolizidinalkaloide in honig und pollen. J Verbr Lebensm 5(3):393–406. ▶ https://doi.org/10.1007/s00003-009-0543-9

Lampen A (2014) Statusseminar Pyrrolizidinalkaloide. Institut Kirchhoff Berlin. Berlin 26(02):2014

Lebensmittel-Warenkunde (2020) Mohnsamen. ▶ https://lebensmittel-warenkunde.de/lebensmittel/
fette-oele/samen-nuesse/mohnsamen.html. Prüfdatum: 3. Jan. 2020

Müller C, Vetter F, Richter E, Bracher F (2014) Determination of caffeine, myosmine, and nicotine
in chocolate by headspace solid-phase microextraction coupled with gas chromatography-tandem
mass spectrometry. J Food Sci 79(2):T251–T255

Nesslany F, Parrent Massin D, Marzin D (2010) Risk assessment of consumption of methylchavicol
and tarragon: the genotoxic potential in vivo and in vitro. Mutat Res 696:1–9

Römpp (2019b) Steroidalkaloide. ▶ https://roempp.thieme.de/roempp4.0/do/data/RD-19-04051. Prüfdatum: 14. Dez. 2019

Römpp (2019c) Solanum-Steroidalkaloide. ▶ https://roempp.thieme.de/roempp4.0/do/data/RD-19-
02869. Prüfdatum: 14. Dez. 2019

Römpp (2020) Ricin. ▶ https://roempp.thieme.de/roempp4.0/do/data/RD-18-01375. Prüfdatum: 24.
Jan. 2020

Sibbesen O, Koch B, Halkier BA, Lindberg-Møller B (1995) Cytochrome P450Tyr is a multifunctional
heme-thiolate enzyme catalysing the conversion of L-tyrosine to p-hydroxyphenylacetaldoxime
in the biosynthesis of the cyanogenic glucoside dhurrin in Sorghum bicolor (L). Moench J Biol
Chem 270:3506

Souci SW, Fachmann W, Kraut H (2008) Die Zusammensetzung der Lebensmittel – Nährwert-
Tabellen, 7. Aufl. medpharm GmbH Scientific Publishers, Stuttgart

Wikipedia (2019a) Phytoöstrogene. ▶ https://de.wikipedia.org/wiki/Phyto%C3%B6strogene. (Prüfdatum 13.12.2019)

Wikipedia (2019b) Canabindiol (▶ https://www.kanaturia.com/cannabis-medizin/inhaltsstoffe/cbd;
▶ https://www.cbdaktiv.de/was-ist-der-unterschied-zwischen-cbd-oel-cannabis-oel-und-hanfsamen-
oel/. Prüfdatum: 23. März 2019

Wikipedia (2019c) Myosmin. ▶ https://de.wikipedia.org/wiki/Myosmin. Prüfdatum: 27. Dez. 2019

Wikipedia (2020) Rizin. ▶ https://de.wikipedia.org/wiki/Rizin. Prüfdatum: 24. Jan. 2020

**12**

# Marine Biotoxine

## Inhaltsverzeichnis

## 13.1 Einführung

Neben Kontaminanten (▶ Kap. 6–9) und Rückständen (▶ Kap. 10–11) können Lebensmittel toxikologisch relevante Stoffe – **Biotoxine** (engl. Biotoxins) – beinhalten. Letztere sind biogenen bzw. genuinen Ursprungs und aus konsequent angewandter wissenschaftlicher Sicht folglich nicht den Kontaminanten zuzuordnen (◘ Abb. 4.2). Eine Teilmenge unter den Biotoxinen bilden die **marinen Biotoxine,** die – wie der Name schon sagt – in Lebensmitteln marinen Ursprungs (aus dem Meer) vorkommen bzw. die **Süßwasserbiotoxine.** Sie lassen sich – aus Sicht des Lebensmittels – als exogene Stoffe klassifizieren, da sie von den Meeresbewohnern durch vorkommende Einzeller (wie Algen, Dinoflagellaten bzw. Bakterien) ingestiert werden und damit in der Nahrungskette des Menschen eintreten.

---

**Marine Biotoxine ↔ Süßwasserbiotoxine ↔ Phycotoxine ↔ Algentoxine ↔ Mikrocycstine**

- Unter dem Begriff **marine Biotoxine** werden alle Fisch-, Muschel- und Algengifte zusammengefasst, die – wie der Name bereits sagt – marinen Ursprungs sind, d. h. aus dem Meer entstammen.
- **Süßwasserbiotoxine entstammen aus** nicht-salzigen Gewässern.
- **Algengifte** werden auch als **Phycotoxine** bezeichnet.
- **Microcystine** stellen als cyclische Heptapeptid-Verbindungen Süßwassertoxine dar und sind für den Menschen selektive Lebergifte, die auch als potente Tumorpromotoren gelten, sollen hier aber nicht weiter betrachtet werden.

---

**Marine Biotoxine** werden von mikroskopisch kleinen, einzelligen Algen (Dinoflagellaten, Diatomeen) gebildet. Diese gehören zu den Vertretern des Phytoplanktons und stehen folglich am Angang der Nahrungskette. Die von bestimmten Arten produzierten Toxine können sich im Gewebe von Muscheln, Stachelhäutern, Manteltieren, Meeresschnecken, aber auch Fischen anreichern und nach dem Verzehr der kontaminierten Lebensmittel beim Menschen zu schweren Erkrankungen führen (Durchfall oder Lähmungen, in schwerwiegenden Fällen sogar Tod). **Marine Toxine** können aber auch in bestimmten Bakterien (Cyanobakterien u. a.) gebildet werden und von Meeresbewohnern wie Fischen ingestiert werden.

---

**Algentoxine**

Etwa 5000 verschiedene Algenarten kommen in den Weltmeeren vor. Manche dieser Spezies können sogar in so hohen Konzentrationen auftreten, dass sie das Meerwasser rot verfärben (Rote Tiden, engl. Red Tide). Ein geringer Prozentsatz an Algenarten ist in der Lage, Biotoxine zu produzieren. Diese werden demgemäß als **Algentoxine** oder **Algengifte** bezeichnet.

Im Gewebe von Muscheltieren, die solche Algen als Nahrung nutzen, können sich die Toxine einlagern, wobei sie die Muscheln selbst nicht beeinflussen, aber beim Menschen nach Verzehr verschiedene Krankheiten hervorrufen können (BfR 2019).

**Tab. 13.1** Übersicht über die Gruppen der marinen Biotoxine (Algentoxine)

| Gruppe* | Akronym | Wichtigste Vertreter | Vorkommen |
|---|---|---|---|
| Paralytic Shellfish Poisons | PSP | Saxitoxin, Gonyautoxine | M, S |
| Amnesie Shellfish Poisons | ASP | Domoinsäure | M, S |
| Diarrhoiec Shellfish Poisons | DSP | Okadasäure, Pectonotoxine, Yessotoxine | M, S |
| Neurotoxic Shellfish Poisons | NSP | Brevetoxine | M, S |
| Azaspiracid Shellfish Poisons | AZP | Azaspironsäure | M, S |
| Ciguatera Fish Poisoning | CFP | Ciguatoxine, Maitotoxine | Korallenriffische wie Baracuda |
| Tetrodotoxin | – | Tetrodotoxin | Kugelfisch (Fugu) |
| Cyanobakterientoxine | – | Microcystine | Süßwasserfische |

Quelle: Leftley und Hanna (2008)
M Meeresmuscheln
S Seeschnecken
– keine Angabe
*Deutsche Begriffe: siehe Text

Marine Biotoxine stellen eine sehr heterogene Gruppe dar, die sich aus den verschiedensten chemischen Verbindungsklassen zusammensetzt. In Abhängigkeit von ihrer Struktur bzw. ihrer gesundheitlichen Wirkung (Krankheitsbild) können sie – wie in Tab. 13.1 dargestellt – unterteilt werden. Für Europa sind die Algentoxine der PSP-, ASP- und DSP-Gruppe interessant.

## 13.2 Paralytisch wirkende Muschelgifte

In der Gruppe der **paralytisch wirkenden Muschelgifte** (**PSP**-Gruppe) werden 17 verschiedene Verbindungen subsumiert. Hauptvertreter sind neben dem **Saxitoxin** (engl. Saxitoxin, STX) und dem **Neosaxitoxin** (engl. Neosaxitoxin, NSTX) (beide Strukturformeln s. Abb. 13.1) das **Gonyautoxin** (GTX). Saxtoxin ist stark giftig und wirkt bei Mensch und Tier als Neurotoxin durch Blockade

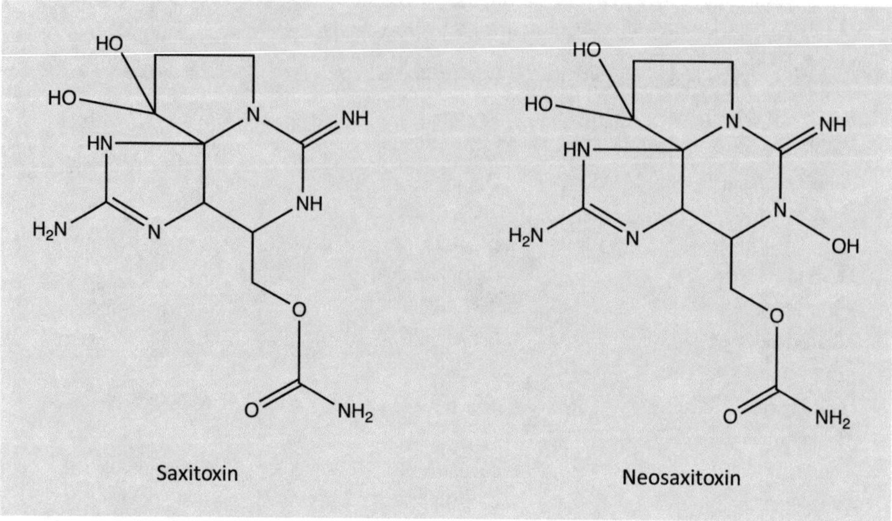

**◘ Abb. 13.1**   Saxitoxin (STX) und Neosaxitoxin (NSTX)

der Natriumkanäle der Zellen mit der Folge von Störung der Bewegungs-
koordination, Schwindel, Exantheme, Fieber und Atemlähmung. Unter den
paralytisch wirkenden Schalentiergiften ist es das stärkste. Muschelvergiftungen
dieser Art gehen häufig tödlich aus. Saxitoxin wird in bestimmten Dinoflagellaten
gebildet, die sich bei Erwärmung des Wassers auf über 14 °C stark vermehren
und den Muscheln als Nahrung dienen. Seine $LD_{50}$ beträgt bei der Maus 10 µg/kg
*(i. p.)*, die tödliche Dosis wird beim Menschen mit 1 mg angegeben.

---

**i. p.**

Dies ist eine in der Medizin häufig gebrauchte Abkürzung und bedeutet *intra-
peritoneal.* Darunter wird die Verabreichung eines Medikaments in die Bauchhöhle
per Injektion oder Infusion verstanden.

## 13.3   Anmesie bewirkende Muschelgifte

Wichtigster Vertreter der **Anmesie bewirkenden Muschelgifte** (ASP-Gruppe) ist
die **Domoinsäure** (engl. Domoic Acid, ◘ Abb. 13.2). Sie wird von der Kieselalge
*Nitzchia pungens* produziert und bindet wahrscheinlich aufgrund ihrer Struktur-
analogie an die Glutamatrezeptoren. Die Substanz ist neuroexzitativ, und die
Symptome führen zu Erbrechen, Krämpfen, Durchfall, Gedächtnisverlust, Koma
(◘ Tab. 13.1).

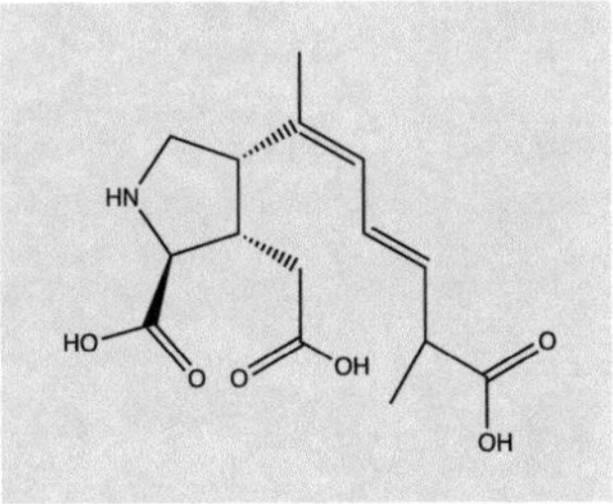

**◘ Abb. 13.2**  Domoinsäure

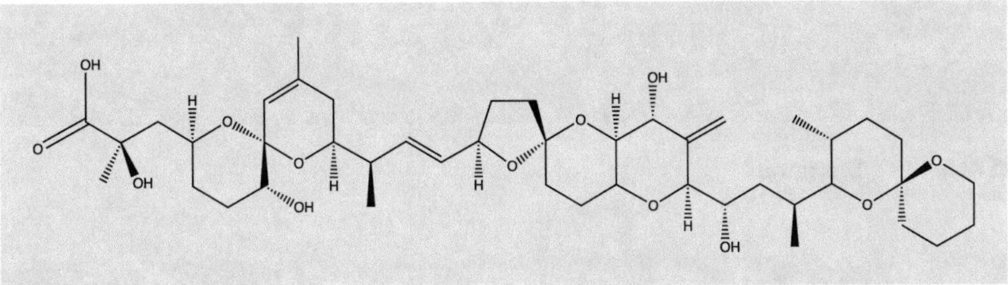

**◘ Abb. 13.3**  Okadasäure (OA)

## 13.4  Diarrhöisch wirkende Muschelgifte

In die Gruppe der **diarrhöisch wirkenden Muschelgifte** (DSP-Gruppe) gehören die **Okadasäure** (engl. Okada Acid, OA, ◘ Abb. 13.3) und ihre Analoga, z. B. die Methylhomologen **Dinophysistoxine** sowie die **Pectenotoxine** und die **Yessotoxine** (engl. Yessotoxins) (◘ Abb. 13.4, ◘ Tab. 13.1).

## 13.5  Neurotoxisch wirkende Muschelgifte

**Brevetoxine** sind neurotoxisch wirkende Algengifte und gehören daher in die Gruppe der **neurotoxisch wirkenden Muschelgifte** (NSP-Gruppe, ◘ Tab. 13.1). Sie werden regelmäßig von der Dinoflagellatenart *Karenia brevis* in tropischen

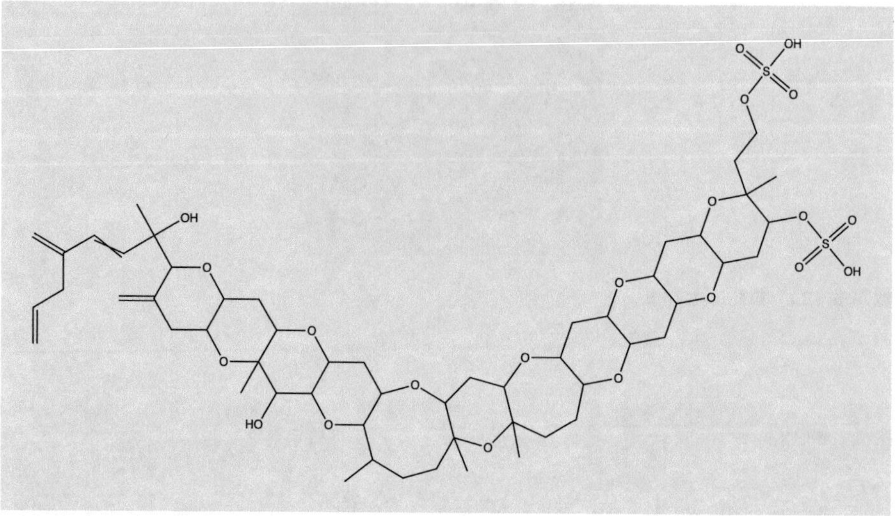

**◘ Abb. 13.4** Yessotoxin

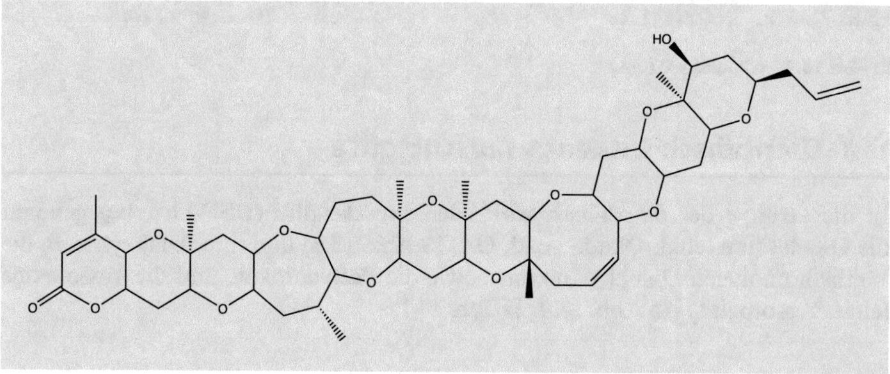

**13**

**◘ Abb. 13.5** Brevetoxin A

Regionen (Karibik, Golf von Mexiko) gebildet. Brevetoxine sind hitzestabil und können sich daher in der Nahrungskette leicht anreichern. Sie aktivieren die Natriumkanäle der Zellen und verursachen daher gastrointestinale Symptome wie Durchfall und Bauchschmerzen mit neuronalen Symptomen (Schwäche, Schwindel etc.). Die Strukturformel von Brevetoxin A ist in ◘ Abb. 13.5 wiedergegeben.

## 13.6 Azaspironsäure-Schalentiervergiftung

**Azaspironsäuren (AZA)** (Azaspiracide, engl. Azaspiracids) sind eine Gruppe von polycyclischen marinen Algentoxinen, die von der Dinoflagellaten-Art *Azadinium spinosum* produziert werden und sich in Meeresfrüchten anreichern können. Durch den Verzehr derartig belasteter Lebensmittel können Wirkungen ausgelöst werden wie Übelkeit, Erbrechen, Diarrhö und Magenkrämpfe, die als Azaspironsäure-Schalentiervergiftung (◘ Tab. 13.1) bezeichnet wird (Wikipedia 2019).

## 13.7 Ciguatera-Fischvergiftung

**Ciguatera-Fischvergiftung (CFP)** wird hervorgerufen durch **Ciguatoxine (Ciguateratoxin)**, die aus der Dinoflagellatenart *Gambierdiscus toxicus* stammen. Ciguatoxine wurden in über 300 Fischarten gefunden, darunter Barracuda, Snapper, Seebarsch, Papageifisch, wenn sie innerhalb von Lagunen und Riffs gefangen wurden. Sie aktivieren wie die Brevetoxine die Natriumkanäle der Nervenzellen. Die ersten Symptome werden als verändertes Temperaturgefühl und Parästhesien – stark schmerzhaftes Brennen im Mund – beschrieben. Gastrointestinale Symptome, Kopfschmerzen, Muskelschwäche können folgen (◘ Tab. 13.1).

## 13.8 Tetrodotoxin

**Tetrodotoxin** (◘ Abb. 13.6) besitzt in etwa die gleiche Wirkung wie die Ciguatoxine, in Verbindung mit einem sehr starken Abfall des Blutdrucks durch Erweiterung peripherer Gefäße (◘ Tab. 13.1). Nachgewiesen wurde es Igel- bzw. Kugelfischen, die in Japan, China und der amerikanischen Pazifikküste gefangen werden, aber auch in Octopusarten, Schnecken und Krabben. Tetrodotoxin ist wahrscheinlich bakteriellen Ursprungs. Es ist hitzestabil.

Tetrodotoxin verursacht eine Paralyse des Zentralnervensystems wie auch der peripheren Nerven. In Japan wird traditionell speziell zerlegter Fugu gegessen, ein Fisch, der Tetrodotoxin anreichert. Deshalb müssen mit einer besonderen Zubereitungstechnik die das hochgiftige Biotoxin enthaltenden Körperteile wie Darm, Rogen, Leber und je nach Kugelfischart auch die Haut vorsichtig entfernt werden. Nur das meist ungiftige Muskelfleisch wird verwendet.

Es wird berichtet, dass jährlich über hundert Japaner am Genuss dieses Fisches sterben (die Mortalitätsrate bei Vergiftungen liegt bei 50 %). Die letale Dosis dürfte für den Menschen unter 1 mg liegen. Wesentlich für die Toxizität des Tetrodotoxins ist vor allem die Sauerstoffbrücke, daneben auch die OH-Gruppe am C4-Atom und die Guanidino-Gruppe. Die Fische entwickeln das Toxin offenbar besonders stark während der Laichzeit. Die höchsten Toxinkonzentrationen sind in Ovarien, Eiern, Hoden und Leber enthalten, die beim Schlachten unver-

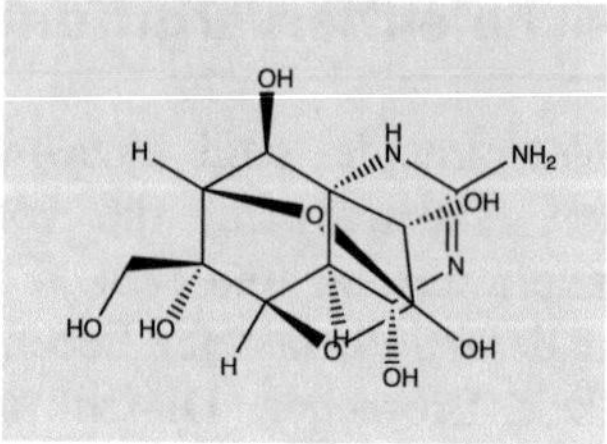

**Abb. 13.6**  Tetrodotoxin

letzt entnommen werden müssen. In Japan wird Kugelfisch **(Fugu)** daher in speziell lizensierten Restaurants angeboten.

## 13.9  Toxine in Fischen

Über Toxine in Fischen (Fischgifte, Fischtoxine) ist wenig bekannt. Blut von **Aal** und **Neunauge** enthält starke Toxine, die neben Muskelschwäche vor allem motorische Lähmungen einschließlich des Atmungssystems bewirken und den Tod herbeiführen können. Andere Fische enthalten Toxine im Rogen bzw. Milchner, die zu Brechdurchfällen, evtl. auch zu ernsten Atembeschwerden führen können. Beispiele hierfür sind **Barbe, Karpfen** und **Hecht**. Viele dieser Toxine sind bisher strukturell noch nicht aufgeklärt. Erhitzen zerstört ihre Toxizität offenbar nicht (Baltes und Matissek 2011).

## Literatur

Baltes W, Matissek R (2011) Lebensmittelchemie, 7. Aufl. Springer, Heidelberg, S 283–285

BfR (2019) ▶ https://mobil.bfr.bund.de/de/bewertung_von_marinen_biotoxinen_in_lebensmitteln-62066.html. Prüfdatum: 27. Nov. 2019

Klaffke H (2010) Biotoxine und herstellungsbedingte Kontaminanten. In: Frehde W (Hrsg) Handbuch für Lebensmittelchemiker, 3. Aufl. Springer, Berlin, S 463

Leftley JW, Hanna F (2008) Phycotoxins in seafood. In: Gulbert J, Senyuva H (Hrsg) Bioactive compounds in foods: natural and man-made components. Wiley, Chichester, S 52–97

Matissek R (2020) Lebensmittelchemie. Springer, Berlin (Im Druck)

Wikipedia (2019) Azaspiracid. ▶ https://en.wikipedia.org/wiki/Azaspiracid. Prüfdatum: 27. Nov. 2019

**13**

# Mykotoxine

## Inhaltsverzeichnis

© Der/die Herausgeber bzw. der/die Autor(en), exklusiv lizenziert durch Springer-Verlag
GmbH, DE, ein Teil von Springer Nature 2020
R. Matissek, *Lebensmittelsicherheit*,
https://doi.org/10.1007/978-3-662-61899-8_14

## 14.1 Einführung

Neben den Kontaminanten (▶ Kap. 6–9) und den Rückständen (▶ Kap. 10–11) können pflanzliche oder tierische Lebensmittel auch toxikologisch relevante Inhaltsstoffe bzw. Stoffe – sog. **Biotoxine** (engl. Biotoxins) oder **Naturtoxine** (engl. Natural Toxins) (▶ Kap. 12–16) – beherbergen. Letztere sind biogenen bzw. genuinen Ursprungs und aus wissenschaftlicher Sicht folglich nicht den Kontaminanten zuzuordnen.

Eine Teilmenge unter den Biotoxinen bilden die sog. toxikologisch relevanten pilzlichen Toxine, die **Mykotoxine**. Mykotoxine kommen *auf* und/oder *in* (meist) pflanzlichen Lebensmitteln vor und sind biogenen Ursprungs (◘ Abb. 4.2). Sie lassen sich als exogene Stoffe klassifizieren, die natürlicherweise nicht im Lebensmittel oder Rohstoff selbst entstehen, sondern während der Wachstumsphase der Pflanzen auf dem Feld und/oder der Gewinnung bzw. Lagerung im oder auf dem Lebensmittelsubstrat durch Schimmelpilze (in der Mehrzahl *Ascomyceten* und *Zygomyceten*) gebildet werden und diese damit verunreinigen („kontaminieren").

---

### Mykotoxine ↔ Mykotoxikose ↔ Pilzgifte

Als **Mykotoxine** (engl. Mycotoxins) werden sekundäre Stoffwechselprodukte aus Schimmelpilzen bezeichnet. **Schimmelpilze** sind eine heterogene Gruppe von Mycel-(Hyphen-)bildenden saprophytäre Mikroorganismen, die in der Mehrzahl den *Ascomyceten* und *Zygomyceten* zugeordnet werden. Unter bestimmten Umständen und bei bestimmten Bedingungen können Schimmelpilze Mykotoxine bilden. Mykotoxine werden auch **Schimmelpilzgifte** (griech. Mykes = dt. Pilz) genannt. Im Unterschied zu den Produkten des Primärstoffwechsels sind die sekundären Stoffe nicht bei allen Organismen zu finden, sondern sind charakteristisch für den spezifischen Organismus.

- Mykotoxine können beim Menschen (und anderen Wirbeltieren) bereits in geringsten Dosen schädlich wirken. Durch Mykotoxine verursachte Erkrankungen werden **Mykotoxikosen** genannt. Die toxische Wirkung der jeweiligen Mykotoxine kann akut oder chronisch sein. Sie sind entweder direkt toxisch (wie die Fumonisine) oder erst nach Metabolisierung im Fremdstoffwechsel (wie Aflatoxin $B_1$). Die Wirkung der **Mykotoxine ist** ausgesprochen **organotrop**, d. h. auf ein spezielles Organ gerichtet.
- Derzeit sind mehr als **300 Mykotoxine** bekannt.
- Auch die **Sporen** von Schimmelpilzen können Mykotoxine enthalten.
- Im Gegensatz zu den Mykotoxinen werden toxische Inhaltsstoffe von Großpilzen als **Pilzgifte** bezeichnet.
- Mykotoxine stellen neben den Antibiotika (▶ Abschn. 11.2) die zweitgrößte von Mikroorganismen synthetisierte **Biotoxin-Gruppe** dar.

---

Unter den mehr als 100.000 Schimmelpilzarten sind etwa 400 bekannt, die Mykotoxine bilden. Vor allem sind Spezies der Gattung *Aspergillus, Penicillium* und

*Fusarium* als **Mykotoxinbildner** bekannt geworden. Sie scheinen damit das Ziel zu verfolgen, andere Lebewesen von der Nahrungsquelle zu verdrängen. Mykotoxine sind relativ stabil und überstehen die meisten Prozessschritte der Lebensmittelbearbeitung unbeschadet. Es ist bekannt, dass die Bildung von Mykotoxinen stark durch Umfeldparameter wie Temperatur, pH-Wert bzw. Wasseraktivität beeinflusst wird. Inwieweit auch andere Parameter wie „Licht" Einfluss auf die Mykotoxinbiosynthese in den Pilzen haben, ist zurzeit Gegenstand von interessanten Forschungsarbeiten.

## 14.2 Kontaminationspfade

Eine strukturierte Übersicht über die Kontaminationspfade von Mykotoxinen bei pflanzlichen und tierischen Lebensmitteln gibt ◘ Abb. 14.1. Mykotoxine, die von sog. *Feldpilzen* (z. B. *Fusarium* spp.) gebildet werden und das Erntegut bereits auf dem Feld befallen, werden auch als **Feld-Mykotoxine** bezeichnet. Sie unterscheiden sich von **Lager-Mykotoxinen**, die von sog. *Lagerpilzen* (z. B. *Aspergillus* spp., *Penicillium* spp.) gebildet werden. Letztere befallen das Erntegut bei unsachgemäßer Lagerung, d. h. bei zu hohen Feuchten, zu langen Abständen zwischen Ernte und Trocknung sowie bei ungenügendem Lüften.

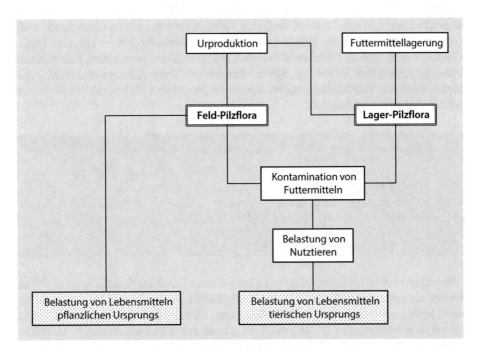

◘ **Abb. 14.1** Kontaminationspfad von Lebensmitteln pflanzlichen und tierischen Ursprungs mit Feld- und Lager-Mykotoxinen (Nach Steinberg 2013)

Die verschiedenen Schimmelpilze können je nach Spezies und Bedingungen ein weites Spektrum an verschiedenen Mykotoxinen bilden. Eine Zusammenstellung wichtiger Mykotoxine in Lebensmitteln im Zusammenhang mit der Pilzgattung und dem Vorkommen präsentiert ◘ Tab. 14.1.

## 14.3 Toxikologische Bewertung

In ◘ Tab. 14.2 ist eine zusammenfassende Liste mit Bewertungen verschiedener Mykotoxine nach International Agency for Research on Cancer – IARC wiedergegeben.

## 14.4 Aflatoxine

Die zuerst aufgefundenen und am besten beschriebenen Verbindungen gehören der Gruppe der **Aflatoxine** (AB) an, die 1960 in England nach einer Geflügelseuche bekannt wurden. Seinerzeit waren über 100.000 Truthähne und Enten an Leberschäden eingegangen, nachdem sie mit einem offenbar verseuchten Erdnussfutter gemästet worden waren. Es ließ sich in der Folge nachweisen, dass diese Erdnüsse von dem Schimmelpilz *Aspergillus flavus* befallen waren, der in feuchtwarmem Klima auf kohlenhydrathaltigen Nährböden gedeiht. Aus dem abgeschiedenen Toxin konnten zunächst sechs Aflatoxine isoliert und strukturell zugeordnet werden. Ihnen gemeinsam ist ein Furocumarin-System (◘ Abb. 14.2). Die Indizes B und G beziehen sich dabei auf ihre blaue bzw. grüne Fluoreszenz unter ultravioleter Strahlung. Später kamen noch die Aflatoxine des M-Typs hinzu, die nach Verfütterung aflatoxinhaltigen Futters an Kühe und Schafe in der Milch nachgewiesen wurden.

**14**

> **Aflatoxine und ihre Indices**
>
> — Die Indizes B und G beziehen sich bei den Aflatoxinen auf ihre blaue bzw. grüne **Fluorescenz** bei Betrachtung unter ultravioleter Strahlung.
> — Nach Verfütterung aflatoxinhaltigen Futters an Kühe und Schafe wurden später noch in der Milch Metaboliten nachgewiesen, die als **Aflatoxine M** bezeichnet werden.

**Aflatoxine** sind stark lebertoxisch (Lebernekrosen) und stark cancerogen. Dabei wirken sie offensichtlich nicht in ihrer ursprünglichen Struktur, sondern greifen erst nach enzymatischer Metabolisierung Desoxyribonucleinsäuren (DNA) und Ribonucleinsäuren (RNA) an. Das wurde vor allem an Aflatoxin $B_1$ nachgewiesen. Obwohl diese Erkenntnisse nur in Tierversuchen gewonnen wurden, gilt die toxische Wirkung auch beim Menschen als sicher. Diese These wird durch Statistiken unterstützt. So werden besonders dort hohe Leberkrebsraten

**▣ Tab. 14.1** Vorkommen verschiedener Mykotoxine in Lebensmitteln

| Mykotoxin | Schimmelpilz | Lebensmittel |
|---|---|---|
| Aflatoxine | Asp. flavus | Pflanzenöle, Nüsse, Mandeln, Gewürze, Mais, Milch und Milchprodukte |
| | Asp. parasiticus | |
| Fumonisine | F. verticillioides | Pflanzenöle, Mais, Getreide, Nüsse, Sesam |
| | F. proliferatum | |
| | F. anthophilum | |
| Ochratoxin A | Asp. ochraceus | Pflanzenöle, Getreide, Kaffee, Feigen, Nüsse, Wein, Essig, Kakao, Bier, Leguminosen, Milch, Fleisch |
| | P. viridicatum | |
| Patulin | P. claviforme | Obst (z. B. Äpfel), Gemüse |
| | P. expansum | |
| | P. griseofulvum | |
| | P. leucopus | |
| | P. clavatus | |
| | P. giganteus | |
| | P. terreus | |
| Citrinin | Asp. ochraceus | Getreide, Erdnüsse, Tomaten |
| | P. citrinum | |
| Ergotalkaloide | C. purpurea | Getreide, insbes. Roggen |
| Alternaria-Toxine (Altenuen, Alternariol, Alternariolmonomethylether, Tenuazonsäure) | Alt. alternata | Speiseöle, Obst, Gemüse, Tabak, Hirse, Nüsse |
| | Alt. solani | |
| Zearalenon | F. avenaceum | Speiseöle, Gerste, Hafer, Hirse, Mais, Nüsse, Roggen, Sesam, Weizen |
| | F. culmorum | |
| | F. equiseti | |
| | F. gibbosum | |
| | F. lateritium | |
| | F. moniliforme | |
| | F. nivale | |
| | F. oxysporum | |
| | F. graminearum | |
| | F. sambucinum | |
| | F. tricinctum | |

Quelle: Matthäus und Schwake-Anduschus (2014)
*Asp. Aspergillus, F. Fusarium, P. Penicillium, C. Claviceps, Alt. Alternarium*

◻ **Tab. 14.2**   Bewertung verschiedener Mykotoxine nach IARC

| IARC Group | Einstufung als: „Verbindung ist/ Compound is…" | Mykotoxine |
|---|---|---|
| 1 | Carcinogenic to humans | Aflatoxin $B_1$, $B_2$, $G_1$, $G_2$, $M_1$ |
| 2 A | Probably carcinogenic to humans | – |
| 2 B | Possibly carcinogenic to humans | Fumonisine, Ochratoxin A, Sterigmatocystin |
| 3 | Not classifiable as to its carcinogenicity to humans | Citrinin, Deoxynivalenol, Fusarenon-X, Nivalenol, Patulin, T-2-Toxin, HT-2-Toxin, Zearalenon |
| 4 | Probably not carcinogenic to humans | – |

Quelle: IARC (2016), Degen (2017)

gefunden, wo verschimmelte Lebensmittel zu Nahrungszwecken gebraucht werden (z. B. in einigen Gebieten in Thailand sowie bei den Bantus im mittleren und südlichen Afrika).

**Total-Aflatoxine**

Die Summe der Gehalte an Aflatoxinen $\sum B_1 + B_2 + G_1 + G_2$ wird als **Total-Aflatoxine** bezeichnet.

Während Aflatoxine aus Fetten bei der Raffination und aus **Mais** durch das Nasswaschverfahren vollständig entfernt werden, ist die Entfernung bei **Erdnüssen** und **Pistazien** komplizierter. Aflatoxine werden auch von anderen Schimmelpilzarten gebildet. Die in der Käseherstellung verwendeten Schimmelpilzarten bilden weder Mykotoxine noch treten im Tierversuch sonst irgendwelche Toxizitäten auf.

Die bisher bekannt gewordenen Mykotoxine wirken im Tierversuch krebserregend, leber- und nierenschädigend, mutagen, teratogen, neurotoxisch und hämorrhagisch (Blutungen betreffend). Epidemiologische Untersuchungen machen diese Wirkungen auch für den Menschen wahrscheinlich. Die wichtigsten Mykotoxine seien im Folgenden kurz behandelt (◻ Abb. 14.3). Über die thermische Stabilität von OTA wurde berichtet (Raters und Matissek 2008a).

## 14.5  Patulin

**Patulin (PAT, ◻** Abb. 14.3) wird von *Penicillium patulum* auf Getreide und Obst gebildet. Es kommt in **Apfelsaft** vor allem dann vor, wenn zu seiner Herstellung auch verfaulte Äpfel verwendet wurden. So können Faulstellen von Äpfeln nach

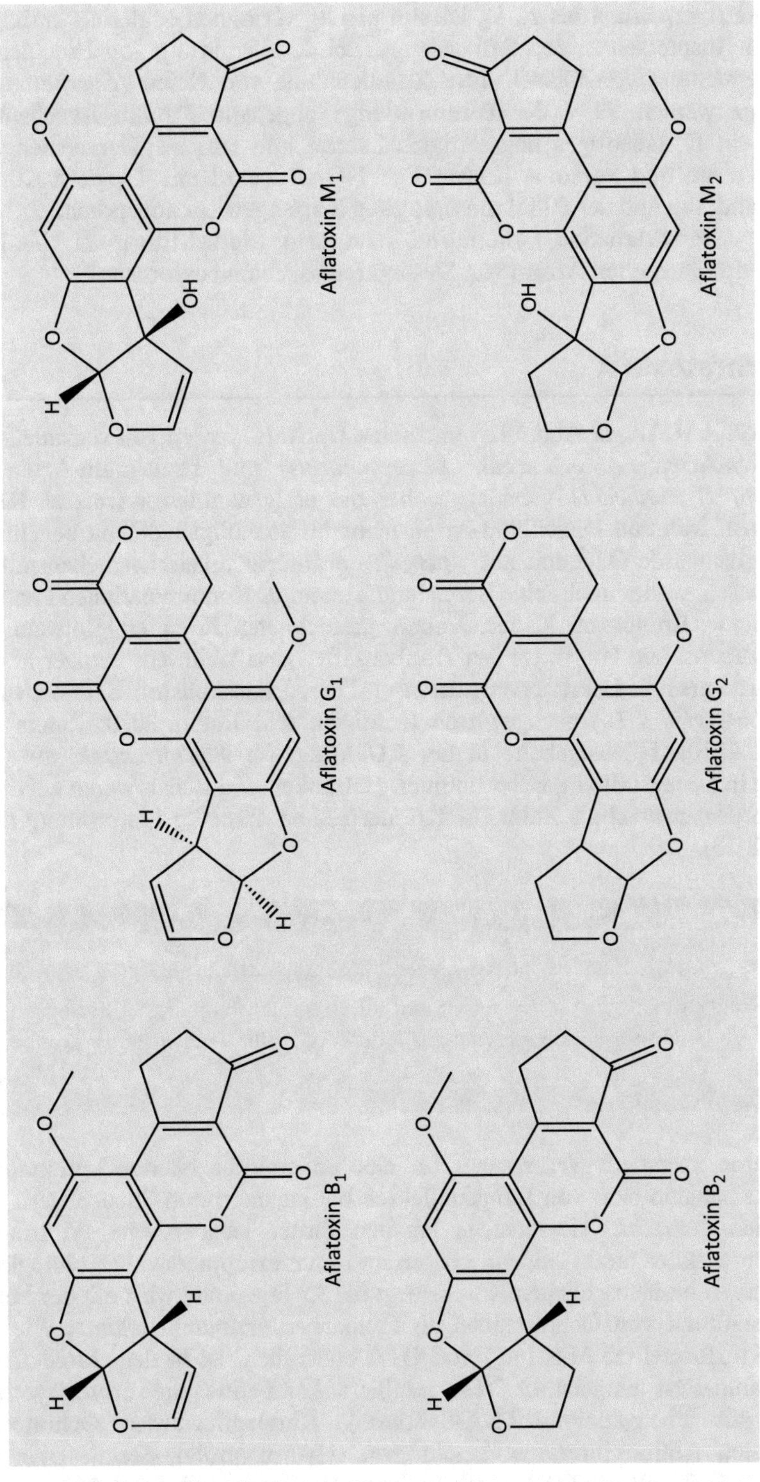

■ **Abb. 14.2** Aflatoxine: Typ B, G und M

Befall mit *P. expansum* bis zu 1 g Patulin pro kg verfaulten Materials enthalten, das beim Auspressen in den Saft gelangt. Bei der Vergärung von Fruchtsäften (z. B. Herstellung von Cidre) unter Zuhilfenahme von Hefen *(Saccharomyces cerevisiae)* werden 99 % der Patulin-Menge abgebaut. Patulin ist chemisch gesehen ein fünfgliedriges ungesättigtes Lacton und ruft im Tierversuch u. a. Lebernekrosen und Sarkome hervor. Der NOAEL wird mit 43 µg/Kg Körpergewicht und Tag und der PTDI mit 0,4 µg/Kg Körpergewicht angegeben.

Auch **Alternariatoxine** (Alternariol bzw. sein Methyl-Ether, ◻ Abb. 14.3) kommen auf verfaulten Äpfeln vor. Sie sind teratogen und cytotoxisch.

## 14.6    Ochratoxin A

**Ochratoxin A (OTA,** ◻ Abb. 14.3) und seine Derivate werden von verschiedenen Aspergillus-Arten *(A. ochraceus, A. carbonarius)* und Penicillium-Arten *(P. verruosum, P. nordicum)* gebildet, wobei die erstgenannten wärmeres Klima bevorzugen, während Penicillium-Arten mehr im gemäßigten Klima beheimatet sind. Zuerst wurde OTA mit auf *Apergillus ochraceus* infizierten Lebensmitteln nachgewiesen, woher auch seine Bezeichnung stammt. Kontaminationen kommen auf Getreide, Erdnüssen, Kaffee, Kakao, getrockneten Früchten, Rotwein und roten Traubensäften vor; in weißen Traubensäften und Weißwein weniger häufig. OTA wurde auch in Lakritzerzeugnissen und deren Basisrohstoff Süßholzwurzel *(Glycyrrhiza glabra* L.) nachgewiesen (Matissek und Raters 2010; Raters und Matissek 2010). Höchstgehalte in der EU liegen für *Süßholzextrakt* zur Verwendung in Lebensmitteln, in bestimmten Getränken und Zuckerwaren bei 80 µg/kg; für *Süßholzwurzel* als Zutat für Kräutertees bei 20 µg/kg (Verordnung (EU) Nr. 105/2010).

---

**OTA-Höchstgehalt für Süßholzextrakt**

Gemäß Verordnung (EU) Nr. 105/2010 ist festgeschrieben:
„Der Höchstgehalt gilt für den reinen und unverdünnten Extrakt, der nach einem Verfahren hergestellt wurde, bei dem aus 3 bis 4 kg Süßholzwurzel 1 kg gewonnen werden."

---

**OTA** wurde zuerst als Verursacher für eine endemische Nierenerkrankung in den Balkanstaaten bzw. von Lungenaffekten bei Farmern und Siloarbeitern verantwortlich gemacht. Tierversuche ergaben ferner lebertoxische Wirkungen. Außerdem wirkt es teratogen, cancerogen und immunsuppressiv. Die biologische Halbwertszeit im menschlichen Körper liegt bei 35 Tagen und wird mit der hohen Bindungsaffinität von Ochratoxinen an Humanserumalbumin erklärt. Wie aus der Strukturformel (◻ Abb. 14.3) von OTA ersichtlich, ist in dem Molekül ein Phenylalanin-Rest eingebaut. OTA inhibiert kompetitiv die Proteinsynthese (speziell die Phenylalanin-t-RNA-Synthese). Kürzlich wurden Ochratoxine mit anderen Aminosäureresten beschrieben (Hydroxyprolin, Serin). Über die thermische Stabilität von OTA wurde berichtet (Raters und Matissek 2008).

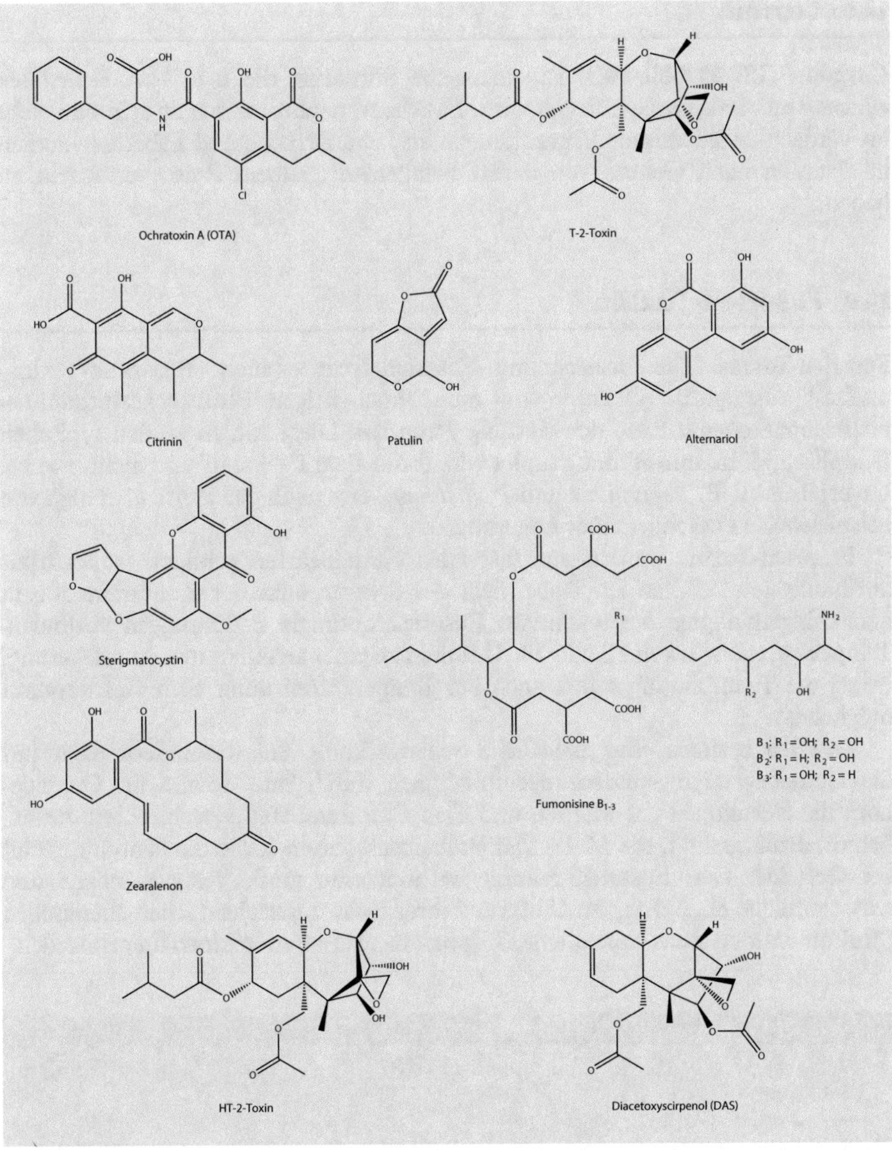

**Abb. 14.3** Wichtige Mykotoxine (Aflatoxine s. ▢ Abb. 14.2, DON s. ▢ Abb. 14.4)

## 14.7 **Sterigmatocystin**

**Sterigmatocystin** (STER, ▢ Abb. 14.3) wird häufig von Schimmelpilzen auf Mais und anderen Getreiden gemeinsam mit Aflatoxinen ausgeschieden. Zwar wird es als weniger toxisch als diese beschrieben, andererseits wird es häufig auf Lebensmittelproben aus Mozambique gefunden, wo die höchste Leberkrebsdichte auf der Welt registriert wurde.

## 14.8  Citrinin

**Citrinin** (CIT, ◘ Abb. 14.3) ist eine gelbe Substanz, die u. a. von *Penicillium citrinum* auf Reis ausgeschieden wird. Es scheint nephrotoxisch zu sein und steht im Verdacht, epidemische Erkrankungen an Leberzirrhose und Lebercarcinomen in Ostasien nach Genuss von derart befallenem „gelbem Reis" verursacht zu haben.

## 14.9  Fusarien-Toxine

**Fusarien-Toxine.** Die Bezeichnung Fusarien-Toxine (auch: Fusarium-Toxine) umfasst eine große Gruppe von meist hochgiftigen Stoffwechselprodukten pflanzenpathogener Pilze der Gattung *Fusarium*. Diese zählen zu den typischen Feldpilzen, d. h., ihre Bildung findet bereits auf dem Feld statt und nicht, wie bei Lagerpilzen (z. B. *Aspergillus* und *Penicillium*), erst nach der Ernte als Folge von beispielsweise unsachgemäßer Lagerung.

Fusarien-Toxine werden auf fast allen Getreidearten gebildet, wobei **Mais** am häufigsten befallen ist. Dabei liegt der Schwerpunkt der Kontamination in den kühlgemäßigten Regionen, wo Fusarien optimale Bedingungen vorfinden. Temperaturen zwischen 12 und 14 °C führen zu einer signifikanten Anreicherung, wobei die Toxinbildung selbst auch bei Temperaturen unter dem Gefrierpunkt möglich ist.

**Fusarien** besitzen eine mehrfache Schadwirkung. Sie vermindern nicht nur die Getreideerträge, sondern beeinträchtigen durch ihre Toxine im Getreidekorn die Gesundheit bei Mensch und Tier. Fusariumbefall verschlechtert zusätzlich die Backqualität, die Malz- und Braueigenschaften sowie die Saatgutqualität bei Getreide. Den Fusarien kommt weltweit eine große gesundheitliche und wirtschaftliche Bedeutung zu. Aufgrund ihrer recht unterschiedlichen chemischen Struktur wurden sechs wesentliche Gruppen von Fusarien-Toxinen unterschieden.

**14**

### Fusarien-Toxine

- **Fumonisine** (FS)
- **Zearalenon** (ZEA)
- **Trichothecene** (über 50 Toxine)
  - makrocyclische
  - nicht-makrocyclische
  - Typ A: T-2-Toxin, HT-2-Toxin, 4,15-Diacetoxyscirpenol (DAS) u. a.
  - Typ B: Deoxynivalenol (DON), Nivalenol (NIV) u. a.
- **Moniliformin** (Semiquadratsäure)
- **Fusarin C**
- **Fusarinsäure** (FA)

## 14.9.1 Fumonisine

**Fumonisine** (FS) sind eine sehr häufig vorkommende Gruppe von bisher sieben verschiedenen Mykotoxinen, die insbesondere von Schimmelpilzen der Gattung *Fusarium moniliforme* und *Fusarium proliferatum* gebildet werden (◘ Abb. 14.3). Fumonisine sind stark polare Mykotoxine. Fumonisine gelten als hoch cancerogen und führen möglicherweise zur Entstehung von Speiseröhren- und Lungenkrebs im südlichen Afrika sowie in China.

Das Vorkommen von Fumonisinen ist typisch für Mais und Maisprodukte. Bei der Herstellung **nixtamalisierter Maismehle** (mit Kaliumcarbonat/Calciumhydroxyd behandelter Mais) (► Abschn. 9.1, Kasten „Prozesskontaminanten – Einführung"), die zur Herstellung von **Cornflakes** oder **Tortilla-Chips** verwendet werden, konnte ein „Verschwinden" der Fumonisine bis z. T. 80 % beobachtet werden. Genauere Untersuchungen zeigten jedoch, dass die Laugenbehandlung zu einer Hydrolyse der Fumonisine führt, in deren Verlauf die Carbonsäureketten abgespalten werden. Der verbleibende Grundkörper, die *hydrolysierten Fumonisine* (insbesondere gilt dies für Fumonisin B$_1$), zeigt im Vergleich zu den Ursprungsverbindungen im Tierversuch sogar eine stärkere cancerogene Wirkung (für diese veränderten Stoffe wird aktuell der Begriff **„modifizierte Mykotoxine"** verwendet). Aus diesem Grund kann die Laugenbehandlung im Fall der Fumonisine nicht als eine **Detoxifikationsschritt** angesehen werden (WHO 2001).

## 14.9.2 Zearalenon

Bei **Zearalenon** (ZEA oder ZON, ◘ Abb. 14.3) handelt es sich um ein hauptsächlich von der Fusarium-Spezies *F. graminearum roseum* gebildetes Mykotoxin. Das Toxin hat seinen Namen nach der Pflanze erhalten, auf der der Giftstoff zum ersten Mal entdeckt wurde, dem Mais (lat. *Zea mays*).

ZEA wird hauptsächlich auf Getreiden mit relativ hohem Feuchtigkeitsgehalt gefunden. Infolge seiner hormonähnlichen Wirkung führt Zearalenon bei weiblichen Nutztieren zu Fruchtbarkeitsstörungen der unterschiedlichsten Art. ZEA kann im Stoffwechsel in α-Zearalenol metabolisiert werden, welches einer höhere östrogene Wirksamkeit hat als ZEA selbst. Vom SCF wurde ein PTDI-Wert von 0,2 µg/kg Körpergewicht und Tag festgelegt.

## 14.9.3 Trichothecene

**Trichothecene** sind eine sehr umfangreiche Gruppe von über 170 Mykotoxinen, deren molekulares Grundgerüst ein cyclisches Sesquiterpen mit einem Epoxyring darstellt. Der Name dieser Stoffgruppe leitet sich von dem Schimmelpilz *Trichothecium roseum* ab, dessen Mykotoxin, das Trichothecin, erstmals 1949 isoliert wurde. Trichothecene werden aufgrund ihrer chemischen Strukturen und ihrer Toxikologie in vier Untergruppen (Typ A bis D) eingeteilt, wobei die Verbindungen des Typs A und B am häufigsten vorkommen. Typ-A-Trichothecene gelten als noch giftiger als die des Typs B.

Trichothecene wirken blockierend auf die Protein- und DNA-Synthese und damit zellschädigend, was im Vergiftungsfall insbesondere zu Übelkeit, Erbrechen und blutigen Durchfällen führen kann. Ferner wurden auch immunsuppressive, embryotoxische und teratogene Wirkungen beobachtet.

Die Klasse der Trichothecene wird in zwei Gruppen unterteilt, die **makrocyclischen** und **nichtmakrocyclischen** (= einfachen) Trichothecene. Die letztgenannte Gruppe, zu der einige äußerst wichtige Mykotoxine gehören, gliedert sich wiederum anhand ihrer chemischen Struktur in die Typ-A-Trichothecene (z. B. T-2-Toxin, HT-2-Toxin; ◻ Abb. 14.3) und Typ-B-Trichothecene (z. B. Deoxynivalenol, Nivalenol) auf. Typ-B-Trichothecene unterscheiden sich durch eine Carbonyl-Gruppe am C–8 vom Typ A.

### 14.9.3.1 Typ-A-Trichothecene

- **T2-Toxin/HT2-Toxin**

Zu den **Typ-A-Trichothecenen** zählen das **T-2-Toxin** und das **HT-2-Toxin**. Das T-2-Toxin wirkt hämorrhagisch. In Weizen spielen vor allem die Typ-B-Trichothecene wie DON eine große Rolle, wohingegen Hafer neben DON auch häufig die A-Typ-Trichtothecene T-2- und HT-2-Toxin aufweist. Dies trifft insbesondere für Hafer aus Nordeuropa zu. Nordeuropa ist der Hauptproduzent von Hafer.

- **Diacetoxyscirpenol**

**4,15-Diacetoxyscirpenol** (DAS, auch **Auguidin** genannt, ◻ Abb. 14.3) ist ein Mykotoxin, dass vornehmlich von Fusarium-Pilzen gebildet wird und in Getreide vorkommt. Die EFSA hat 2018 einen TDI-Wert von 0,65 µg/kg Körpergewicht sowie einen ARfD-Wert von 3,2 µg/kg Körpergewicht abgeleitet, da DAS zum Erbrechen (Emesis) führen kann (EFSA 2018). DAS zählt zu den Typ A-Trichothecenen.

**14**

### 14.9.3.2 Typ-B-Trichothecene

Die **Typ-B-Trichothecene,** zu denen auch **Deoxynivalenol** und **Nivalenol** gehören, gelten als wirksamste derzeit bekannte Hemmstoffe der Proteinbiosynthese.

**DON** führt schon in geringer Dosierung zu Futterverweigerung. Da es Brechreiz auslöst, wird es auch als **Vomitoxin** (lat. *vomito:* sich erbrechen) bezeichnet und bewirkt folglich beim Tier mangelhaftes Wachstum. Die chronische Aufnahme kleiner Mengen an Trichothecenen führt zu erhöhter Anfälligkeit gegenüber Infektionskrankheiten infolge der Unterdrückung des Immunsystems. Aufgrund der Ergebnisse verschiedener Tierversuche kann ein cancerogener und teratogener Effekt von DON jedoch ausgeschlossen werden. DON ist aufgrund diverser Studien als **akut toxisch** einzustufen. Aufgrund ihrer unumstrittenen toxikologischen Relevanz wurden in der EU einheitliche Höchstgehalte für DON und andere Fusarien-Toxine festgeschrieben.

■ **Deoxynivalenol**

**Deoxynivalenol (DON,** ◘ Abb. 14.4) ist wie die meisten Mykotoxine äußerst stabil gegenüber Lagerung, technologischer Verarbeitung und der Einwirkung höherer Temperaturen. DON wird vor allem von Schimmelpilzen der Gattung *Fusarium spp.,* insbesondere *Fusarium graminearum* und *Fusarium culmorum,* gebildet. Das Mykotoxin wurde erstmals 1972 in Japan aus verschimmelter Gerste isoliert.

Aufgrund der Häufigkeit des Vorkommens und der gefundenen Konzentrationen gehört DON zu den weltweit wichtigsten Mykotoxinkontaminanten. Die für die Mykotoxinbildung verantwortlichen Schimmelpilze bevorzugen vor allem gemäßigte bis kühle Klimate, so dass das Mykotoxin überwiegend auf einheimischen Getreidearten wie **Weizen** und **Mais** zu finden ist. Selten kommt es in Gerste, Hafer und Roggen vor. Die Gehalte können jedoch von Jahr zu Jahr, von Region zu Region, sogar von Feld zu Feld sehr unterschiedlich sein. Insbesondere feuchtwarme Witterung während des Anbaus und Lagerung von Getreide mit hohen Wassergehalten begünstigen die Mykotoxinbildung.

Außerdem konnten auch in Lebensmitteln auf Getreidebasis wie Brot, Nudeln und Bier, aber auch in Ölsaaten wie Sonnenblumenkernen, Cashew, Mandeln etc. positive Befunde des Toxins festgestellt werden. Bei Ganzkornprodukten muss mit einem höheren DON-Gehalt gerechnet werden, da sich DON vorwiegend in den äußeren Schalenschichten der Getreidekörner anreichert. In Kakao *(Theobroma cacao L.)* konnten selbst mit sehr empfindlichen Analysenmethoden bislang keine positiven Befunde von DON verifiziert werden (Raters und Matissek 2008b). Als A-DON werden acetylierte Derivate des DON bezeichnet.

■ **Nivalenol**

**Nivalenol (NIV,** ◘ Abb. 14.4) entsteht als Stoffwechselprodukt verschiedener Pilze der Gattung *Fusarium*. Nivalenol wirkt hautreizend, brechreizend und immunsuppressiv. Das acetylierte Derivat von NIV, das 4-Acetyl-Nivalenol (4A-NIV oder auch **Fusarenon-X** bzw. FusX genannt) kommt in Getreideprodukten häufig als sog. modifiziertes („maskiertes") Mykotoxin vor.

## 14.9.4 **Ergotalkaloide/Mutterkorn**

**Mutterkorn** ist das vorwiegend auf **Roggen,** aber auch auf anderen Getreidearten durch Pilze der Gattung *Claviceps* gebildete violette Sklerotium (Dauermycel). Es kann von 3 mm *(Cl. microcephala)* bis 80 mm *(Cl. giganta)* groß werden. Mutterkorn ist wegen seines Gehaltes an **Ergotalkaloiden** (0,01 bis 0,5 %) hochgiftig.

**„Mutterkorn"**

Die Bezeichnung **Mutterkorn** dürfte auf die frühere Verwendung als Abtreibungsmittel zurückgehen, da die Wirkung auf die Gebärmutter wehenauslösend sein soll.

**▢ Abb. 14.4**   Deoxynivalenol und Nivalenol

Bisher wurden über 40 Verbindungen dieser Art aus Claviceps-Spezies isoliert. Die wichtigsten bauen sich auf **Lysergsäure** auf, die über ihre Carboxylgruppe amidartig an ein Tripeptid gebunden ist (▢ Abb. 14.5). Die Grundstruktur der Ergotalkaloide besteht aus dem tetracyclischen Ergolin-Ringsystem (s. ▢ Abb. 14.5). Dieses enthält immer Prolin, eine Amino- und eine α-Hydroxyaminosäure. Im **Ergometrin** ist Lysergsäure amidartig an 2-Aminopropanol gebunden. Der Mutterkornbefall von Getreide kann mit systemischen Fungiziden wirksam bekämpft werden. Da die **Sklerotien** in 25 bis 30 cm Tiefe nicht mehr keimen, hilft auch entsprechendes Umpflügen, wobei unbedingt auch die Feldränder mit behandelt werden müssen, da ein Befall auch von verschiedenen Wirtsgräsern möglich ist.

**Ergotalkaloide** sind in Lebensmitteln sowie Futtermitteln unerwünscht und treten als Verunreinigung der Ernte auf. Der Gehalt an Egotalkoiden wird neben den klimatischen Bedingungen vor allem durch agrartechnische Maßnahmen entlang der gesamten Produktionskette beeinflusst. Dazu zählen die Auswahl des Saatgutes, der Anbau, die Selektion der Rohstoffe bis hin zur technologischen Verarbeitung des Getreides. Eine unzureichende Entfernung von Mutterkorn vor der Verarbeitung des Getreides kann mitunter bewirken, dass diese Stoffe bei der Vermahlung ins Getreide gelangen. Durch Bruchstücke oder durch Ergotalkaloid-belastete Stäube können jedoch auch nach der Reinigung des Getreides Belastungen mit Ergotalkaloiden auftreten. Ergotalkaloide sind allerdings beim Einwirken von Licht, Hitze und Luft instabil und wandeln sich in die toxisch weniger relevanten Form der **Iso-Lysergsäure** um ▢ Abb. 14.6; diese werden „**Inine**" genannt.

Ergotalkaloide wirken durch ihre Interaktion mit einer Reihe von **Neurotransmitterrezeptoren,** unter anderem mit adrenergen, dopaminergen und serotonoergen Rezeptoren. Durch diese Interaktion können sowohl akute als auch chronische Symptome beim Menschen auftreten. Abhängig von der aufgenommenen Dosis können leichte bis schwere gesundheitliche

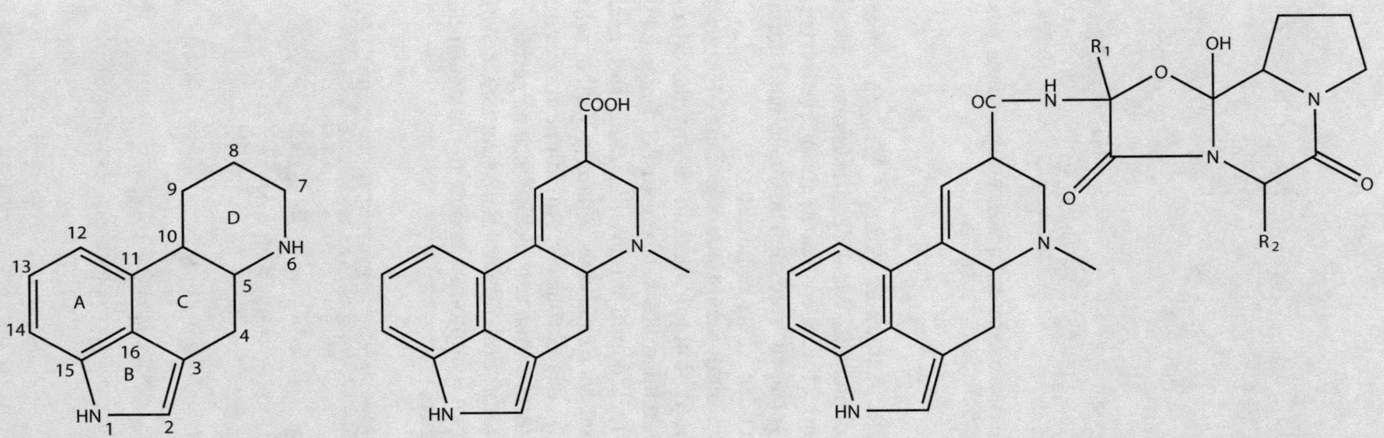

| | $R_1$ | Hydroxyaminosäure | $R_2$ | Aminosäure |
|---|---|---|---|---|
| **Ergotamingruppe** | | | | |
| Ergosin | $CH_3-$ | α-Hydroxyalanin | $C_6H_5-CH_2-$ | Phenylalanin |
| Ergotamin | $CH_3-$ | α-Hydroxyalanin | $(CH_3)_2CH-CH-CH_2-$ | Leucin |
| **Ergotoxingruppe** | | | | |
| Ergocornin | $(CH_3)_2CH-$ | α-Hydroxyvalin | $(CH_3)_2CH-$ | Valin |
| a-Ergocryptin | $(CH_3)_2CH-$ | α-Hydroxyvalin | $(CH_3)_2CH-CH-CH_2-$ | Leucin |
| b-Ergocryptin | $(CH_3)_2CH-$ | α-Hydroxyvalin | $CH_3-CH_2-(CH_3)_2CH-$ | Isoleucin |
| Ergocristin | $(CH_3)_2CH-$ | α-Hydroxyvalin | $C_6H_5-CH_2-$ | Phenylalanin |

Grundform der wichtigsten Ergotalkaloide vom Tripeptidtyp

D-Lysergsäure

Ergolin-Ringsystem

◻ **Abb. 14.5** Aufbau von Ergotalkaloiden und D-Lysergsäure sowie des Ergolin-Ringsystems

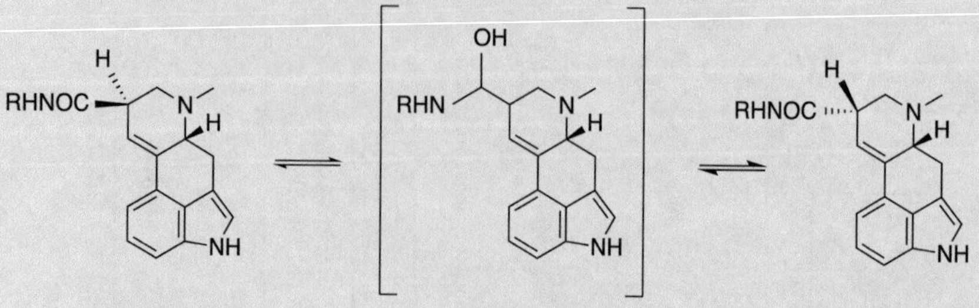

■ **Abb. 14.6** Umlagerung der D-Lysergsäure-Typ-Alkaloide in den toxisch weniger aktiven D-Iso-Lysergsäure-Typ (Nach Klaffke 2010). *Erläuterung*: Siehe Text

Beeinträchtigungen eintreten. Nach oraler Aufnahme geringer Mengen können akut Symptome wie Übelkeit, Bauchschmerzen, Muskelkontraktionen, Kopfschmerzen, Herz-Kreislauf-Probleme und Störungen des Zentralnervensystems auftreten. Auch kann es bereits bei geringen Aufnahmemengen zu Uteruskontraktionen mit Folgen wie Blutungen oder Abort kommen.

Nach dem Verzehr höherer Mengen sind Symptome wie Durchblutungsstörungen infolge der gefäßverengenden Wirkung insbesondere auf den Herzmuskel, aber auch auf Nieren und Gliedmaßen beschrieben. In der Folge kann es zu Halluzinationen, Krämpfen sowie Lähmungen bis hin zum Tod nach Atem- oder Herzstillstand kommen (dieser als **Ergotismus** benannte Verlauf wird auch als „**St. Antoniusfeuer**" bezeichnet). Die chronische Aufnahme moderater Mengen an Ergotalkaloiden kann zur Auslösung von Fehlgeburten, geringem Geburtsgewicht oder fehlender Milchproduktion führen. Bei chronischer Aufnahme hoher Mengen kann es hingegen zu Symptomen kommen, die denen der akuten Aufnahme hoher Dosen entsprechen.

**14**

## Ergotalkaloide – Toxikologie

Die **EFSA** legte für die Gruppe von zwölf untersuchten Ergotalkaloiden einen **ARfD-Wert** von 1 μg/kg Körpergewicht sowie einen **TDI-Wert** von 0,6 μg/kg Körpergewicht und Tag fest. Dabei wurde für alle untersuchten Verbindungen das gleiche toxikologische Potenzial angenommen (EFSA 2012).

Das **BfR** bestätigte diese Werte als angemessene Basis für Risikoabschätzungen. Zudem schätzte das BfR das Auftreten unerwünschter gesundheitlicher Wirkungen beim Verzehr eines Roggenbrotes mit einem Gehalt von 59 μg/kg Brot als unwahrscheinlich ein. Bei einem Brot mit einem Gehalt von 585 μg/kg sind unerwünschte Wirkungen bei Kindern zwischen 2 und 5 Jahren jedoch bei mittleren bis größeren Verzehrsmengen möglich (BfR 2012, 2013).

☑ **Abb. 14.7** PR-Toxin

### 14.9.5 PR-Toxine

Als **PR-Toxin** wird ein toxischer Metabolit von *Penicillium roqueforti* bezeichnet. Das Toxin ist ein Sesquiterpenoid mit der in ☑ Abb. 14.7 wiedergegebenen Struktur.

*Penicillium roqueforti* wird zur Herstellung von Blauschimmelkäse (z. B. Roquefort, Gorgonzola, Bavaria blu, Bleu d'Auvergne, Stilton) eingesetzt und erzeugt dort sein spezifisches Aroma. Von dem Pilz können aber auch andere Lebensmittel befallen werden wie Nüsse, Erdnüsse und Früchte sowie Maissilage und Heu. Es wird angenommen, dass das PR-Toxin im Käse mit den vorhandenen Aminosäuren der Milch reagiert und damit unschädlich wird. Dies ist bei den anderen Lebens- und Futtermitteln aber nicht der Fall. *P.-roqueforti*-Starterkulturen müssen auf eine eventuelle Toxinbildung geprüft werden.

### 14.9.6 Weitere Mykotoxine

Weitere weniger erforschte Mykotoxine sind Alternaria-Arten (Altuen, ATX, Tenuazonsäure), Moiniliformin, Cyclopiazonsäure, Penicillinsäure, Satratoxin, Roquefortin u. a.

### 14.10 Höchstmengenregelungen

Für Lebensmittel bzw. ihre Rohstoffe sind der EU und in Deutschland strenge allgemeine spezifische Höchstwerte für die Summe der Aflatoxine $\sum B_1 + B_2 + G_1 + G_2$ („**Total-Aflatoxine**") sowie für das Aflatoxin mit der höchsten Toxizität Aflatoxin $B_1$ erlassen worden. Auch für andere Mykotoxine z. B. **Ochratoxin A, Patulin, Deoxynivalenol (DON)** sind europäische Höchstwerte erarbeitet worden; die Gesetzgebung in diesem Bereich des gesundheitlichen Verbraucherschutzes schreitet unaufhörlich voran. Um einer Übertragung von Aflatoxinen auf tierische Lebensmittel durch das Futter vorzubeugen (carry over), beinhaltet auch das **Futtermittelrecht** Höchstmengenangaben (☑ Tab. 14.3).

**◘ Tab. 14.3** Regulierte Mykotoxine – Höchstmengen und tolerierbare Aufnahmewerte

| Mykotoxin | TDI-Wert (µg/kg KG · d) | Höchstmengen (µg/kg bzw. µg/L) | Lebensmittel |
|---|---|---|---|
| Aflatoxin B$_1$ | NA | 2–8 | Diverse Nüsse und Trockenfrüchte |
| | | 0,10 | Formula für Säuglinge, Babynahrung |
| Aflatoxin M$_1$ | NA | 0,05/0,025 | Milch und Milchprodukte/Babynahrung |
| Citrinin (CIN) | 0,2[1] | 2 000 | Rotschimmelreispräparate |
| Deoxynivalenol (DON) | 1[2] | 500–750 | Brot, Kleingebäck, Getreideerzeugnisse, Teigwaren |
| 3-A-DON und 15-A-DON | – | 200 | Babynahrung auf Getreidebasis |
| Fumonisine (FS) | 2 | 500 | Mais und Maiserzeugnisse |
| | | 200 | Cornflakes und Babynahrung mit Mais |
| Nivalenol (NIV) | 1,2 | NO | – |
| Ochratoxin A (OTA) | 0,017 | 2–10 | Getreideerzeugnisse, Röstkaffee, Traubensaft, Wein |
| | | 0,5 | Babynahrung und diätetische Lebensmittel |
| Patulin (PAT) | 0,4[3] | 50 bzw. 25 | Apfelsaft bzw. Apfelsaftkonzentrat |
| | | 10 | Babynahrung und diätetische Lebensmittel |
| T-2-Toxin und H-T-2-Toxin | 0,1 | NE | Kleinkindernahrung |
| Zearalenon (ZEA) | 0,25 | 75 | Getreideerzeugnisse |
| | | 20 | Babynahrung auf Getreidebasis |

Quelle: Degen (2017)
[1]LNC Level of no Concern for Nephrotoxicity (EFSA 2012)
[2]gPMTDI Vorläufiger Gruppenwert für DON plus 3-A-DON und 15-A-DON
[3]PTMDI Provisional Maximal Tolerable Intake
NA: Nicht anwendbar; NO: Noch ohne; NE: Nicht erlaubt

14

# Literatur

BfR (2012) Einzelfall-Bewertung von Ergotalkaloid-Gehalten in Roggenmehl und Roggenbroten, Stellungnahme Nr. 024/2013 des BfR vom 7. November 2012, aktualisiert am 28.08.2013. Prüfdatum: 30. Dez. 2019

BfR (2013) Fragen und Antworten zu Ergotalkaloiden in Getreideerzeugnissen, ▶ https://mobil.bfr.bund.de/de/faq/fragen_und_antworten_zu_ergotalkaloiden_in_getreideerzeugnissen-188362.html. Prüfdatum: 20. Nov. 2018

Frehde W (Hrsg) (2010) Handbuch für Lebensmittelchemiker, 3. Aufl. Springer, Berlin

Degen H (2017) Mykotoxine in Lebensmitteln. Vorkommen, Bedeutung und gesundheitliches Risiko. Bundesgesundheitsblatt 60:745–756

EFSA (2012) European Food Safety Authority. Panel on Contaminants in the Food Chain. Scientific opinion on the risks for public and animal health related to the presence of citrinin in food and feed. EFSA J 10: 2605

EFSA (2018) Risk to human and animal health related to the presence of 4,15-diacetoxyscirpenol in food and feed. EFSA J 16(8):5367

IARC (2016) Agents classified by IARC, Monographs Volumes 1–117. https://monographs.iarc.fr./ENG/Classification/

Klaffke H (2010) Biotoxine und herstellungsbedingte Kontaminanten. In: Frehde W (Hrsg) Handbuch für Lebensmittelchemiker, 3. Aufl. Springer, Berlin, S 463

Matissek R (2020) Lebensmittelchemie. Springer, Berlin (Im Druck)

Matissek R, Raters M, van Haren W, Fledderus K (2010) Determination of ochratoxin A in liquorice products using HPLC based analytical methods: Part I: proficiency test of methods commonly used by the confectionary industry. Mycotox Res 26:93–99

Matissek R, Fischer M, Steiner G (2018) Lebensmittelanalytik, 6., vollständig überarbeitete Aufl. Springer Spektrum, Berlin. ▶ https://doi.org/10.1007/978-3-662-55722-8

Matthäus B, Schwake-Anduschus C (2014) Mykotoxine. In: Matthäus B, Fiebig HJ (Hrsg) Speiseöle und -fette. Recht, Sensorik und Analytik, Agrimedia, S 280

Raters M, Matissek R (2008a) Thermal Stability of Aflatoxin B1 and Ochratoxin A. Mycotox Res 24:130–134

Raters M, Matissek R (2008b) Analysis and occurrence of Deoxynivalenol (DON) in cocoa. Eur Food Res Technol 226:1107–1112

Raters M, Matissek R, van Haren W, Fledderus K (2010) Determination of ochratoxin A in liquorice products using HPLC based analytical methods: Part II: Harmonised method and method validation study. Mycotox Res 26:101–108

Steinberg P (2013) Lebensmitteltoxikologische Bedeutung von Mykotoxinen. Ernährungs-Umschau 60:146–151

Verordnung (EU) Nr. 105/2010 der Kommission zur Festsetzung der Höchstgehalte für bestimmte Kontaminanten in Lebensmitteln hinsichtlich Ochratoxin A

WHO (2001) Food Additives Series No. 47. Safety evaluation of certain mycotoxins in food. Genf

# Bakterientoxine

## Inhaltsverzeichnis

© Der/die Herausgeber bzw. der/die Autor(en), exklusiv lizenziert durch Springer-Verlag
GmbH, DE, ein Teil von Springer Nature 2020
R. Matissek, *Lebensmittelsicherheit*,
https://doi.org/10.1007/978-3-662-61899-8_15

## 15.1 Einführung

Neben den Kontaminanten (▶ Kap. 6–9) und den Rückständen (▶ Kap. 10–11) können pflanzliche oder tierische Lebensmittel auch toxikologisch relevante Inhaltsstoffe bzw. Stoffe – sog. **Biotoxine** (engl. Biotoxins) oder **Naturtoxine** (engl. Natural Toxins) (▶ Kap. 12–16) – beherbergen. Letztere sind biogenen oder genuinen Ursprungs und aus wissenschaftlicher Sicht folglich nicht den Kontaminanten zuzuordnen (◘ Abb. 4.2). Eine Teilmenge unter den Biotoxinen bilden die **Bakterientoxine**. Sie kommen *auf* und/oder *in* Lebensmitteln vor und sind biogenen Ursprungs (◘ Abb. 4.2). Sie lassen sich – aus Sicht des Lebensmittels – als exogene Stoffe klassifizieren, da sie nicht im Lebensmittel selbst gebildet werden, sondern in diesem Fall durch Mikroorganismen synthetisiert werden.

Bakterielle Kontamination (Infektion) kann in Lebensmitteln recht unterschiedliche Mechanismen in Gang setzen. Grundsätzlich werden dabei die Lebensmittelinhaltsstoffe enzymatisch metabolisiert, wobei die verschiedensten Produkte entstehen können. So bilden Lactobacillen aus dem Milchzucker der Milch Milchsäure, was im Zuge der Milchsäuregärung und der Haltbarmachung (z. B. Sauerkraut) sehr erwünscht ist. Im Verlaufe von Fäulnisreaktionen auf Fleisch können Mikroorganismen Proteine abbauen und entstehen unerwünschte Stoffe wie biogene Amine (▶ Kap. 16).

Mikroorganismen können aber auch **Bakterientoxine** ausscheiden, die häufig eine Proteinkonfiguration besitzen bzw. zusätzlich mit Polysacchariden und Lipoiden komplexiert sind. **Exotoxine,** die von lebenden, grampositiven Bakterien erzeugt werden (z. B. Botulinum-Toxin) unterscheiden sich von **Endotoxinen,** die als Bestandteile der gramnegativen Bakterienmembran erst nach dem Tod des Bakteriums frei werden (z. B. Salmonellen) und häufig pyrogene (= entzündlich wirkende) Eigenschaften besitzen. Fast durchweg entstehen Bakterieninfektionen im Lebensmittel durch Nichtbeachtung der unbedingt erforderlichen Hygiene.

---

**Bakterientoxine ↔ Endotoxine ↔ Exotoxine**

**Bakterientoxine** (auch Bakteriotoxine, Bakteriengifte bzw. bakterielle Giftstoffe genannt) sind Stoffe, die den Wirtsorganismus schädigen und eine wichtige Rolle bei Erkrankungen spielen können. Sie haben normalerweise eine große relative Molekülmasse (Proteinkonfiguration), so dass sie als Antigene wirken.

Unterschieden wird (aus der Sicht des Mikroorganismus) in:

- **Exotoxine,** die von lebenden Bakterien als Stoffwechselprodukte ausgeschieden werden
- **Endotoxine,** die in den Bakterienzellen enthalten sind und erst nach deren Absterben frei werden.

*Merke:* Exotoxine sind im Gegensatz zu Endotoxinen relativ instabil und temperaturempfindlich.

**15**

## 15.2 Lebensmittelinfektion versus Lebensmittelintoxikation

Werden pathogene Bakterien mit der Nahrung aufgenommen, kommt es zu **Infektionen;** werden Lebensmittel verzehrt, in denen bereits Toxine gebildet wurden, folgen **Intoxikationen.** In ◘ Abb. 15.1 sind häufig lebensmittelassoziiert auftretende Erreger von Magen-Darm-Infektionen klassifiziert. Eine Unterscheidung in rein infektiöse und rein toxinbildende Erreger ist nicht immer möglich. Einige Toxine liegen bereits präformiert im Lebensmittel vor, während andere als integraler Bestandteil der Bakterienmembran erst im Darm oder unter physiologischen Bedingungen wirksam werden. Eine Übersicht über wichtige pathogene Mikroorganismen in Lebensmitteln gibt ◘ Tab. 15.1. Für weitere Studien wird auf Lehrbücher der Mikrobiologie verwiesen.

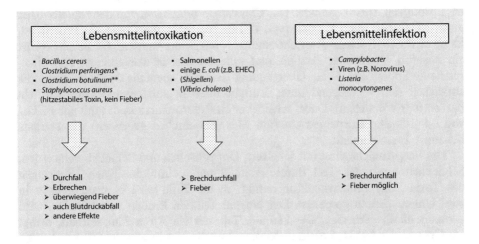

◘ **Abb. 15.1** Gegenüberstellung von Lebensmittelintoxikationen und Lebensmittelinfektionen (Nach Aust 2011). *Erläuterung:* *Toxinbildung erst im Darm; **sehr starkes Nervengift

◘ **Tab. 15.1** Wichtige pathogene Mikroorganismen in Lebensmitteln

| Keimart | Betroffene Lebensmittel |
|---|---|
| *Bacillus cereus* | Gemeinschaftsverpflegung |
| Salmonellen | Fleisch, Geflügel, Eier |
| Staphylokokken | Fleisch, Geflügel, Käse |
| *Clostridium perfringens* | Fleisch, Geflügel (auch verarbeitet) |
| *Clostridium botulinum* | Fleisch, Fisch (verarbeitet), Konserven |
| *Enteropath. Escherichia coli* | Fleisch, Geflügel |
| Virus der infektiösen Hepatitis | Muscheln, Fisch, Fleisch, Geflügel |

## 15.3 **Exotoxine**

**Exotoxine** (auch Ektotoxine genannt) sind – aus Sicht des Mikroorganismus betrachtet – solche Toxine, die von lebenden Bakterien als Stoffwechselprodukte *abgesondert* werden. Dies sind Proteine, die bereits in sehr geringen Konzentrationen eine spezifische, in einigen Fällen extrem toxische Wirkung auf die entsprechende Wirtszelle oder Zellfunktion zeigen. So bildet beispielsweise *Clostridium botulinum* das extrem giftige Botulinus-Toxin, *Clostridium tetani* die Tetanus-Toxine, die beide auf das Nervensystem wirken.

### 15.3.1 **Botulinum-Toxin**

Weitaus am gefährlichsten ist das **Botulinum-Toxin** (Botulismus-Toxin, BTX, engl. Botulism Toxin), gebildet von *Clostridium botulinum,* von dem bereits 10 µg einen Menschen töten können (vgl. ❏ Tab. 10.1). Da das Toxin ein Protein ist, kann es durch Kochen des Lebensmittels inaktiviert werden. *Cl. botulinum* ist ein anaerob wachsender Bazillus und scheidet wie die vorgenannte Art hitzeresistente Sporen aus. Seine Übertragung geschieht ebenfalls durch Schmutz. Er entwickelt sich vorwiegend unter Luftabschluss in zubereiteten Lebensmitteln (lat. *botulus* Würstchen). Dabei scheidet er ein Neurotoxin aus, das mit einer $LD_{50}$ von $0,8 \cdot 10^9$ g/kg Körpergewicht (am Meerschweinchen gemessen) das stärkste bekannte Toxin darstellt.

Die Vergiftung beginnt mit Übelkeit, Doppeltsehen und Schluckbeschwerden. Schließlich kann der Tod durch Atemlähmung eintreten. Nach Eindringen des Toxins, das Proteinstruktur besitzt, in die Zelle wird es proteolytisch in zwei Untereinheiten gespalten. Der längere Teil, ein Protein von 100 kDa, wird neurospezifisch gebunden. Der kleinere Teil, der ein Atom Zink enthält, dringt ins Cytosol der Synapse ein und hemmt dort die Neurosekretion (Schiavo et al. 1993).

Die Mortalität bei Vorliegen dieser Vergiftung (Botulismus) ist außerordentlich hoch. Am häufigsten werden heute Kochschinken, unzureichend geräucherter Fisch und proteinhaltige Konserven von *Cl. botulinum befallen,* wobei sich der Befall von Konserven durch ein **Aufblähen der Dose** zu erkennen geben kann. Durch längeres Erhitzen auf mindestens 80 °C wird das Toxin abgebaut, da seine Proteinstruktur denaturiert wird. Eine ausreichende Erhitzung (sog. „Botulinum-Kochung") bei der Herstellung von Konserven gilt als Präventivmaßnahme (BfR 2005).

### 15.3.2 **Cereulid**

Europaweit sind immer wieder Lebensmittelvergiftungen zu verzeichnen, die auf bakterielle Toxine unter anderem von *Bacillus cereus* zurückgehen. Verantwortlich für die durch *B. cereus* ausgelösten Intoxikationen, die vom Erbrechungssyndrom sogar bis zum Tode verlaufen können, wird das emetische (Brechreiz

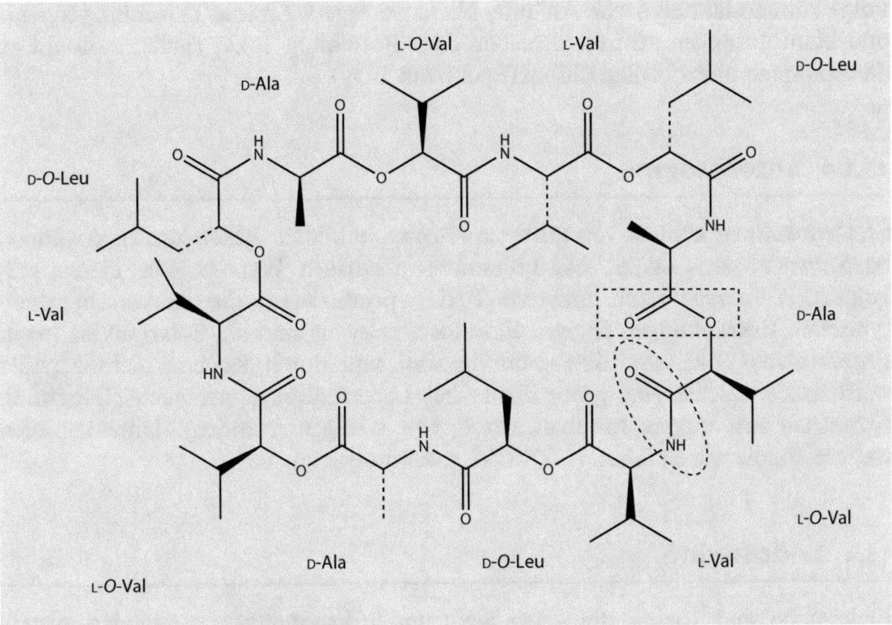

**◻ Abb. 15.2** Cereulid – ein cyclisches Depsipeptid. *Erläuterung:* ⊡ beispielhafte Markierung einer Ester-Gruppe, ◌ beispielhafte Markierung einer Amid-Gruppe

erregende) Toxin **Cereulid** (engl. Cereulide, ◻ Abb. 15.2) gemacht. Dieses cyclische Dodecadepsipeptid weist eine hohe Stabilität auf (Hitze, pH-Wert).

### Depsipeptide

Bezeichnung für Peptide, die neben Peptidbindungen (also Amid-Bindungen) auch Ester-Bindungen im Molekül enthalten.

### 15.3.3 Verotoxin

Seit ein paar Jahren werden blutig-wässrige Durchfälle ohne Fieber, aber mit möglichem Nierenversagen als Folge einer Aufnahme von **enterohämorrhagischen Escherichia coli (EHEC)** mit Lebensmitteln (Rindfleisch, Rohprodukte) oder durch Schmierinfektionen Mensch/Mensch beobachtet. Die Erreger sind offenbar von harmlosen *E. coli* durch Aufnahme spezieller Plasmide abgeleitet worden, die sie nun zur Bildung von **Verotoxinen** befähigen.

**Verotoxin** (engl. Shiga-like Toxin, SLT) ist ein Exotoxin. Acht Verotoxine aus zwei Hauptgruppen sind bislang bekannt. Nach Bindung an Zellwandrezeptoren im Endothel kapillarer Blutgefäße blockieren sie dort die Proteinsynthese. Als

Folge können hämolytische Anämie, Nierenversagen, Anurie, Thrombozytopenie und Hautblutungen auftreten. Neben dem Botulinum-Toxin zählt Verotoxin zu den stärksten mikrobiellen Giften (Spektrum 2019).

### 15.3.4 Enterotoxine

**Staphylokokken** können verschiedene Exotoxine bilden. Besonders zu erwähnen ist *Staphylococcus aureus,* der besonders in eitrigen Wunden von Tieren vorkommt. *S. aureus* kann mehrere Toxine produzieren, die zu verschiedenen typischen Erkrankungen führen. Besonders relevant sind **die Enterotoxine** (engl. Enterotoxins), die sehr hitzebeständig sind und durch Kochen nicht zerstört werden; sie spielen eine große Rolle bei Lebensmittelvergiftungen (Durchfall, Erbrechen mit kurzer Inkubationszeit von wenigen Stunden). Hinzukommen weitere Toxine wie Exfoliatine, TSST-1, α-Hämolysin u. a.

## 15.4 Endotoxine

**Endotoxine** sind Toxine, die – aus Sicht der Mikroorganismus endogen, also – *in* den Bakterienzellen enthalten sind und erst nach deren Absterben freigesetzt werden. Sie bestehen aus Lipopolysacchariden der äußeren Zellwandbestandteilen gramnegativer Bakterien und verursachen Fieber, Diarrhoe und Darmruhr.

## Literatur

Aust O (2011) Lebensmittelassoziierten Bakterientoxinen auf der Spur. Nachr Chem 59:977–980

Bakterientoxine – Spektrum (2019) ► https://www.spektrum.de/lexikon/biologie-kompakt/bakterientoxine/1203. Prüfdatum: 28. Nov. 2019

BfR (2005) Kritischer als Gammelfleisch: Toxinbildende Bakterien und ihre Giftstoffe in Fleisch und Fleischerzeugnissen. Stellungnahme Nr. 004/2006 des BfR vom 21. Dezember 2005

Matissek R (2020) Lebensmittelchemie. Springer, Berlin (Im Druck)

Schiavo G, Shone CC, Rossetto O, Alexander FC, Montecucco C (1993) Botulinum neurotoxin serotype F is a zinc endopeptidase specific for VAMP/synaptobrevin. J Biol Chem 268:11516–11519

Spektrum (2019) Verotoxin. ► https://www.spektrum.de/lexikon/ernaehrung/verotoxin/9103. Prüfdatum: 28. Nov. 2019

**15**

# Biogene Amine

## Inhaltsverzeichnis

© Der/die Herausgeber bzw. der/die Autor(en), exklusiv lizenziert durch Springer-Verlag
GmbH, DE, ein Teil von Springer Nature 2020
R. Matissek, *Lebensmittelsicherheit*,
https://doi.org/10.1007/978-3-662-61899-8_16

## 16.1 Einführung

Neben den Kontaminanten den Rückständen (▶ Kap. 6–11) können pflanzliche oder tierische Lebensmittel auch toxikologisch relevante Stoffe – sog. **Biotoxine** (engl. Biotoxins) oder **Naturtoxine** (engl. Natural Toxins) (▶ Kap. 12–16) – beherbergen. Letztere sind biogenen oder genuinen Ursprungs und aus wissenschaftlicher Sicht folglich nicht den Kontaminanten zuzuordnen (◻ Abb. 4.2). Eine Teilmenge unter den Biotoxinen bilden die **biogenen Amine**. Sie kommen *in* Lebensmitteln vor und sind biogenen Ursprungs. Sie lassen sich – aus Sicht des Lebensmittels – als **exogene** Stoffe klassifizieren, da sie nicht im Lebensmittel selbst gebildet werden, sondern in diesem Fall durch Bakterien synthetisiert werden.

Bakterielle Kontamination von Lebensmitteln kann recht unterschiedliche Mechanismen in Gang setzen. Lebensmittelinhaltsstoffe werden dabei grundsätzlich durch die Enzyme der Bakterien metabolisiert, wobei verschiedenste Reaktionsprodukte entstehen können, so auch die **biogenen Amine.** Während Lactobacillen aus dem Milchzucker der Milch den Metaboliten Milchsäure bilden, was im Zuge der Milchsäuregärung und der Haltbarmachung (z. B. Sauerkraut) ausdrücklich sehr erwünscht ist, können im Verlaufe von Fäulnisreaktionen auf Fleisch Mikroorganismen Proteine abbauen, so dass in der Folge unerwünschte Stoffe wie die biogenen Amine entstehen. Charakteristische Stoffe dieser Art sind **Cadaverin** (aus Lysin) und **Putrescin** (◻ Abb. 16.1) (aus Ornithin), die neben Phenol, Kresol, Skatol, Indol, Ammoniak und Schwefelwasserstoff die sog. **Leichengifte (Ptomaine)** bilden.

Biogene Amine können in flüchtige sowie nichtflüchtige Verbindungen unterteilt werden. Sie kommen als Bestandteile in Lebensmitteln vor oder entstehen darin sekundär, durch gesteuerte (Fermentation) oder ungewollte mikrobielle Zersetzung (Verderb) von Proteinen. Der Gehalt an biogenen Aminen kann deshalb als Verderbnisindikator dienen. Während Lebensmittel im Allgemeinen nicht mehr als 20 bis 40 mg biogene Amine/kg enthalten, kann der Gehalt bei mikrobiellem Verderb stark ansteigen: bei Fischen 2000 bis 5000 mg Histamin/kg.

**Biogene Amine**

**16**

- Beim **mikrobiellen Abbau** von **tierischen Eiweißen** entstehen Monoamine und Diamine durch Decarboxylierungsreaktionen, die unter der Gruppenbezeichnung **biogene Amine** zusammengefasst werden. Eine Vielzahl von Mikroorganismen, wie Enterobakteriaceen, Streptokokken und Milchsäurebakterien, ist in der Lage, solche Abbauprozesse durchzuführen.
- Eine **unsachgemäße Lagerung** von Fleisch und Fleischerzeugnissen kann zu einer Vermehrung von Bakterien führen, die in einer Erhöhung der mikrobiellen Decarboxylierungsprozesse im Lebensmittel resultieren. Biogene Amine (z. B. Cadaverin, Putrescin) sind in niedrigen Dosen unschädlich. Jedoch können bei höheren Dosen Symptome wie Schwindel, Blutdruckabfall, Kopfschmerzen bis hin zu Schockzuständen ausgelöst werden. Im Vordergrund dieser Betrachtungen stehen **fermentierte Lebensmittel** (BfR 2005; Knapp 2019).

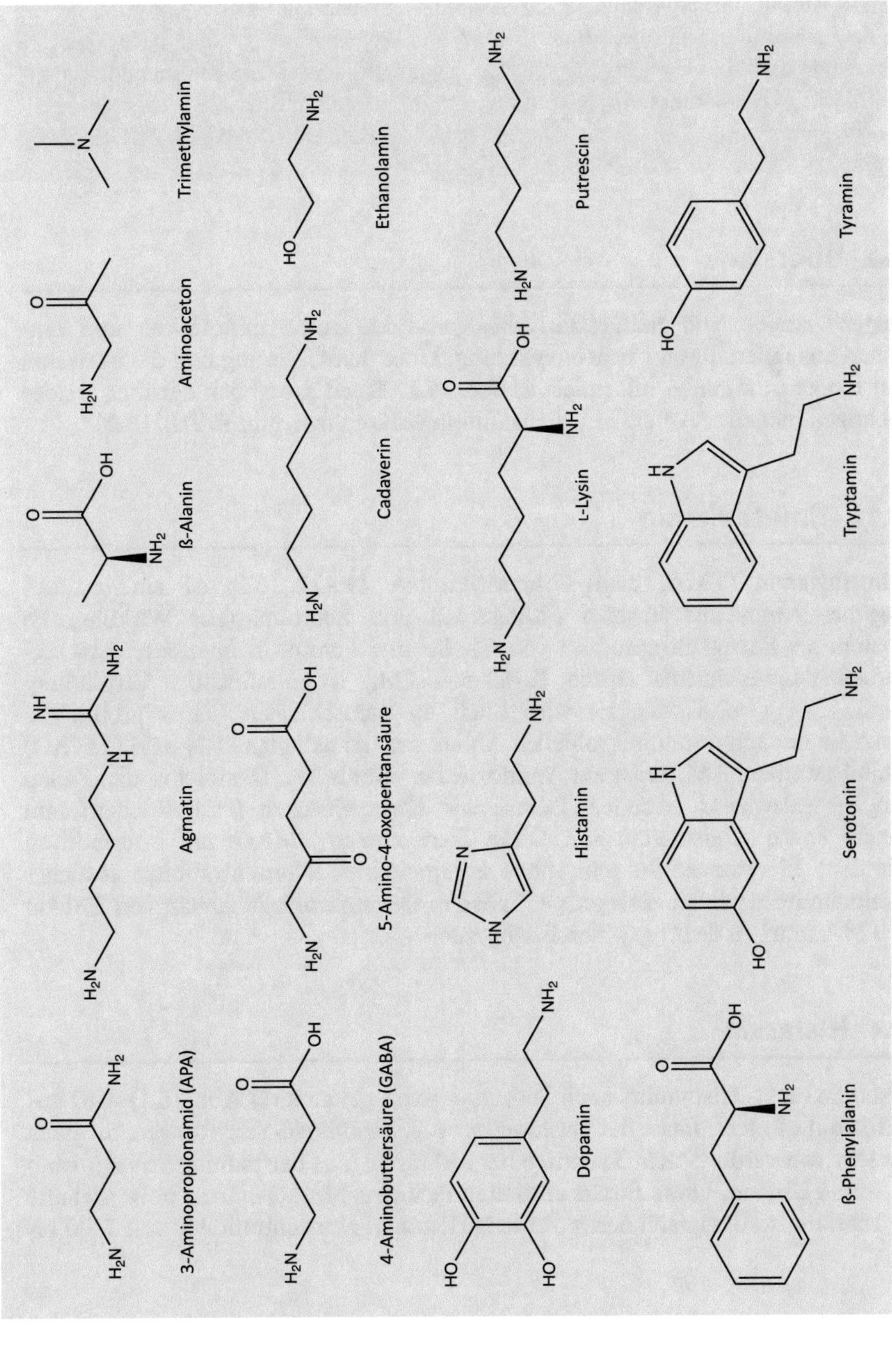

■ **Abb. 16.1** Wichtige biogene Amine

> **Ptomaine**
>
> **Ptomaine** ist ein altertümlicher Oberbegriff für Leichengifte; also solche Stoffe, die unter anderen für den bei der Fäulnis von Proteinen infolge mikrobieller Zersetzung entstehenden Verwesungsgeruch verantwortlich sind. In der gerichtlichen Chemie war es früher von Bedeutung, die Ptomaine von den Pflanzengiften zu differenzieren.

## 16.2 Übersicht

**Biogene Amine** sind bakterielle Abbauprodukte von Aminosäuren und entstehen aus ihnen durch Decarboxylierung. Über den Ursprung und die Funktion von biogenen Aminen informiert ❏ Tab. 16.1. Einen Überblick darüber, welche wichtigen biogenen Amine in Lebensmitteln vorkommen, gibt ❏ Tab. 16.2.

## 16.3 Trimethylamin

**Trimethylamin** (TMA; engl. Trimethylamine, ❏ Abb. 16.1) ist ein tertiäres biogenes Amin mit starkem Fischgeruch und neurotoxischer Wirkung. Es entsteht als Zersetzungsprodukt von Cholin und kommt in überreifen bzw. verdorbenen Lebensmitteln (Fisch, Käse) vor. TMA ist eine flüchtige Verbindung (Kp.$_\text{Trimethylamin} = 2,87\,°C$). Es wird auch im menschlichen Darm produziert. TMA kann auch durch mikrobiellen Abbau aus Trimethylamin-N-oxid (TMAO) gebildet werden. TMAO ist ein Aminoxid kommt als sog. Osmolyt in den Zellen von im Salzwasser lebenden Tieren, wie Knorpelfischen (Hai, Rochen) und Weich- sowie Krebstieren, vor. Diese Tiere nutzen TMAO, um isoosmotisch mit dem Meerwasser zu sein, ohne entsprechende Konzentrationen löslicher Salzionen intrazellulär einlagern zu müssen. Der mikrobielle Abbau von TMAO zu TMA führt zu dem typischen Fischgeruch.

## 16.4 Histamin

**16**

**Histamin** (engl. Histamine; auch Scrombo-Toxin genannt, ❏ Abb. 16.1) wird aus L-Histidin gebildet. Es ist der Auslöser der sog. **Scombroid**-Vergiftungen, die nach Verzehr von verdorbenem **Thunfisch** bzw. **Makrele** (aus der Familie *Scombroidae*) auftreten können. Diese Fische enthalten in ihrem Muskel extrem hohe Gehalte an Histidin, so dass nach deren Verderb Histamin-Konzentrationen von 2000 bis

**◻ Tab. 16.1** Ursprung und Funktion von biogenen Aminen (Strukturen ◻ Abb. 16.1)

| Biogenes Amin | Vorstufe | Vorkommen und Bedeutung |
|---|---|---|
| 3-Aminopropionamid (3-APA) | Asparagin | Fermentierter Kakao, Käse, Vorstufe für Acrylamid |
| Agmatin | L-Arginin | Bakterien (Darmbiota), Vorstufe für Putrescin |
| β-Alanin | L-Asparaginsäure | Coenzym A, Vorstufe für Pantothensäure |
| Aminoaceton | L-2-Aminoacetessigsäure | Vorstufe für Vitamin $B_{12}$ |
| 4-Aminobuttersäure (GABA, gamma-aminobutyric acid) | L-Glutaminsäure | Gehirn, Neurotransmitter |
| 5-Amino-4-oxopentansäure | Succinylglycin | Vorstufe für Porphyrine |
| Cadaverin | L-Lysin | Ribosomen, Bakterien, Vorstufe für Alkaloide |
| Dopamin | L-Dihydroxyphenylalanin (L-DOPA) | Neurotransmitter, Vorstufe für Catecholamine und Alkaloide |
| Ethanolamin | L-Serin | Neurotransmitter, Phosphatide, Vorstufe für Hormone |
| Histamin | L-Histidin | Thunfisch, Makrele, Gewebshormon |
| L-Lysin | *meso*-2,6-Diamino-pimelinsäure | Proteinogene Aminosäure |
| ß-Phenylethylamin | L-Phenylalanin | Gehirn, Kakao |
| Putrescin | L-Ornithin | Ribosomen, Bakterien, Vorstufe für Polyamine |
| Serotonin | 5-Hydroxy-L-tryptophan | Neurotransmitter, Vorstufe von Melatonin (und des Krötengiftes Bufotenin) |
| Trimethylamin (TMA) | Trimethylaminoxid (TMAO) | TMAO ist ein Isoosmolyt in Fischen, TMA ist die Vorstufe, Fisch, Käse |
| Tryptamin | L-Tryptophan | Kontraktion der glatten Muskulatur, bei Pflanzen wachstumsfördernd |
| Tyramin | L-Tyrosin | Käse, Kontraktion der glatten Muskulatur |

Quelle: Modifiziert und ergänzt; nach Knapp (2019)

**◙ Tab. 16.2**   Biogene Amine in Lebensmitteln (in mg/kg, gerundet)

| Lebensmittel | Putrescin | Histamin | Cadaverin | Tyramin | ß-Phenylethylamin |
|---|---|---|---|---|---|
| Emmentaler | <0,05–70 | <0,1–2000 | <0,05–80 | 50–700 | <0,1–230 |
| Tilsiter | 480 | 40 | 870 | 2200 | 40 |
| Makrele, geräuchert | <0,05–30 | <0,1–1800 | <0,05–340 | 0,1–75 | <0,1–130 |
| Thunfisch, Vollkonserven | <0,05–200 | <0,1–300 | <0,05–450 | <0,1–40 | <0,1–45 |
| Salami | 10–330 | <0,1–280 | <0,05–790 | <0,1–660 | <0,1–130 |
| Westfälischer Schinken | 40–600 | 40–270 | 8–10 | 120–620 | <0,1–220 |

Quelle: Matissek (2019)

5000 mg/kg gemessen wurden. Meist handelt es sich um einen Verderb frischer Fische, deren Histamin-Gehalte auch nach Dosenkonservierung nicht abgebaut werden. Aber auch intakte Fischkonserven können nach Öffnen durch nachträglichen Keimbefall beachtliche Histamin-Mengen erhalten.

Histamin und andere biogene Amine kommen aber auch in mikrobiell zubereiteten Lebensmitteln vor. So wurde zum Beispiel in **Sauerkraut** bis zu 100 mg Histamin/kg nachgewiesen. In **Rotwein** betragen die Konzentrationen bis 22 mg/kg, in **Weißweinen** bis 5 mg/kg. Über die Gehalte biogener Amine in einigen anderen Lebensmitteln wird auf ◙ Tab. 16.2 verwiesen. Zu den hier zusammengefassten Werten ist zu bemerken, dass die Gehalte an biogenen Aminen in Lebensmitteln stark streuen können und vom jeweiligen Reifungs- und Zersetzungsgrad abhängen. Histamin kommt vor allem auch in **Käse** der Gattungen Cheddar und Roquefort vor.

**Histamin** bewirkt eine Erhöhung der Kapillarpermeabilität (mögliche Auslösung von Urtikaria) und Senkung des Blutdrucks. Von der FDA der USA wurde ein Grenzwert von 500 mg/kg festgelegt, oberhalb dessen der Verzehr eines Lebensmittels als gesundheitlich bedenklich angesehen wird. Auch andere biogene Amine wie Tyramin, Serotonin, Phenylethylamin sind physiologisch wirksam und werden oft mit Migräne in Zusammenhang gebracht, obwohl kausale Zusammenhänge bislang nicht belegt werden konnten. Im Übrigen sei auf die beachtlichen Gehalte an biogenen Aminen in Rohwürsten und Schinken hingewiesen.

**16**

## Scombrotoxin-Vergiftung

— **Scombroid-** bzw. **Scombrotoxin-Vergiftungen** (engl. Scombroid Poisoning) sind Lebensmittelvergiftungen, die durch den Verzehr von unsachgemäß gelagertem Fisch hervorgerufen werden können. Aus diesem Grund werden sie als auch „Fischvergiftung" bezeichnet. Auslöser ist die Anreicherung von Histamin im Fischgewebe.

- Die **Symptome,** die bereits wenige Minuten bis einige Stunden nach dem Verzehr auftreten und für mehrere Stunden anhalten, ähneln einer allergischen Reaktion. Typisch sind Hauterscheinungen mit Juckreiz und Schwellungen im Mund, aber auch Kopfschmerzen, Übelkeit, Erbrechen und Durchfall. Der Verlauf kann durch die Einnahme von Antihistaminika, die beispielsweise auch bei Allergien eingesetzt werden, gemildert werden (Centrum für Reisemedizin 2019).
- Da das Fleisch von Fischen aus der Familie der *Scombroidae* reich an freiem Histidin ist, so dass im Rahmen von Verderbnisvorgängen durch Decarboxylasen hohe Konzentrationen an Histamin gebildet werden können, trägt diese Art der Fischvergiftung den aus der Medizin stammenden Begriff **„Scombroid-Vergiftung".**

## 16.5 Phenylethylamin

ß-Phenylethylamin (2-Phenylethylamin, Phenylethylamin, ◨ Abb. 16.1) ist ein natürlich vorkommendes biogenes Amin und kann darüber hinaus in die Gruppe der Alkaloide eingeordnet werden. ß-Phenylethylamin wird aus der Aminosäure L-Phenylalanin gebildet und wirkt als Neuromodulator oder Neurotransmitter, so dass dieser Substanz potenzielle Vorzüge als Stimulans nachgesagt werden. Es wird daher mit dem Entstehen von Lust- und Glücksempfindungen in Verbindung gebracht (**„Glückshormon"**). ß-Phenylethylamin werden blutdrucksteigernde Eigenschaften zugeschrieben, weshalb dieses und andere biogene Amine als Auslöser für Migräne mitverantwortlich gemacht wird. Die Konzentration im Blut entscheidet über eine leichte anregende Wirkung auf den Blutkreislauf bis hin zur toxischen Wirkung. Die Toleranz gegenüber ß-Phenylethylamin ist individuell unterschiedlich.

ß-Phenylethylamin kommt in geringen Konzentrationen in vielen Lebensmitteln vor, so beispielsweise in Käse, Fleischprodukten, Tomaten, Spinat, Bananen, Bittermandelöl und Kakaobohnen; es wurde auch im Gehirn und im Harn nachgewiesen. Es tritt häufig vergesellschaftet mit anderen biogenen Aminen auf.

Der Gehalt in **Kakao** oder **Schokolade** ist nicht überdurchschnittlich hoch. Allerdings steigt die Konzentration während des Fermentationsprozesses der rohen Kakaobohnen zunächst merklich an und nimmt dann bei der späteren Röstung wieder ab. Schokolade ist deswegen wohl kein besserer „Glücklichmacher" als andere Lebensmittel mit entsprechenden ß-Phenylalanin-Gehalten. ß-Phenylethylamin-Gehalte in ausgewählten Lebensmitteln zeigt ◨ Tab. 16.2.

## 16.6 Tyramin

**Tyramin** (engl. Tyramine, ◘ Abb. 16.1) wird aus L-Thyrosin gebildet. Es kommt vor allem in Camembert, Stilton, Brie und Gruyère vor. Tyramin-Gehalte in ausgewählten Lebensmitteln zeigt ◘ Tab. 16.2.

## 16.7  3-Aminopropionamid

**3-Aminopropionamid – 3-APA** (engl. 3-Aminopropionamide, ◘ Abb. 16.1) wird aus der Aminosäure Asparagin gebildet. Es handelt es sich um ein β-Alaninamid. 3-APA ist als eine Vorläufersubstanz (Precursor) bei der Acrylamid-Bildung bekannt geworden (◘ Abb. 9.14). Das enorm hohe Potenzial von 3-APA zur Acrylamidbildung hat seine Ursache in der leichten thermischen Eliminierung von Ammoniak aus dem Molekül.

3-APA kann über einen **thermischen** und einen **biochemischen** Weg gebildet werden (Granvogl et al. 2004). Es wurde aufgezeigt, dass beim biochemischen Bildungsweg, der ohne Mitwirkung reduzierender Zucker und ohne jegliche Hitzeeinwirkung abläuft, die Decarboxylierung von Asparagin ausschließlich durch Enzyme aus vorhandenen Mikroorganismen gesteuert wird. Bei Kakao ist das der Fermentierungsprozess vom Rohkakao in den Anbaugebieten. 3-APA kann daher auch als „biogenes" Amin bezeichnet werden.

In Rohkakao wurden – die weltweiten Anbaugebiete berücksichtigend – 3-APA-Gehalte in einem Bereich von 100 bis 1780 μm/kg gefunden. Bisher wurde für Kakao das Vorkommen anderer biogener Amine wie beispielsweise Histamin und 2-Phenylethylamin beschrieben.

## 16.8  Biogene Amine mit halluzinogener Wirkung

Es wurden auch biogene Amine beschrieben, die Halluzinationen hervorrufen, wie Psilocin, Bufotenin, und Mescalin (Strukturformeln s. ◘ Abb. 16.2). **Psilocin** zählt wie **Bufotenin** zu den Tryptaminen. Psilocin kommt in bestimmten Pilzen (Zauberpilze, Magic Mushrooms) vor, Bufotenin in den Samen eines südamerikanischen Baumes *(Anadenanthera peregrina)* aus der Familie der

**16**

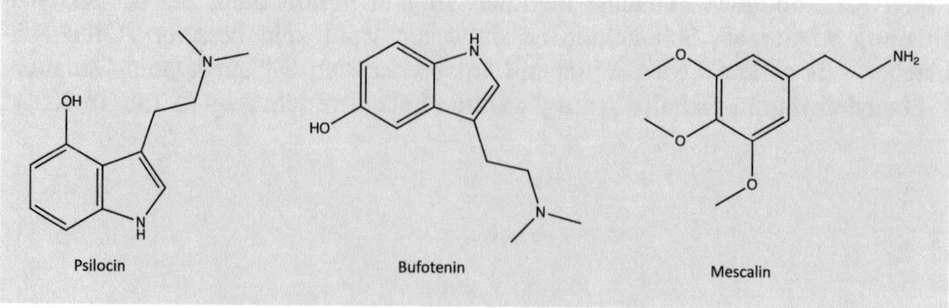

Psilocin          Bufotenin          Mescalin

◘ **Abb. 16.2**   Ausgewählte biogene Amine mit halluzinogener Wirkung

Hülsenfrüchtler, aber ferner auch im Hautsekret verschiedener Kröten (daher der Name *Bufonidae* = Kröte).

**Mescalin** gehört in die Gruppe der Phenylethylamine und kommt in bestimmten süd- und mittelamerikanischen Kakteenarten vor.

## Literatur

BfR (2005) Kritischer als Gammelfleisch: Toxinbildende Bakterien und ihre Giftstoffe in Fleisch und Fleischerzeugnissen. Stellungnahme Nr. 004/2006 des BfR vom 21. Dezember 2005

Centrum für Reisemedizin (2019) Scrombotoxin-Vergiftung. ▶ https://www.crm.de/transform.asp?Domain=crm&Sprache=de&Bereich=krankheiten&Klientel=laie&Auspraegung=kurz&HTMLfragmente=no&krankheit=scombroid. Prüfdatum: 29. Nov. 2019

Granvogl M, Jezussek M, Koehler P, Schieberle P (2004) Quantitation of 3-Aminopropionamide in Potatoes – A minor but potent precursor in Acrylamide formation. J Agric Food Chem 52: 4751–4757

Knapp H (2019) In: Römpp (Hrsg) Biogene Amine. ▶ https://roempp.thieme.de/roempp4.0/do/data/RD-02-01425?update=true. Prüfdatum: 28. Nov. 2019

Matissek R (2019) Lebensmittelchemie. Springer, Berlin (Im Druck)

TMAO (2019) ▶ https://de.wikipedia.org/wiki/Trimethylaminoxid. Prüfdatum: 28. Nov. 2019

# Serviceteil

© Der/die Herausgeber bzw. der/die Autor(en), exklusiv lizenziert durch Springer-Verlag GmbH, DE, ein Teil von Springer Nature 2020
R. Matissek, *Lebensmittelsicherheit*, https://doi.org/10.1007/978-3-662-61899-8

# Stichwortverzeichnis

Printed in the United States
By Bookmasters